国家自然科学基金等项目资助

旋转叶片-机匣系统碰摩动力学

马　辉　闻邦椿　太兴宇　韩清凯　著

科学出版社

北　京

内 容 简 介

针对航空发动机叶片-机匣碰摩和叶冠之间的碰撞现象，本书介绍了叶片、转子-叶片、转轴-盘片系统的动力学建模方法，叶片-机匣碰摩力模型，以及碰摩激发的叶片、机匣和转子复杂的非线性振动现象等最新的理论研究成果。

主要内容包括：建立了描述旋转叶片振动的梁、板、壳解析和有限元模型，转子-叶片系统动力学模型，分析了系统的耦合振动响应；开发了叶片-弹性机匣碰摩力模型，并通过实验验证了模型的有效性；建立带冠叶片碰撞模型，分析了叶冠碰撞导致的叶片复杂非线性振动响应；考虑榫槽-榫头界面接触影响，建立了盘片系统有限元模型，分析碰摩对榫连接接触特性的影响；考虑转子涡动影响，建立了转子-叶片-机匣系统和转轴-盘片-机匣系统碰摩动力学模型，分析了碰摩条件下叶片、机匣和转子系统的振动响应。

本书可为高等学校机械、动力、航空、力学等专业的研究生提供学习参考，也可为机械动力学、故障诊断，特别是转子动力学等领域的科技和工程技术人员提供学习参考。

图书在版编目（CIP）数据

旋转叶片-机匣系统碰摩动力学/马辉等著. —北京：科学出版社，2017.2

ISBN 978-7-03-051856-9

Ⅰ. ①旋…　Ⅱ. ①马…　Ⅲ. ①叶片-壳体（结构）-动力学-研究
Ⅳ. ①TK05

中国版本图书馆 CIP 数据核字（2017）第 033534 号

责任编辑：任彦斌　张　震 / 责任校对：王　瑞
责任印制：徐晓晨 / 封面设计：无极书装

科 学 出 版 社 出版
北京东黄城根北街 16 号
邮政编码：100717
http://www.sciencep.com

北京厚诚则铭印刷科技有限公司 印刷

科学出版社发行　各地新华书店经销

*

2017 年 2 月第 一 版　开本：720×1000　1/16
2017 年 2 月第一次印刷　印张：15 3/4　插页：3
字数：309 000

定价：86.00 元

（如有印装质量问题，我社负责调换）

作 者 简 介

马辉教授

马辉，东北大学机械工程与自动化学院教授，博士生导师，本书第一作者。1978年9月生于河北省安平县，2007年获机械设计及理论博士学位，留校任讲师，2015年晋升为教授。2008年8月～2011年3月，在沈阳鼓风机集团有限公司从事博士后研究工作；2014年11月～2015年10月，在英国谢菲尔德大学做访问学者，合作导师郎自强教授；2010年获辽宁省优秀博士后，2011年入选“教育部新世纪人才支持计划”，2013年入选东北大学首批高层次人才培养计划“曙光学者”。应邀担任《声学与振动》杂志编委、*International Journal of Rotating Machinery* 特邀编辑、机械工程学会和振动工程学会高级会员，并担任 *Journal of Sound and Vibration*、*Mechanical Systems and Signal Processing*、《机械工程学报》、《振动工程学报》等32个国内外学术期刊的审稿人。

主要从事旋转机械动力学方面研究，为东北大学闻邦椿院士课题组核心成员之一、“航空动力装备振动及控制”教育部重点实验室（B类）主要成员之一。近几年主持国家自然科学基金［大型离心压缩机转子系统的耦合碰摩故障机理若干关键问题的研究（50805019）、航空发动机旋转叶片-涂层机匣碰摩机理及动力学特性研究（U1433109）］、教育部博士点基金、中国博士后基金、教育部基本科研项目和机械传动国家重点实验室、机械结构强度与振动国家重点实验室开放基金等纵向科研项目11项；同时参加了多个国家自然科学基金重点项目、973计划和863计划项目。参与撰写著作1部，获国家发明专利4项，计算机软件著作权6项；获得辽宁省科技进步奖一等奖1项，中国冶金科学技术奖二等奖和中国机械工业科学技术奖二等奖各1项。

以第一作者和通信作者身份在 *Nonlinear Dynamics*、*Mechanical Systems and Signal Processing*、*Journal of Sound and Vibration*、《机械工程学报》等杂志发表论文100余篇，其中SCI检索论文39篇、EI检索论文50余篇。论著被他引500余次，其中SCI他引170余次，EI检索50余次。

闻邦椿院士

闻邦椿，东北大学教授，博士研究生导师，1930年9月生于浙江杭州。1955年毕业于东北工学院，1957年研究生毕业后留校任教。现为东北大学机械设计及理论研究所名誉所长、辽宁省创意产业协会会长，曾任东北大学机械设计及理论985工程首席教授。

1991年当选为中国科学院院士。现任国际转子动力学技术委员会委员、国际机器理论与机构学联合会中国委员会委员。先后曾任东北工学院机械二系主任，国务院学位委员会第二、三、四届学科评议组成员，国家自然科学奖、技术发明奖、科学技术进步奖评审委员会委员，国家“长江学者”奖励委员会评审组成员，国家自然科学基金评审组成员，第六、七、八、九届全国政协委员，中国振动工程学会理事长，《振动工程学报》主编，《机械工程学报》等多种杂志编委，上海交通大学“振动、冲击、噪声”国家重点实验室学术委员会主任，北京吉利大学校长等。

他长期从事教学工作，讲授“机械振动学”等课程。除培养本科生外，截至2015年末，已培养122名硕士研究生、90名博士研究生和16名博士后，指导国外访问学者2名，为我国人才培养做出了重要贡献。

在科研方面，他完成了国家自然科学基金重大项目、重点项目和973计划、863计划项目等国家纵向和横向科研项目数十项。开辟了几个重要学术方向，撰写出版了《振动利用工程》、《工程非线性振动》，均为国际上该领域第一部专著。

他和课题组同事先后发表学术论文800余篇，署名第一作者的论文180多篇，被SCI、EI和ISTP检索的近260篇，被引用3000余次。他完成了诸多理论和技术创新，取得了重大的经济和社会效益。

他撰写及参与的著作、教材及手册共有70部，作为第一作者的有55部。两部著作获全国优秀科技图书二等奖，主编的《机械设计手册》获中国出版政府奖提名奖。

他获国际奖2项，国家奖5项，省、部级一、二等奖20余项，获国家专利20余项。2012年被授予全国振动利用工程研究领域的“终身成就奖”。

他曾访问36个国家，多次应邀去德国、日本等国讲学，参加在美国、英国等20余个国家召开的国际学术会议，宣读论文70余篇，多次应邀做大会报告，4次主持国际学术会议，担任会议主席。

他曾是中共东北工学院和东北大学三届党委委员，多次获辽宁省劳动模范、沈阳市特等劳动模范和优秀共产党员称号，是我国第一批享受国务院特殊津贴的专家。他的简历及科研成果已载入《世界名人录》和国内的多种名人辞典中。

前　言

《中国制造 2025》战略规划中对发展航空装备有明确规定：“加快大型飞机研制，适时启动宽体客机研制，鼓励国际合作研制重型直升机；推进干支线飞机、直升机、无人机和通用飞机产业化。突破高推重比、先进涡桨（轴）发动机及大涵道比涡扇发动机技术，建立发动机自主发展工业体系。开发先进机载设备及系统，形成自主完整的航空产业链。”现代航空发动机设计中，为了提高发动机性能、增加推重比，采取的主要措施之一就是减小旋转机械转定子之间的间隙，从而致使转定子碰摩的可能性急剧增大，与碰摩相关的整机振动问题也日益增多，另外，也可能导致严重事故、造成重大经济损失。例如，美国运输部报道：在 1962～1976 年的 417 百万飞行小时中，10.2%的发动机转子事故是由转定子碰摩引起的；1994～1996 年，发动机碰摩故障导致 4 架 F-16 战斗机失事，另有多架直升机直接或间接因发动机碰摩故障而被迫停飞。

航空发动机碰摩主要出现在叶片和机匣以及鼓筒和静子叶片之间，其中叶片-机匣碰摩更为危险。这是因为叶尖处有更高的线速度，碰摩能量大，对叶片振动的影响也大。叶片-机匣碰摩涉及更加复杂的冲击过程，主要体现在：碰撞发生在柔性体与柔性体间，碰撞力将主要取决于碰撞柔性体本身的整体变形，而非局部变形；由于叶尖与线速度方向有一定的夹角，叶片碰撞为斜碰撞，容易诱发叶片的弯扭耦合变形；叶片在碰摩过程中，自身位置有明显的移动，所以冲击不能看成是瞬时的。叶片-涂层/未涂层机匣碰摩激振机理及涂层磨损机理，目前已成为重要的研究热点之一。

叶片-机匣碰摩研究主要包括：①开发新的叶片-弹性机匣及叶片-涂层机匣碰摩模型；②将叶片简化为悬臂梁、悬臂板及采用真实叶片几何尺寸建立的壳和实体有限元模型等，研究悬臂叶片-机匣碰摩导致的叶片振动响应，考虑盘片耦合、转子-叶片耦合的影响（转子主要指转轴及轴上的刚性轮盘），研究碰摩激发的叶片、机匣振动和转子涡动之间的耦合特性；③考虑机匣封严涂层的影响，研究叶片-涂层碰摩对叶片振动和涂层磨损的影响规律；④基于机匣、转子和叶片振动响应，对叶片-机匣碰摩位置、碰摩程度以及碰摩形式进行故障诊断；⑤在满足一定的结构和动力学相似的情况下，开展叶片-机匣碰摩实验研究，为验证和修订仿真动力学模型提供参考。

本书针对叶片、盘片和转子-叶片 3 种结构形式，重点介绍以下几个方面的内容：①采用解析和有限元方法，通过梁、等厚度直板、等厚度扭板、变厚度壳模型来模拟单叶片振动；②考虑榫槽-榫头接触，建立盘片有限元模型，分析叶尖局部碰摩对叶片振动和榫连接触特性的影响；③将叶片简化为梁，忽略轮盘的柔性影响，采用解析和有限元组合方法，建立转子-叶片耦合系统动力学模型，考虑轮盘的柔性影响，基于有限元方法建立转轴-盘片耦合系统动力学模型；④考虑叶冠质量对旋转带冠叶片固有特性的影响，采用旋转悬臂梁理论，建立带有叶尖质量的旋转叶片动力学模型，并分析相关参数对旋转带冠叶片碰撞振动响应的影响；⑤考虑机匣刚度对碰摩的影响，开发叶片-弹性机匣碰摩模型，采用悬臂梁、悬臂板、变厚度壳、转子-叶片和转轴-盘片模型，揭示碰摩对叶片、转子和机匣耦合振动的激发机理。

本书部分研究内容得到了国家自然科学基金委员会与中国民用航空局联合资助项目(U1433109)、中央高校基本科研业务费专项资金(N140301001，N150305001)、西安交通大学机械结构强度与振动国家重点实验室开放基金（SV2015-KF-08）、上海交通大学机械系统与振动国家重点实验室开放基金（MSV201707）和“国家安全重大基础研究计划”（国防 973）等项目的支持。

本书由马辉教授、闻邦椿院士、太兴宇博士和韩清凯教授共同撰写完成。在撰写过程中，孙帆、孙祺、谢方涛、路阳、张文胜等硕士研究生参与了本书有关内容的研究和整理工作，在此一并表示感谢。

由于作者水平有限，本书若存在不妥之处，敬请广大读者批评指正。

作　者

2016 年 7 月

目　录

前言
第 1 章　绪论 …… 1
1.1　目的及意义 …… 1
1.2　国内外研究现状 …… 3
1.2.1　叶片-机匣碰摩模型研究 …… 3
1.2.2　悬臂叶片碰摩动力学特性研究 …… 11
1.2.3　旋转带冠叶片碰撞动力学特性研究 …… 12
1.2.4　盘片及转子-盘片系统叶尖碰摩动力学特性研究 …… 12
1.2.5　叶片-机匣碰摩实验研究现状 …… 14
1.3　本书的主要内容 …… 16
参考文献 …… 17
第 2 章　旋转叶片动力学建模 …… 22
2.1　概述 …… 22
2.2　旋转悬臂梁动力学模型 …… 22
2.2.1　旋转叶片运动微分方程 …… 22
2.2.2　旋转叶片连续系统离散动力学方程 …… 25
2.3　旋转悬臂板动力学模型 …… 28
参考文献 …… 33
第 3 章　转子-叶片耦合系统动力学建模及模型验证 …… 34
3.1　概述 …… 34
3.2　转子-叶片耦合系统动力学模型 …… 34
3.2.1　转子-叶片耦合系统运动微分方程 …… 34
3.2.2　转子-叶片耦合系统矩阵组集 …… 43
3.3　基于固有特性的模型验证 …… 49
3.4　本章小结 …… 61
参考文献 …… 61
第 4 章　旋转叶片-弹性机匣碰摩模型及模型验证 …… 62
4.1　概述 …… 62
4.2　叶片-机匣碰摩模型 …… 63

4.2.1 叶片-机匣碰摩模型推导 …… 63
4.2.2 不同参数对碰摩力的影响 …… 66
4.3 叶片-机匣碰摩实验 …… 69
4.3.1 实验设备 …… 69
4.3.2 实验结果 …… 70
4.4 基于准静态碰摩力的仿真及实验结果对比 …… 73
4.4.1 不同尺寸叶片碰摩力结果分析 …… 73
4.4.2 不同转速下碰摩力结果分析 …… 74
4.4.3 本章模型与现有模型的比较 …… 75
4.5 动态碰摩力仿真 …… 76
4.5.1 机匣动力学模型 …… 76
4.5.2 旋转叶片的动态法向碰摩力 …… 77
4.6 本章小结 …… 79
参考文献 …… 80
第 5 章 基于悬臂梁理论的叶片-机匣碰摩动力学 …… 81
5.1 概述 …… 81
5.2 旋转叶片模型建立与验证 …… 81
5.2.1 旋转叶片动力学模型 …… 81
5.2.2 基于固有特性及响应的模型验证 …… 82
5.3 考虑叶尖碰摩的旋转叶片动力学模型 …… 83
5.4 考虑叶尖碰摩的旋转叶片振动响应分析 …… 85
5.4.1 静态不对中的影响 …… 85
5.4.2 机匣刚度的影响 …… 88
5.4.3 机匣变形的影响 …… 90
5.5 本章小结 …… 92
第 6 章 旋转带冠叶片碰撞动力学 …… 93
6.1 概述 …… 93
6.2 旋转带冠叶片模型建立与验证 …… 93
6.2.1 旋转带冠叶片动力学模型 …… 94
6.2.2 考虑碰撞带冠叶片动力学模型 …… 98
6.2.3 基于固有特性及响应的模型验证 …… 98
6.3 不同参数对碰撞振动响应的影响 …… 100
6.3.1 冠间间隙对系统响应的影响 …… 100
6.3.2 叶片转速对系统响应的影响 …… 105

6.3.3　气动力幅值对系统响应的影响……107
6.4　本章小结……109
参考文献……109
第 7 章　基于悬臂板理论的叶片-机匣碰摩动力学……110
7.1　概述……110
7.2　基于固有特性的悬臂板叶片模型验证……110
7.3　含不对中的叶片-机匣碰摩模型……112
7.4　叶片-机匣碰摩导致的振动响应分析……113
7.4.1　机匣刚度的影响……114
7.4.2　不对中的影响……118
7.4.3　叶片-机匣最小间隙的影响……119
7.5　本章小结……120
第 8 章　基于变厚度壳的叶片-机匣碰摩动力学……122
8.1　概述……122
8.2　基于变厚度壳的叶片有限元模型……122
8.3　叶片固有特性分析……124
8.4　叶片-机匣碰摩模型……126
8.5　叶片-机匣碰摩动力学特性分析……129
8.5.1　气动力幅值的影响……131
8.5.2　静态不对中的影响……135
8.5.3　机匣刚度的影响……138
8.5.4　叶片气动力频率的影响……141
8.6　本章小结……143
第 9 章　不同叶片模型对叶尖碰摩动力学特性的影响……144
9.1　概述……144
9.2　叶片有限元模型及叶片-机匣碰摩模型……144
9.2.1　叶片的有限元模型……144
9.2.2　考虑叶片和机匣宽度的叶片-机匣碰摩模型……145
9.3　无碰摩情况下 4 种叶片模型动力学特性分析……146
9.4　4 种叶片模型叶尖碰摩动力学特性分析……152
9.4.1　基于梁模型的碰摩响应分析……153
9.4.2　基于等厚度直板模型的碰摩响应分析……154
9.4.3　基于等厚度扭板模型的碰摩响应分析……155
9.4.4　基于变厚度壳模型的碰摩响应分析……158

9.5　本章小结……161
参考文献……161
第 10 章　榫连盘片结构叶尖-机匣碰摩动力学……162
10.1　概述……162
10.2　盘片有限元模型及简化的叶尖碰摩力模型……162
10.2.1　盘片有限元模型……162
10.2.2　模拟叶尖局部碰摩的脉冲力模型……164
10.3　考虑叶尖碰摩的叶片动力学及榫连接触特性分析……165
10.3.1　转速的影响……165
10.3.2　侵入量的影响……173
10.4　本章小结……177
参考文献……178
第 11 章　转子-叶片-机匣系统碰摩动力学……179
11.1　概述……179
11.2　转子-叶片-机匣系统碰摩动力学模型……179
11.3　不同碰摩力模型对系统碰摩响应的影响……183
11.4　不同参数对单叶片碰摩响应的影响……185
11.4.1　机匣质量对系统碰摩响应的影响……185
11.4.2　机匣刚度对系统碰摩响应的影响……187
11.5　不同参数对多叶片碰摩响应的影响……189
11.5.1　转速对碰摩的影响……189
11.5.2　不同叶片数对碰摩的影响……192
11.6　仿真与实验结果对比分析……193
11.7　本章小结……202
参考文献……202
第 12 章　转轴-盘片-机匣系统叶尖碰摩动力学……203
12.1　概述……203
12.2　考虑叶尖碰摩的转轴-盘片系统动力学模型……203
12.2.1　转轴-盘片系统有限元模型……203
12.2.2　含叶尖碰摩的转轴-盘片-机匣系统有限元模型……205
12.2.3　基于固有特性的模型验证……207
12.3　转轴-盘片-机匣系统碰摩振动响应分析……212
12.3.1　转速的影响……214
12.3.2　安装角的影响……217

12.3.3　机匣刚度的影响 ……………………………………………………………………219
12.4　本章小结 ……………………………………………………………………………… 224
参考文献……………………………………………………………………………………… 225
附录 A　悬臂板相关矩阵附录………………………………………………………………226
附录 B　转子-叶片相关矩阵附录……………………………………………………………231
附录 B.1　叶片矩阵元素表达式 …………………………………………………………… 231
附录 B.2　叶片-转子耦合矩阵元素表达式 ……………………………………………… 232
附录 B.3　叶片-转子附加矩阵元素表达式 ……………………………………………… 234
附录 B.4　叶片-转子非线性力向量元素表达式 ………………………………………… 237
彩图

第1章　绪　　论

本章首先介绍叶片-机匣碰摩研究的目的及意义，然后对叶片-机匣碰摩模型、悬臂叶片碰摩动力学、旋转带冠叶片碰撞动力学、盘片及转子-盘片系统叶尖碰摩动力学和叶片-机匣碰摩实验这5个方面国内外研究现状进行了评述，最后简要介绍了本书的主要内容。

1.1　目的及意义

在航空发动机中，叶尖的间隙是指旋转叶片叶尖和机匣间的径向距离（图1.1），它是影响叶尖泄漏的一个重要参数。为了提高航空发动机的工作性能，目前普遍采用的改进措施是减小叶片-机匣间隙[1，2]。然而，随着间隙的减小，叶片-机匣碰摩的可能性会随之增加，从而可能影响航空发动机的安全运行。叶片-机匣碰摩会导致复杂的整机振动，降低系统性能，缩短叶片和机匣的工作寿命。1973年，美国国家运输安全委员会（NTSB）报道了一起飞机飞行过程中由叶片与机匣的接触碰摩导致的发动机风扇部件碎裂事故[3]；2014年6月23日F-35A

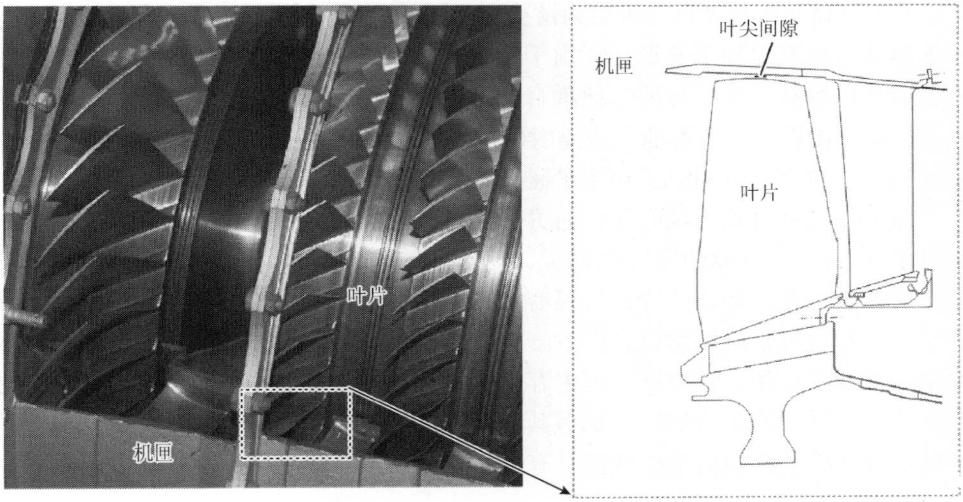

图1.1　叶片-机匣间隙示意图

起火是由 F135 发动机第三级整体叶盘风扇叶片与机匣摩擦所致[4]。这些叶片-机匣碰摩问题已经引起了国内外研究学者的广泛关注[1, 2]。

对于转定子碰摩、叶片-机匣碰摩所导致的复杂振动响应，许多学者进行了大量的研究，也取得了丰硕的研究成果[5-13]。Muszynska[8]对旋转机械中碰摩相关的现象进行了总结，她指出在碰摩过程中会出现摩擦引起的磨损和发热、重复的周期性冲击、转轴刚化和随着法向接触力变化的耦合效应等。Ahmad[9]探讨了不平衡、库仑摩擦、刚度硬化、外阻尼、旋转加速度、外激励频率、反向涡动、扭转载荷、盘的弹性和热效应对碰摩转子系统动力学特性的影响。陈予恕和张华彪[10]指出目前国内外对于碰摩故障的研究主要集中在碰摩系统的复杂动力学、碰摩与其他故障的耦合动力学等方面。江俊和陈艳华[11]从动力学与控制的角度对过去半个世纪有关转定子碰摩的研究成果进行了归纳和总结，并将现有的转定子碰摩模型分成两类，即碰摩局部模型和碰摩系统模型；并以典型碰摩非线性响应为主线，分别介绍了有关同频碰摩响应、谐波周期碰摩响应、准周期局部碰摩响应、干摩擦自激反向全周涡动响应、碰摩的全局响应行为以及碰摩响应的分岔与混沌方面的研究成果。Jacquet-Richardet 等[12]指出碰摩故障本质上是高度非线性问题，涉及多物理场和多尺度耦合行为。

Muszynska 指出碰摩通常发生在密封处，叶片-机匣碰摩很少出现，一旦出现则十分危险[8]。文献[11]则对叶片-机匣碰摩给出了如下描述："众所周知，碰摩经常发生在密封件上，而叶片-机匣的碰摩发生较少，但此种碰摩一旦发生更为危险。这是因为叶片尖端处有更高的线速度，碰摩能量大，对转子动力学的影响也大。叶片-机匣的碰摩是更加复杂的冲击过程：①碰撞发生在柔性体与致密弹性体间，或柔性体与柔性体间（机箱为薄壳时），碰撞力将主要取决于碰撞柔性体本身的整体变形，而非局部变形；②由于叶尖与线速度方向有一定的夹角，叶片碰撞为斜碰撞，容易诱发叶片的弯扭耦合变形；③叶片在碰摩过程中，自身位置有明显的移动，所以，冲击不能看成是瞬时的。"从这些描述可知，叶片-机匣碰摩具有较大的危险性，且相对于转定子碰摩更为复杂。

由上述文献可知，现阶段的研究多集中于转子与定子之间的碰摩故障研究，而对于叶片-机匣碰摩的研究还很少。相对于转定子碰摩，叶片-机匣碰摩涉及更多的动力学特性，如旋转导致的离心刚化、旋转软化和科氏力等。此外，碰摩激励对航空发动机整机振动也会产生一定的影响。因此，建立准确的叶片-机匣碰摩模型，掌握叶片和机匣碰摩过程中存在的振动、摩擦和冲击的耦合规律，预估叶片在典型工况下的振动响应，掌握其复杂非线性动力学行为，对于叶片的结构设计以及提高航空发动机整机性能具有重要意义。

1.2 国内外研究现状

1.2.1 叶片-机匣碰摩模型研究

根据不同的碰撞和摩擦假设，针对未涂层机匣，叶片-机匣碰摩模型可分为以下 7 种类型：①基于准静态假设，考虑碰撞能量守恒，文献[14]～文献[16]分别开发了 3 种法向碰摩力模型（NRFMCCEC）。这些模型能考虑叶片的几何尺寸，如叶片的长度、截面惯性矩和叶片-机匣的摩擦系数。此外，文献[15]和文献[16]所提碰摩模型还考虑盘的半径以及转速的影响，而文献[16]则进一步考虑了机匣刚度的影响。②当金属叶片刮研金属机匣时，叶尖可能熔化，并在冷却的金属表面沉积下来，在这种情况下切向和法向碰摩力类似于挤压油膜轴承力。基于这个类比，文献[17]开发了熔化黏着模型（SRM）。③假定法向碰摩与侵入深度成比例或非比例关系，线性或非线性弹簧模型（LSM 或 NLSM）被开发出来[18-25]，这些模型广泛用于传统转定子碰摩模拟。④对于点碰摩或者局部碰摩这种特殊的碰摩形式，法向碰摩力类似于周期性脉冲载荷，针对这种特殊的碰摩工况，许多学者采用多种脉冲力形式如半正弦波、矩形脉冲和锯齿脉冲来模拟叶片-机匣局部碰摩[26-31]。⑤考虑叶片-机匣碰摩导致的附加约束影响，文献[32]和文献[33]开发了一个约束碰摩模型（CMMFR）。⑥考虑弹性叶片和机匣的结构刚度、叶尖和机匣涂层的局部刚度以及碰摩过程中的能量损耗影响，文献[34]提出了一个滞回接触力模型（HCFM）。⑦采用解析或有限元方法，叶片-机匣碰摩可以简化为带有冲击、摩擦和初始间隙的动接触问题[35-51]，这些碰摩模拟方法统称为基于接触动力学的碰摩模型（RMBOCD）。

1. 基于碰撞能量守恒的法向碰摩力模型

假定未涂层机匣为刚性，Padovan 等[14]将叶片简化为一个悬臂梁（图 1.2），在单叶片碰摩情况下，推导了法向碰摩力 F_n 和侵入量 δ 之间的关系。

$$F_n = \frac{\pi^2}{4}\frac{EI}{L^2}\frac{\frac{\pi}{2}\sqrt{\frac{\delta}{L}}}{\mu + \frac{\pi}{2}\sqrt{\frac{\delta}{L}}} \tag{1.1}$$

式中，E、I、L、δ 和 μ 分别为杨氏模量、叶片截面惯性矩、叶片长度、侵入深度和摩擦系数。

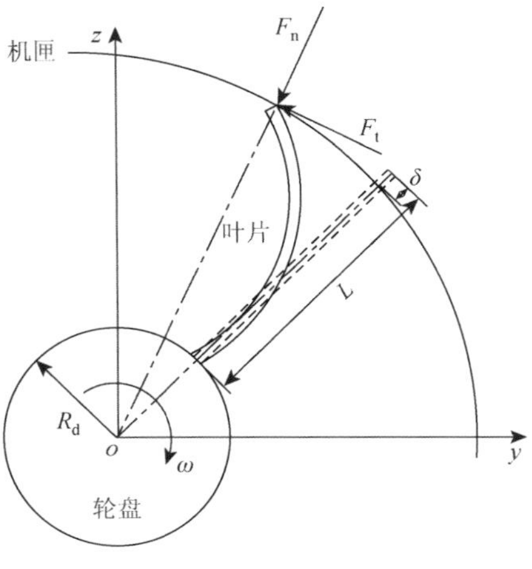

图 1.2　叶片-机匣碰摩示意图

F_n-法向碰摩力；F_t-切向碰摩力；δ-侵入深度；ω-旋转角速度；R_d-轮盘半径；L-叶片长度

考虑叶片旋转导致的离心刚化影响，基于 Padovan 模型，Jiang 等[15]推导了一个修订的法向碰摩力模型。

$$F_n = 2.5\frac{EI}{L^2}\frac{1.549\sqrt{\frac{\delta}{L}}}{\mu+1.549\sqrt{\frac{\delta}{L}}}+\frac{11}{56}\rho AL\omega^2\left(\frac{5}{22}L+\frac{35}{22}R_d\right)\frac{1.549\sqrt{\frac{\delta}{L}}}{\mu+1.549\sqrt{\frac{\delta}{L}}} \tag{1.2}$$

式中，ρ 为材料密度；A 为叶片截面面积；ω 为旋转角速度；R_d 为轮盘半径；其余参数同式（1.1）。考虑机匣刚度的影响，基于 Jiang 等推导的模型，Ma 等[16]提出了一个改进的叶片-机匣法向碰摩力模型，并通过模型实验，验证了所提模型的有效性。

2. 熔化黏着模型

叶片-机匣碰摩过程中，考虑叶尖熔化并沉积在冷的金属表面（图 1.3）。在这种碰摩情况下，叶尖切向力可以通过在黏性介质内的移动速度 u 来评估；法向碰摩力通过叶尖和机匣之间的相对径向速度来确定。类比在挤压油膜器的切向和法向碰摩力，在大叶片宽厚比（b/a，叶片宽度与厚度比值）情况下，Kascak 等[17]提出了熔化黏着模型。该模型的法向和切向碰摩力为

$$\begin{cases}\begin{cases}F_n = cvb\left(\dfrac{a}{h}\right)^3, & F_n \leqslant F_s \\ F_n = k_c(r-C), & F_n > F_s\end{cases} \\ F_t = \dfrac{cuab}{h}\end{cases} \tag{1.3}$$

式中，c 为熔化金属的黏度；F_s 为封严基体的支承力；k_c 为机匣刚度；r 为叶尖径

向位移；C 为叶尖-机匣径向间隙；其余参数详见图 1.3。

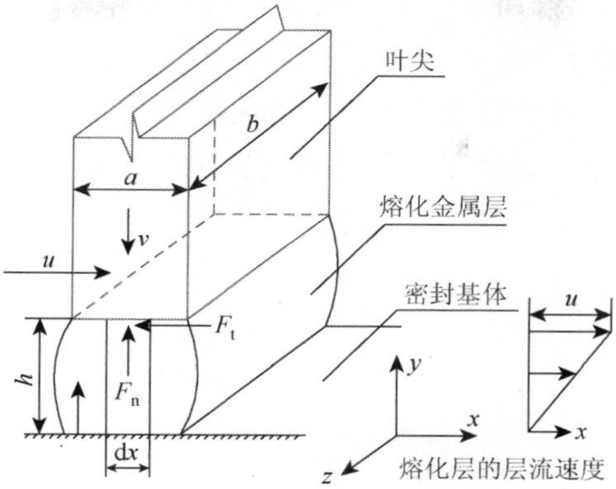

图 1.3 熔化黏着模型示意图

a-叶尖厚度；b-叶尖宽度；h-熔化金属的厚度；v-径向叶尖侵入速度；u-切向叶尖速度；F_n-法向碰摩力；F_t-切向碰摩力

3. 线性或非线性弹簧模型

一个广泛应用于转定子碰摩的线性弹簧模型，假定法向碰摩力与侵入深度成正比。很多学者采用这个模型来模拟叶片-机匣碰摩，该模型简单，且在一些情况下是有效的[18-25]。通过确定间隙函数（图 1.4），Parent 等[18]采用线性弹簧来确定叶片-机匣法向碰摩力。

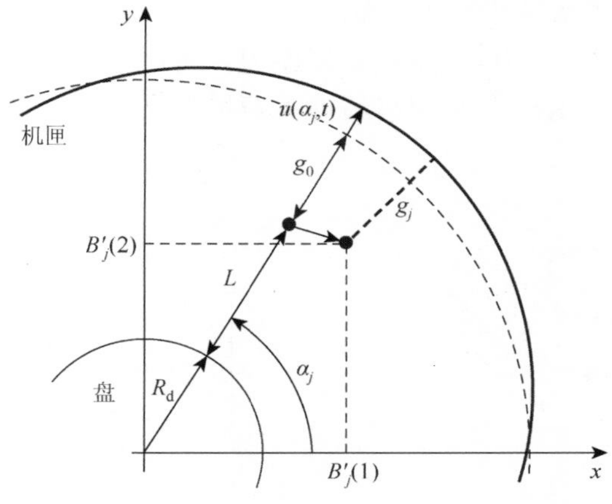

图 1.4 间隙定义示意图

R_d-轮盘的半径；L-叶片长度；g_0-初始叶尖间隙；$u(\alpha_j, t)$-法向机匣变形；g_j-第 j 个叶片间隙函数；$B'_j(1)$，$B'_j(2)$-第 j 个叶尖位置

$$\begin{cases}F_{\mathrm{n}j}=k_{\mathrm{c}}g_j \quad (g_j<0)\\ g_j=L+R_{\mathrm{d}}+g_0+u(\alpha_j,t)-\sqrt{B_j'(1)^2+B_j'(2)^2}\end{cases} \tag{1.4}$$

式中，下角标 j 表示第 j 个叶片。

基于相同的法向碰摩力计算方法[18]，Parent 等[19]开发了一个三维叶尖接触判断准则，如图 1.5 所示，该模型可以考虑叶片的三维振动和三维局部接触面对叶尖间隙的影响。

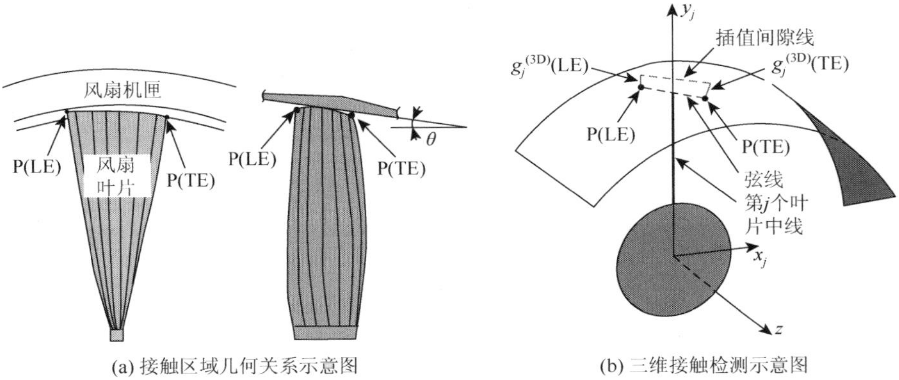

图 1.5 叶片-机匣间隙示意图

LE-叶片前缘（leading edge）；TE-叶片尾缘（trailing edge）

假定叶片是刚性的，采用线性弹簧来确定法向碰摩力，Lawrence 等[20]和 Thiery 等[21]分析了碰摩导致的转子振动响应。基于弹性叶片假设，Zhao 等[22]采用线性弹簧模型来计算叶片-机匣法向碰摩力。考虑沿着叶片宽度方向不同的叶尖振动位移，Yuan 和 Kou[23]采用多线性弹簧模型来模拟法向碰摩力 F_{n}（y），如图 1.6 所示。

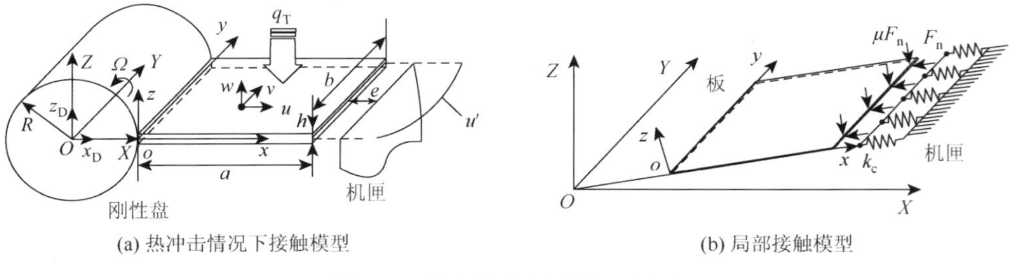

图 1.6 悬臂板-机匣碰摩示意图

a-叶片长度；b-叶片宽度；h-叶片厚度；e-叶片-机匣初始间隙；Ω-角速度；u'-叶尖的位移函数；q_{T} -一个突加的热流

$$F_{\mathrm{n}}(y)=\begin{cases}k_{\mathrm{c}}(u'-e), & u'>e\\ 0, & u'\leqslant e\end{cases},\quad u'=u(a,y)+x_{\mathrm{D}}\cos\Omega t+z_{\mathrm{D}}\sin\Omega t \tag{1.5}$$

式中，$u(a, y)$为 X 方向位移；x_{D} 和 z_{D} 分别为 X 和 Z 方向的位移激励；k_{c} 为接触刚度；e 为悬臂板和机匣之间的间隙；Ω 为角速度，rad/s。Petrov[24]基于一个线性和非线性弹簧模型，开发了界面接触单元来模拟单叶片/多叶片和机匣之间的碰摩，其中非线性弹簧模型采用一系列表格值进行加载。

4. 脉冲力模型

对于一些典型的碰摩形式，如点碰摩或局部碰摩，法向碰摩力类似于一个周期性脉冲力[16]。对于这种特定的碰摩形式，很多学者通过在叶尖施加脉冲力的方式来模拟叶尖-机匣局部碰摩[26-31]。Sinha[26, 27]推荐了多个模拟叶尖局部碰摩的脉冲力表达式，如半正弦波、矩形脉冲和锯齿形脉冲。Turner 等[28, 29]采用一个类半正弦脉冲模拟了叶片-机匣局部碰摩［图 1.7（a)］。在他们的模型中，单位脉冲载荷表达式如下：

$$\Phi(t)=\frac{4}{\Delta t}\left(1-\frac{t}{\Delta t}\right)t,\quad \Delta t=\frac{2\arccos\left(\dfrac{R_{\mathrm{c}}^2+(G_{\mathrm{r}}+\delta)^2-R_{\mathrm{g}}^2}{2R_{\mathrm{c}}(G_{\mathrm{r}}+\delta)}\right)}{\Omega} \tag{1.6}$$

式中，碰摩持续时间 Δt 可通过侵入深度 δ 和角速度 Ω 来确定［图 1.7（b)］。最终的法向碰摩力可以表示为一个与空间位置有关的载荷函数 F（x）和一个与时间有关的脉冲函数 Φ（t）的乘积，如下式所示：

$$\boldsymbol{P}(t)=\Phi(t)\cdot F(x)=\frac{4}{\Delta t}\left(1-\frac{t}{\Delta t}\right)t\sum_{i=1}^{n}\boldsymbol{F}_i \tag{1.7}$$

式中，$\boldsymbol{F}_i$ 为第 i 个节点的载荷向量；n 为受载荷作用的节点数目。

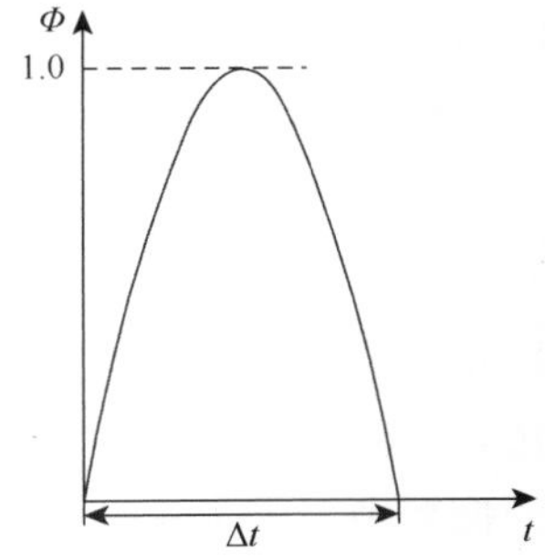

(a) 脉冲载荷定义

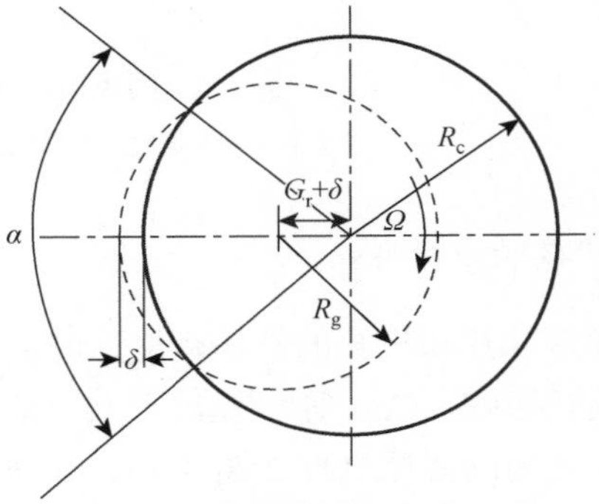

(b) 碰摩接触时间确定

图 1.7 脉冲力模型示意图

Δt-脉冲宽度或碰摩持续时间；δ，G_{r}，Ω-侵入深度、径向间隙和角速度；R_{g}，R_{c}-叶尖半径和机匣半径

Kou 和 Yuan[30]采用正弦脉冲函数和连续正弦函数来描述叶尖法向碰摩力，Ma 等[31]也采用类半正弦函数来确定叶尖局部碰摩力，其中，最大法向碰摩力通过叶片-弹性机匣碰摩模型来确定。

5. 约束碰摩模型

叶片-机匣碰摩过程中不仅产生碰摩力还会产生瞬时约束。碰摩越严重，叶片侵入机匣越深，而约束作用也越强。当叶片和机匣分离时约束消失，在整个碰摩过程中接触和分离交替出现。考虑碰摩导致的附加约束影响（图 1.8），Ma 等[32]提出了一个描述碰摩的动力学模型，其表达式为

$$\begin{cases} M\ddot{z} + D\dot{z} + Kz = mr\Omega^2 \mathrm{e}^{(\mathrm{j}\Omega t+\varphi)}, & |z| < c \\ M\ddot{z} + (D+D')\dot{z} + (K+K')z = mr\Omega^2 \mathrm{e}^{(\mathrm{j}\Omega t+\varphi)}, & |z| > c \end{cases} \tag{1.8}$$

式中，$z=x+\mathrm{j}y$，x 和 y 分别表示对应方向的位移；M、K 和 D 为碰摩前系统的质量、刚度和阻尼；$K+K'$和 $D+D'$为碰摩后的刚度和阻尼。

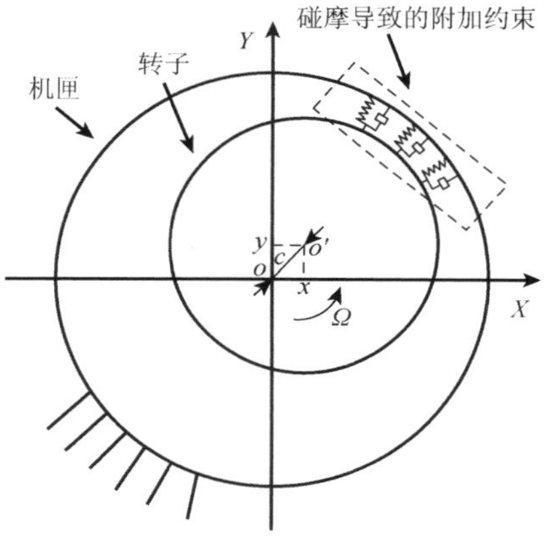

图 1.8　约束碰摩模型示意图

c-转子和机匣之间的间隙；Ω-旋转角速度

6. 滞回接触力模型

考虑弹性叶片和机匣的结构刚度、叶尖和机匣涂层的局部刚度以及碰摩过程中的能量损耗影响，Cao 等[34]提出了一个滞回接触力模型来揭示航空发动机转子叶片和机匣之间的碰摩机理（图 1.9）。在他们的模型中考虑了接触刚度和非线性滞回阻尼的影响，其中接触刚度包括叶片、机匣的结构刚度和软/硬涂层的局部接触刚度；非线性滞回阻尼用来描述碰摩过程中的能量损失。该滞回接触力模型的表达式为

$$F=\frac{k_{\mathrm{c}}k_{\mathrm{b}}k_{\mathrm{h}}\varDelta_{\mathrm{h}}^{0.5}}{k_{\mathrm{c}}k_{\mathrm{b}}+(k_{\mathrm{c}}k_{\mathrm{h}}+k_{\mathrm{b}}k_{\mathrm{h}})\varDelta_{\mathrm{h}}^{0.5}}\varDelta\left[1+\frac{3(1-e^{2})\dot{\varDelta}}{4\dot{\varDelta}^{-}}\right]\tag{1.9}$$

式中，k_{c}、k_{b}、k_{h}、e、$\varDelta$ 和 $\dot{\varDelta}^{-}$ 分别为机匣的结构刚度、叶片的结构刚度、Hertz 接触刚度、恢复系数、系统的整体弹性变形和初始侵入速度。$\varDelta_{\mathrm{h}}$ 的表达式为

$$\varDelta_{\mathrm{h}}=\left[\frac{1}{6}\frac{4^{1/3}f(\varDelta)}{k_{\mathrm{h}}}+\frac{1}{6}\frac{k_{\mathrm{s}}^{2}4^{2/3}}{k_{\mathrm{h}}f(\varDelta)}-\frac{1}{3}\frac{k_{\mathrm{s}}}{k_{\mathrm{h}}}\right]^{2}\tag{1.10}$$

式中，k_{s} 为转子系统的结构刚度。$f(\varDelta)$ 的表达式为

$$f(\varDelta)=\left\{k_{\mathrm{s}}\left[27\varDelta k_{\mathrm{h}}^{2}-2k_{\mathrm{s}}^{2}+3\sqrt{3}\sqrt{\varDelta(27\varDelta k_{\mathrm{h}}^{2}-4k_{\mathrm{s}}^{2})}k_{\mathrm{h}}\right]\right\}^{1/3}\tag{1.11}$$

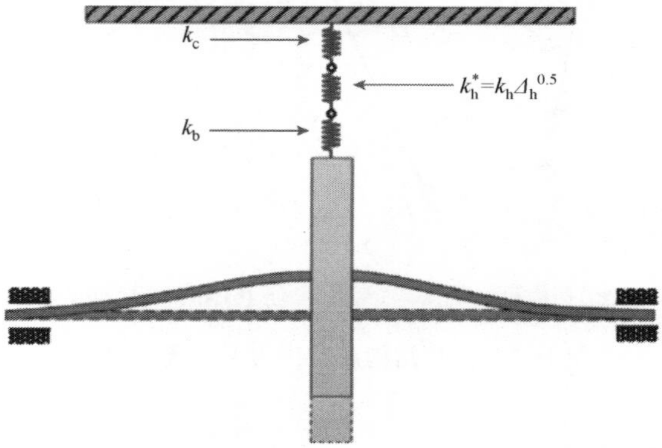

图 1.9　滞回接触力模型示意图

7. 基于接触动力学的碰摩模型

叶片-机匣的碰摩可看成带间隙的接触问题，碰摩过程中冲击和摩擦可以采用接触动力学来描述。近年来，带有单边接触和摩擦情况的有限元理论被广泛用于模拟叶片-机匣碰摩[35-51]。许多学者采用集中质量[35]、广义弹簧[49]、梁[36-42]和实体模型[43-46]来模拟叶片，采用曲梁[39-42]、薄壁圆柱壳[49-51]来表征机匣，模拟了叶片-机匣的碰摩过程。一些学者通过解析方法来建立转子-叶片耦合系统动力学模型，采用拉格朗日方法和罚函数方法来模拟叶片-机匣碰摩导致的接触边界条件的变化[35-37]。假定机匣为弹性环，忽略摩擦的影响，Lesaffre 等[35]采用拉格朗日方法建立了一个带叶片转子系统的动力学模型，在一些转速范围将叶片-机匣的动接触问题，简化为一个静接触问题进行处理。将悬臂叶片简化为一个等截面悬臂梁，采用罚函数方法来确定径向碰摩力，Sinha[36, 37]开发了一个带叶片柔性转子-轴承系统动力学模型，分析了碰摩导致的复杂系统振动响应，其工作表明叶片-机匣硬碰摩过程中法向碰摩力类似于 Hertzian 接触力[36]。很多学者将叶片-机匣碰摩

简化为一个二维平面接触问题[38-42]。忽略摩擦的影响，采用拉格朗日方程来处理不可侵入条件，Legrand 等[38]建立了盘片-机匣系统二维有限元模型［图 1.10（a）］，研究了盘片结构和机匣之间出现的模态接触现象［图 1.10（b）］。分别将叶片和机匣简化为一个直梁和一个曲梁，Legrand 等[39]、Batailly 等[40]和 Salvat 等[41，42]采用显式积分方法来处理叶片-机匣的接触（图 1.11），该方法结合了增广的拉格朗日方法和库仑摩擦定理。基于一个盘片-弹性机匣耦合系统的有限元模型，Almeida 等[43]结合拉格朗日方法和显式时间推进法模拟叶片-机匣的接触，分别采用库仑摩擦定理和 Archard 定律来模拟叶片-机匣的摩擦和磨损。

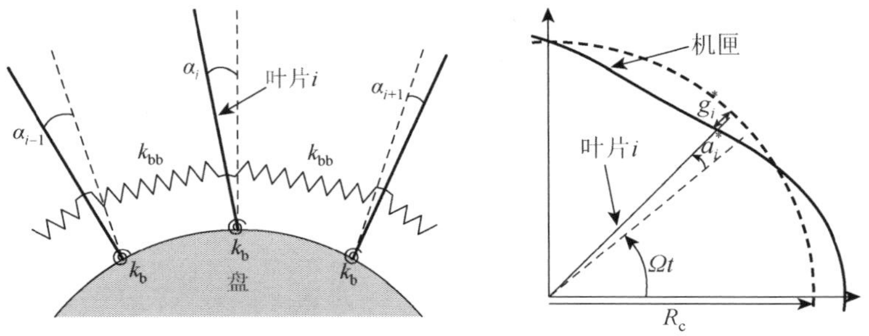

(a) 盘片结构示意图　(b) 第i个叶片和机匣之间的预测间隙

图 1.10　盘片结构及叶片-机匣间隙示意图

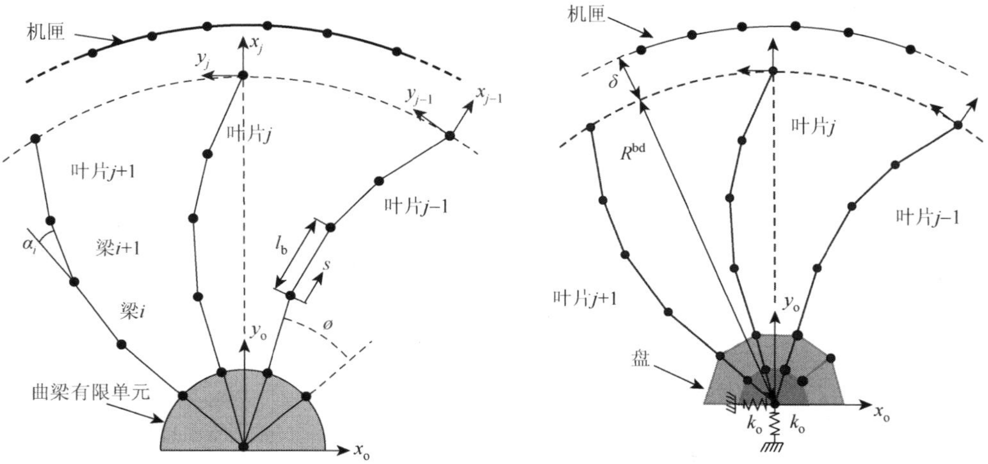

(a) 叶片-机匣二维有限元模型　(b) 轴-叶片-机匣二维有限元模型

图 1.11　叶片-机匣及轴-叶片-机匣二维有限元模型

最近，三维接触也被用来模拟叶片-机匣的碰摩[44-47]。Legrand 等[44]开发了一个全三维接触算法来模拟叶片-机匣碰摩［图 1.12（a）］，该算法结合了三次 B 样条分片平滑程序和拉格朗日乘子法。采用类似的方法，Batailly 等[45, 46]研究了离心压缩机叶片和椭圆机匣之间的碰摩［图 1.12（b）］。通过改变带有接触约束的运动方程为一个线性补偿问题，在一个时间离散的周期内采用一组代数方程进行求解，Meingast 等[47]提出了一种获得叶片-机匣碰摩周期解的方法。

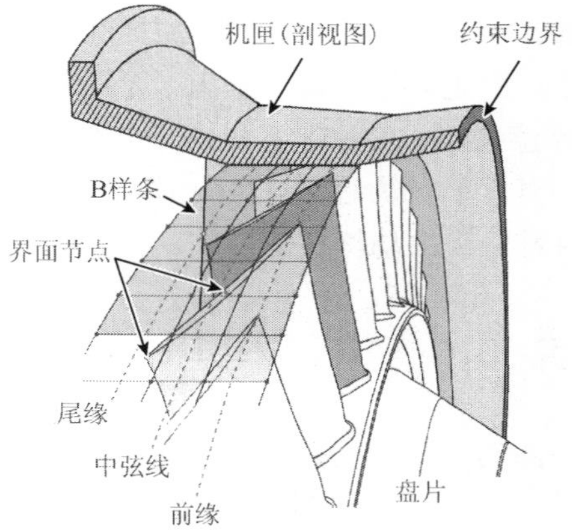

(a) 叶片-机匣系统三维有限元模型

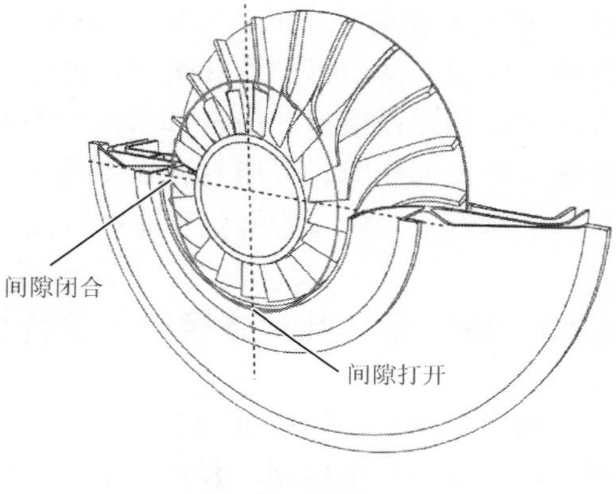

(b) 叶轮-机匣碰摩示意图

图 1.12　叶片-机匣系统三维有限元模型及叶轮-机匣碰摩示意图

许多学者也采用商用软件所提供的接触单元来模拟叶片-机匣碰摩，如 NASTRAN[20]、ANSYS[48]、SAMCEF[49]和 LS-DYNA[50, 51]。基于 ANSYS 软件 Ma 等[48]建立了一个轴-盘片-机匣系统有限元模型，采用点-点接触单元来模拟叶片-机匣碰摩，采用增广的拉格朗日方法和库仑摩擦模型来处理接触约束条件和叶片-机匣的摩擦。基于 SAMCEF 软件提供的显式有限元代码，Arnoult 等[49]推荐了两种方法（方法 1：几何方法；方法 2：一个基于简化的罚函数法的接触单元）模拟叶片-机匣接触。基于 LS-DYNA 软件，Garza[50]和 Arzina[51]采用接触单元模拟叶片-机匣碰摩，分析了碰摩导致的叶片振动响应。

1.2.2　悬臂叶片碰摩动力学特性研究

将旋转叶片简化为一个固支的悬臂梁和悬臂板，考虑叶片旋转所导致的离心刚化、旋转软化和科氏力等效应，很多学者模拟了叶片-机匣碰摩。基于脉冲力模型（PLM），Sinha[26]分析了旋转梁受到周期性碰摩力作用下的瞬态响应，讨论了碰摩过程中出现的频移现象和非线性振动响应。基于类似的脉冲力模型，Sinha[27]研究了叶片弯曲-轴向振动耦合和叶片预扭角导致的科氏力对碰摩叶片系统振动响应的影响。考虑机匣刚度的影响，将机匣简化为一个带弹性的单自由度集中质量模型，Ma 等[16]分析了碰摩导致的静态和动态碰摩力，他们的研究指出在小的机匣支承刚度情况下，最大法向碰摩力与侵入深度呈近似线性关系；而在大的机匣支承刚度情况下，最大法向碰摩力与侵入深度呈非线性关系。考虑气动载荷和机匣变形的影响，Ma 等[52]分析了升速过程中叶片-机匣碰摩，叶片和机匣之间的静态不对中、机匣刚度和机匣变形对系统动力学特性的影响。Almeida 等[43]采用欧拉-伯努利梁建立了叶片有限元模型，其中每个节点有 6 个自由度；机匣采用柔性环来模拟，其中每个点有两个自由度。将叶片简化为悬臂板，采用一个半解析方法和线性弹簧模型，Yuan 和 Kou[23]分析了摩擦系数、接触刚度和热冲击对悬臂板振动特性的影响。采用悬臂板来模拟叶片，基于脉冲力模型，Kou 和 Yuan[30]分析了摩擦力、碰摩力幅值和碰摩持续时间对悬臂板振动特性的影响。

1.2.3 旋转带冠叶片碰撞动力学特性研究

航空发动机在运行过程中，叶片会承受很高的动静载荷。在动静载荷的作用下，叶片将会产生振动，容易产生疲劳失效[53, 54]，进而降低航空发动机的寿命。为了提高叶片运行安全可靠性，现在常用的叶片减振措施：一种是给叶片增加阻尼结构如阻尼拉金、叶片凸肩和围带等[55]；另一种是采用带冠叶片，依靠冠间的碰撞和摩擦消耗叶片的振动能量，起到减振作用。

旋转带冠叶片在横向气动载荷以及其他形式载荷的作用下，会产生弯曲振动。当叶片在弯曲方向的位移大于相邻叶冠之间的预留间隙时，相邻叶片将会产生碰撞，相邻叶片在接触碰撞过程中具有极其复杂的动力学特性，并且会产生明显的非线性特性。很多学者研究了旋转带冠叶片的碰撞振动响应[56-58]。考虑到叶冠接触过程中碰撞和摩擦共同作用，Nan 和 Ren[56]研究了旋转带冠叶片的非线性振动响应特性，并且分析了叶片转速和叶片刚度对带冠叶片动力学响应的影响。Chu 等[57]研究了相邻叶片在非对称间隙下的碰撞机理，采用叶片 1 阶动刚度等效叶冠接触刚度，并讨论了叶冠间隙等参数对响应的影响。任兴民等[58]采用带叶尖质量悬臂梁模型来等效旋转带冠叶片，并建立了其动力学模型，分析了碰摩激励下带冠叶片的动力学响应。

1.2.4 盘片及转子-盘片系统叶尖碰摩动力学特性研究

通过建立盘片结构的有限元模型，很多学者研究了叶片-机匣碰摩导致的复杂振动响应。考虑榫连接触影响，基于 ANSYS 软件，Ma 等[31]建立了一个盘片结构循环对称扇区的有限元模型，采用脉冲力模型模拟叶尖局部碰摩，分析了叶尖碰摩导致的叶片振动响应和榫连接触面的接触特性。Legrand 等[38]讨论了叶片-机匣的模态接触现象，指出了一个危险的工况，即行波速度重合情况 $\omega_{\mathrm{c}} = n_{\mathrm{d}}\Omega - \omega_{\mathrm{bd}}$，式中，$\omega_{\mathrm{bd}}$ 和 ω_{c} 为盘片结构和机匣 n_{d} 节径下的固有频率，Ω 为盘的旋转速度。通过缩减自由度，Legrand 等[44]建立了三维有限元模型，采用一个含拉格朗日乘子和 B 样条曲面片的三维接触准则来模拟叶片-机匣碰摩。刘书国等[13]以某高压涡轮结构为例，以 LS-DYNA 软件为平台，考虑碰摩叶片的实际结构特征，对叶片-机匣碰摩的瞬态过程进行数值模拟，分析了碰摩激发的叶片动力学响应。通过分析发现碰摩将产生影响应力分布的应力波，并沿叶片传导；碰摩结束后叶片将以低阶固有模态进行振动衰减。基于接触动力学模型，Chai 等[59]建立了盘片结构三维有限元模型，分析了叶片-机匣碰摩响应。他们的研究结果表明碰摩会导致叶尖前缘产生局部屈曲，加速载荷会导致叶片产生弯曲和扭转变形。

为了考虑转子涡动的影响，很多学者也建立了转子-叶片-机匣系统有限元模型，并分析碰摩对转子、叶片及机匣耦合振动的影响。Padovan 等[14]建立了叶片-转子-机匣耦合模型，该模型只有转子系统的质点方程，并不考虑叶片的变形，将叶片-机匣碰摩等效为力施加在转子上，并通过转子径向位移与叶片-机匣间隙之间的关系，分析了单个叶片和多个叶片同时发生碰摩的动力学响应。基于类似的处理方法，Kascak 等[17]采用熔化黏着模型和可磨耗碰摩模型，分析了两种碰摩形式对系统振动响应的影响，他们的结果表明在碰摩过程中，两种模型均会有一个临界值使转子从正向涡动转向反向涡动，其中在反向涡动时可磨耗模型较熔化黏着模型更危险。Thiery 等[60]以一个 Jeffcott 转子带有 3 个刚性叶片模型为研究对象，将接触力描述为无质量外环的径向恢复力，通过径向位移和间隙之间的关系，确定施加的碰摩载荷。通过数值仿真研究了系统的分岔特征，并与先前带有 3 个柔性叶片的模型仿真结果进行对比，发现两个模型的整体分岔图较为相似，只是在局部频率段差距较大。针对一个 Kaplan 汽轮机，Thiery 等[21]采用有限元模型分析了碰摩导致的系统振动响应，其响应与 Jeffcott 转子振动响应具有类似的振动特性[60]。Wang 等[33]研究了碰摩导致的叶片脱落对系统动力学特性的影响，研究结果指出叶片脱落导致的突加不平衡会对转子产生冲击，并且会激发对应于系统的临界转速的频率成分。Chen[61]提出了一个可模拟叶片-机匣单点、多点、局部和整周碰摩的新模型，并基于一个转子-机匣耦合系统有限元模型，分析了叶片数目和叶片-机匣间隙对转子和机匣振动响应的影响。

Lesaffre 等[35]在旋转坐标系下建立了完全柔性的叶片-转子模型，并通过预应力将陀螺效应考虑到模型中；机匣模型则采用旋转坐标系下的弹性环来模拟，揭示了外载荷作用下系统模态振动机理。由于转子和定子模型都是在旋转坐标系下建立的，所以可以将两者在某转速范围内的接触问题看成静力学问题。通过对叶片-机匣无摩擦滑动接触问题的分析发现，在靠近定子固有频率时，会出现不稳定运动现象。Sinha[36]以一个等截面悬臂梁为研究对象，考虑了冲击碰撞过程中的弹性变形、旋转惯性、转轴的陀螺力矩、转轴内阻尼、轴承外阻尼、轮盘不平衡以及转轴受到的扭矩和轴向载荷的影响，推导了带叶片柔性转子碰摩的动力学方程，研究了叶尖和刚性机匣碰摩导致的系统非线性动力学特性，讨论了在升降速过程中，过共振区时叶尖碰摩导致的转子瞬态响应。研究发现叶片-机匣发生局部刚性碰摩时，接触载荷类似于Hertz接触，即接触载荷与叶尖的变形成比例。考虑叶片脱落导致较大的不平衡力、转子的不对称性、旋转惯性、陀螺力矩、材料内阻尼和轴承的外阻尼的影响，Sinha[37]建立了不对称涡扇转子系统的动力学模型，分析了叶片和外机匣碰摩导致的复杂非线性动力学响应。针对柔性叶片转子和柔性机匣的耦合系统，Parent等[18]模拟了叶片和机匣的碰摩过程，他们的模型考虑了叶片与转子、转子与机匣以及叶片与机匣的耦合作用。基于文献[18]，Parent等[19]分析了叶尖碰摩过程中三维运动和局部几何关系对碰摩状态及系统稳定性的影响。基于线性和非线性弹簧碰摩模型，Petrov[24]采用多谐波分析法研究了整个发动机中由叶片-机匣碰摩引起的振动，他的研究结果表明，叶片-机匣碰摩可以激发奇数次谐波，两种模型在低转速区振动响应吻合很好，而在高转速区则会出现较大的误差。

Salvat等[42]采用一个简化的二维平面单元来模拟发动机风扇级轴-盘片系统，该模型采用两个连接到轮盘中心的线性弹簧来模拟轴的柔性，利用一组弹簧来模拟风扇结构和轴承之间的结构耦合，基于该模型分析了叶片-机匣碰摩对转子涡动的影响。Ma等[48]建立了转轴-盘片-机匣耦合系统的有限元模型，通过对叶尖与机匣相应节点设置点-点接触单元来模拟叶尖与机匣之间的碰摩现象。文中考虑了两种转子系统不平衡加载方式，通过分析发现，4倍频以及其边频与1倍频的组合频率可分别作为两种加载方式下系统的碰摩故障特征。考虑轮盘为刚性，叶片简化为梁，采用解析方法建模；转子也简化为梁，采用有限元方法建模，Ma等[62]基于一个模型实验台尺寸，建立了转子-叶片耦合系统动力学模型，分析了单叶片和4叶片碰摩情况下叶片、转子和机匣的耦合振动响应，并通过实验结果验证了仿真结果的有效性。考虑叶片的柔性影响，Wang等[63]建立了滚珠轴承-转子-叶片-机匣系统耦合动力学模型，分析了叶片-机匣单点碰摩和整周碰摩情况下系统的振动响应。

1.2.5 叶片-机匣碰摩实验研究现状

采用模型实验来研究叶片-机匣碰摩问题，一方面可以验证理论结果，另一方面可以发现一些新的实验现象，从而弥补理论分析的不足。为了开展模型实验，很多学者搭建了不同的实验台，如将叶片简化为单摆，机匣简化为平板[64, 65]；搭建转子-叶片实验台，其中叶片简化为等截面板，实验台运行转速为1000～7000r/min[15, 16, 66-71]；采用真实叶片的转子-叶片结构，运行在较高的旋转速度

（20000～58500r/min）[69，70，72-74]。

Kennedy[64]采用一个摆动梁和一个光滑平板构成的模型实验台，模拟叶尖机匣之间的碰摩，测试了碰摩产生的碰摩力、接触变形、碰摩能量和表面温度，开发了一个分析模型，研究了热和结构参数对表面温度的影响，并通过实验进行了验证。Wang 等[65]通过实验研究了转动叶片（摆动臂）和静子机匣（采用平板模拟）之间的碰摩接触现象，研究了叶片的转速、侵入量及两种不同机匣材料对接触力的影响。研究结果表明，在测试的侵入量和叶片转速范围内，最大的叶片径向力和切向力与侵入深度和转速呈线性关系，其中转速较侵入深度影响更大一些。

Jiang 等[15]和 Ahrens 等[66]考虑直板叶片（矩形截面）的旋转，将机匣简化为带有一定角度的弧形结构，围绕着接触力进行了相关的实验，该实验模拟的最高转速为 1800r/min。Ahrens 等[66]通过模型实验研究了叶片和机匣碰摩产生的接触力，确定了侵入量和法向接触力之间的关系，测定了叶片-机匣碰摩过程中法向力和切向力的时间历程曲线，分析了摩擦系数与转速之间的依赖关系。Ma 等[16]建立了一个叶片-机匣碰摩实验台，在低转速情况下（1000r/min、1500r/min 和 2000r/min），揭示了不同机匣材料下的法向碰摩力和侵入量之间的关系。Abdelrhman 等[67]建立了一个多级转子系统碰摩实验台，该实验台包括三排转子叶片，分别包括 8 个、11 个和 13 个叶片，在 1200r/min 转速下开展了叶片-机匣碰摩实验，并通过机匣振动信号提取了碰摩故障特征。

李勇等[68]搭建了航空发动机实验器，研究了叶片-机匣在单点碰摩、两点碰摩和偏摩状态下叶片载荷的测试方法，测试了叶片在碰摩力的冲击与摩擦作用下的振动特性，给出了叶片和机匣受冲击力的时间载荷和频谱。基于一个航空发动机转子-叶片-机匣实验台，Chen[69，70]开展了单点和局部碰摩实验，提取了机匣加速度振动信号的碰摩故障特征。他的研究结果表明，碰摩情况下机匣振动信号具有明显的冲击特性，冲击频率为叶片通过频率（叶片数与转频的乘积）。谭大力等[71]也基于与航空发动机实验器类似的设计原理，设计了燃气轮机典型故障模拟器（最大工作转速仍为 7000r/min），该实验器可模拟转子叶片与机匣碰摩故障。通过调整螺钉数目的变化，可以实现点碰摩、局部碰摩和整周碰摩。通过添加偏心质量块，可以实现对叶尖碰摩（或叶片掉块）所造成的不平衡量的模拟。

上述文献的叶片-机匣碰摩实验多数在低转速下围绕直板叶片进行，与实际叶片工作转速和结构还有很大差异。针对以往实验模型简单、转速低的不足，俄亥俄州立大学燃气涡轮实验室 Padova 等[72-74]围绕真实结构叶片在真实工作转速下开展了大量实验研究工作。Padova 等[72]设计了一个地下旋转实验台，来模拟汽轮机在工作转速下叶片-机匣碰摩现象。实验结果证明，此实验台可以很好地完成在不同碰摩情况下，叶片-机匣各种接触载荷的测量。随后 Padova 等[73]又基于此实验台开展了叶片和钢制机匣的碰摩实验研究，分析了金属和金属在不同程度的突然侵入量下接触动力学特性。最近 Padova 等[74]又开展了叶片与涂层机匣之间的碰摩研究，进行了金属-金属、金属-可磨耗涂层及不同叶尖形状和叶尖速度下的接触动力学测试，研究结果再一次证明了文献[73]提及的碰摩力的非线性特性。Chen[69，70]采用一个弹用涡喷发动机，包括压气机和涡轮转子（其转速最高为58000r/min），分析了叶片-机匣碰摩过程中机匣的振动特征。

1.3　本书的主要内容

本书以叶片-机匣碰摩系统为研究对象，建立了悬臂梁、悬臂板、盘片结构、转子-叶片和转轴-盘片结构动力学模型，推导了叶片-弹性支承机匣碰摩力模型，分析了叶尖-机匣碰摩对叶片、转子、机匣振动以及榫连接触特性的影响，并通过模型实验，验证了部分模型的有效性。主要内容总结如下。

（1）第 2 章：旋转叶片动力学建模。考虑旋转效应如离心刚化、旋转软化以及科氏力的影响，将叶片简化为悬臂梁和悬臂板，采用能量法，基于哈密顿（Hamilton）变分原理以及铁木辛柯（Timoshenko）梁和板壳理论推导了多载荷激励下旋转叶片的运动微分方程，并采用伽辽金（Galerkin）方法对系统运动微分方程进行离散，得到悬臂梁和悬臂板的动力学模型。

（2）第 3 章：转子-叶片耦合系统动力学建模及模型验证。假定盘为刚性，将叶片简化为悬臂梁，采用梁有限元模型来模拟转轴，基于解析-有限元组合方法，建立了转子-叶片耦合系统动力学模型，并通过和有限元模型、模型实验获得的固有频率对比，验证了所开发模型的有效性。

（3）第 4 章：旋转叶片-弹性机匣碰摩模型及模型验证。根据叶片-机匣碰摩过程中的机械能守恒定律，以及叶片与机匣间的位置关系，推导了准静态情况下叶片-弹性机匣碰摩表征模型，讨论了叶片和机匣参数对法向碰摩力的影响。通过叶片-机匣碰摩实验台，测试了不同侵入量、转速以及机匣材料下的法向碰摩力，并基于实验结果验证了新模型的有效性。最后，基于悬臂梁叶片模型，分析了悬臂梁和机匣碰摩情况下的动态法向碰摩力。

（4）第 5 章：基于悬臂梁理论的叶片-机匣碰摩动力学。在旋转悬臂梁解析模型以及叶片-弹性机匣碰摩力模型的基础上，建立了考虑碰摩的叶片系统动力学模型。通过数值积分法分析了升速过程中，静态机匣不对中、机匣刚度和机匣变形对叶片碰摩响应的影响，讨论了碰摩激励对系统超谐共振响应的激发能力，分析了叶片升速过程中碰摩的时域和频域特征。

（5）第 6 章：旋转带冠叶片碰撞动力学。基于悬臂欧拉-伯努利梁理论，考虑叶片旋转导致的离心刚化、旋转软化和科氏力效应，将带冠叶片等效为自由端带集中质量的悬臂梁模型，建立了旋转带冠叶片的动力学模型，并通过有限元模型验证了解析模型的有效性，随后分析了叶冠间隙、转速以及气动力幅值对系统碰撞振动响应的影响。

（6）第 7 章：基于悬臂板理论的叶片-机匣碰摩动力学。在悬臂板动力学模型以及叶片-弹性机匣碰摩力模型的基础上，建立了考虑碰摩的旋转叶片动力学模型。考虑沿叶片宽度方向不同位置处的碰摩影响，通过数值积分法分析了升速过程中，机匣刚度、叶片-机匣角度不对中和叶片-机匣最小间隙对叶片碰摩响应的影响。

（7）第 8 章：基于变厚度壳的叶片-机匣碰摩动力学。基于 ANSYS 软件，将真实叶片简化为变厚度壳，建立了真实叶片的壳单元有限元模型，并在叶片-弹性机匣碰摩力模型的基础上，将机匣简化为多个刚性耦合的集中质量点，建立了考虑碰摩的真实叶片-机匣系统有限元模型。考虑沿着叶片弦向不同位置处的碰摩影响，通过数值积分法分析了升速过程中，气动力幅值、叶片-机匣静态不对中和机匣刚度对叶片碰摩响应的影响。

（8）第 9 章：不同叶片模型对叶尖碰摩特性的影响。基于 ANSYS 软件，将叶片简化为梁、等厚度直板、等厚度扭板和变厚度壳，将机匣简化为多个刚性耦合的集中质量点，建立了 4 种叶片-机匣系统有限元模型。通过数值积分法分析了升速过程中，4 种叶片模型下系统的振动响应，并对比了 4 种模型模拟叶片-机匣碰摩的差异。

（9）第 10 章：榫连盘片结构叶尖-机匣碰摩动力学。考虑真实航空发动机盘片结构的周期对称性，选择 1/38 盘片结构作为研究对象，考虑榫槽-榫头接触影响，基于 ANSYS 软件建立了盘片结构的三维有限元模型，采用脉冲力模型模拟了叶片-机匣局部碰摩，分析了叶尖碰摩过程中，转速和侵入量对叶片动力学及榫连接触特性的影响。

（10）第 11 章：转子-叶片-机匣系统碰摩动力学。在转子-叶片动力学模型的基础上，考虑单叶片和 4 叶片局部碰摩的影响，建立了考虑碰摩的转子-叶片动力学模型，分析了单叶片和 4 叶片局部碰摩对叶片、机匣和转子振动响应的影响，并通过模型实验测定的转子振动响应，验证了仿真结果的有效性。

（11）第 12 章：转轴-盘片-机匣系统叶尖碰摩动力学。基于 ANSYS 软件，建立转轴-盘片-机匣系统动力学模型，通过接触单元和增广的拉格朗日方法，模拟了叶片-机匣碰摩，分析了转速、叶片安装角和机匣刚度对系统动力学特性的影响。

参 考 文 献

[1] Ma H，Yin F L，Guo Y Z，et al. A review on dynamic characteristics of blade-casing rubbing [J]. Nonlinear Dynamics，2016，84：437-472.

[2] Millecamps A，Batailly A，Legrand M，et al. Snecma's viewpoint on the numerical and experimental simulation of

blade-tip/casing unilateral contacts [C]. ASME Turbo Expo 2015：Turbine Technical Conference and Exposition，American Society of Mechanical Engineers，2015.

[3] Aircraft Accident Report-National Airlines，Inc. DC-10-10，N60NA，Near Albuquerque，New Mexico，November 3，1973[R]. NTSB-AAR-75-2，National Transportation Safety Board，Washington，D.C. 20591，1975.

[4] Amy B，Blade ‘Rubbing’ At Root of F-35A Engine Fire. Aviation week network，http：//aviationweek.com/farnborough-2014/blade-rubbing-root-f-35a-engine-fire.

[5] Patel T H，Zuo M J，Zhao X M. Nonlinear lateral-torsional coupled motion of a rotor contacting a viscoelastically suspended stator [J]. Nonlinear Dynamics，2012，69：325-339.

[6] Lu W X，Chu F L. Radial and torsional vibration characteristics of a rub rotor [J]. Nonlinear Dynamics，2014，76：529-549.

[7] Peletan L，Baguet S，Torkhani M，et al. Quasi-periodic harmonic balance method for rubbing self-induced vibrations in rotor–stator dynamics [J]. Nonlinear Dynamics，2014，78：2501-2515.

[8] Muszynska A. Rotor to stationary element rub-related vibration phenomena in rotating machinery-literature survey [J]. Shock and Vibration Digest，1989，21：3-11.

[9] Ahmad S. Rotor casing contact phenomenon in rotor dynamics-literature survey [J]. Journal of Vibration and Control，2010，16：1369-1377.

[10] 陈予恕，张华彪. 航空发动机整机动力学研究进展与展望[J]. 航空学报，2011，32（8）：1371-1391.

[11] 江俊，陈艳华. 转子与定子碰摩的非线性动力学研究[J]. 力学进展，2013，43（1）：132-148.

[12] Jacquet-Richardet G，Torkhani M，Cartraud P，et al. Rotor to stator contacts in turbomachines：Review and application [J]. Mechanical Systems and Signal Processing，2013，40：401-420.

[13] 刘书国，洪杰，陈萌. 航空发动机叶片-机匣碰摩过程的数值模拟[J]. 航空动力学报，2011，26（6）：1282-1288.

[14] Padovan J，Choy F K. Nonlinear dynamics of rotor/blade/casing rub interactions [J]. Journal of Turbomachinery，1987，109：527-534.

[15] Jiang J，Ahrens J，Ulbrich H，et al. A contact model of a rotating，rubbing blade [C]. Proceedings of the 5th International Conference on Rotor Dynamics of the IFTOMM，Darmstadt，Germany，1998：478-489.

[16] Ma H，Tai X Y，Han Q K，et al. A revised model for rubbing between rotating blade and elastic casing [J]. Journal of Sound and Vibration，2015，337：301-320.

[17] Kascak A F，Tomko J J. Effects of different rub models on simulated rotor dynamics [J]. NASA Technical Paper 2220，1984.

[18] Parent M，Thouverez F，Chevillot F. Whole engine interaction in a bladed rotor-to-stator contact [C]. Proceedings of ASME Turbo Expo 2014：Turbine Technical Conference and Exposition，American Society of Mechanical Engineers，2014.

[19] Parent M，Thouverez F，Chevillot F. 3D interaction in bladed rotor-to-stator contact [C]. Proceedings of the 9th International Conference on Structural Dynamics，EURODYN 2014，Porto，Portugal，2014.

[20] Lawrence C，Carney K，Gallardo V. A study of fan stage/casing interaction models [J]. National Aeronautics and Space Administration，Glenn Research Center，NASA/TM—2003-212215，2003.

[21] Thiery F，Gustavsson R，Aidanpaa J O. Dynamics of a misaligned Kaplan turbine with blade-to-stator contacts [J]. International Journal of Mechanical Sciences，2015，99：251-261.

[22] Zhao Q，Yao H L，Wen B C. Prediction method for steady-state response of local rubbing blade-rotor systems [J]. Journal of Mechanical Science and Technology，2015，29（4）：1537-1545.

[23] Yuan H Q, Kou H J. Contact-impact analysis of a rotating geometric nonlinear plate under thermal shock [J]. Journal of Engineering Mathematics, 2015, 90（1）: 119-140.

[24] Petrov E. Multiharmonic analysis of nonlinear whole engine dynamics with bladed disc-casing rubbing contacts [C]. ASME Turbo Expo 2012: Turbine Technical Conference and Exposition, American Society of Mechanical Engineers, 2012.

[25] Petrov E. Analysis of bifurcations in multiharmonic analysis of nonlinear forced vibrations of gas-turbine engine structures with friction and gaps [C]. ASME Turbo Expo 2015: Turbine Technical Conference and Exposition, American Society of Mechanical Engineers, 2015.

[26] Sinha S K. Non-linear dynamic response of a rotating radial Timoshenko beam with periodic pulse loading at the free-end [J]. International Journal of Non-Linear Mechanics, 2005, 40: 113-149.

[27] Sinha S K. Combined torsional-bending-axial dynamics of a twisted rotating cantilever Timoshenko beam with contact-impact loads at the free end [J]. Journal of Applied Mechanics, 2007, 74: 505-522.

[28] Turner K, Adams M, Dunn M. Simulation of engine blade tip-rub induced vibration [C]. ASME Twbo Expo 2005: Power for Lord, Sea and Air, Reno-Tahoe, Nevada, USA, 2005: 391-396.

[29] Turner K E, Dunn M, Padova C. Airfoil deflection characteristics during rub events [J]. Journal of Turbomachinery, 2012, 134: 011018.1-8.

[30] Kou H J, Yuan H Q. Rub-induced non-linear vibrations of a rotating large deflection plate [J]. International Journal of Non-Linear Mechanics, 2014, 58: 283-294.

[31] Ma H, Wang D, Tai X Y, et al. Vibration response analysis of blade-disk dovetail structure under blade tip rubbing condition [J]. Journal of Vibration and Control, DOI: 10.1177/1077546315575835, 2015.

[32] Ma Y H, Cao C, Zhang D Y, et al. Constraint mechanical model and investigation for rub-impact in aero-engine system[C]. ASME Turbo Expo 2015: Turbine Technical Conference and Exposition, American Society of Mechanical Engineers, 2015.

[33] Wang C, Zhang D, Ma Y, et al. Theoretical and experimental investigation on the sudden unbalance and rub-impact in rotor system caused by blade off [J]. Mechanical Systems and Signal Processing, 2016, 76: 111-135.

[34] Cao D Q, Yang Y, Chen H T, et al. A novel contact force model for the impact analysis of structures with coating and its experimental verification[J]. Mechanical Systems and Signal Processing, 2016, 70: 1056-1072.

[35] Lesaffre N, Sinou J J, Thouverez F. Contact analysis of a flexible bladed-rotor [J]. European Journal of Mechanics-A/Solids, 2007, 26: 541-557.

[36] Sinha S K. Dynamic characteristics of a flexible bladed-rotor with Coulomb damping due to tip-rub [J]. Journal of Sound and Vibration, 2004, 273: 875-919.

[37] Sinha S K. Rotordynamic analysis of asymmetric turbofan rotor due to fan blade-loss event with contact-impact rub loads [J]. Journal of Sound and Vibration, 2013, 332: 2253-2283.

[38] Legrand M, Pierre C, Peseux B. Structural modal interaction of a four degree of freedom bladed disk and casing model [J]. Journal of Computational and Nonlinear Dynamics, 2010, 5: 13-41.

[39] Legrand M, Pierre C, Cartraud P, et al. Two-dimensional modeling of an aircraft engine structural bladed disk-casing modal interaction [J]. Journal of Sound and Vibration, 2009, 319: 366-391.

[40] Batailly A, Legrand M, Cartraud P, et al. Assessment of reduced models for the detection of modal interaction through rotor stator contacts [J]. Journal of sound and vibrution, 2010, 329: 5546-5562.

[41] Salvat N, Batailly A, Legrand M. Two-dimensional modeling of shaft precessional motions induced by

blade/casing unilateral contact in aircraft engines [C]. ASME Turbo Expo 2014：Turbine Technical Conference and Exposition，American Society of Mechanical Engineers，2014.

[42] Salvat N，Batailly A，Legrand M. Two-dimensional modeling of unilateral contact-induced shaft precessional motions in bladed-disk/casing systems [J]. International Journal of Non-Linear Mechanics，2016，78：90-104.

[43] Almeida P，Gibert G，Thouverez F，et al. On some physical phenomena involved in blade-casing contact[C]. Proceedings of the 9th International Conference on Structural Dynamics，EURODYN 2014，Porto，Portugal，2014.

[44] Legrand M，Batilly A，Magnain B，et al. Full three-dimensional investigation of structural contact interactions in turbomachines[J]. Journal of Sound and Vibration，2012，331：2578-2601.

[45] Batailly A，Meingast M，Legrand M，et al. Rotor-stator interaction scenarios for the centrifugal compressor of a helicopter engine [C]. ASME IDETC Conference，Portland，United States，2013.

[46] Batailly A，Meingast M，Legrand M. Unilateral contact induced blade/casing vibratory interactions in impellers：Analysis for rigid casings[J]. Journal of Sound and Vibration，2015，337：244-262.

[47] Meingast M B，Legrand M，Pierre C. A linear complementarity problem formulation for periodic solutions to unilateral contact problems [J]. International Journal of Non-Linear Mechanics，2014，66：18-27.

[48] Ma H，Tai X Y，Niu H Q，et al. Numerical research on rub-impact fault in a blade-rotor-casing coupling system [J]. Journal of Vibroengineering，2013，15：1477-1489.

[49] Arnoult E，Guilloteau I，Peseux B，et al. A new contact finite element coupled with an analytical search of contact [C]. European Congress on Computational Methods in Applied Sciences and Engineering ECCOMAS 2000，Barcelona，2000.

[50] Garza J W. Tip rub induced blade vibrations：Experimental and computational results [D]. Master's Thesis，Columbus：The Ohio State University，2006.

[51] Arzina D. Vibration analysis of compressor blade tip-rubbing[D]. Master's Thesis，Cranfield：School of Engineering，Cranfield University，2011.

[52] Ma H，Yin F L，Tai X Y，et al. Vibration response analysis caused by rubbing between rotating blade and casing [J]. Journal of Mechanical Science and Technology，2016，30（5）：1983-1995.

[53] Lee B W，Suh J J，Lee H，et al. Investigations on fretting fatigue in aircraft engine compressor blade [J]. Engineering Failure Analysis，2011，18：1900-1908.

[54] Bhaumik S K，Sujata M，Venkataswamy M A，et al. Failure of a low pressure turbine rotor blade of an aeroengine [J]. Engineering Failure Analysis，2006，13：1202-1219.

[55] 卢绪祥，黄树红，刘正强，等. 汽轮机自带冠叶片碰撞减振的研究现状与发展[J]. 振动与冲击，2010，29：11-16.

[56] Nan G F，Ren X M. Nonlinear dynamic analysis of shrouded turbine blade of aero-engine subjected to combination effect of impact and friction [C]. 2011 UKSim 13th International Conference on Modelling and Simulation，2011.

[57] Chu S M，Cao D Q，Sun S P，et al. Impact vibration characteristics of a shrouded blade with asymmetric gaps under wake flow excitations [J]. Nonlinear Dynamics，2013，72：539-554.

[58] 任兴民，卢娜，岳聪，等. 考虑转速及碰摩的带冠涡轮叶片动力特性研究[J]. 西北工业大学学报，2013，31：926-930.

[59] Chai X H，Han P，Shi T C，et al. The study of tip clearance of a wide-chord fan blade of a high bypass ratio turbo-fan engine[C]. Proceedings of ASME Turbo Expo 2014：Turbine Technical Conference and Exposition GT2014，Düsseldorf，Germany，2014.

[60] Thiery F，Aidanpaa J O. Dynamics of a jecott rotor with rigid blades rubbing against an outer ring [J]. Chaotic

Modeling and Simulation，2012，4：643-650.

[61] Chen G. Simulation of casing vibration resulting from blade–casing rubbing and its verifications [J]. Journal of Sound and Vibration，2016，361：190-209.

[62] Ma H，Yin F L，Wu Z Y，et al. Nonlinear vibration response analysis of a rotor-blade system with blade-tip rubbing [J]. Nonlinear Dynamics，2016，84（3）：1225-1258.

[63] Wang H F，Chen G，Song P P. Simulation analysis of casing vibration response and its verification under blade-casing rubbing fault [J]. Journal of Vibration and Acoustics，2016，138：031004.1-14.

[64] Kennedy F E. Single pass rub phenomena analysis and experiment [J]. Journal of Lubrication Technology，1982，104：582-588.

[65] Wang B，Zheng J，Lu G. Rubbing contact between rotating blade and casing plate，part 1-experimental study [J]. Key Engineering Materials，2003，233-236：725-730.

[66] Ahrens J，Ulbrich H，Ahaus G. Measurement of contact forces during blade rubbing [C]. Vibrations in Rotating Machinery，7th International Conference，Nottingham，ImechE，London，2000：259-263.

[67] Abdelrhman A M，Leong M S，Hee L M，et al. Application of wavelet analysis in blade faults diagnosis for multi-stages rotor system [J]. Applied Mechanics and Materials，2013，393：959-964.

[68] 李勇，姜广义，王德友，等. 转静件碰摩状态下的叶片振动载荷和振动特性测试分析[J]. 航空动力学报，2008，23（11）：1988-1992.

[69] Chen G. Study on the recognition of aero-engine blade-casing rubbing fault based on the casing vibration acceleration [J]. Measurement，2015，65：71-80.

[70] Chen G. Characteristics analysis of blade-casing rubbing based on casing vibration acceleration [J]. Journal of Mechanical Science and Technology，2015，29（4）：1513-1526.

[71] 谭大力，王俨剀. 某船用燃气轮机故障的动力学分析[J]. 中国造船，2009，50（3）：104-112.

[72] Padova C，Barton J，Dunn M，et al. Development of an experimental capability to produce controlled blade tip/shroud rubs at engine speed [J]. Journal of Turbomachinery，2005，127：726-735.

[73] Padova C，Barton J，Dunn M，et al. Experimental results from controlled blade tip/shroud rubs at engine speed [J]. Journal of Turbomachinery，2007，129：713-723.

[74] Padova C，Dunn M，Barton J，et al. Casing treatment and blade-tip configuration effects on controlled gas turbine blade tip/shroud rubs at engine conditions [J]. Journal of Turbomachinery，2011，133：011016.1-011016.12.

第 2 章　旋转叶片动力学建模

2.1　概　　述

叶片在实际工作中处在高转速、多载荷激励的环境下，为了更好地研究叶片的动力学特性，在建模时需要考虑叶片的工作环境。本章将叶片简化为悬臂梁和悬臂板，采用能量法，基于 Hamilton 变分原理推导多载荷激励下旋转叶片的运动微分方程。然后，采用 Galerkin 方法对运动微分方程进行离散，最后整理得到系统的质量、刚度、阻尼、科氏力矩阵以及外激励向量。

2.2　旋转悬臂梁动力学模型

基于 Timoshenko 梁理论，本节采用变截面旋转悬臂梁对叶片进行建模，主要假设如下：

（1）材料假定为各向同性，本构关系满足胡克定律；

（2）叶片根部完全刚性约束。

2.2.1　旋转叶片运动微分方程

本节将旋转叶片简化为一个双锥度柔性悬臂梁，固定在半径为 R_d 的绕 Z 轴旋转的刚性轮盘上，如图 2.1 所示，$OXYZ$ 为整体坐标系，$o'x'y'z'$为旋转坐标系，$oxyz$ 为叶片局部坐标系。

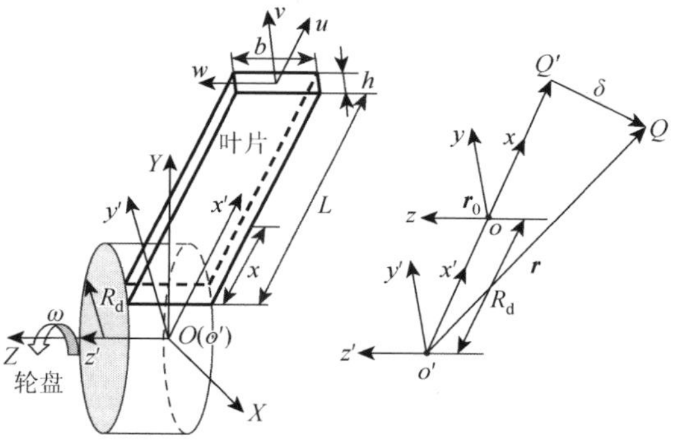

图 2.1　旋转叶片运动示意图

叶片上任意一点 Q 的位移在旋转坐标系中可以表示为

$$\boldsymbol{r} = \boldsymbol{r}_0 + \boldsymbol{\delta} = \begin{bmatrix} R_\mathrm{d} + x + u \\ v + y \\ w + z \end{bmatrix}, \text{其中}, \boldsymbol{r}_0 = \begin{bmatrix} R_\mathrm{d} + x \\ y \\ z \end{bmatrix}, \quad \boldsymbol{\delta} = \begin{bmatrix} u \\ v \\ w \end{bmatrix} \tag{2.1}$$

叶片采用 Timoshenko 梁进行模拟，可以考虑叶片在弯曲变形中的剪切效应，如图 2.2 所示，φ是叶片在局部坐标系中的截面转角。叶片上 Q 点在整体坐标系中的位移向量可以表示为

$$\boldsymbol{r}_Q = \begin{bmatrix} \cos\theta & -\sin\theta & 0 \\ \sin\theta & \cos\theta & 0 \\ 0 & 0 & 1 \end{bmatrix} \begin{bmatrix} R_\mathrm{d} + x + u - y\varphi \\ v + y \\ w + z \end{bmatrix} \tag{2.2}$$

式中，θ 是轮盘转动的角位移，$\theta=\omega t$。

由于叶片在旋转过程中，其摆动方向运动对叶片振动影响较小，所以本节只考虑叶片旋转过程中的径向和横向（弯曲方向）运动，令 $w=0$，$z=0$。叶片在旋转过程中，其动能 T 可以表示为

$$T = \frac{1}{2}\int \dot{\boldsymbol{r}}_Q^2 \mathrm{d}m = \frac{1}{2}\int \dot{\boldsymbol{r}}_Q^\mathrm{T} \cdot \dot{\boldsymbol{r}}_Q \mathrm{d}m = \frac{1}{2}\int_0^L \rho \iint_A \dot{\boldsymbol{r}}_Q^\mathrm{T} \dot{\boldsymbol{r}}_Q \mathrm{d}A\mathrm{d}x \tag{2.3}$$

其中，ρ、A 和 L 分别表示叶片的密度、横截面积和叶片长度。并且为了便于公式推导，引入以下两个表达式：$\iint_A y^2 \mathrm{d}A = b\int_{-\frac{h}{2}}^{\frac{h}{2}} y^2 \mathrm{d}y = I$，$\iint_A y \mathrm{d}A = b\int_{-\frac{h}{2}}^{\frac{h}{2}} y \mathrm{d}y = 0$。

考虑叶片旋转过程中的应力刚化效应（这里指离心刚化效应）以及叶片-机匣碰摩，旋转叶片的势能可以表示为

$$\begin{aligned} V = & \frac{1}{2}\int_0^L EI\left(\frac{\partial\varphi}{\partial x}\right)^2 \mathrm{d}x + \frac{1}{2}\int_0^L EA\left(\frac{\partial u}{\partial x}\right)^2 \mathrm{d}x + \frac{1}{2}\int_0^L \kappa AG\left(\frac{\partial v}{\partial x} - \varphi\right)^2 \mathrm{d}x \\ & + \frac{1}{2}\int_0^L f_\mathrm{c}(x)\left(\frac{\partial v}{\partial x}\right)^2 \mathrm{d}x + \frac{1}{2}F_\mathrm{n}\int_0^L \left(\frac{\partial v}{\partial x}\right)^2 \mathrm{d}x \end{aligned} \tag{2.4}$$

式中，E、I、G、κ、f_c（x）和 F_n 分别表示叶片的杨氏模量、截面惯性矩、剪切模量、剪切系数、离心力以及叶片受到的法向碰摩力。

由图 2.3 可知，微元体 dx 所受到的离心力 d$f_\mathrm{c}(x)$为

$$\mathrm{d}f_\mathrm{c}(x) = (\rho A\mathrm{d}x)\omega^2(R_\mathrm{d} + x) = \rho A\omega^2(R_\mathrm{d} + x)\mathrm{d}x \tag{2.5}$$

因此，叶片在旋转过程中所受到的离心力可以表示为

$$f_\mathrm{c}(x) = \int_x^L \mathrm{d}f_\mathrm{c}(x) = \rho\omega^2\int_x^L A(R_\mathrm{d} + x)\mathrm{d}x \tag{2.6}$$

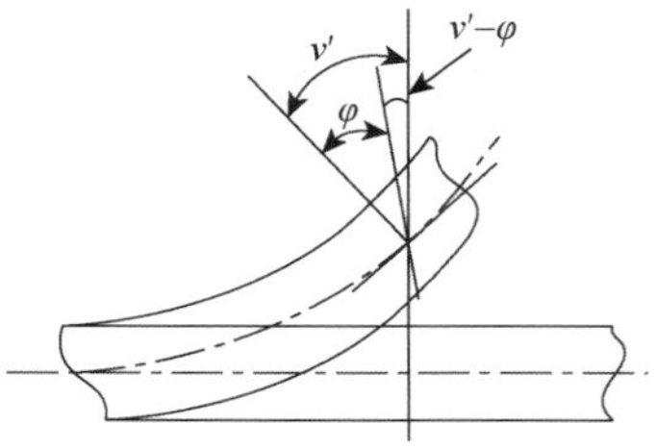

图 2.2　Timoshenko 梁示意图

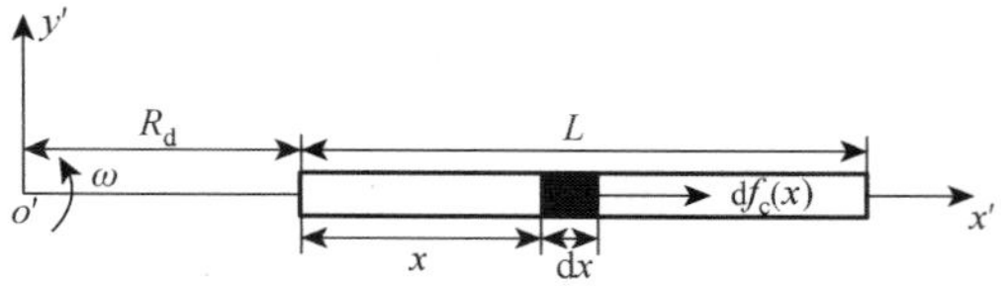

图 2.3　微元体离心力示意图

这里定义梁的横截面积与截面惯性矩满足如下关系式：

$$A(x)=A_0\left(1-\tau_b\frac{x}{L}\right)\left(1-\tau_h\frac{x}{L}\right) \tag{2.7}$$

$$I(x)=I_0\left(1-\tau_b\frac{x}{L}\right)\left(1-\tau_h\frac{x}{L}\right)^3 \tag{2.8}$$

式中，τ_b 为宽度方向的锥度比，$\tau_b=1-\dfrac{b_1}{b_0}$，$b_1$ 和 b_0 分别为叶尖和叶根处的叶片宽度；τ_h 为厚度方向的锥度比，$\tau_h=1-\dfrac{h_1}{h_0}$，$h_1$ 和 h_0 分别为叶尖和叶根处的叶片厚度；A_0 和 I_0 分别为叶根处的横截面积和惯性矩，$A_0=b_0h_0$，$I_0=\dfrac{1}{12}b_0h_0^3$。

外力对叶片所做的总功，可以表示为

$$W_{\text{non}}=\int_0^L F_{\text{e}}\cdot v\text{d}x+F_{\text{n}}\,u\big|_{x=L}+F_{\text{t}}\,v\big|_{x=L} \tag{2.9}$$

式中，F_{e} 为叶片单位长度上的气动均布载荷（N/m）；F_{n} 为法向碰摩力；F_{t} 为切向碰摩力。

叶片的运动方程可由 Hamilton 原理进行推导，其方程如下：

$$\delta\int_{t_1}^{t_2}(T-V+W_{\text{non}})\text{d}t=0 \tag{2.10}$$

将式（2.3）、式（2.4）和式（2.9）代入式（2.10），并以 δu、δv、$\delta\varphi$ 和 $\delta\theta$ 为相互独立的变分，忽略 $\delta\theta$ 项，得到旋转叶片在多载荷激励下的运动方程：

$$\begin{aligned}&\rho\int_0^L A\ddot{u}\text{d}x-2\rho\int_0^L A\dot{\theta}\dot{v}\text{d}x-\rho\int_0^L A\dot{\theta}^2u\text{d}x-\rho\int_0^L A\ddot{\theta}v\text{d}x+EAu'_x\big|_{x=L}-\int_0^L E\left(A'u'_x+Au''_{xx}\right)\text{d}x\\&=\rho\int_0^L A\left(R_{\text{d}}+x\right)\dot{\theta}^2\text{d}x+F_{\text{n}}\end{aligned} \tag{2.11}$$

$$\begin{aligned}&\rho\int_0^L A\ddot{v}\text{d}x+2\rho\int_0^L A\dot{\theta}\dot{u}\text{d}x-\rho\int_0^L A\dot{\theta}^2v\text{d}x+\rho\int_0^L A\ddot{\theta}u\text{d}x+\kappa GA\left(v'_x-\varphi\right)\big|_{x=L}\\&-\int_0^L\kappa G\left(A'v'_x+Av''_{xx}\right)\text{d}x+\int_0^L\kappa G\left(A'\varphi+A\varphi'_x\right)\text{d}x+f_{\text{c}}(x)v'_x\big|_{x=L}-\int_0^L\left(f'_{\text{c}}(x)v'_x+f_{\text{c}}(x)v''_{xx}\right)\text{d}x\\&+F_{\text{n}}\,v'_x\big|_{x=L}-\int_0^L\left(F_{\text{n}}v''_{xx}+F'_{\text{n}}v'_x\right)\text{d}x=-\rho\int_0^L A\left(R_{\text{d}}+x\right)\ddot{\theta}\text{d}x+\int_0^L F_{\text{e}}\text{d}x+F_{\text{t}}\end{aligned} \tag{2.12}$$

$$\rho\int_0^L I\ddot{\varphi}\mathrm{d}x-\rho\int_0^L I\dot{\theta}^2\varphi\mathrm{d}x+EI\varphi_x'\big|_{x=L}-\int_0^L E\left(I'\varphi_x'+I\varphi_{xx}''\right)\mathrm{d}x+\int_0^L \kappa GA\varphi\mathrm{d}x-\int_0^L \kappa GAv_x'\mathrm{d}x$$
$$=-\rho\int_0^L I\ddot{\theta}\mathrm{d}x \tag{2.13}$$

式中，$u_x'=\dfrac{\partial u}{\partial x}$；$u_{xx}''=\dfrac{\partial^2 u}{\partial x^2}$。

考虑叶片-机匣碰摩后，式（2.11）～式（2.13）是耦合非线性偏微分方程，得到其精确解是十分困难的，这里采用 Galerkin 方法对叶片每个方向上的位移进行离散处理。由文献[1]可知，叶片与机匣发生碰摩后，叶片以低阶模态频率进行衰减运动，所以对于多载荷激励下的旋转叶片系统动力学方程，只需要将低阶模态进行离散，即可满足响应求解的需要。Galerkin 方法是利用广义坐标的叠加将无限自由度的连续系统转化为有限自由度的离散系统，在数学上体现为将偏微分方程转化为常微分方程。

2.2.2　旋转叶片连续系统离散动力学方程

下面采用 Galerkin 方法对式（2.11）～式（2.13）进行离散，引入正则坐标 $U_i(t)$、$V_i(t)$ 和 $\psi_i(t)$，可将叶片的径向位移 $u(x,t)$、横向位移 $v(x,t)$ 以及截面转角 $\varphi(x,t)$ 写为

$$\begin{cases} u(x,t)=\sum\limits_{i=1}^{N}\phi_{1i}(x)U_i(t) \\ v(x,t)=\sum\limits_{i=1}^{N}\phi_{2i}(x)V_i(t) \\ \varphi(x,t)=\sum\limits_{i=1}^{N}\phi_{3i}(x)\psi_i(t) \end{cases} \tag{2.14}$$

式中，$\phi_{1i}(x)$、$\phi_{2i}(x)$ 和 $\phi_{3i}(x)$ 分别为径向振动、横向振动以及截面转角的振型函数。它们的表达式为[2]

$$\begin{cases} \phi_{1i}(x)=\dfrac{\sin\left(\alpha_i x\right)}{\alpha_i} \\ \phi_{2i}(x)=\dfrac{1-\cos\left(\alpha_i x\right)}{\alpha_i} \\ \phi_{3i}(x)=\sin\left(\alpha_i x\right) \end{cases} \tag{2.15}$$

式中，$\alpha_i=\dfrac{(2i-1)\pi}{2L}$，$i=1,2,3,\cdots,N$，其中，$N$ 为模态截断阶数。将式（2.14）

和式（2.15）代入式（2.11）～式（2.13），两边分别同时乘以 $\phi_{1j}(x)$、$\phi_{2j}(x)$ 和 $\phi_{3j}(x)$ 得

$$\begin{aligned}&\rho\sum_{i,j=1}^{N}\int_0^L A\phi_{1i}\phi_{1j}\mathrm{d}x\ddot{U}_i-2\rho\sum_{i=1}^{N}\int_0^L A\dot{\theta}\phi_{2i}\phi_{1j}\mathrm{d}x\dot{V}_i-\rho\sum_{i=1}^{N}\int_0^L A\dot{\theta}^2\phi_{1i}\phi_{1j}\mathrm{d}xU_i\\&-\rho\sum_{i=1}^{N}\int_0^L A\ddot{\theta}\phi_{2i}\phi_{1j}\mathrm{d}xV_i+\sum_{i=1}^{N}EA\phi'_{1i}\phi_{1j}\Big|_{x=L}U_i-\sum_{i=1}^{N}\int_0^L E\left(A'\phi'_{1i}\phi_{1j}+A\phi''_{1i}\phi_{1j}\right)\mathrm{d}xU_i\quad(j=1,2,\cdots,N)\\&=\rho\int_0^L A\left(R_\mathrm{d}+x\right)\dot{\theta}^2\phi_{1j}\mathrm{d}x+F_\mathrm{n}\,\phi_{1j}\Big|_{x=L}\end{aligned}\tag{2.16}$$

$$\begin{aligned}&\sum_{i=1}^{N}\rho\int_0^L A\phi_{2i}\phi_{2j}\mathrm{d}x\ddot{V}_i+2\rho\sum_{i=1}^{N}\int_0^L A\dot{\theta}\phi_{1i}\phi_{2j}\mathrm{d}x\dot{U}_i-\rho\sum_{i=1}^{N}\int_0^L A\dot{\theta}^2\phi_{2i}\phi_{2j}\mathrm{d}xV_i\\&+\rho\sum_{i=1}^{N}\int_0^L A\ddot{\theta}\phi_{1i}\phi_{2j}\mathrm{d}xU_i+\sum_{i=1}^{N}\kappa GA\left(\phi'_{2i}\phi_{2j}V_i-\phi_{3i}\phi_{2j}\psi_i\right)\Big|_{x=L}\\&-\sum_{i=1}^{N}\int_0^L\kappa G\left(A'\phi'_{2i}\phi_{2j}+A\phi''_{2i}\phi_{2j}\right)\mathrm{d}xV_i+\kappa G\sum_{i=1}^{N}\int_0^L\left(A'\phi_{3i}\phi_{2j}+A\phi'_{3i}\phi_{2j}\right)\mathrm{d}x\psi_i\quad(j=1,2,\cdots,N)\\&+\sum_{i=1}^{N}f_\mathrm{c}(x)\left(\phi'_{2i}\phi_{2j}\right)\Big|_{x=L}V_i-\sum_{i=1}^{N}\int_0^L\left(f'_\mathrm{c}(x)\phi'_{2i}\phi_{2j}+f_\mathrm{c}(x)\phi''_{2i}\phi_{2j}\right)\mathrm{d}xV_i+\sum_{i=1}^{N}F_\mathrm{n}\left(\phi'_{2i}\phi_{2j}\right)\Big|_{x=L}V_i\\&-\sum_{i=1}^{N}\int_0^L\left(F_\mathrm{n}\phi''_{2i}\phi_{2j}+F'_\mathrm{n}\phi'_{2i}\phi_{2j}\right)\mathrm{d}xV_i=-\rho\int_0^L A\left(R_\mathrm{d}+x\right)\ddot{\theta}\phi_{2j}\mathrm{d}x+\int_0^L F_\mathrm{e}\phi_{2j}\mathrm{d}x+F_\mathrm{t}\,\phi_{2j}\Big|_{x=L}\end{aligned}\tag{2.17}$$

$$\begin{aligned}&\rho\sum_{i=1}^{N}\int_0^L I\phi_{3i}\phi_{3j}\mathrm{d}x\ddot{\psi}_i-\rho\sum_{i=1}^{N}\int_0^L I\dot{\theta}^2\phi_{3i}\phi_{3j}\mathrm{d}x\psi_i+\sum_{i=1}^{N}EI\phi'_{3i}\phi_{3j}\Big|_{x=L}\psi_i\\&-E\sum_{i=1}^{N}\int_0^L\left(I'\phi'_{3i}\phi_{3j}+I\phi''_{3i}\phi_{3j}\right)\mathrm{d}x\psi_i+\kappa G\sum_{i=1}^{N}\int_0^L A\phi_{3i}\phi_{3j}\mathrm{d}x\psi_i\quad(j=1,2,\cdots,N)\\&-\kappa G\sum_{i=1}^{N}\int_0^L A\phi'_{2i}\phi_{3j}\mathrm{d}xV_i=-\rho\int_0^L I\ddot{\theta}\phi_{3j}\mathrm{d}x\end{aligned}\tag{2.18}$$

将多载荷激励下旋转叶片运动方程写成矩阵形式：

$$\boldsymbol{M}_\mathrm{b}\ddot{\boldsymbol{q}}+(\boldsymbol{G}_\mathrm{b}+\boldsymbol{D}_\mathrm{b})\dot{\boldsymbol{q}}+(\boldsymbol{K}_\mathrm{e}+\boldsymbol{K}_\mathrm{c}+\boldsymbol{K}_\mathrm{s}+\boldsymbol{K}_\mathrm{acc}+\boldsymbol{K}_\mathrm{F})\boldsymbol{q}=\boldsymbol{F}\tag{2.19}$$

式中，$\boldsymbol{q}$ 为正则坐标向量，$\boldsymbol{q}=[U_1,\cdots,U_i,\cdots,U_N,V_1,\cdots V_i,\cdots,V_N,\psi_1,\cdots,\psi_i,\cdots,\psi_N]^\mathrm{T}$；$\boldsymbol{M}_\mathrm{b}$ 为 $3N\times3N$ 的叶片质量矩阵，矩阵中各个元素表达式为

$$\boldsymbol{M}_\mathrm{b}\left(j,i\right)=\rho\int_0^L A\phi_{1i}\phi_{1j}\mathrm{d}x\quad(i,j=1,2,\cdots,N)$$

$$\boldsymbol{M}_\mathrm{b}\left(j+N,i+N\right)=\rho\int_0^L A\phi_{2i}\phi_{2j}\mathrm{d}x\quad(i,j=1,2,\cdots,N)$$

$$\boldsymbol{M}_\mathrm{b}\left(j+2N,i+2N\right)=\rho\int_0^L I\phi_{3i}\phi_{3j}\mathrm{d}x\quad(i,j=1,2,\cdots,N)\text{(矩阵其余元素为0)}$$

$\boldsymbol{G}_\mathrm{b}$ 为 $3N\times3N$ 的叶片科氏力矩阵，矩阵中各个元素表达式为

$$G_{\mathrm{b}}\left(j,i+N\right)=-2\dot{\theta}\rho\int_0^L A\phi_{2i}\phi_{1j}\mathrm{d}x\quad (i,j=1,2,\cdots,N)$$

$$G_{\mathrm{b}}\left(j+N,i\right)=2\dot{\theta}\rho\int_0^L A\phi_{1i}\phi_{2j}\mathrm{d}x\quad (i,j=1,2,\cdots,N)(\text{矩阵其余元素为0})$$

$\boldsymbol{D}_{\mathrm{b}}$ 为瑞利阻尼矩阵，$\boldsymbol{D}_{\mathrm{b}}=\alpha\boldsymbol{M}_{\mathrm{b}}+\beta\boldsymbol{K}_{\mathrm{b}}$，$\boldsymbol{K}_{\mathrm{b}}=\boldsymbol{K}_{\mathrm{e}}+\boldsymbol{K}_{\mathrm{c}}+\boldsymbol{K}_{\mathrm{s}}+\boldsymbol{K}_{\mathrm{acc}}+\boldsymbol{K}_{\mathrm{F}}$，其中，
$$\begin{cases}\alpha=\dfrac{4\pi f_{\mathrm{n}1}f_{\mathrm{n}2}(f_{\mathrm{n}1}\xi_2-f_{\mathrm{n}2}\xi_1)}{\left(f_{\mathrm{n}1}^2-f_{\mathrm{n}2}^2\right)}\\ \beta=\dfrac{f_{\mathrm{n}2}\xi_2-f_{\mathrm{n}1}\xi_1}{\pi\left(f_{\mathrm{n}2}^2-f_{\mathrm{n}1}^2\right)}\end{cases}$$
，$f_{\mathrm{n}1}$ 和 $f_{\mathrm{n}2}$ 分别为叶片 1 阶和 2 阶静频（Hz）；$\boldsymbol{K}_{\mathrm{e}}$ 为 $3N\times3N$ 的叶片结构刚度矩阵，矩阵中各个元素表达式为

$$\boldsymbol{K}_{\mathrm{e}}\left(j,i\right)=-E\int_0^L\left(A'\phi_{1i}'+A\phi_{1i}''\right)\phi_{1j}\mathrm{d}x+EA\phi_{1i}'\phi_{1j}\Big|_{x=L}\quad (i,j=1,2,\cdots,N)$$

$$\boldsymbol{K}_{\mathrm{e}}\left(j+N,i+N\right)=-\kappa G\int_0^L\left(A'\phi_{2i}'+A\phi_{2i}''\right)\phi_{2j}\mathrm{d}x+\kappa GA\phi_{2i}'\phi_{2j}\Big|_{x=L}\quad (i,j=1,2,\cdots,N)$$

$$\boldsymbol{K}_{\mathrm{e}}\left(j+N,i+2N\right)=\kappa G\int_0^L\left(A'\phi_{3i}+A\phi_{3i}'\right)\phi_{2j}\mathrm{d}x-\kappa GA\phi_{3i}\phi_{2j}\Big|_{x=L}\quad (i,j=1,2,\cdots,N)$$

$$\boldsymbol{K}_{\mathrm{e}}\left(j+2N,i+N\right)=-\kappa G\int_0^L A\phi_{2i}'\phi_{3j}\mathrm{d}x\quad (i,j=1,2,\cdots,N)$$

$$\begin{aligned}\boldsymbol{K}_{\mathrm{e}}\left(j+2N,i+2N\right)=&\kappa G\int_0^L A\phi_{3i}\phi_{3j}\mathrm{d}x-E\int_0^L\left(I'\phi_{3i}'+I\phi_{3i}''\right)\phi_{3j}\mathrm{d}x\\&+EI\phi_{3i}'\phi_{3j}\Big|_{x=L}\quad (i,j=1,2,\cdots,N)(\text{矩阵其余元素为0})\end{aligned}$$

$\boldsymbol{K}_{\mathrm{c}}$ 为 $3N\times3N$ 的叶片应力刚化矩阵，矩阵中各个元素表达式为

$$\boldsymbol{K}_{\mathrm{c}}\left(j+N,i+N\right)=f_{\mathrm{c}}(x)\phi_{2i}'\phi_{2j}\big|_{x=L}-\int_0^L\left(f_{\mathrm{c}}'(x)\phi_{2i}'+f_{\mathrm{c}}(x)\phi_{2i}''\right)\phi_{2j}\mathrm{d}x(i,j=1,2,\cdots,N)$$

(矩阵其余元素为0)

$\boldsymbol{K}_{\mathrm{s}}$ 为 $3N\times3N$ 的叶片旋转软化矩阵，矩阵中各个元素表达式为

$$\boldsymbol{K}_{\mathrm{s}}\left(j,i\right)=-\rho\dot{\theta}^2\int_0^L A\phi_{1i}\phi_{1j}\mathrm{d}x\quad (i,j=1,2,\cdots,N)$$

$$\boldsymbol{K}_{\mathrm{s}}\left(j+N,i+N\right)=-\rho\dot{\theta}^2\int_0^L A\phi_{2i}\phi_{2j}\mathrm{d}x\quad (i,j=1,2,\cdots,N)$$

$$\boldsymbol{K}_{\mathrm{s}}\left(j+2N,i+2N\right)=-\rho\dot{\theta}^2\int_0^L I\phi_{3i}\phi_{3j}\mathrm{d}x\quad (i,j=1,2,\cdots,N)(\text{矩阵其余元素为0})$$

$\boldsymbol{K}_{\mathrm{acc}}$ 为 $3N\times3N$ 的加速度导致的刚度矩阵，矩阵中各个元素表达式为

$$\boldsymbol{K}_{\mathrm{acc}}\left(j,i+N\right)=-\rho\ddot{\theta}\int_0^L A\phi_{2i}\phi_{1j}\mathrm{d}x\quad (i,j=1,2,\cdots,N)$$

$$\boldsymbol{K}_{\mathrm{acc}}\left(j+N,i\right)=\rho\ddot{\theta}\int_0^L A\phi_{1i}\phi_{2j}\mathrm{d}x\quad (i,j=1,2,\cdots,N)(\text{矩阵其余元素为0})$$

$\boldsymbol{K}_{\mathrm{F}}$ 为 $3N\times3N$ 的叶片外力导致的刚度矩阵，矩阵中各个元素表达式为

$$\boldsymbol{K}_{\mathrm{F}}\left(j+N,i+N\right)=F_{\mathrm{n}}\left(\phi_{2i}'\phi_{2j}\right)\Big|_{x=L}-\int_0^L\left(F_{\mathrm{n}}\phi_{2i}''+F_{\mathrm{n}}'\phi_{2i}'\right)\phi_{2j}\mathrm{d}x(i,j=1,2,\cdots,N)$$

(矩阵其余元素为0)

$\boldsymbol{F}$ 为叶片外激振力向量：

$$\boldsymbol{F}(j,1)=\rho\dot{\theta}^2\int_0^L A\left(R_{\rm d}+x\right)\phi_{1j}{\rm d}x+F_{\rm n}\,\phi_{1j}\Big|_{x=L}\quad (j=1,2,\cdots,N)$$

$$\boldsymbol{F}(j+N,1)=\int_0^L F_{\rm e}\phi_{2j}{\rm d}x-\rho\ddot{\theta}\int_0^L A\left(R_{\rm d}+x\right)\phi_{2j}{\rm d}x+F_{\rm t}\,\phi_{2j}\Big|_{x=L}\quad (j=1,2,\cdots,N)$$

$$\boldsymbol{F}(j+2N,1)=-\rho\ddot{\theta}\int_0^L I\phi_{3j}{\rm d}x\quad (j=1,2,\cdots,N)$$

2.3　旋转悬臂板动力学模型

2.2 节采用悬臂梁理论推导旋转叶片的动力学模型，但梁模型不能考虑叶片宽度方向的振动。为了改进其不足，本节基于板壳理论，采用悬臂板对旋转叶片进行动力学建模，根据 Hamilton 变分原理及 Galerkin 方法对方程进行离散化处理。

旋转悬臂板示意图如图 2.4 所示。图中 $oxyz$ 为局部坐标系，$o'x'y'z'$为旋转坐标系，$OXYZ$ 为整体坐标系。$R_{\rm d}$ 为轮盘半径，θ 为旋转坐标系的 y'轴与整体坐标系的 Y 轴的夹角，且 θ 为时间的函数，β 为叶片由安装误差导致的不对中角。叶片上任意一点 Q 的坐标为$[x, y, z]^{\rm T}$，变形为 $\boldsymbol{\delta}=[u, v, w]^{\rm T}$，所以 Q 点在局部坐标系下的坐标向量为 $\boldsymbol{r}=[x+u, y+v, z+w]^{\rm T}$。

局部坐标系 $oxyz$ 与旋转坐标系 $o'x'y'z'$ 的关系如下：

$$\begin{bmatrix} x' \\ y' \\ z' \end{bmatrix}=\begin{bmatrix} R_{\rm d}+x \\ y \\ z \end{bmatrix}\tag{2.20}$$

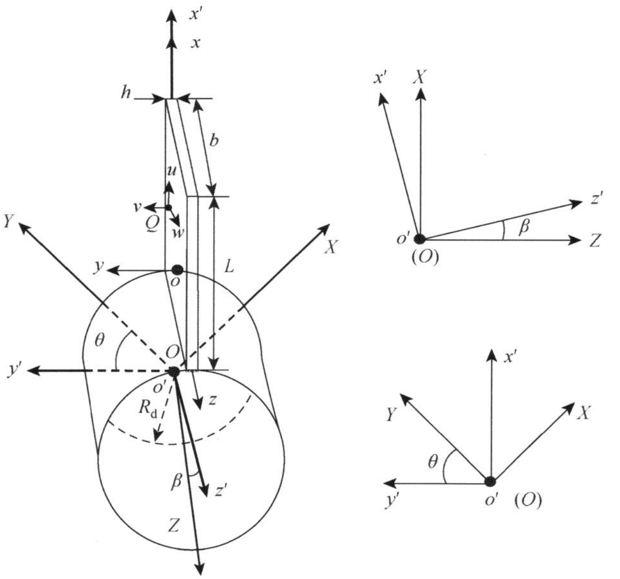

图 2.4　旋转悬臂板示意图

旋转坐标系 $o'x'y'z'$ 与整体坐标系 $OXYZ$ 的关系如下：

$$\begin{bmatrix} X \\ Y \\ Z \end{bmatrix} = \begin{bmatrix} \cos\theta & -\sin\theta & 0 \\ \sin\theta & \cos\theta & 0 \\ 0 & 0 & 1 \end{bmatrix} \begin{bmatrix} \cos\beta & 0 & \sin\beta \\ 0 & 1 & 0 \\ -\sin\beta & 0 & \cos\beta \end{bmatrix} \begin{bmatrix} x' \\ y' \\ z' \end{bmatrix} \tag{2.21}$$

叶片上任意一点 Q 在整体坐标系 $OXYZ$ 下的向量为

$$\boldsymbol{r}_Q = \begin{bmatrix} \cos\theta & -\sin\theta & 0 \\ \sin\theta & \cos\theta & 0 \\ 0 & 0 & 1 \end{bmatrix} \begin{bmatrix} \cos\beta & 0 & \sin\beta \\ 0 & 1 & 0 \\ -\sin\beta & 0 & \cos\beta \end{bmatrix} \begin{bmatrix} R_\mathrm{d} + x + u - yv'_x \\ y + v \\ z + w \end{bmatrix} \tag{2.22}$$

式中，$v'_x = \dfrac{\partial v}{\partial x}$。

把式（2.22）对时间求导，得到 Q 点的速度：

$$\begin{aligned} \dot{\boldsymbol{r}}_Q = \dot{\theta} & \begin{bmatrix} -\sin\theta & -\cos\theta & 0 \\ \cos\theta & -\sin\theta & 0 \\ 0 & 0 & 0 \end{bmatrix} \begin{bmatrix} \cos\beta & 0 & \sin\beta \\ 0 & 1 & 0 \\ -\sin\beta & 0 & \cos\beta \end{bmatrix} \begin{bmatrix} R_\mathrm{d} + x + u - yv'_x \\ y + v \\ z + w \end{bmatrix} \\ & + \begin{bmatrix} \cos\theta & -\sin\theta & 0 \\ \sin\theta & \cos\theta & 0 \\ 0 & 0 & 1 \end{bmatrix} \begin{bmatrix} \cos\beta & 0 & \sin\beta \\ 0 & 1 & 0 \\ -\sin\beta & 0 & \cos\beta \end{bmatrix} \begin{bmatrix} \dot{u} - y\dot{v}'_x \\ \dot{v} \\ \dot{w} \end{bmatrix} \end{aligned} \tag{2.23}$$

根据动能定理得到叶片的动能如下：

$$\begin{aligned} T &= \frac{1}{2}\int \dot{\boldsymbol{r}}_Q^2 \mathrm{d}m = \frac{1}{2}\int \dot{\boldsymbol{r}}_Q^\mathrm{T} \cdot \dot{\boldsymbol{r}}_Q \mathrm{d}m \\ &= \frac{1}{2}\rho \int_0^L \int_0^b \{ \frac{1}{2}h(2\dot{u}^2 + 2\dot{v}^2 + 2\dot{w}^2 + \frac{h^2}{6}\dot{v}'^2_x) - 2hv\dot{u}\dot{\theta}\cos\beta - 2hv\dot{w}\dot{\theta}\sin\beta \\ & +2h(R_\mathrm{d} + x + u)\dot{v}\dot{\theta}\cos\beta + 2zh\dot{v}\dot{\theta}\sin\beta + 2hw\dot{v}\dot{\theta}\sin\beta + \frac{h^3}{6}\dot{v}'_x\dot{\theta}\cos\beta + \\ & h[\frac{(R_\mathrm{d} + x)^2}{2} + \frac{(R_\mathrm{d} + x)^2}{2}\cos 2\beta + \frac{h^2}{12} + \frac{z^2}{2} - \frac{z^2}{2}\cos 2\beta + (R_\mathrm{d} + x)z\sin 2\beta]\dot{\theta}^2 \\ & + \frac{h}{2}\dot{\theta}^2[2(R_\mathrm{d} + x)u + 2(R_\mathrm{d} + x)u\cos 2\beta + 2zu\sin 2\beta + (1 + \cos 2\beta)u^2] \\ & + \frac{h}{2}\dot{\theta}^2[2zw(1 - \cos 2\beta) + 2(R_\mathrm{d} + x)w\sin 2\beta + 2uw\sin 2\beta + (1 - \cos 2\beta)w^2] \\ & + h\dot{\theta}^2 v^2 + \frac{h^3}{24}v'^2_x\dot{\theta}^2 + \frac{h^3}{24}v'^2_x\dot{\theta}^2\cos 2\beta \}\mathrm{d}x\mathrm{d}z \end{aligned} \tag{2.24}$$

基于板壳理论，叶片的弯曲及扭转势能 V_1 如下：

$$
\begin{aligned}
V_1 = \frac{1}{2}\int_0^L\int_0^b \frac{E}{1-\upsilon^2}\{ &\frac{h^3}{12}[v_{xx}''^2 + v_{zz}''^2 + 2\upsilon v_{xx}'' v_{zz}'' + 2(1-\upsilon)v_{xz}''^2] \\
&+ h(u_x'^2 + w_z'^2 + 2\upsilon u_x' w_z') + \frac{1-\upsilon}{2}h(u_z'^2 + w_x'^2 + 2u_z' w_x')\}\mathrm{d}x\mathrm{d}z
\end{aligned} \tag{2.25}
$$

式中，E 和 υ 分别为杨氏模量和泊松比；$v_{xx}'' = \dfrac{\partial^2 v}{\partial x^2}$；$v_{xz}'' = \dfrac{\partial^2 v}{\partial x \partial z}$。

叶片旋转所产生的离心势能如下[3]：

$$
V_2 = \int_0^L\int_0^b \frac{1}{2} f_c(x)(v_x'^2 + w_x'^2)\mathrm{d}x\mathrm{d}z \tag{2.26}
$$

式中，L 为叶片长度；$f_c(x)$为离心力。

$$
\begin{aligned}
f_c(x) &= \rho h\dot{\theta}^2 \int_x^L (R_d + x + z\tan\beta)\cos\beta \mathrm{d}x \\
&= \rho h\dot{\theta}^2 [R_d(L-x) + (L^2 - x^2)/2 + z(L-x)\tan\beta]\cos\beta
\end{aligned}
$$

当外力作用时，所做的功为

$$
W_{\mathrm{non}} = \int_0^b\int_0^L F_e v\mathrm{d}x\mathrm{d}z + F_n u\big|_{x=L} + F_t v\big|_{x=L} \tag{2.27}
$$

式中，F_e 为叶片单位面积上的气动均布载荷，Pa；F_n 为叶尖处的法向碰摩力；F_t 为叶尖处的切向碰摩力。

叶片单位面积上的气动载荷表达式如下[4, 5]：

$$
F_e = F_{e0} + F_{e1}\sin(k_e\omega t) + F_{e2}\sin(2k_e\omega t) + F_{e3}\sin(3k_e\omega t) + \cdots + F_{ej}\sin(jk_e\omega t) \tag{2.28}
$$

式中，F_{e0} 为与时间无关的常量；F_{ej} 为第 j 次谐波分量的幅值；ω 为叶片旋转角速度（rad/s）；k_e 为障碍数目。

在本节中，气动载荷为作用在叶片表面的压力，并取气动载荷的第 1 次谐波，即

$$
F_e = F_{e1}\sin(k_e\omega t) \tag{2.29}
$$

考虑到升速过程中加速度的影响，气动载荷表达式被改写成 $F_e = F_{e1}\sin(k_e\theta)$，$\theta$ 为旋转角，且 $\theta = \dot{\theta}t = \omega t = \dfrac{1}{2}\ddot{\theta}t^2$，$\dot{\theta} = \ddot{\theta}t$。

根据 Hamilton 变分原理，将式(2.24)～式(2.27)代入式(2.10)，其中 $V=V_1+V_2$；整理得旋转叶片系统的动力学方程为

$$\delta\int_{t_1}^{t_2}\left\{\begin{array}{l}\frac{1}{2}\rho\int_0^L\int_0^b\{\frac{1}{2}h(2\dot{u}^2+2\dot{v}^2+2\dot{w}^2+\frac{h^2}{6}\dot{v}_x'^2)-2hv\dot{u}\dot{\theta}\cos\beta-2hv\dot{w}\dot{\theta}\sin\beta\\+2h(R_\mathrm{d}+x+u)\dot{v}\dot{\theta}\cos\beta+2zh\dot{v}\dot{\theta}\sin\beta+2hw\dot{v}\dot{\theta}\sin\beta+\frac{h^3}{6}\dot{v}_x'\dot{\theta}\cos\beta\\+h[\frac{(R_\mathrm{d}+x)^2}{2}+\frac{(R_\mathrm{d}+x)^2}{2}\cos2\beta+\frac{h^2}{12}+\frac{z^2}{2}-\frac{z^2}{2}\cos2\beta+(R_\mathrm{d}+x)z\sin2\beta]\dot{\theta}^2\\+\frac{h}{2}\dot{\theta}^2[2(R_\mathrm{d}+x)u+2(R_\mathrm{d}+x)u\cos2\beta+2zu\sin2\beta+(1+\cos2\beta)u^2]\\+\frac{h}{2}\dot{\theta}^2[2zw(1-\cos2\beta)+2(R_\mathrm{d}+x)w\sin2\beta+2uw\sin2\beta+(1-\cos2\beta)w^2]\\+h\dot{\theta}^2v^2+\frac{h^3}{24}v_x'^2\dot{\theta}^2+\frac{h^3}{24}v_x'^2\dot{\theta}^2\cos2\beta\}\mathrm{d}x\mathrm{d}z\\-\frac{1}{2}\int_0^L\int_0^b\frac{E}{1-\upsilon^2}\{\frac{h^3}{12}[v_{xx}''^2+v_{zz}''^2+2\upsilon v_{xx}''v_{zz}''+2(1-\upsilon)v_{xz}''^2]\\+h(u_x'^2+w_z'^2+2\upsilon u_x'w_z')+\frac{1-\upsilon}{2}h(u_z'^2+w_x'^2+2u_z'w_x')\}\mathrm{d}x\mathrm{d}z\\-\int_0^L\int_0^b f_\mathrm{c}(x)(v_x'^2+w_x'^2)\mathrm{d}x\mathrm{d}z+\int_0^L\int_0^b F_\mathrm{e}v\mathrm{d}x\mathrm{d}z+F_\mathrm{n}u\big|_{x=L}+F_\mathrm{t}v\big|_{x=L}\end{array}\right\}\mathrm{d}t=0 \tag{2.30}$$

以 δu、δv 和 δw 为独立变量进行变分运算，整理分别得到 u、v 和 w 3 个方向的运动微分方程为

$$\begin{aligned}&\rho h\int_0^L\int_0^b\ddot{u}\delta u\mathrm{d}x\mathrm{d}z-2\rho h\cos\beta\int_0^L\int_0^b\dot{v}\delta u\dot{\theta}\mathrm{d}x\mathrm{d}z-\rho h\cos\beta\int_0^L\int_0^b v\delta u\ddot{\theta}\mathrm{d}x\mathrm{d}z\\&-\frac{\rho h}{2}(1+\cos2\beta)\int_0^L\int_0^b(R_\mathrm{d}+x)\delta u\dot{\theta}^2\mathrm{d}x\mathrm{d}z\\&-\frac{\rho h}{2}\sin2\beta\int_0^L\int_0^b z\delta u\dot{\theta}^2\mathrm{d}x\mathrm{d}z\\&-\frac{\rho h}{2}(1+\cos2\beta)\int_0^L\int_0^b u\delta u\dot{\theta}^2\mathrm{d}x\mathrm{d}z\\&-\frac{\rho h}{2}\sin2\beta\int_0^L\int_0^b w\delta u\dot{\theta}^2\mathrm{d}x\mathrm{d}z\\&+Eh/(1-\upsilon^2)\int_0^L\int_0^b(u_x'\delta u_x'+\upsilon w_z'\delta u_x')\mathrm{d}x\mathrm{d}z\\&+Eh/(2(1+\upsilon))\int_0^L\int_0^b(u_z'\delta u_z'+w_x'\delta u_z')\mathrm{d}x\mathrm{d}z-F_\mathrm{n}\delta u\big|_{x=L}=0\end{aligned} \tag{2.31}$$

$$\rho h\int_0^L\int_0^b(\ddot{v}\delta v+\frac{h^2}{12}\ddot{v}_x'\delta v_x')\mathrm{d}x\mathrm{d}z+\rho h\cos\beta\int_0^L\int_0^b(R_\mathrm{d}+x)\ddot{\theta}\delta v\mathrm{d}x\mathrm{d}z+z\rho h\sin\beta\int_0^L\int_0^b\ddot{\theta}\delta v\mathrm{d}x\mathrm{d}z$$

$$+\rho h\cos\beta\int_0^L\int_0^b u\ddot{\theta}\delta v\mathrm{d}x\mathrm{d}z+2\rho h\cos\beta\int_0^L\int_0^b\dot{u}\dot{\theta}\delta v\mathrm{d}x\mathrm{d}z+2\rho h\sin\beta\int_0^L\int_0^b\dot{w}\dot{\theta}\delta v\mathrm{d}x\mathrm{d}z$$

$$
\begin{aligned}
&+\rho h\sin\beta\int_0^L\int_0^b w\ddot{\theta}\delta v\mathrm{d}x\mathrm{d}z+\frac{h^3}{12}\rho\cos\beta\int_0^L\int_0^b\ddot{\theta}\delta v'_x\mathrm{d}x\mathrm{d}z-\rho h\int_0^L\int_0^b v\dot{\theta}^2\delta v\mathrm{d}x\mathrm{d}z\\
&-\frac{h^3}{24}\rho\int_0^L\int_0^b v'_x\delta v'_x\dot{\theta}^2\mathrm{d}x\mathrm{d}z-\frac{h^3}{24}\rho\cos 2\beta\int_0^L\int_0^b v'_x\delta v'_x\dot{\theta}^2\mathrm{d}x\mathrm{d}z\\
&+\frac{E}{1-\upsilon^2}\frac{h^3}{12}\int_0^L\int_0^b v''_{xx}\delta v''_{xx}\mathrm{d}x\mathrm{d}z+\frac{E}{1-\upsilon^2}\frac{h^3}{12}\int_0^L\int_0^b v''_{zz}\delta v''_{zz}\mathrm{d}x\mathrm{d}z\\
&+\frac{E}{1-\upsilon^2}\frac{h^3}{12}\upsilon\int_0^L\int_0^b v''_{xx}\delta v''_{zz}\mathrm{d}x\mathrm{d}z+\frac{E}{1-\upsilon^2}\frac{h^3}{12}\upsilon\int_0^L\int_0^b v''_{zz}\delta v''_{xx}\mathrm{d}x\mathrm{d}z\\
&+\frac{E}{1-\upsilon^2}\frac{h^3}{12}2(1-\upsilon)\int_0^L\int_0^b v''_{xz}\delta v''_{xz}\mathrm{d}x\mathrm{d}z\\
&+h\rho\dot{\theta}^2\int_0^L\int_0^b[(R_{\mathrm{d}}(L-x)+(L^2-x^2)/2)\cos\beta+z(L-x)\sin\beta]v'_x\delta v'_x\mathrm{d}x\mathrm{d}z\\
&-\int_0^L\int_0^b F_{\mathrm{e}}\delta v\mathrm{d}x\mathrm{d}z-F_{\mathrm{t}}\delta v\big|_{x=L}=0
\end{aligned}
\tag{2.32}
$$

$$
\begin{aligned}
&\rho h\int_0^L\int_0^b\ddot{w}\delta w\mathrm{d}x\mathrm{d}z-2\rho h\sin\beta\int_0^L\int_0^b\dot{v}\dot{\theta}\delta w\mathrm{d}x\mathrm{d}z\\
&-\rho h\sin\beta\int_0^L\int_0^b v\ddot{\theta}\delta w\mathrm{d}x\mathrm{d}z-\frac{\rho h}{2}(1-\cos 2\beta)\int_0^L\int_0^b z\delta w\dot{\theta}^2\mathrm{d}x\mathrm{d}z\\
&-\frac{\rho h}{2}\sin 2\beta\int_0^L\int_0^b(R_{\mathrm{d}}+x)\delta w\dot{\theta}^2\mathrm{d}x\mathrm{d}z-\frac{\rho h}{2}\sin 2\beta\int_0^L\int_0^b u\delta w\dot{\theta}^2\mathrm{d}x\mathrm{d}z\\
&-\frac{\rho h}{2}(1-\cos 2\beta)\int_0^L\int_0^b w\delta w\dot{\theta}^2\mathrm{d}x\mathrm{d}z+\frac{E}{1-\upsilon^2}h\int_0^L\int_0^b w'_z\delta w'_z\mathrm{d}x\mathrm{d}z\\
&+\frac{E\upsilon}{1-\upsilon^2}h\int_0^L\int_0^b u'_x\delta w'_z\mathrm{d}x\mathrm{d}z+\frac{E}{1-\upsilon^2}\frac{1-\upsilon}{2}h\int_0^L\int_0^b w'_x\delta w'_x\mathrm{d}x\mathrm{d}z+\frac{E}{1-\upsilon^2}\frac{1-\upsilon}{2}h\int_0^L\int_0^b u'_z\delta w'_x\mathrm{d}x\mathrm{d}z\\
&+h\rho\dot{\theta}^2\int_0^L\int_0^b[(R_{\mathrm{d}}(L-x)+(L^2-x^2)/2)\cos\beta+z(L-x)\sin\beta]w'_x\delta w'_x\mathrm{d}x\mathrm{d}z=0
\end{aligned}
\tag{2.33}
$$

采用 Galerkin 方法对式（2.31）～式（2.33）进行离散，引入正则坐标 $U(t)$、$V(t)$ 和 $W(t)$，运用组合梁函数法[6]，得到的叶片的径向位移 u、横向位移 v 以及摆动位移 w 如下：

$$
\begin{aligned}
u(x,z,t)&=\sum_{m=1}^{M}\sum_{n=1}^{N}\lambda_m(x)\varphi_n(z)U(t)\\
v(x,z,t)&=\sum_{m=1}^{M}\sum_{n=1}^{N}\phi_m(x)\varphi_n(z)V(t)\\
w(x,z,t)&=\sum_{m=1}^{M}\sum_{n=1}^{N}\phi_m(x)\gamma_n(z)W(t)
\end{aligned}
\tag{2.34}
$$

式中，M 和 N 为模态截断阶数。

$$\lambda_m(x)=\frac{2L}{(2m-1)\pi}\sin\frac{(2m-1)\pi x}{2L}$$

$$\gamma_n(z)=\cos(n\pi z/b)$$

$$\phi_m(x)=\cosh(\alpha_m x/L)-\cos(\alpha_m x/L)-\frac{\cosh\alpha_m+\cos\alpha_m}{\sinh\alpha_m+\sin\alpha_m}(\sinh(\alpha_m x/L)-\sin(\alpha_m x/L))$$

$$\varphi_n(z)=\cosh(\psi_n z/b)+\cos(\psi_n z/b)-\frac{\cosh\psi_n-\cos\psi_n}{\sinh\psi_n-\sin\psi_n}(\sinh(\psi_n z/b)+\sin(\psi_n z/b))$$

$$\cosh(\alpha_m)\cos(\alpha_m)=-1$$

$$\cosh(\psi_n)\cos(\psi_n)=1$$

把式（2.34）代入式（2.31）～式（2.33），引入瑞利阻尼，整理得到旋转叶片的运动微分方程为

$$\boldsymbol{M}_{\mathrm{b}}\ddot{\boldsymbol{q}}+(\boldsymbol{G}_{\mathrm{b}}+\boldsymbol{D}_{\mathrm{b}})\dot{\boldsymbol{q}}+\boldsymbol{K}_{\mathrm{b}}\boldsymbol{q}=\boldsymbol{F} \tag{2.35}$$

式中，$\boldsymbol{M}_{\mathrm{b}}$、$\boldsymbol{G}_{\mathrm{b}}$、$\boldsymbol{D}_{\mathrm{b}}$ 和 $\boldsymbol{K}_{\mathrm{b}}$ 分别为叶片质量矩阵、科氏力矩阵、阻尼矩阵和刚度矩阵，$\boldsymbol{K}_{\mathrm{b}}=\boldsymbol{K}_{\mathrm{e}}+\boldsymbol{K}_{\mathrm{s}}+\boldsymbol{K}_{\mathrm{c}}+\boldsymbol{K}_{\mathrm{acc}}$，$\boldsymbol{K}_{\mathrm{e}}$、$\boldsymbol{K}_{\mathrm{c}}$、$\boldsymbol{K}_{\mathrm{s}}$ 和 $\boldsymbol{K}_{\mathrm{acc}}$ 分别为叶片的结构刚度矩阵、应力刚化矩阵、旋转软化矩阵和加速度导致的刚度矩阵；$\boldsymbol{q}$ 和 $\boldsymbol{F}$ 为叶片正则坐标向量和外激振力向量。$\boldsymbol{M}_{\mathrm{b}}$、$\boldsymbol{G}_{\mathrm{b}}$、$\boldsymbol{D}_{\mathrm{b}}$、$\boldsymbol{K}_{\mathrm{b}}$、$\boldsymbol{q}$ 和 $\boldsymbol{F}$ 详细的表达式见附录 A。

参 考 文 献

[1] 刘书国，洪杰，陈萌. 航空发动机叶片-机匣碰摩过程的数值模拟[J]. 航空动力学报，2011，26(6)：1282-1288.

[2] Sinha S K. Non-linear dynamic response of a rotating radial Timoshenko beam with periodic pulse loading at the free-end[J]. International Journal of Non-Linear Mechanics，2005，40（1）：113-149.

[3] Sun J，Kari L，Arteaga I L. A dynamic rotating blade model at an arbitrary stagger angle based on classical plate theory and the Hamilton's principle[J]. Journal of Sound and Vibration，2013，332：1355-1371.

[4] 初世明，曹登庆，潘健智，等. 柔性旋转带冠叶片的非线性动力学特征[J]. 中国科学：物理学 力学 天文学，2013，43（4）：424-435.

[5] Chu S M，Cao D Q，Sun S P，et al. Impact vibration characteristics of a shrouded blade with asymmetric gaps under wake flow excitations[J]. Nonlinear Dynamics，2013，72：539-554.

[6] 曹志远. 板壳振动理论[M]. 北京：中国铁道出版社，1989.

第 3 章　转子-叶片耦合系统动力学建模及模型验证

3.1　概　　述

第 2 章主要针对叶片单个部件，采用悬臂梁和悬臂板理论，开展了动力学建模研究。而实际叶片多采用榫连结构固定在轮盘上，轮盘和转轴采用螺栓和套齿等结构连接在一起，对于转子-叶片结构的建模也是目前研究的一个热点问题。本章以转子-叶片耦合系统为研究对象，转轴和叶片采用梁模型来模拟，假定轮盘为刚性，将其简化为一个集中质量点；考虑叶片旋转导致的离心刚化、旋转软化和科氏力影响，结合 Hamilton 变分原理及 Galerkin 方法推导系统的运动微分方程，分析了静止和旋转状态下转子-叶片耦合系统固有特性；并采用有限元方法和模型实验，验证所开发模型的有效性。

3.2　转子-叶片耦合系统动力学模型

本节考虑了叶片的离心刚化、旋转软化和科氏力的影响，采用能量法建立了转子-叶片耦合系统的动力学模型，其中叶片采用连续体模型来模拟，转轴采用有限元模型来模拟。

3.2.1　转子-叶片耦合系统运动微分方程

转子-叶片耦合系统解析模型推导过程中采用了以下假设：

（1）材料假定为各向同性，本构关系满足胡克定律；

（2）忽略叶片与轮盘、轮盘与转轴之间的接触关系，假设三者之间刚性连接；

（3）不考虑轮盘的弹性变形影响，假定轮盘为刚性盘；

（4）轴承采用线性刚度和阻尼模型，用弹簧阻尼单元来模拟；

（5）轮盘上安装的所有叶片完全相同。

转子-叶片耦合系统模型示意图如图 3.1 所示。考虑转轴的弯-扭耦合振动以及叶片的径向和横向振动，其中转轴和刚性轮盘组成转子系统，叶片采用悬臂

Timoshenko 梁模型来模拟。图 3.1 中 $OXYZ$ 为系统固定坐标系；$ox^{\mathrm{d}}y^{\mathrm{d}}z^{\mathrm{d}}$ 为轮盘的坐标系，由于转子在运动过程中产生涡动，所以轮盘的坐标系与系统固定坐标系并不重合；$ox^{\mathrm{r}}y^{\mathrm{r}}z^{\mathrm{r}}$ 为动态坐标系；$ox^{\mathrm{b}}y^{\mathrm{b}}z^{\mathrm{b}}$ 为叶片的局部坐标系，其中，x^{b} 沿着叶片长度方向，y^{b} 沿着叶片厚度方向，z^{b} 沿着叶片宽度方向。

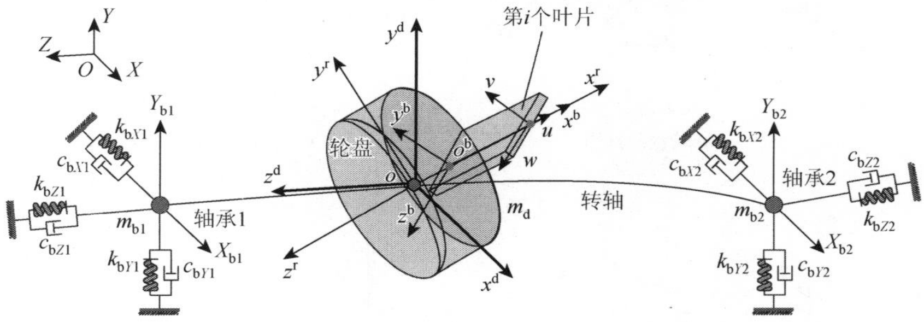

图 3.1 转子-叶片耦合系统模型示意图

1. 转子-叶片耦合系统动能

设刚性轮盘上均匀分布着 N_{b} 个相同的弹性叶片，当第 i 个叶片产生变形后，由图 3.2 可知，其上任意一点 Q 在固定坐标系 $OXYZ$ 下的位移表示为

$$\boldsymbol{r}_Q=\begin{bmatrix}X_{\mathrm{d}}\\ Y_{\mathrm{d}}\\ Z_{\mathrm{d}}\end{bmatrix}+\boldsymbol{A}_4\boldsymbol{A}_3\boldsymbol{A}_2\boldsymbol{A}_1\begin{bmatrix}R_{\mathrm{d}}+x+u-y\varphi\\ v+y\\ w\end{bmatrix} \tag{3.1}$$

式中，x 和 y 分别为叶片局部坐标系中沿着叶片长度方向和厚度方向的坐标；X_{d}、Y_{d} 和 Z_{d} 分别为轮盘在整体坐标系中 X、Y 和 Z 向的位移；u、v、w 和 φ 分别为叶片在局部坐标系 $ox^{\mathrm{b}}y^{\mathrm{b}}z^{\mathrm{b}}$ 中径向、横向和摆动方向的位移及截面转角；$\boldsymbol{A}_1$ 为叶片局部坐标系 $ox^{\mathrm{b}}y^{\mathrm{b}}z^{\mathrm{b}}$ 向动态坐标系 $ox^{\mathrm{r}}y^{\mathrm{r}}z^{\mathrm{r}}$ 旋转的变换矩阵；$\boldsymbol{A}_2$ 为动态坐标系 $ox^{\mathrm{r}}y^{\mathrm{r}}z^{\mathrm{r}}$ 向坐标系 $ox_2y_2z_2$ 旋转的变换矩阵；$\boldsymbol{A}_3$ 为坐标系 $ox_2y_2z_2$ 向坐标系 $ox_1y_1z_1$ 旋转的变换矩阵［图 3.2（a)］；$\boldsymbol{A}_4$ 为坐标系 $ox_1y_1z_1$ 向轮盘坐标系 $ox^{\mathrm{d}}y^{\mathrm{d}}z^{\mathrm{d}}$ 旋转的变换矩阵［图 3.2（a)］。旋转变换矩阵 $\boldsymbol{A}_1$、$\boldsymbol{A}_2$、$\boldsymbol{A}_3$ 和 $\boldsymbol{A}_4$ 的表达式如下：

$$\boldsymbol{A}_1=\begin{bmatrix}1&0&0\\ 0&\cos\beta&-\sin\beta\\ 0&\sin\beta&\cos\beta\end{bmatrix} \tag{3.2}$$

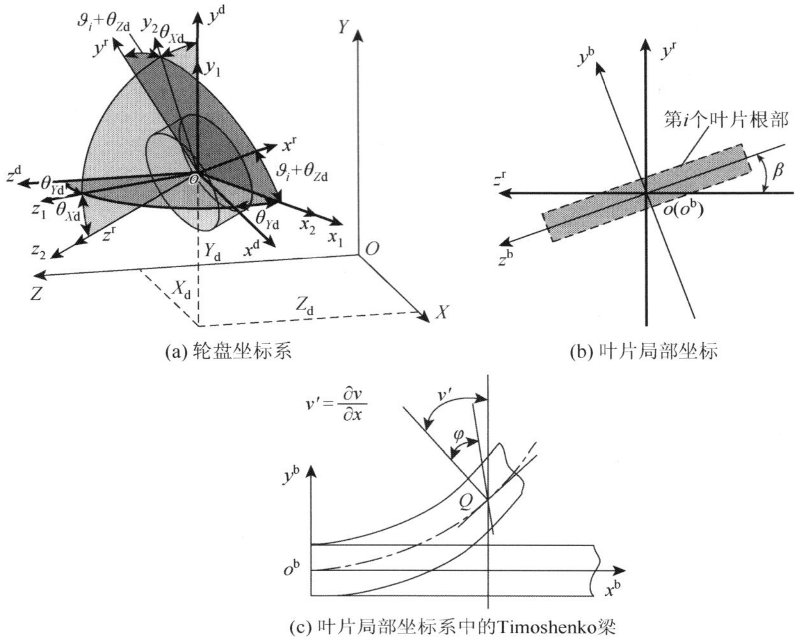

图 3.2　轮盘及叶片局部坐标系示意图

$$\boldsymbol{A}_2=\begin{bmatrix}\cos(\vartheta_i+\theta_{Zd}) & -\sin(\vartheta_i+\theta_{Zd}) & 0\\ \sin(\vartheta_i+\theta_{Zd}) & \cos(\vartheta_i+\theta_{Zd}) & 0\\ 0 & 0 & 1\end{bmatrix} \tag{3.3}$$

$$\boldsymbol{A}_3=\begin{bmatrix}1 & 0 & 0\\ 0 & \cos\theta_{Xd} & -\sin\theta_{Xd}\\ 0 & \sin\theta_{Xd} & \cos\theta_{Xd}\end{bmatrix}=\begin{bmatrix}1 & 0 & 0\\ 0 & 1 & -\theta_{Xd}\\ 0 & \theta_{Xd} & 1\end{bmatrix} \tag{3.4}$$

$$\boldsymbol{A}_4=\begin{bmatrix}\cos\theta_{Yd} & 0 & \sin\theta_{Yd}\\ 0 & 1 & 0\\ -\sin\theta_{Yd} & 0 & \cos\theta_{Yd}\end{bmatrix}=\begin{bmatrix}1 & 0 & \theta_{Yd}\\ 0 & 1 & 0\\ -\theta_{Yd} & 0 & 1\end{bmatrix} \tag{3.5}$$

式中，β 为叶片安装角；$\vartheta_i=\theta(t)+(i-1)\dfrac{2\pi}{N_b}$，$\theta(t)$ 为轮盘运动的角位移，$(i-1)\dfrac{2\pi}{N_b}$ 描述了第 i 个叶片在叶片组中的位置，N_b 为叶片数；θ_{Xd}、θ_{Yd} 和 θ_{Zd} 分别为沿 X、Y 轴的轮盘摆角和轴的扭转角。将式（3.2）～式（3.5）代入式（3.1），并略去二次及二次以上的高阶项得到：

$$
\boldsymbol{r}_Q = \begin{bmatrix} X_{\rm d} + y\theta_{Y\rm d}\sin\beta - \left(\left(y+v\right)\cos\beta + \left(R_{\rm d}+x\right)\theta_{Z\rm d}\right)\sin\vartheta_i + \left(R_{\rm d}+x+u-y\varphi - y\theta_{Z\rm d}\cos\beta\right)\cos\vartheta_i \\ Y_{\rm d} - y\theta_{X\rm d}\sin\beta + \left(R_{\rm d}+x+u-y\varphi-y\theta_{Z\rm d}\cos\beta\right)\sin\vartheta_i + \left(\left(y+v\right)\cos\beta + \left(R_{\rm d}+x\right)\theta_{Z\rm d}\right)\cos\vartheta_i \\ Z_{\rm d} + \left(y+v\right)\sin\beta + \left(y\theta_{Y\rm d}\cos\beta + \left(R_{\rm d}+x\right)\theta_{X\rm d}\right)\sin\vartheta_i + \left(y\theta_{X\rm d}\cos\beta - \left(R_{\rm d}+x\right)\theta_{Y\rm d}\right)\sin\vartheta_i \end{bmatrix} \tag{3.6}
$$

不考虑叶片在局部坐标系中摆动方向的位移，即式（3.1）中 w=0。则第 i 个叶片的动能表达式为

$$
T_{\rm blade} = \frac{1}{2}\int_0^L \dot{\boldsymbol{r}}_Q^2 {\rm d}m = \frac{1}{2}(T_1 + T_2) \tag{3.7}
$$

式中，T_1 为第 i 个叶片振动产生的动能；T_2 为叶片与转子耦合产生的动能，把 $\iint_{A_{\rm b}} y^2{\rm d}A_{\rm b} = b\int_{-\frac{h}{2}}^{\frac{h}{2}} y^2{\rm d}y = I_{\rm b}$， $\iint_{A_{\rm b}} y{\rm d}A_{\rm b} = b\int_{-\frac{h}{2}}^{\frac{h}{2}} y{\rm d}y = 0$ 代入可得：

$$
\begin{aligned}
T_1 = &\int_0^L \rho_{\rm b}A_{\rm b}\begin{pmatrix} \dot{u}^2 + \dot{v}^2 - 2\dot{u}v\dot{\theta}\cos\beta + \left(R_{\rm d}+x\right)^2\dot{\theta}^2 + 2\left(R_{\rm d}+x\right)\dot{\theta}^2 u \\ +\dot{\theta}^2u^2 + \dot{\theta}^2v^2\cos^2\beta + 2\dot{v}\dot{\theta}\left(R_{\rm d}+x+u\right)\cos\beta \end{pmatrix}{\rm d}x \\
&+\int_0^L \rho_{\rm b}I_{\rm b}\left(\dot{\theta}^2\cos^2\beta + \dot{\theta}^2\varphi^2 + 2\dot{\theta}\dot{\varphi}\cos\beta + \dot{\varphi}^2\right){\rm d}x
\end{aligned} \tag{3.8}
$$

$$
T_2 = \int_0^L \rho_{\rm b}A_{\rm b}\left(\begin{array}{l}
\theta_{Z\rm d}^2\left(R_{\rm d}+x\right)^2\dot{\theta}^2 + \theta_{Z\rm d}\left(-2\left(R_{\rm d}+x\right)\dot{\theta}\dot{u} + 2\left(R_{\rm d}+x\right)\dot{\theta}^2 v\cos\beta\right) \\
+\dot{\theta}_{Z\rm d}^2\left(R_{\rm d}+x\right)^2 + \dot{\theta}_{Z\rm d}\left(2\left(R_{\rm d}+x\right)\dot{v}\cos\beta + 2\left(R_{\rm d}+x\right)^2\dot{\theta} + 2\left(R_{\rm d}+x\right)\dot{\theta}u\right) \\
+\dot{X}_{\rm d}^2 + \dot{Y}_{\rm d}^2 + \dot{Z}_{\rm d}^2 + 2\dot{v}\dot{Z}_{\rm d}\sin\beta \\
+\cos\vartheta_i\begin{pmatrix} 2\dot{u}\dot{X}_{\rm d} + 2\dot{v}\dot{Y}_{\rm d}\cos\beta - 2\left(R_{\rm d}+x\right)\dot{v}\dot{\theta}_{Y\rm d}\sin\beta - 2\left(R_{\rm d}+x\right)\dot{Z}_{\rm d}\dot{\theta}_{Y\rm d} \\ +2\left(R_{\rm d}+x\right)\dot{v}\theta_{X\rm d}\dot{\theta}\sin\beta - 2v\dot{X}_{\rm d}\dot{\theta}\cos\beta - 2\left(R_{\rm d}+x\right)\dot{\theta}\theta_{Z\rm d}\dot{X}_{\rm d} \\ +2\left(R_{\rm d}+x\right)\dot{\theta}\dot{Y}_{\rm d} + 2\dot{\theta}u\dot{Y}_{\rm d} + 2\left(R_{\rm d}+x\right)\theta_{X\rm d}\dot{\theta}\dot{Z}_{\rm d} + 2\left(R_{\rm d}+x\right)\dot{\theta}_{Z\rm d}\dot{Y}_{\rm d} \end{pmatrix} \\
+\sin\vartheta_i\begin{pmatrix} -2\dot{v}\dot{X}_{\rm d}\cos\beta + 2\dot{u}\dot{Y}_{\rm d} + 2\left(R_{\rm d}+x\right)\dot{v}\dot{\theta}_{X\rm d}\sin\beta + 2\left(R_{\rm d}+x\right)\dot{Z}_{\rm d}\dot{\theta}_{X\rm d} \\ +2\left(R_{\rm d}+x\right)\dot{v}\theta_{Y\rm d}\dot{\theta}\sin\beta - 2\left(R_{\rm d}+x\right)\dot{\theta}\dot{X}_{\rm d} - 2u\dot{X}_{\rm d}\dot{\theta} - 2v\dot{Y}_{\rm d}\dot{\theta}\cos\beta \\ -2\left(R_{\rm d}+x\right)\dot{\theta}\theta_{Z\rm d}\dot{Y}_{\rm d} + 2\left(R_{\rm d}+x\right)\theta_{Y\rm d}\dot{\theta}\dot{Z}_{\rm d} - 2\left(R_{\rm d}+x\right)\dot{\theta}_{Z\rm d}\dot{X}_{\rm d} \end{pmatrix} \\
+\sin\vartheta_i\cos\vartheta_i\begin{pmatrix} -2\left(R_{\rm d}+x\right)^2\dot{\theta}_{Y\rm d}\dot{\theta}_{X\rm d} - 2\left(R_{\rm d}+x\right)^2\theta_{Y\rm d}\dot{\theta}_{Y\rm d}\dot{\theta} \\ +2\left(R_{\rm d}+x\right)^2\theta_{X\rm d}\dot{\theta}_{X\rm d}\dot{\theta} + 2\left(R_{\rm d}+x\right)^2\theta_{Y\rm d}\theta_{X\rm d}\dot{\theta}^2 \end{pmatrix} \\
+\cos^2\vartheta_i\left(\left(R_{\rm d}+x\right)^2\dot{\theta}_{Y\rm d}^2 - 2\left(R_{\rm d}+x\right)^2\dot{\theta}_{Y\rm d}\theta_{X\rm d}\dot{\theta} + \left(R_{\rm d}+x\right)^2\theta_{X\rm d}^2\dot{\theta}^2\right) \\
+\sin^2\vartheta_i\left(\left(R_{\rm d}+x\right)^2\dot{\theta}_{X\rm d}^2 + 2\left(R_{\rm d}+x\right)^2\theta_{Y\rm d}\dot{\theta}_{X\rm d}\dot{\theta} + \left(R_{\rm d}+x\right)^2\theta_{Y\rm d}^2\dot{\theta}^2\right)
\end{array}\right){\rm d}x
$$

$$+\int_0^L \rho_{\mathrm{b}} I_{\mathrm{b}}\left(\begin{array}{l}\dot{\theta}_{Y\mathrm{d}}^2\sin^2\beta+\dot{\theta}_{X\mathrm{d}}^2\sin^2\beta+\theta_{Z\mathrm{d}}^2\dot{\theta}^2\cos^2\beta+2\varphi\theta_{Z\mathrm{d}}\dot{\theta}^2\cos\beta \\ +\dot{\theta}_{Z\mathrm{d}}^2\cos^2\beta+\dot{\theta}_{Z\mathrm{d}}\left(2\dot{\theta}\cos^2\beta+2\dot{\varphi}\cos\beta\right) \\ +\cos\vartheta_i\left(\begin{array}{l}-2\dot{\theta}_{Y\mathrm{d}}\dot{\theta}\sin\beta\cos\beta+2\varphi\dot{\theta}_{X\mathrm{d}}\dot{\theta}\sin\beta+2\theta_{Z\mathrm{d}}\dot{\theta}_{X\mathrm{d}}\dot{\theta}\sin\beta\cos\beta \\ -2\dot{\varphi}\dot{\theta}_{Y\mathrm{d}}\sin\beta-2\dot{\theta}_{Z\mathrm{d}}\dot{\theta}_{Y\mathrm{d}}\sin\beta\cos\beta\end{array}\right) \\ +\sin\vartheta_i\left(\begin{array}{l}2\dot{\theta}_{X\mathrm{d}}\dot{\theta}\sin\beta\cos\beta+2\varphi\dot{\theta}_{Y\mathrm{d}}\dot{\theta}\sin\beta+2\theta_{Z\mathrm{d}}\dot{\theta}_{Y\mathrm{d}}\dot{\theta}\sin\beta\cos\beta \\ +2\dot{\varphi}\dot{\theta}_{X\mathrm{d}}\sin\beta+2\dot{\theta}_{Z\mathrm{d}}\dot{\theta}_{X\mathrm{d}}\sin\beta\cos\beta\end{array}\right) \\ +\sin\vartheta_i\cos\vartheta_i\left(\begin{array}{l}2\dot{\theta}_{Y\mathrm{d}}\dot{\theta}_{X\mathrm{d}}\cos^2\beta+2\theta_{Y\mathrm{d}}\dot{\theta}_{Y\mathrm{d}}\dot{\theta}\cos^2\beta \\ -2\theta_{X\mathrm{d}}\dot{\theta}_{X\mathrm{d}}\dot{\theta}\cos^2\beta-2\theta_{Y\mathrm{d}}\theta_{X\mathrm{d}}\dot{\theta}^2\cos^2\beta\end{array}\right) \\ +\cos^2\vartheta_i\left(\dot{\theta}_{X\mathrm{d}}^2\cos^2\beta+2\theta_{Y\mathrm{d}}\dot{\theta}_{X\mathrm{d}}\dot{\theta}\cos^2\beta+\theta_{Y\mathrm{d}}^2\dot{\theta}^2\cos^2\beta\right) \\ +\sin^2\vartheta_i\left(\dot{\theta}_{Y\mathrm{d}}^2\cos^2\beta-2\dot{\theta}_{Y\mathrm{d}}\theta_{X\mathrm{d}}\dot{\theta}\cos^2\beta+\theta_{X\mathrm{d}}^2\dot{\theta}^2\cos^2\beta\right)\end{array}\right)\mathrm{d}x \tag{3.9}$$

式中，I_{b}为叶片的截面惯性矩；A_{b}为叶片截面积；ρ_{b}为叶片密度；R_{d}为轮盘外径；符号（˙）表示对时间的 1 阶偏导。梁的横截面积 A_{b} 与截面惯性矩 I_{b} 满足的关系式见式（2.7）和式（2.8）。

轮盘采用集中质量模型，轮盘动能包括平动动能和转动动能，其表达式为

$$\begin{aligned}T_{\text{disk}}=&\frac{1}{2}J_{\mathrm{p}}\left(\dot{\theta}+\dot{\theta}_{Z\mathrm{d}}\right)^2+\frac{1}{2}m_{\mathrm{d}}\left(\dot{X}_{\mathrm{c}}^2+\dot{Y}_{\mathrm{c}}^2+\dot{Z}_{\mathrm{c}}^2\right)\\&-J_{\mathrm{p}}\left(\dot{\theta}+\dot{\theta}_{Z\mathrm{d}}\right)\dot{\theta}_{Y\mathrm{d}}\theta_{X\mathrm{d}}+\frac{1}{2}J_{\mathrm{d}}\left(\dot{\theta}_{X\mathrm{d}}^2+\dot{\theta}_{Y\mathrm{d}}^2\right)\end{aligned} \tag{3.10}$$

式中，J_{p}为轮盘极转动惯量，$J_{\mathrm{p}}=\frac{1}{2}m_{\mathrm{d}}\left(r_{\mathrm{d}}^2+R_{\mathrm{d}}^2\right)$，$r_{\mathrm{d}}$和$R_{\mathrm{d}}$分别为轮盘内径和外径；$J_{\mathrm{d}}$为轮盘直径转动惯量，$J_{\mathrm{d}}=\frac{1}{12}m_{\mathrm{d}}\left(3\left(r_{\mathrm{d}}^2+R_{\mathrm{d}}^2\right)+h_{\mathrm{d}}^2\right)$，$h_{\mathrm{d}}$为轮盘厚度；$\dot{\theta}$为角速度；$m_{\mathrm{d}}$为轮盘质量。

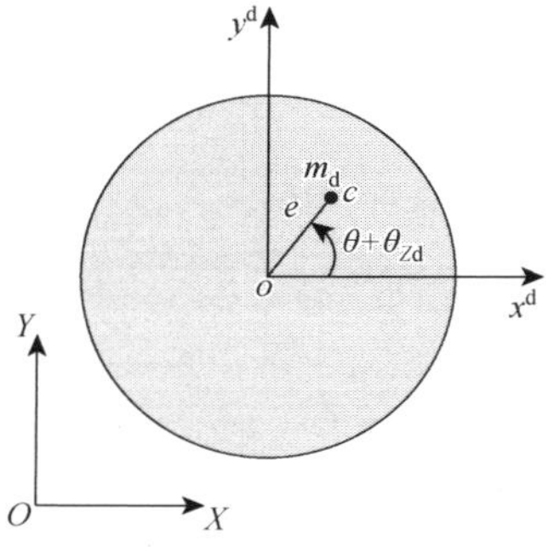

图 3.3　轮盘的质心和形心位置

假设轮盘不存在厚度方向的偏心，轮盘质心与轮盘形心位移之间的关系满足：

$$\begin{cases}X_{\mathrm{c}}=X_{\mathrm{d}}+e\cos(\theta+\theta_{Z\mathrm{d}})\\Y_{\mathrm{c}}=Y_{\mathrm{d}}+e\sin(\theta+\theta_{Z\mathrm{d}})\\Z_{\mathrm{c}}=Z_{\mathrm{d}}\end{cases} \tag{3.11}$$

式中，e为轮盘质心与形心不重合时的偏心距；X_{d}、Y_{d}和Z_{d}为轮盘形心处的水平、垂直和轴向方向上的位移，如图 3.3 所示。

将式（3.11）代入式（3.10）得轮盘动能表达式为

$$T_{\text{disk}}=\frac{1}{2}J_{\text{p}}\left(\dot{\theta}+\dot{\theta}_{Z\text{d}}\right)^2+\frac{1}{2}m_{\text{d}}\begin{pmatrix}\left(\dot{X}_{\text{d}}-e\sin\left(\theta+\theta_{Z\text{d}}\right)\left(\dot{\theta}+\dot{\theta}_{Z\text{d}}\right)\right)^2\\+\left(\dot{Y}_{\text{d}}+e\cos\left(\theta+\theta_{Z\text{d}}\right)\left(\dot{\theta}+\dot{\theta}_{Z\text{d}}\right)\right)^2+\dot{Z}_{\text{d}}^2\end{pmatrix}$$
$$-J_{\text{p}}\left(\dot{\theta}+\dot{\theta}_{Z\text{d}}\right)\dot{\theta}_{Y\text{d}}\theta_{X\text{d}}+\frac{1}{2}J_{\text{d}}\left(\dot{\theta}_{X\text{d}}^2+\dot{\theta}_{Y\text{d}}^2\right) \tag{3.12}$$

转轴的动能表达式为

$$T_{\text{shaft}}=\frac{1}{2}\dot{\boldsymbol{q}}_{\text{s}}^{\text{T}}\boldsymbol{M}_{\text{s}}\dot{\boldsymbol{q}}_{\text{s}} \tag{3.13}$$

式中，$\boldsymbol{M}_{\text{s}}$ 为转轴的质量矩阵；$\dot{\boldsymbol{q}}_{\text{s}}$ 为转轴的速度向量。

转子-叶片耦合系统整体的动能为

$$T_{\text{total}}=\sum_{i=1}^{N_{\text{b}}}T_{\text{blade}}+T_{\text{disk}}+T_{\text{shaft}} \tag{3.14}$$

2. 转子-叶片耦合系统势能

旋转叶片采用悬臂 Timoshenko 梁进行建模，其势能包括叶片弯曲势能、轴向压缩势能、剪切势能、离心势能以及由法向力产生的势能。第 i 个叶片势能的具体表达式见式（2.4）。

转轴的势能由扭转势能和弯曲势能组成，其表达式为

$$V_{\text{shaft}}=\frac{1}{2}\boldsymbol{q}_{\text{s}}^{\text{T}}\boldsymbol{K}_{\text{s}}\boldsymbol{q}_{\text{s}} \tag{3.15}$$

式中，$\boldsymbol{K}_{\text{s}}$ 和 $\boldsymbol{q}_{\text{s}}$ 分别为转轴的刚度矩阵和位移向量。

轴承的势能表达式为

$$V_{\text{bearing}}=\frac{1}{2}\boldsymbol{q}_{\text{s}}^{\text{T}}\boldsymbol{K}_{\text{B}}\boldsymbol{q}_{\text{s}} \tag{3.16}$$

式中，$\boldsymbol{K}_{\text{B}}$ 为轴承刚度矩阵，$\boldsymbol{K}_{\text{B}}=\left[0,\cdots,\boldsymbol{K}_{\text{b1}},\cdots,0,\cdots,\boldsymbol{K}_{\text{b2}},\cdots,0\right]$，$\boldsymbol{K}_{\text{b1}}$ 和 $\boldsymbol{K}_{\text{b2}}$ 分别为轴承 1 和 2 的单元刚度矩阵。

转子-叶片耦合系统整体的势能为

$$V_{\text{total}}=\sum_{i=1}^{N_{\text{b}}}V_{\text{blade}}+V_{\text{shaft}}+V_{\text{bearing}} \tag{3.17}$$

3. 转子-叶片耦合系统运动微分方程

将系统整体动能公式（3.14）和势能公式（3.17）代入静态 Hamilton 原理表达式中：

$$\delta\int_{t_1}^{t_2}\left(T_{\text{total}}-V_{\text{total}}\right)\text{d}t=0 \tag{3.18}$$

以 δu 、 δv 和 $\delta\varphi$ 为独立变量进行变分运算，整理得到第 i 个叶片运动微分方程：

$$\sum_{i=1}^{N_b}\left(\begin{aligned}&\rho_b\int_0^L A_b\ddot{u}dx-\dot{\theta}^2\rho_b\int_0^L A_b u dx-2\dot{\theta}\cos\beta\rho_b\int_0^L A_b\dot{v}dx-\rho_b\ddot{\theta}\cos\beta\int_0^L A_b v dx\\&-2\rho_b\dot{\theta}\dot{\theta}_{Zd}\int_0^L A_b\left(R_d+x\right)dx-\rho_b\theta_{Zd}\ddot{\theta}\int_0^L A_b\left(R_d+x\right)dx-\rho_b\dot{\theta}^2\int_0^L A_b\left(R_d+x\right)dx\\&+\ddot{X}_d\rho_b\cos\vartheta_i\int_0^L A_b dx+\rho_b\ddot{Y}_d\sin\vartheta_i\int_0^L A_b dx+E_b A_b u'\Big|_{x=L}-\int_0^L E_b\left(A_b'u'+A_b u''\right)dx\end{aligned}\right)=0$$

（3.19）

$$\sum_{i=1}^{N_b}\left(\begin{aligned}&2\rho_b\dot{\theta}\cos\beta\int_0^L A_b\dot{u}dx+\rho_b\ddot{\theta}\cos\beta\int_0^L A_b u dx+\rho_b\int_0^L A_b\ddot{v}dx-\rho_b\dot{\theta}^2\cos^2\beta\int_0^L A_b v dx\\&-\rho_b\ddot{X}_d\sin\vartheta_i\cos\beta\int_0^L A_b dx+\rho_b\ddot{Y}_d\cos\vartheta_i\cos\beta\int_0^L A_b dx+\rho_b\ddot{Z}_d\sin\beta\int_0^L A_b dx\\&-\rho_b\ddot{\theta}_{Yd}\cos\vartheta_i\sin\beta\int_0^L A_b\left(R_d+x\right)dx+2\rho_b\dot{\theta}_{Yd}\dot{\theta}\sin\vartheta_i\sin\beta\int_0^L A_b\left(R_d+x\right)dx\\&+\rho_b\theta_{Yd}\ddot{\theta}\sin\vartheta_i\sin\beta\int_0^L A_b\left(R_d+x\right)dx+\rho_b\theta_{Yd}\dot{\theta}^2\cos\vartheta_i\sin\beta\int_0^L A_b\left(R_d+x\right)dx\\&+\ddot{\theta}_{Xd}\rho_b\sin\vartheta_i\sin\beta\int_0^L A_b\left(R_d+x\right)dx+2\dot{\theta}_{Xd}\dot{\theta}\rho_b\cos\vartheta_i\sin\beta\int_0^L A_b\left(R_d+x\right)dx\\&+\theta_{Xd}\ddot{\theta}\rho_b\cos\vartheta_i\sin\beta\int_0^L A_b\left(R_d+x\right)dx-\theta_{Xd}\dot{\theta}^2\rho_b\sin\vartheta_i\sin\beta\int_0^L A_b\left(R_d+x\right)dx\\&+\rho_b\ddot{\theta}_{Zd}\cos\beta\int_0^L A_b\left(R_d+x\right)dx-\rho_b\theta_{Zd}\dot{\theta}^2\cos\beta\int_0^L A_b\left(R_d+x\right)dx\\&+\rho_b\ddot{\theta}\cos\beta\int_0^L A_b\left(R_d+x\right)dx\\&+\kappa A_b G_b\left(v'-\varphi\right)\Big|_0^L-\int_0^L\kappa G_b\left(A_b'\left(v'-\varphi\right)+A_b\left(v''-\varphi'\right)\right)dx\\&+f_c(x)v'\Big|_0^L-\int_0^L\left(f_c'(x)v'+f_c(x)v''\right)dx+F_n v'\Big|_0^L-\int_0^L\left(F_n'v'+F_n v''\right)dx\end{aligned}\right)=0$$

（3.20）

$$\sum_{i=1}^{N_b}\left(\begin{aligned}&\rho_b\int_0^L I_b\ddot{\varphi}dx-\dot{\theta}^2\rho_b\int_0^L I_b\varphi dx-\rho_b\ddot{\theta}_{Yd}\cos\vartheta_i\sin\beta\int_0^L I_b dx+\rho_b\ddot{\theta}_{Xd}\sin\vartheta_i\sin\beta\int_0^L I_b dx\\&+\rho_b\ddot{\theta}_{Zd}\cos\beta\int_0^L I_b dx-\rho_b\dot{\theta}^2\theta_{Zd}\cos\beta\int_0^L I_b dx+\rho_b\ddot{\theta}\cos\beta\int_0^L I_b dx\\&+E_b I_b\varphi'\Big|_0^L-\int_0^L E_b\left(I_b'\varphi'+I_b\varphi''\right)dx-\int_0^L\kappa A_b G_b v'dx+\int_0^L\kappa A_b G_b\varphi dx\end{aligned}\right)=0$$

（3.21）

式中，符号（¨）表示对时间的 2 阶偏导；符号（′）和（″）分别表示对积分变量的 1 阶偏导和 2 阶偏导。

不包括转轴动能 T_{shaft} 及转轴势能 V_{shaft}，并分别以 X_d、Y_d、Z_d、θ_{Xd}、θ_{Yd} 和 θ_{Zd} 为独立变量进行变分运算，整理得到：

$$
\begin{aligned}
&\delta\int_{t_1}^{t_2}\left(\sum_{i=1}^{N_b}T_{\text{blade}}+T_{\text{disk}}-\sum_{i=1}^{N_b}V_{\text{blade}}-V_{\text{bearing}}\right)\mathrm{d}t\\
&=\int_{t_1}^{t_2}\sum_{i=1}^{N_b}\left(\int_0^L\rho_b A_b\begin{pmatrix}-\ddot{X}_d-\ddot{u}\cos\vartheta_i+2\dot{u}\dot{\theta}\sin\vartheta+u\ddot{\theta}\sin\vartheta_i+u\dot{\theta}^2\cos\vartheta_i\\+\ddot{v}\sin\vartheta_i\cos\beta+2\dot{v}\dot{\theta}\cos\vartheta_i\cos\beta\\+v\ddot{\theta}\cos\vartheta_i\cos\beta-v\dot{\theta}^2\sin\vartheta_i\cos\beta\\+(R_d+x)\ddot{\theta}_{Zd}\sin\vartheta_i+2(R_d+x)\dot{\theta}_{Zd}\dot{\theta}\cos\vartheta_i\\+(R_d+x)\ddot{\theta}\theta_{Zd}\cos\vartheta_i-(R_d+x)\dot{\theta}^2\theta_{Zd}\sin\vartheta_i\\+(R_d+x)\ddot{\theta}\sin\vartheta_i+(R_d+x)\dot{\theta}^2\cos\vartheta_i\end{pmatrix}\mathrm{d}x\right)\delta X_d\mathrm{d}t\\
&+\int_{t_1}^{t_2}\left(-m_d\ddot{X}_d+em_d\cos(\theta+\theta_{Zd})(\dot{\theta}+\dot{\theta}_{Zd})^2+em_d\sin(\theta+\theta_{Zd})(\ddot{\theta}+\ddot{\theta}_{Zd})\right)\delta X_d\mathrm{d}t
\end{aligned}
\tag{3.22}
$$

$$
\begin{aligned}
&\delta\int_{t_1}^{t_2}\left(\sum_{i=1}^{N_b}T_{\text{blade}}+T_{\text{disk}}-\sum_{i=1}^{N_b}V_{\text{blade}}-V_{\text{bearing}}\right)\mathrm{d}t\\
&=\int_{t_1}^{t_2}\sum_{i=1}^{N_b}\left(\int_0^L\rho_b A_b\begin{pmatrix}-\ddot{Y}_d-\ddot{u}\sin\vartheta_i-2\dot{u}\dot{\theta}\cos\vartheta_i-\ddot{\theta}u\cos\vartheta_i+\dot{\theta}^2u\sin\vartheta_i\\-\ddot{v}\cos\vartheta_i\cos\beta+2\dot{\theta}\dot{v}\sin\vartheta_i\cos\beta\\+v\ddot{\theta}\sin\vartheta_i\cos\beta+v\dot{\theta}^2\cos\vartheta_i\cos\beta\\-(R_d+x)\ddot{\theta}_{Zd}\cos\vartheta_i+2(R_d+x)\dot{\theta}_{Zd}\dot{\theta}\sin\vartheta_i\\+(R_d+x)\ddot{\theta}\theta_{Zd}\sin\vartheta_i+(R_d+x)\dot{\theta}^2\theta_{Zd}\cos\vartheta_i\\-(R_d+x)\ddot{\theta}\cos\vartheta_i+(R_d+x)\dot{\theta}^2\sin\vartheta_i\end{pmatrix}\mathrm{d}x\right)\delta Y_d\mathrm{d}t\\
&+\int_{t_1}^{t_2}\left(-m_d\ddot{Y}_d+em_d\sin(\theta+\theta_{Zd})(\dot{\theta}+\dot{\theta}_{Zd})^2-em_d\cos(\theta+\theta_{Zd})(\ddot{\theta}+\ddot{\theta}_{Zd})\right)\delta Y_d\mathrm{d}t
\end{aligned}
\tag{3.23}
$$

$$
\begin{aligned}
&\delta\int_{t_1}^{t_2}\left(\sum_{i=1}^{N_b}T_{\text{blade}}+T_{\text{disk}}-\sum_{i=1}^{N_b}V_{\text{blade}}-V_{\text{bearing}}\right)\mathrm{d}t\\
&=\int_{t_1}^{t_2}\sum_{i=1}^{N_b}\left(\int_0^L\rho_b A_b\begin{pmatrix}-\ddot{Z}_d-\ddot{v}\sin\beta\\+(R_d+x)\cos\vartheta_i\ddot{\theta}_{Yd}-2(R_d+x)\dot{\theta}_{Yd}\dot{\theta}\sin\vartheta_i\\-(R_d+x)\theta_{Yd}\ddot{\theta}\sin\vartheta_i-(R_d+x)\theta_{Yd}\dot{\theta}^2\cos\vartheta_i\\-(R_d+x)\ddot{\theta}_{Xd}\sin\vartheta_i-2(R_d+x)\dot{\theta}_{Xd}\dot{\theta}\cos\vartheta_i\\-(R_d+x)\theta_{Xd}\ddot{\theta}\cos\vartheta_i+(R_d+x)\theta_{Xd}\dot{\theta}^2\sin\vartheta_i\end{pmatrix}\mathrm{d}x\right)\delta Z_d\mathrm{d}t\\
&+\int_{t_1}^{t_2}\left(-m_d\ddot{Z}_d\right)\delta Z_d\mathrm{d}t
\end{aligned}
\tag{3.24}
$$

$$
\begin{aligned}
&\delta\int_{t_1}^{t_2}\left(\sum_{i=1}^{N_b}T_{\text{blade}}+T_{\text{disk}}-\sum_{i=1}^{N_b}V_{\text{blade}}-V_{\text{bearing}}\right)\mathrm{d}t\\
&=\int_{t_1}^{t_2}\sum_{i=1}^{N_b}\left(\int_0^L\rho_b A_b\left(\begin{aligned}&(R_d+x)\left(-\ddot{v}\sin\vartheta_i\sin\beta-\ddot{Z}_d\sin\vartheta_i\right)\\&+(R_d+x)^2\left(\begin{aligned}&\ddot{\theta}_{Yd}\sin\vartheta_i\cos\vartheta_i-2\dot{\theta}_{Yd}\dot{\theta}\sin^2\vartheta_i\\&-\theta_{Yd}\ddot{\theta}\sin^2\vartheta_i-\theta_{Yd}\dot{\theta}^2\sin\vartheta_i\cos\vartheta_i\\&-\ddot{\theta}_{Xd}\sin^2\vartheta_i-2\dot{\theta}_{Xd}\dot{\theta}\sin\vartheta_i\cos\vartheta_i\\&-\ddot{\theta}\theta_{Xd}\sin\vartheta_i\cos\vartheta_i+\dot{\theta}^2\theta_{Xd}\sin\vartheta_i\sin\vartheta_i\end{aligned}\right)\end{aligned}\right)\mathrm{d}x\right)\delta\theta_{Xd}\mathrm{d}t\\
&+\int_{t_1}^{t_2}\sum_{i=1}^{N_b}\left(\int_0^L\rho_b I_b\left(\begin{aligned}&-\ddot{\theta}_{Xd}\sin^2\beta-\ddot{\varphi}\sin\vartheta_i\sin\beta-2\dot{\varphi}\dot{\theta}\cos\vartheta_i\sin\beta\\&-\varphi\ddot{\theta}\cos\vartheta_i\sin\beta+\varphi\dot{\theta}^2\sin\vartheta_i\sin\beta\\&-\ddot{\theta}_{Zd}\sin\vartheta_i\sin\beta\cos\beta-2\dot{\theta}_{Zd}\dot{\theta}\cos\vartheta_i\sin\beta\cos\beta\\&-\theta_{Zd}\ddot{\theta}\cos\vartheta_i\sin\beta\cos\beta+\theta_{Zd}\dot{\theta}^2\sin\vartheta_i\sin\beta\cos\beta\\&-\ddot{\theta}\sin\vartheta_i\sin\beta\cos\beta-\dot{\theta}^2\cos\vartheta_i\sin\beta\cos\beta\\&-\ddot{\theta}_{Yd}\sin\vartheta_i\cos\vartheta_i\cos^2\beta-2\dot{\theta}_{Yd}\dot{\theta}\cos^2\vartheta_i\cos^2\beta\\&-\theta_{Yd}\ddot{\theta}\cos^2\vartheta_i\cos^2\beta+\theta_{Yd}\dot{\theta}^2\cos\vartheta_i\sin\vartheta_i\cos^2\beta\\&-\ddot{\theta}_{Xd}\cos^2\vartheta_i\cos^2\beta+2\dot{\theta}_{Xd}\dot{\theta}\cos\vartheta_i\sin\vartheta_i\cos^2\beta\\&+\theta_{Xd}\ddot{\theta}\sin\vartheta_i\cos\vartheta_i\cos^2\beta+\theta_{Xd}\dot{\theta}^2\cos^2\vartheta_i\cos^2\beta\end{aligned}\right)\mathrm{d}x\right)\delta\theta_{Xd}\mathrm{d}t\\
&+\int_{t_1}^{t_2}\left(-J_p\left(\dot{\theta}+\dot{\theta}_{Zd}\right)\dot{\theta}_{Yd}-J_d\ddot{\theta}_{Xd}\right)\delta\theta_{Xd}\mathrm{d}t
\end{aligned}
\tag{3.25}
$$

$$
\begin{aligned}
&\delta\int_{t_1}^{t_2}\left(\sum_{i=1}^{N_b}T_{\text{blade}}+T_{\text{disk}}-\sum_{i=1}^{N_b}V_{\text{blade}}-V_{\text{bearing}}\right)\mathrm{d}t\\
&=\int_{t_1}^{t_2}\sum_{i=1}^{N_b}\left(\int_0^L\rho_b A_b\left(\begin{aligned}&(R_d+x)\left(\ddot{v}\cos\vartheta_i\sin\beta+\ddot{Z}_d\cos\vartheta_i\right)\\&+(R_d+x)^2\left(\begin{aligned}&-\ddot{\theta}_{Yd}\cos^2\vartheta_i+2\dot{\theta}_{Yd}\dot{\theta}\cos\vartheta_i\sin\vartheta_i\\&+\theta_{Yd}\ddot{\theta}\sin\vartheta_i\cos\vartheta_i+\theta_{Yd}\dot{\theta}^2\cos^2\vartheta_i\\&+\ddot{\theta}_{Xd}\sin\vartheta_i\cos\vartheta_i+2\dot{\theta}_{Xd}\dot{\theta}\cos^2\vartheta_i\\&+\theta_{Xd}\ddot{\theta}\cos^2\vartheta_i-\theta_{Xd}\dot{\theta}^2\cos\vartheta_i\sin\vartheta_i\end{aligned}\right)\end{aligned}\right)\mathrm{d}x\right)\delta\theta_{Yd}\mathrm{d}t
\end{aligned}
$$

$$
+\int_{t_1}^{t_2}\sum_{i=1}^{N_b}\left(\int_0^L \rho_b I_b\begin{pmatrix}-\ddot{\theta}_{Yd}\sin^2\beta+\ddot{\theta}\cos\vartheta_i\sin\beta\cos\beta-\dot{\theta}^2\sin\vartheta_i\sin\beta\cos\beta\\+\ddot{\varphi}\cos\vartheta_i\sin\beta-2\dot{\varphi}\dot{\theta}\sin\vartheta_i\sin\beta\\-\varphi\ddot{\theta}\sin\vartheta_i\sin\beta-\varphi\dot{\theta}^2\cos\vartheta_i\sin\beta\\+\ddot{\theta}_{Zd}\cos\vartheta_i\sin\beta\cos\beta-2\dot{\theta}_{Zd}\dot{\theta}\sin\vartheta_i\sin\beta\cos\beta\\-\theta_{Zd}\ddot{\theta}\sin\vartheta_i\sin\beta\cos\beta-\theta_{Zd}\dot{\theta}^2\cos\vartheta_i\sin\beta\cos\beta\\-\ddot{\theta}_{Yd}\sin^2\vartheta_i\cos^2\beta-2\dot{\theta}_{Yd}\dot{\theta}\sin\vartheta_i\cos\vartheta_i\cos^2\beta\\-\theta_{Yd}\ddot{\theta}\sin\vartheta_i\cos\vartheta_i\cos^2\beta+\theta_{Yd}\dot{\theta}^2\sin^2\vartheta_i\cos^2\beta\\-\ddot{\theta}_{Xd}\sin\vartheta_i\cos\vartheta_i\cos^2\beta+2\dot{\theta}_{Xd}\dot{\theta}\sin^2\vartheta_i\cos^2\beta\\+\theta_{Xd}\ddot{\theta}\sin^2\vartheta_i\cos^2\beta+\theta_{Xd}\dot{\theta}^2\sin\vartheta_i\cos\vartheta_i\cos^2\beta\end{pmatrix}\mathrm{d}x\right)\delta\theta_{Yd}\mathrm{d}t
$$

$$
+\int_{t_1}^{t_2}\left(J_p\left(\left(\ddot{\theta}+\ddot{\theta}_{Zd}\right)\theta_{Xd}+\left(\dot{\theta}+\dot{\theta}_{Zd}\right)\dot{\theta}_{Xd}\right)-J_p\ddot{\theta}_{Yd}\right)\delta\theta_{Yd}\mathrm{d}t
\tag{3.26}
$$

$$
\delta\int_{t_1}^{t_2}\left(\sum_{i=1}^{N_b}T_{\text{blade}}+T_{\text{disk}}-\sum_{i=1}^{N_b}V_{\text{blade}}-V_{\text{bearing}}\right)\mathrm{d}t
$$

$$
=\int_{t_1}^{t_2}\sum_{i=1}^{N_b}\left(\int_0^L \rho_b A_b\begin{pmatrix}2\left(R_d+x\right)\dot{\theta}\dot{u}+\left(R_d+x\right)\ddot{\theta}u\\+\left(R_d+x\right)\ddot{v}\cos\beta-\left(R_d+x\right)\dot{\theta}^2 v\cos\beta\\-\left(R_d+x\right)\ddot{X}_d\sin\vartheta_i+\left(R_d+x\right)\ddot{Y}_d\cos\vartheta_i\\+\ddot{\theta}_{Zd}\left(R_d+x\right)^2-\theta_{Zd}\left(R_d+x\right)^2\dot{\theta}^2+\left(R_d+x\right)^2\ddot{\theta}\end{pmatrix}\mathrm{d}x\right)\delta\theta_{Zd}\mathrm{d}t
$$

$$
+\int_{t_1}^{t_2}\sum_{i=1}^{N_b}\left(\int_0^L \rho_b I_b\begin{pmatrix}\ddot{\varphi}\cos\beta-\varphi\dot{\theta}^2\cos\beta\\-\ddot{\theta}_{Yd}\cos\vartheta_i\sin\beta\cos\beta+\ddot{\theta}_{Xd}\sin\vartheta_i\sin\beta\cos\beta\\+\ddot{\theta}_{Zd}\cos^2\beta-\theta_{Zd}\dot{\theta}^2\cos^2\beta+\ddot{\theta}\cos^2\beta\end{pmatrix}\mathrm{d}x\right)\delta\theta_{Zd}\mathrm{d}t
$$

$$
+\int_{t_1}^{t_2}\begin{pmatrix}-J_p\ddot{\theta}_{Zd}-m_d e^2\ddot{\theta}_{Zd}-J_p\ddot{\theta}+J_p\left(\ddot{\theta}_{Yd}\theta_{Xd}+\dot{\theta}_{Yd}\dot{\theta}_{Xd}\right)-m_d e^2\ddot{\theta}\\+em_d\ddot{X}_d\sin\left(\theta+\theta_{Zd}\right)-em_d\ddot{Y}_d\cos\left(\theta+\theta_{Zd}\right)\end{pmatrix}\delta\theta_{Zd}\mathrm{d}t
\tag{3.27}
$$

3.2.2　转子-叶片耦合系统矩阵组集

1. 叶片模型

采用 Galerkin 方法对式（3.19）～式（3.21）进行离散。通过引入广义坐标 $U_\xi(t)$、$V_\xi(t)$ 和 $\psi_\xi(t)$，可将径向位移 $u(x,t)$、弯曲位移 $v(x,t)$ 以及截面转角 $\varphi(x,t)$ 写为

$$\begin{cases} u(x,t)=\sum_{\xi=1}^{N_{\mathrm{mod}}}\phi_{1\xi}(x)U_{\xi}(t) \\ v(x,t)=\sum_{\xi=1}^{N_{\mathrm{mod}}}\phi_{2\xi}(x)V_{\xi}(t) \\ \varphi(x,t)=\sum_{\xi=1}^{N_{\mathrm{mod}}}\phi_{3\xi}(x)\psi_{\xi}(t) \end{cases} \tag{3.28}$$

式中，$\phi_{1\xi}(x)$、$\phi_{2\xi}(x)$和$\phi_{3\xi}(x)$分别为径向、弯曲和截面转角的第ξ阶振型函数，具体表达式如下：

$$\begin{cases} \phi_{1\xi}(x)=\dfrac{\sin\left(\alpha_{\xi}x\right)}{\alpha_{\xi}} \\ \phi_{2\xi}(x)=\dfrac{1-\cos\left(\alpha_{\xi}x\right)}{\alpha_{\xi}} \\ \phi_{3\xi}(x)=\sin\left(\alpha_{\xi}x\right) \end{cases} \tag{3.29}$$

式中，$\alpha_{\xi}=\dfrac{(2i-1)\pi}{2L}(\xi=1,2,3,\cdots,N_{\mathrm{mod}})$，其中 N_{mod} 为模态截断数。将式（3.28）和式（3.29）代入式（3.19）～式（3.21），进行离散可得到叶片的质量、阻尼、刚度矩阵以及叶片受到的非线性力向量（见附录 B）。将式（3.28）和式（3.29）代入式（3.22）～式（3.27），进行离散可得到叶片-转子耦合和叶片-转子附加的质量、阻尼、刚度矩阵以及施加到转子的非线性力向量（见附录 B）。

2. 转子系统模型

本节采用有限元方法，对转子系统进行建模。转轴采用两节点梁单元，每个节点有 6 个自由度，分别是 X、Y和 Z 方向的平动以及绕 X、Y和 Z 轴方向的转动 θ_X、θ_Y和 θ_Z。单元的形状、节点位置和坐标系如图 3.4 所示，在坐标系 $OXYZ$ 中，X_A、Y_A、Z_A、X_B、Y_B和 Z_B分别为 A、B 节点的 X、Y和 Z 方向的位移，θ_{AX}、θ_{AY}、θ_{AZ}、θ_{BX}、θ_{BY}和 θ_{BZ}分别为 A、B 节点的 X、Y和 Z 方向的转角。

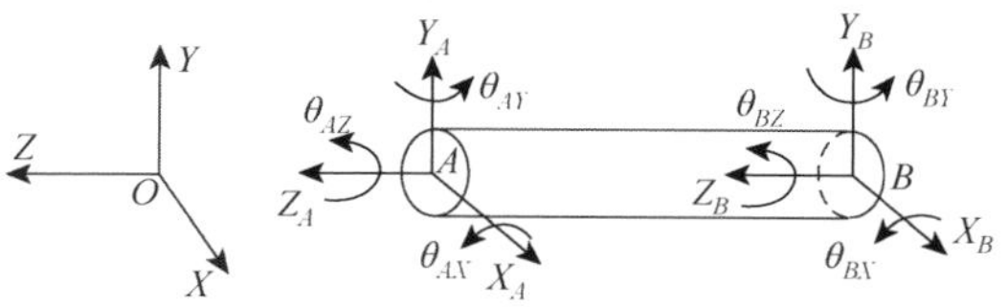

图 3.4　轴段单元有限元模型

梁单元的位移向量为

$$\boldsymbol{u}^{\mathrm{e}}=[X_A\ \ Y_A\ \ Z_A\ \ \theta_{AX}\ \ \theta_{AY}\ \ \theta_{AZ}\ \ X_B\ \ Y_B\ \ Z_B\ \ \theta_{BX}\ \ \theta_{BY}\ \ \theta_{BZ}]^{\mathrm{T}} \tag{3.30}$$

式中，上标 e 代表单元。梁单元的质量、刚度和陀螺矩阵，如下所示。

单元质量矩阵 $\boldsymbol{M}^{\mathrm{e}}$：

$$\boldsymbol{M}^{\mathrm{e}}=\rho A_{\mathrm{s}}l\begin{bmatrix} a & & & & & & & & & & & \\ 0 & a & & & & & & & & \text{对称} & & \\ 0 & 0 & 1/3 & & & & & & & & & \\ 0 & -c & 0 & g & & & & & & & & \\ c & 0 & 0 & 0 & g & & & & & & & \\ 0 & 0 & 0 & 0 & 0 & J/(3A_{\mathrm{s}}) & & & & & & \\ b & 0 & 0 & 0 & d & 0 & a & & & & & \\ 0 & b & 0 & -d & 0 & 0 & 0 & a & & & & \\ 0 & 0 & 1/6 & 0 & 0 & 0 & 0 & 0 & 1/3 & & & \\ 0 & d & 0 & f & 0 & 0 & 0 & c & 0 & g & & \\ -d & 0 & 0 & 0 & f & 0 & -c & 0 & 0 & 0 & g & \\ 0 & 0 & 0 & 0 & 0 & J/(6A_{\mathrm{s}}) & 0 & 0 & 0 & 0 & 0 & J/(3A_{\mathrm{s}}) \end{bmatrix} \tag{3.31}$$

式中，

$$a=\frac{\dfrac{13}{35}+\dfrac{7}{10}\phi+\dfrac{1}{3}\phi^2+\dfrac{6}{5}(r_{\mathrm{g}}/l)^2}{(1+\phi)^2}$$

$$b=\frac{\dfrac{9}{70}+\dfrac{3}{10}\phi+\dfrac{1}{6}\phi^2-\dfrac{6}{5}(r_{\mathrm{g}}/l)^2}{(1+\phi)^2}$$

$$c=\frac{\left[\dfrac{11}{210}+\dfrac{11}{120}\phi+\dfrac{1}{24}\phi^2+\left(\dfrac{1}{10}-\dfrac{1}{2}\phi\right)(r_{\mathrm{g}}/l)^2\right]l}{(1+\phi)^2}$$

$$d=\frac{\left[\dfrac{13}{420}+\dfrac{3}{40}\phi+\dfrac{1}{24}\phi^2-\left(\dfrac{1}{10}-\dfrac{1}{2}\phi\right)(r_{\mathrm{g}}/l)^2\right]l}{(1+\phi)^2}$$

$$f=\frac{\left[\dfrac{1}{140}+\dfrac{1}{60}\phi+\dfrac{1}{120}\phi^2+\left(\dfrac{1}{30}+\dfrac{1}{6}\phi-\dfrac{1}{6}\phi^2\right)(r_{\mathrm{g}}/l)^2\right]l^2}{(1+\phi)^2}$$

$$g=\frac{\left[\dfrac{1}{105}+\dfrac{1}{60}\phi+\dfrac{1}{120}\phi^2+\left(\dfrac{2}{15}+\dfrac{1}{6}\phi+\dfrac{1}{3}\phi^2\right)(r_{\mathrm{g}}/l)^2\right]l^2}{(1+\phi)^2}$$

单元刚度矩阵 $\boldsymbol{K}^{\mathrm{e}}$：

$$
\boldsymbol{K}^{\mathrm{e}}=\begin{bmatrix}
h & & & & & & & & & & & \\
0 & h & & & & & & & & & & \\
0 & 0 & A_{\mathrm{s}}E/l & & & & & & & & & \\
0 & -i & 0 & j & & & & & \text{对称} & & & \\
i & 0 & 0 & 0 & j & & & & & & & \\
0 & 0 & 0 & 0 & 0 & GJ/l & & & & & & \\
-h & 0 & 0 & 0 & -i & 0 & h & & & & & \\
0 & -h & 0 & i & 0 & 0 & 0 & h & & & & \\
0 & 0 & -A_{\mathrm{s}}E/l & 0 & 0 & 0 & 0 & 0 & A_{\mathrm{s}}E/l & & & \\
0 & -i & 0 & k & 0 & 0 & 0 & i & 0 & j & & \\
i & 0 & 0 & 0 & k & 0 & -i & 0 & 0 & 0 & j & \\
0 & 0 & 0 & 0 & 0 & -GJ/l & 0 & 0 & 0 & 0 & 0 & GJ/l
\end{bmatrix} \tag{3.32}
$$

式中，$h=\dfrac{12EI}{l^3(1+\phi)}$；$i=\dfrac{6EI}{l^2(1+\phi)}$；$j=\dfrac{(4+\phi)EI}{l(1+\phi)}$；$k=\dfrac{(2-\phi)EI}{l(1+\phi)}$。

单元陀螺矩阵 $\boldsymbol{G}^{\mathrm{e}}$：

$$
\boldsymbol{G}^{\mathrm{e}}=2\omega\rho A_{\mathrm{s}}l\begin{bmatrix}
0 & & & & & & & & & & & \\
-p & 0 & & & & & & & & & & \\
0 & 0 & 0 & & & & & & & & & \\
-q & 0 & 0 & 0 & & & & & \text{反对称} & & & \\
0 & -q & 0 & -s & 0 & & & & & & & \\
0 & 0 & 0 & 0 & 0 & 0 & & & & & & \\
0 & -p & 0 & -q & 0 & 0 & 0 & & & & & \\
p & 0 & 0 & 0 & -q & 0 & -p & 0 & & & & \\
0 & 0 & 0 & 0 & 0 & 0 & 0 & 0 & 0 & & & \\
-q & 0 & 0 & 0 & w & 0 & q & 0 & 0 & 0 & & \\
0 & -q & 0 & -w & 0 & 0 & 0 & q & 0 & -s & 0 & \\
0 & 0 & 0 & 0 & 0 & 0 & 0 & 0 & 0 & 0 & 0 & 0
\end{bmatrix} \tag{3.33}
$$

式中，$p=\dfrac{6r_{\mathrm{g}}^2/5}{l^2(1+\phi)^2}$；$q=\dfrac{-\left(\dfrac{1}{10}-\dfrac{1}{2}\phi\right)r_{\mathrm{g}}^2}{l(1+\phi)^2}$；$s=\dfrac{\left(\dfrac{2}{15}+\dfrac{1}{6}\phi+\dfrac{1}{3}\phi^2\right)r_{\mathrm{g}}^2}{(1+\phi)^2}$；$w=\dfrac{-\left(\dfrac{1}{30}+\dfrac{1}{6}\phi-\dfrac{1}{6}\phi^2\right)r_{\mathrm{g}}^2}{(1+\phi)^2}$。

其中，E 为材料杨氏模量；G 为剪切模量；ρ 为材料密度；υ 为材料泊松比；A_{s} 为单元横截面积；l 为单元长度；J 为极惯性矩；I 为截面惯性矩；ω 为旋转角速度；$r_{\mathrm{g}}=\sqrt{I/A_{\mathrm{s}}}$；$\phi=\dfrac{12EI}{\kappa A_{\mathrm{s}}Gl^2}$。

另外，剪切系数：

$$\kappa=\begin{cases}6(1+\upsilon)/(7+6\upsilon), & \text{实心梁单元}\\ 2(1+\upsilon)/(4+3\upsilon), & \text{空心梁单元}\end{cases} \tag{3.34}$$

轴承采用线性弹簧-阻尼模型，轴承的单元刚度矩阵 $\boldsymbol{K}_{\mathrm{b1}}^{\mathrm{e}}$、 $\boldsymbol{K}_{\mathrm{b2}}^{\mathrm{e}}$ 及单元阻尼矩阵 $\boldsymbol{C}_{\mathrm{b1}}^{\mathrm{e}}$、 $\boldsymbol{C}_{\mathrm{b2}}^{\mathrm{e}}$ 的具体表达式如下：

$$\begin{cases}\boldsymbol{K}_{\mathrm{b1}}^{\mathrm{e}}=\mathrm{diag}\left[k_{\mathrm{b}X1}\ \ k_{\mathrm{b}Y1}\ \ k_{\mathrm{b}Z1}\ \ 0\ \ 0\ \ 0\right]\\ \boldsymbol{K}_{\mathrm{b2}}^{\mathrm{e}}=\mathrm{diag}\left[k_{\mathrm{b}X2}\ \ k_{\mathrm{b}Y2}\ \ k_{\mathrm{b}Z2}\ \ 0\ \ 0\ \ 0\right]\end{cases} \tag{3.35}$$

$$\begin{cases}\boldsymbol{C}_{\mathrm{b1}}^{\mathrm{e}}=\mathrm{diag}\left[c_{\mathrm{b}X1}\ \ c_{\mathrm{b}Y1}\ \ c_{\mathrm{b}Z1}\ \ 0\ \ 0\ \ 0\right]\\ \boldsymbol{C}_{\mathrm{b2}}^{\mathrm{e}}=\mathrm{diag}\left[c_{\mathrm{b}X2}\ \ c_{\mathrm{b}Y2}\ \ c_{\mathrm{b}Z2}\ \ 0\ \ 0\ \ 0\right]\end{cases} \tag{3.36}$$

轮盘采用集中质量模型，轮盘的单元质量矩阵 $\boldsymbol{M}_{\mathrm{d}}^{\mathrm{e}}$ 及单元阻尼矩阵 $\boldsymbol{G}_{\mathrm{d}}^{\mathrm{e}}$ 的具体表达式如下：

$$\boldsymbol{M}_{\mathrm{d}}^{\mathrm{e}}=\mathrm{diag}[m_{\mathrm{d}}\ \ m_{\mathrm{d}}\ \ m_{\mathrm{d}}\ \ J_{\mathrm{d}}\ \ J_{\mathrm{d}}\ \ J_{\mathrm{p}}] \tag{3.37}$$

$$\boldsymbol{G}_{\mathrm{d}}^{\mathrm{e}}=\omega\begin{bmatrix}0&0&0&0&0&0\\0&0&0&0&0&0\\0&0&0&0&0&0\\0&0&0&0&J_{\mathrm{p}}&0\\0&0&0&-J_{\mathrm{p}}&0&0\\0&0&0&0&0&0\end{bmatrix} \tag{3.38}$$

3. 转子-叶片耦合系统模型

整个系统的运动微分方程为

$$\boldsymbol{M}_{\mathrm{RB}}\ddot{\boldsymbol{q}}_{\mathrm{RB}}+(\boldsymbol{D}_{\mathrm{RB}}+\boldsymbol{G}_{\mathrm{RB}})\dot{\boldsymbol{q}}_{\mathrm{RB}}+\boldsymbol{K}_{\mathrm{RB}}\boldsymbol{q}_{\mathrm{RB}}=\boldsymbol{F}_{\mathrm{nonlinear}} \tag{3.39}$$

式中，$\boldsymbol{M}_{\mathrm{RB}}$ 为系统质量矩阵；$\boldsymbol{G}_{\mathrm{RB}}$ 为系统阻尼矩阵，包括叶片科氏力矩阵、轴承阻尼矩阵和轮盘及转轴的陀螺矩阵；$\boldsymbol{D}_{\mathrm{RB}}$ 为黏性阻尼矩阵，采用瑞利阻尼；$\boldsymbol{K}_{\mathrm{RB}}$ 为系统刚度矩阵；$\boldsymbol{q}_{\mathrm{RB}}$ 为系统广义位移向量；$\boldsymbol{F}_{\mathrm{nonlinear}}$ 为非线性力向量。转子-叶片耦合系统质量矩阵 $\boldsymbol{M}_{\mathrm{RB}}$、阻尼矩阵 $\boldsymbol{G}_{\mathrm{RB}}$ 及刚度矩阵 $\boldsymbol{K}_{\mathrm{RB}}$ 的组集示意图如图 3.5 所示，矩阵各项的具体表达式见附录 B。

系统广义位移向量 $\boldsymbol{q}_{\mathrm{RB}}$ 的具体表达式为

$$\boldsymbol{q}_{\mathrm{RB}}=\begin{bmatrix}\boldsymbol{q}_{\mathrm{b}}\\ \boldsymbol{q}_{\mathrm{s}}\end{bmatrix} \tag{3.40}$$

式中，$\boldsymbol{q}_{\mathrm{b}}$ 为叶片的位移向量；$\boldsymbol{q}_{\mathrm{s}}$ 为转轴的位移向量。

非线性力向量 $\boldsymbol{F}_{\mathrm{nonlinear}}$ 的具体表达式为

$$\boldsymbol{F}_{\mathrm{nonlinear}}=\begin{bmatrix}\boldsymbol{F}_{\mathrm{nonlinear,b}}\\ \boldsymbol{F}_{\mathrm{nonlinear,s}}\end{bmatrix} \tag{3.41}$$

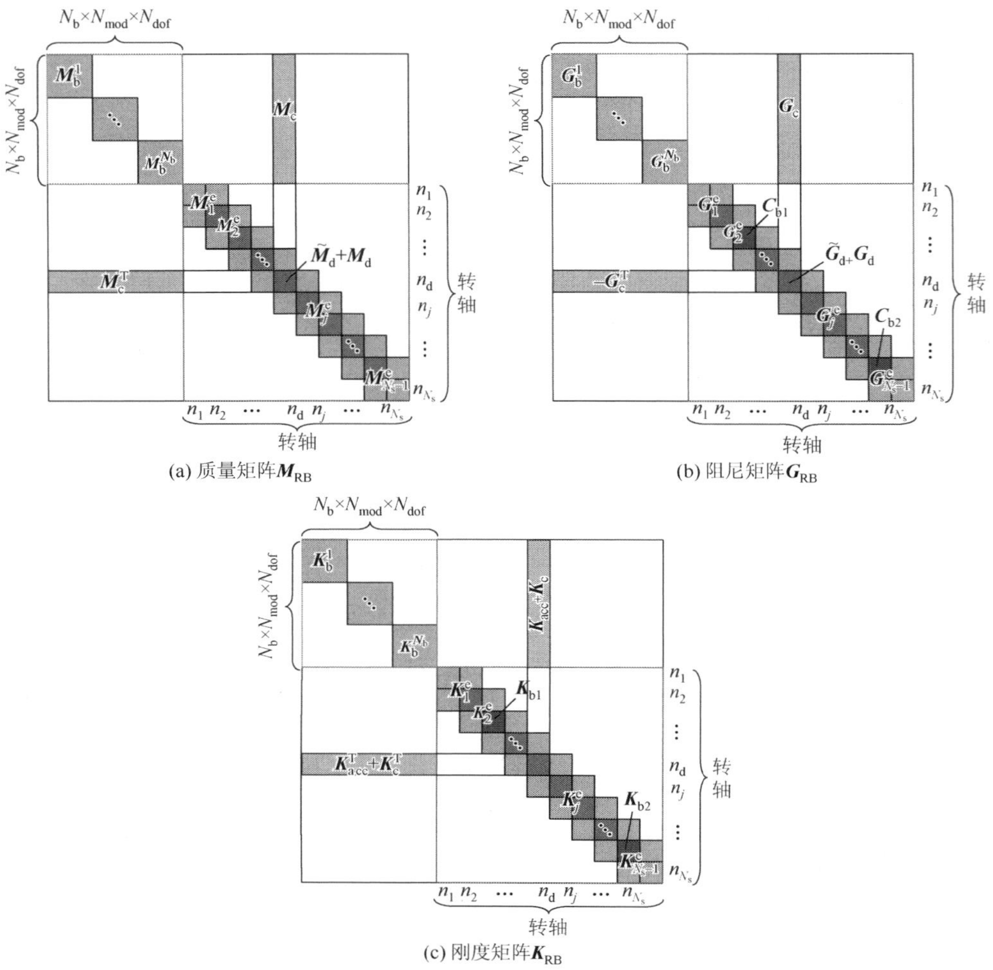

(a) 质量矩阵$\boldsymbol{M}_{RB}$

(b) 阻尼矩阵$\boldsymbol{G}_{RB}$

(c) 刚度矩阵$\boldsymbol{K}_{RB}$

图 3.5　转子-叶片耦合系统矩阵组集示意图（见彩图）

叶片矩阵；转轴矩阵；转子-叶片耦合矩阵；轴承位置；轮盘位置

式中，$\boldsymbol{F}_{\text{nonlinear,b}}$ 为叶片上的非线性力向量；$\boldsymbol{F}_{\text{nonlinear,s}}$ 为轮盘上的非线性力向量。

叶片上的非线性力向量 $\boldsymbol{F}_{\text{nonlinear,b}}$ 的具体表达式为

$$\boldsymbol{F}_{\text{nonlinear,b}} = \left[\boldsymbol{F}^{1}_{\text{nonlinear,b}}{}^{\mathrm{T}} \quad \cdots \quad \boldsymbol{F}^{i}_{\text{nonlinear,b}}{}^{\mathrm{T}} \quad \cdots \quad \boldsymbol{F}^{N_b}_{\text{nonlinear,b}}{}^{\mathrm{T}} \right]^{\mathrm{T}} \tag{3.42}$$

式中，$\boldsymbol{F}^{i}_{\text{nonlinear,b}}$ 为第 i 个叶片上的非线性力向量，具体表达式见附录 B.4。

轮盘上的非线性力向量 $\boldsymbol{F}_{\text{nonlinear,s}}$ 的具体表达式为

$$\boldsymbol{F}_{\text{nonlinear,s}} = \left[0 \cdots f_{\text{nonlinear},X} \; f_{\text{nonlinear},Y} \; f_{\text{nonlinear},Z} \; M_{\text{nonlinear},X} \; M_{\text{nonlinear},Y} \; M_{\text{nonlinear},Z} \cdots 0 \right]^{\mathrm{T}} \tag{3.43}$$

式中，$f_{\text{nonlinear},X}$、$f_{\text{nonlinear},Y}$、$f_{\text{nonlinear},Z}$、$M_{\text{nonlinear},X}$、$M_{\text{nonlinear},Y}$ 及 $M_{\text{nonlinear},Z}$ 分别为轮

盘位置处转轴在 X、Y、Z、θ_X、θ_Y 及 θ_Z 方向所受到的非线性力和力矩，具体表达式见附录 B.4。

瑞利阻尼 $\boldsymbol{D}_{\mathrm{RB}}$ 表达式如下：

$$\boldsymbol{D}_{\mathrm{RB}} = \zeta \boldsymbol{M}_{\mathrm{RB}} + \eta \boldsymbol{K}_{\mathrm{RB}} \tag{3.44}$$

式中，$\zeta = \dfrac{4\pi f_{\mathrm{n1}} f_{\mathrm{n2}}(\xi_1 f_{\mathrm{n2}} - \xi_2 f_{\mathrm{n1}})}{(f_{\mathrm{n2}}^2 - f_{\mathrm{n1}}^2)}$;$\eta = \dfrac{\xi_2 f_{\mathrm{n2}} - \xi_1 f_{\mathrm{n1}}}{\pi(f_{\mathrm{n2}}^2 - f_{\mathrm{n1}}^2)}$。其中，$f_{\mathrm{n1}}$ 和 f_{n2} 分别为系统第 1 阶和第 2 阶固有频率，Hz；ξ_1 和 ξ_2 为相对应的第 1 阶和第 2 阶模态阻尼比。

3.3　基于固有特性的模型验证

由式（3.39）可得转子-叶片耦合系统的频率方程：

$$\boldsymbol{M}_{\mathrm{RB}}\ddot{\boldsymbol{q}}_{\mathrm{RB}} + (\boldsymbol{D}_{\mathrm{RB}} + \boldsymbol{G}_{\mathrm{RB}})\dot{\boldsymbol{q}}_{\mathrm{RB}} + \boldsymbol{K}_{\mathrm{RB}}\boldsymbol{q}_{\mathrm{RB}} = \boldsymbol{0} \tag{3.45}$$

忽略式（3.45）中的瑞利阻尼矩阵 $\boldsymbol{D}_{\mathrm{RB}}$，进行如下处理：

$$\begin{bmatrix} \boldsymbol{M}_{\mathrm{RB}} & \boldsymbol{0} \\ \boldsymbol{0} & \boldsymbol{K}_{\mathrm{RB}} \end{bmatrix} \begin{bmatrix} \ddot{\boldsymbol{q}}_{\mathrm{RB}} \\ \dot{\boldsymbol{q}}_{\mathrm{RB}} \end{bmatrix} + \begin{bmatrix} \boldsymbol{G}_{\mathrm{RB}} & \boldsymbol{K}_{\mathrm{RB}} \\ -\boldsymbol{K}_{\mathrm{RB}}^{\mathrm{T}} & \boldsymbol{0} \end{bmatrix} \begin{bmatrix} \dot{\boldsymbol{q}}_{\mathrm{RB}} \\ \boldsymbol{q}_{\mathrm{RB}} \end{bmatrix} = \begin{bmatrix} \boldsymbol{0} \\ \boldsymbol{0} \end{bmatrix} \tag{3.46}$$

令

$$\boldsymbol{A}_{\mathrm{mod}} = \begin{bmatrix} \boldsymbol{M}_{\mathrm{RB}} & \boldsymbol{0} \\ \boldsymbol{0} & \boldsymbol{K}_{\mathrm{RB}} \end{bmatrix}, \boldsymbol{B}_{\mathrm{mod}} = \begin{bmatrix} \boldsymbol{G}_{\mathrm{RB}} & \boldsymbol{K}_{\mathrm{RB}} \\ -\boldsymbol{K}_{\mathrm{RB}}^{\mathrm{T}} & \boldsymbol{0} \end{bmatrix}, \boldsymbol{Z}_{\mathrm{mod}} = \begin{bmatrix} \dot{\boldsymbol{q}}_{\mathrm{RB}} \\ \boldsymbol{q}_{\mathrm{RB}} \end{bmatrix}$$

式（3.46）可写为

$$\boldsymbol{A}_{\mathrm{mod}}\dot{\boldsymbol{Z}}_{\mathrm{mod}} + \boldsymbol{B}_{\mathrm{mod}}\boldsymbol{Z}_{\mathrm{mod}} = \boldsymbol{0} \tag{3.47}$$

式中，$\boldsymbol{B}_{\mathrm{mod}}$ 为反对称矩阵；$\boldsymbol{A}_{\mathrm{mod}}$ 为对称矩阵。

设 $\boldsymbol{Z}_{\mathrm{mod}} = \boldsymbol{U}\mathrm{e}^{\lambda_i t}$，并代入式（3.47）中化简可得

$$\left(\lambda_i \boldsymbol{A}_{\mathrm{mod}} + \boldsymbol{B}_{\mathrm{mod}}\right)\boldsymbol{U} = \boldsymbol{0} \tag{3.48}$$

于是，上式有解的条件为系数行列式等于零，即

$$\left|\lambda_i \boldsymbol{A}_{\mathrm{mod}} + \boldsymbol{B}_{\mathrm{mod}}\right| = 0 \tag{3.49}$$

求解式（3.49），可得一组特征值 $\lambda_i = \alpha_i \pm 2\pi f_{\mathrm{n}i}\mathrm{i}$ ($\mathrm{i} = \sqrt{-1}$)，及相应的一组系统固有频率 $f_{\mathrm{n}i}(i = 1,2,\cdots)$。

以现有实验台转子-叶片耦合系统为研究对象，图 3.6 给出了转子-叶片耦合系统的几何尺寸，转子-叶片耦合系统中转轴被分为 14 段共 15 个节点，除转轴最右端节点约束了扭转自由度（θ_Z），其余每个节点具有 6 个自由度，且轮盘位于轴段的第 9 个节点位置处；这里的 4 个叶片，均布在轮盘上。转轴、轮盘及叶片等零部件的具体尺寸和材料参数如表 3.1 所示。

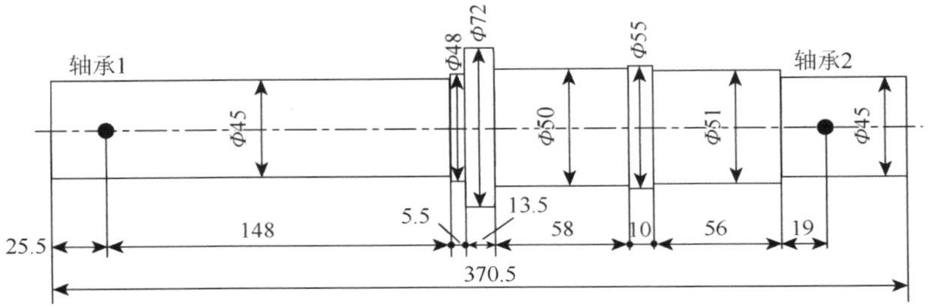

(a) 轴的几何尺寸

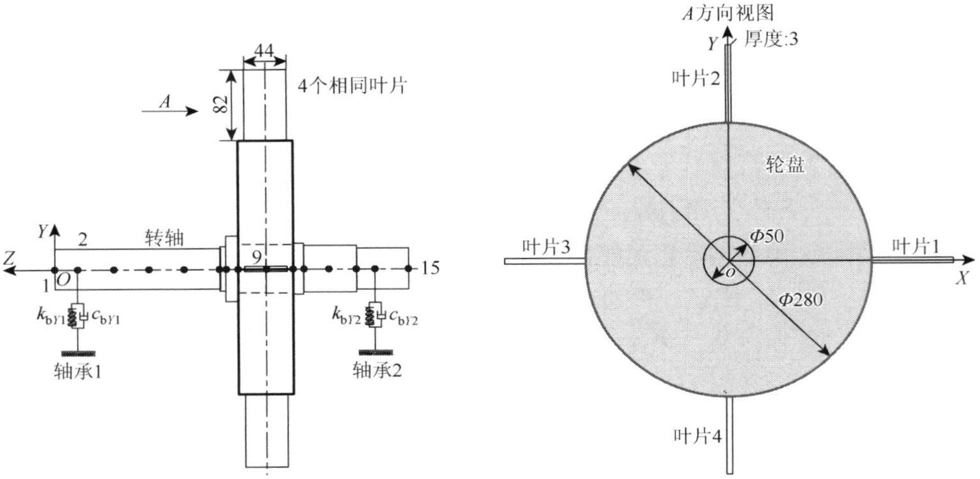

(b) 轮盘-叶片的几何尺寸

图 3.6　转子-叶片耦合系统的几何尺寸（单位：mm）

•表示转轴上节点；1,2,…,15 表示节点序号

表 3.1　转子-叶片耦合系统的模型参数

零部件	几何参数	材料参数
转轴	见图 3.6	ρ=7800kg/m^3 E=200GPa υ=0.3
轴承	$k_{bX1}=k_{bY1}=k_{bX2}=k_{bY2}=1.5\times10^7$N/m，$k_{bZ1}=k_{bZ2}=4\times10^6$N/m， $c_{bX1}=c_{bY1}=c_{bX2}=c_{bY2}=c_{bZ1}=c_{bZ2}=1\times10^3$（N·s）/m	
叶片	L=82mm，b=44mm，h=3mm，β=0°	
轮盘	r_d=25mm，R_d=140mm，h_d=58mm	

为了验证所开发模型的有效性，基于实验台模型，本章也建立了两种有限元模型。

（1）有限元模型 1［图 3.7（a)]，转轴被分为 14 个 Timoshenko 梁单元（ANSYS 中的 Beam188），即 15 个节点，每个节点有 6 个自由度（X、Y、Z、

θ_X、θ_Y和 θ_Z），并约束节点 1 的扭转自由度（θ_Z）；轮盘采用壳单元（ANSYS 中的 Shell181）进行模拟，每个节点有 6 个自由度；叶片采用 Timoshenko 梁单元（ANSYS 中的 Beam188）进行模拟，每个叶片分为 4 个单元；每个轴承采用线性弹簧-阻尼单元（*XOY* 平面内采用 Combi214 单元，*Z* 方向采用 Combin14 单元）模拟，表示轴承 3 个方向的刚度及阻尼；转轴节点 9 及轮盘内圈节点采用刚性连接（ANSYS 中的 Cerig 命令），轮盘与叶片之间采用共节点来连接。

（2）有限元模型 2［图 3.7（b）］，轮盘采用集中质量单元（ANSYS 中的 Mass21 单元）进行模拟，并与转轴节点 9 重合；叶片与轮盘采用刚性连接（ANSYS 中的 Cerig 命令），其余处理方式与有限元模型 1 相同。

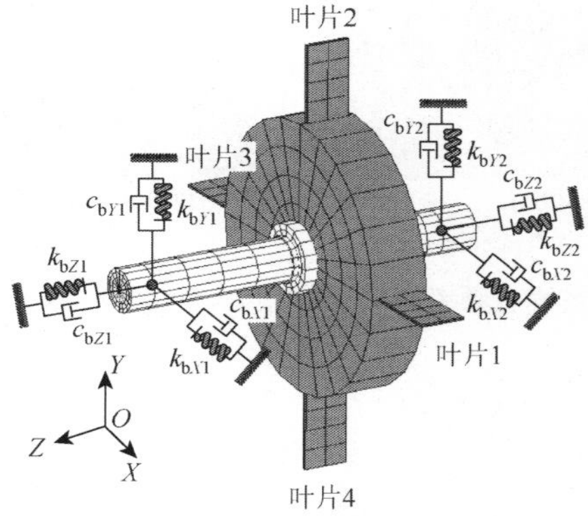

(a) 有限元模型1(FEM1)

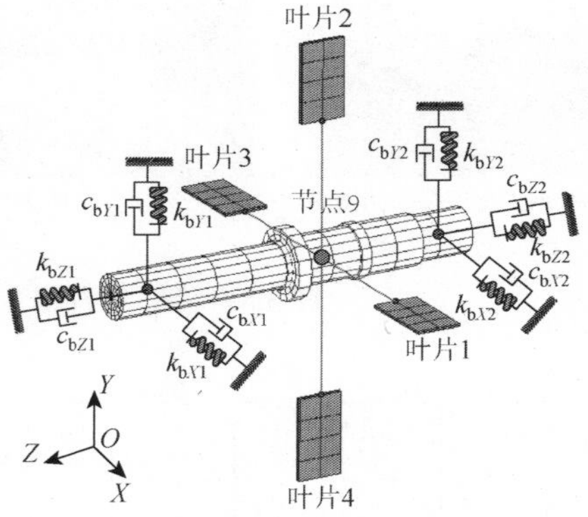

(b) 有限元模型2(FEM2)

图 3.7　转子-叶片耦合系统的两种有限元模型

转子-叶片耦合系统实验台如图 3.8（a）所示，实验台主要零部件包括电机、联轴器、轴承、阶梯轴、轮盘和直板叶片。采用敲击法获得系统的固有频率，建立了模态测试系统，测试系统［图 3.8（b）激振力的方向与加速度传感器正方向相反］主要包括 LMS 数据采集前端控制器、力锤（PCB086C01）和轻质加速度传感器（BK 4517）。轻质加速度传感器分别放置在测试点处（4 个叶片上、轮盘上、转轴上以及轴承附近），并用力锤敲击测试点附近区域，如图 3.8（a）所示。

实验测得的加速度频响函数如图 3.9 和图 3.10 所示，除标记的峰值外，还有其他的峰值点，主要是由于模态测试对象为整个系统，系统中的轴承、电机等其他零件的固有频率也会被激发，干扰测试。为了获得较为可信的测试结果，每个测试点进行 3 次实验，将测得的加速度频响曲线中重复率较高的峰值点取平均值，该平均值可认为是系统的固有频率。

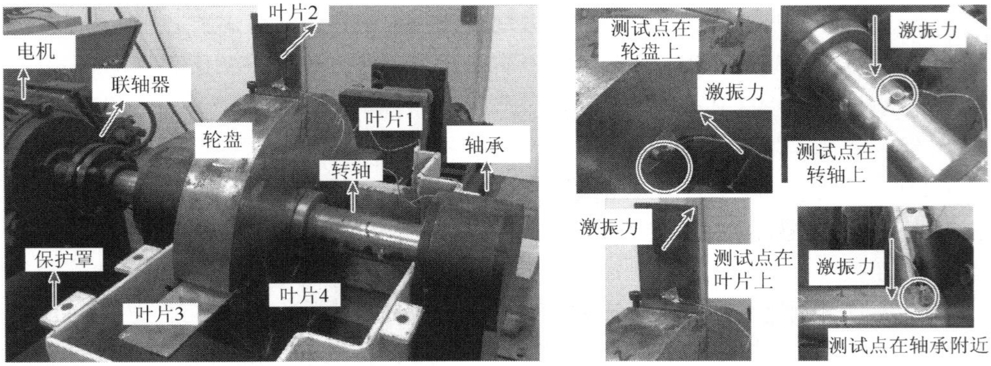

(a) 实验台

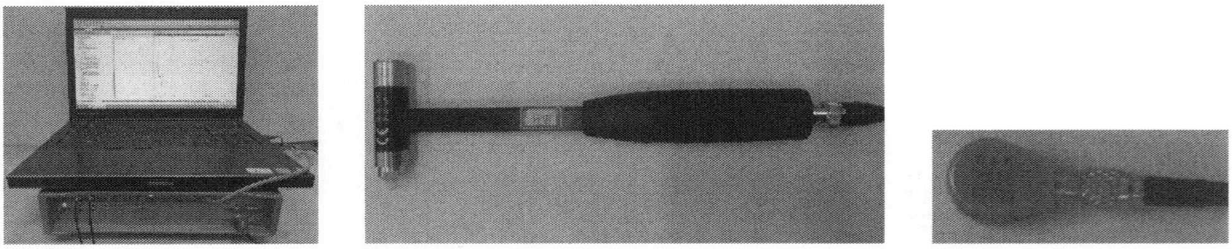

LMS数据采集前端控制器　　力锤(PCB086C01)　　轻质加速度传感器(BK 4517)

(b) 测试系统

图 3.8　转子-叶片耦合系统固有频率测试示意图

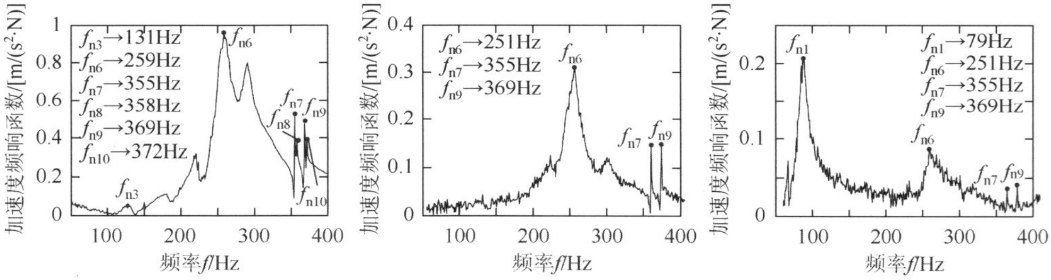

(a) 轴承附近　　(b) 转轴上　　(c) 轮盘上

图 3.9　不同测试点的加速度频响曲线

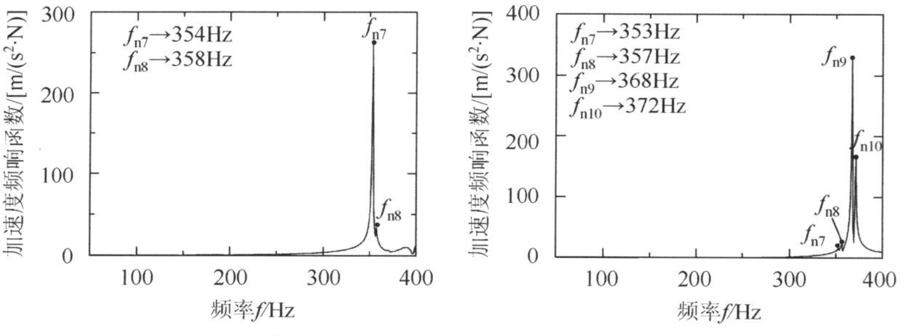

(a) 叶片1　　(b) 叶片2

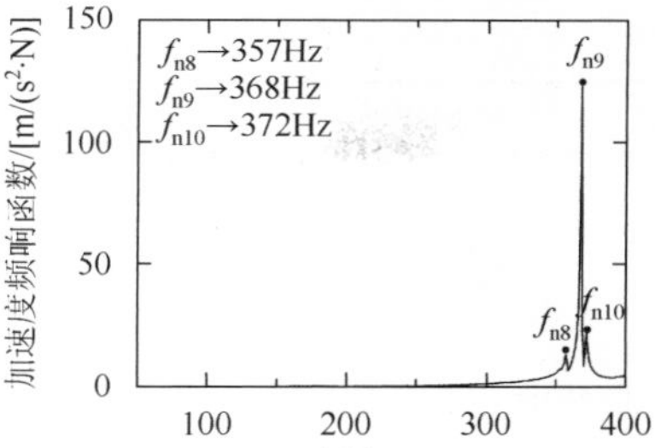

(c) 叶片3

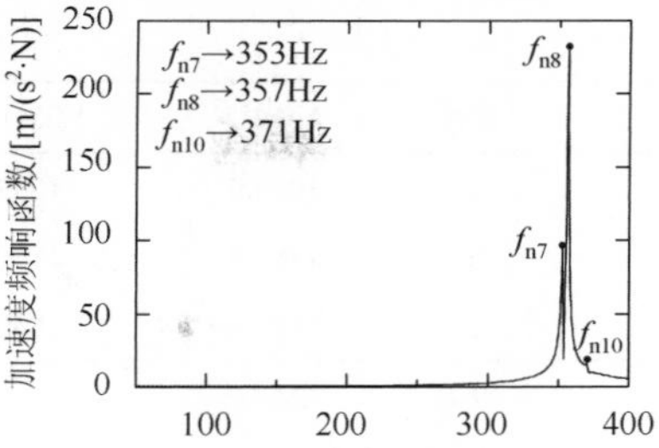

(d) 叶片4

图 3.10　叶片不同测试点的加速度频响曲线

转子系统及叶片单独模型在静止状态的固有频率如表 3.2 所示。转子-叶片耦合系统在静止状态的固有频率如表 3.3 所示，分别列出了解析模型（AM，本章所开发模型）、有限元模型 1（FEM1）、有限元模型 2（FEM2）和实验测试的结果，并给出了解析模型与实验测试对比的误差。图 3.11 为转子-叶片耦合系统第 1～14 阶的振型图。由上述图表可得到如下结论。

（1）本章所推导的解析模型与有限元模型及实验测试结果均吻合较好，很好地验证了模型的准确性和有效性。同时造成一些误差的原因可能是：仿真过程中没有考虑叶片与轮盘、轮盘与转轴之间的连接关系；传感器的质量、零件的制造误差及材料参数对测试结果均有影响。此外，解析模型与有限元模型 1 的固有频率及振型都相近，可以认为对于实验台模型，本章将轮盘假设为刚性盘是可行的。

（2）在转子-叶片耦合系统中，叶片对系统质量及转动惯量的影响，使得与转子相关的一些固有频率降低。例如，耦合系统中的扭转固有频率 f_{n4}=156.6Hz 小于转子-轴承中的扭转固有频率 160.3Hz。此外，由于系统耦合项的存在，会出现一些叶片与转子的耦合模态[1]。

表 3.2　转子系统及叶片单独模型在静止状态的固有频率

部件	阶数	AM/Hz	FEM1/Hz	FEM2/Hz	振型描述
转子系统	1	79.0	79.3	79.2	轴向平移
	2	133.7	133.8	133.6	系统平动和弯曲耦合
	3	133.7	133.8	133.6	与第 2 阶模态正交
	4	160.3	161.1	160.3	扭转
	5	270.5	270.0	270.0	盘的摆动
	6	270.5	270.0	270.0	与第 5 阶模态正交
	7	1039.9	1033.8	1044.0	转轴左端弯曲

续表

部件	阶数	AM/Hz	FEM1/Hz	FEM2/Hz	振型描述
转子系统	8	1039.9	1033.8	1044.0	与第 7 阶模态正交
	9	1884.4	1830.5	1878.8	转轴右端弯曲
	10	1884.4	1830.5	1878.8	与第 9 阶模态正交
叶片	阶数	AM/Hz	FEM/Hz		振型描述
	1	364.7	364.6		叶片 1 阶弯曲

表 3.3　转子-叶片耦合系统在静止状态的固有频率

阶数	AM/Hz	FEM1/Hz	FEM2/Hz	实验结果	振型描述	误差/%
1（f_{n1}）	78.6	78.7	78.8	79.0	轴向平移	–0.51
2（f_{n2}）	132.9	133.0	132.9	130.2	系统平动和弯曲耦合	2.07
3（f_{n3}）	132.9	133.0	132.9	130.2	与第 2 阶模态正交	2.07
4（f_{n4}）	156.6	157.3	156.6	—	扭转	—
5（f_{n5}）	266.3	265.6	265.8	260.2	盘摆动	2.34
6（f_{n6}）	266.3	265.6	265.8	260.2	与第 5 阶模态正交	2.34
7（f_{n7}）	364.7	360.3	364.6	353.6	叶片弯曲	3.14
8（f_{n8}）	365.4	361.0	365.3	357.6	叶片与轴横向耦合	2.18
9（f_{n9}）	365.4	361.0	365.3	368.5	叶片与轴横向耦合	–0.84
10（f_{n10}）	371.3	367.0	371.2	371.8	叶片与轴扭转耦合	–0.13
11（f_{n11}）	1037.8	1031.5	1041.9	—	轴左端弯曲	—
12（f_{n12}）	1037.8	1031.5	1041.9	—	与第 11 阶模态正交	—
13（f_{n13}）	1881.3	1826.6	1875.2	—	轴右端弯曲	—
14（f_{n14}）	1881.3	1826.6	1875.2	—	与第 13 阶模态正交	—

注：“—”表示没有数据

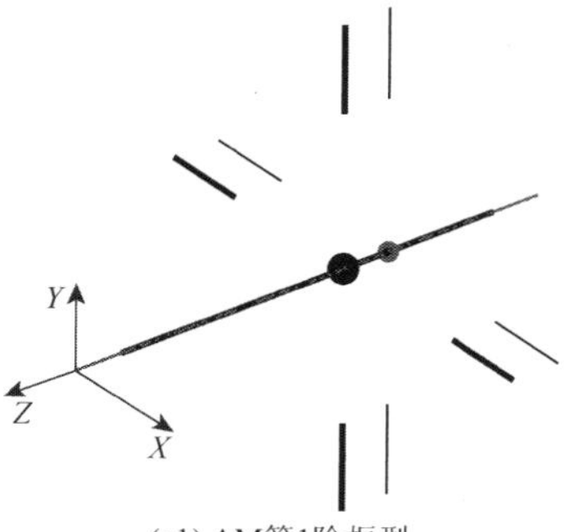

(a1) AM第1阶振型

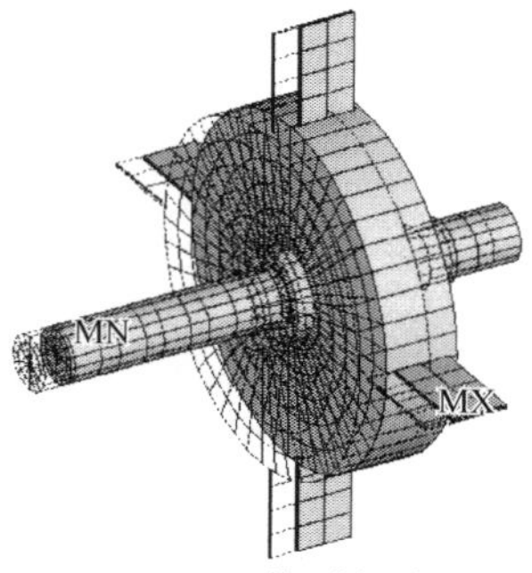

(a2) FEM1第1阶振型

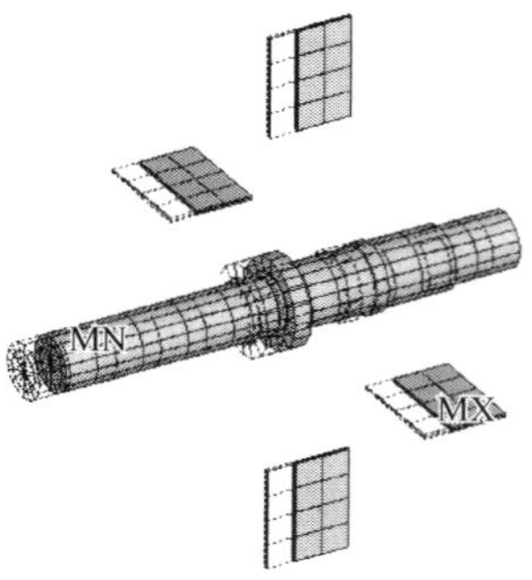

(a3) FEM2第1阶振型

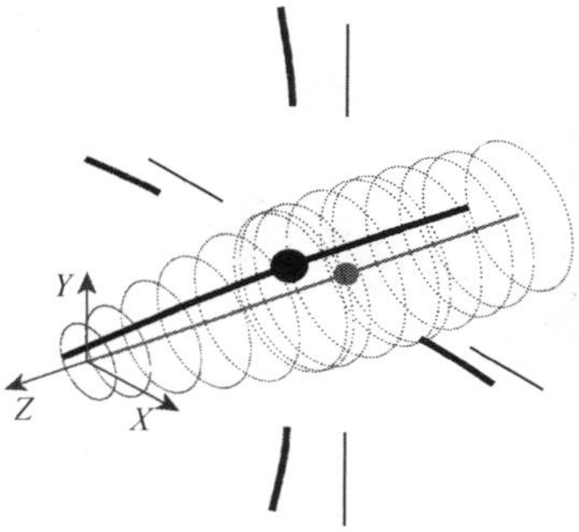

(b1) AM第2阶振型

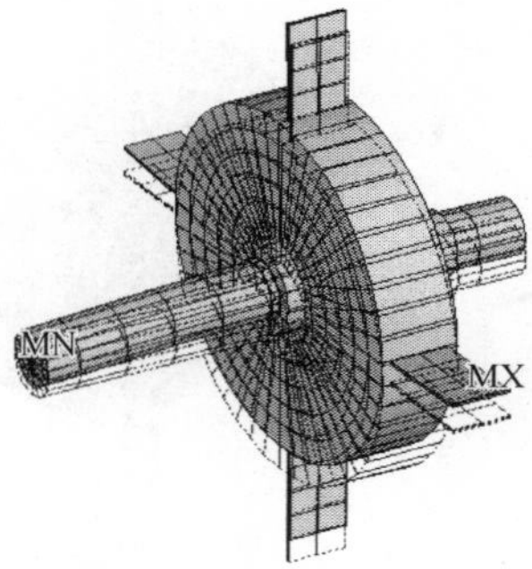

(b2) FEM1第2阶振型

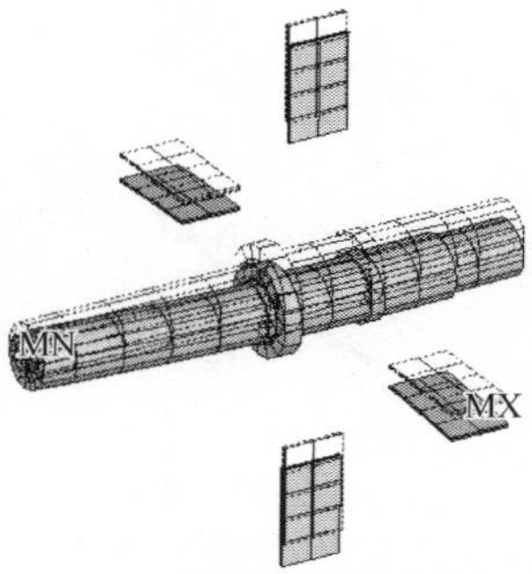

(b3) FEM2第2阶振型

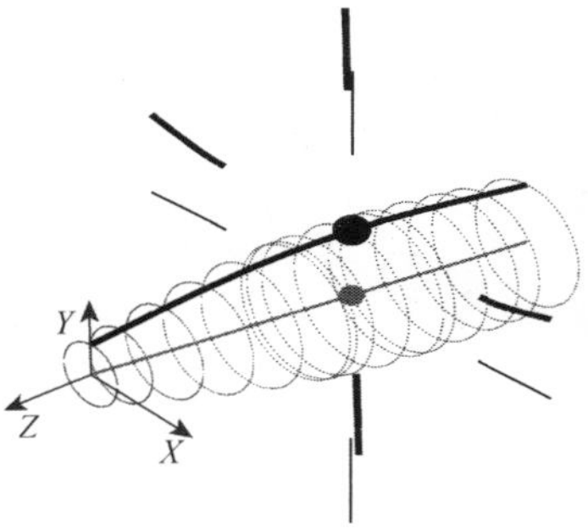

(c1) AM第3阶振型

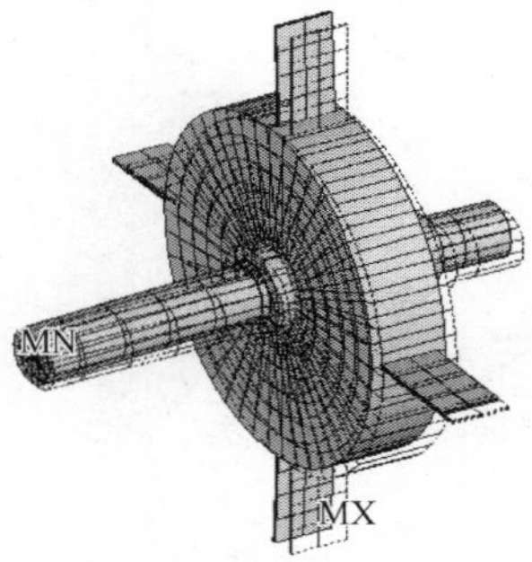

(c2) FEM1第3阶振型

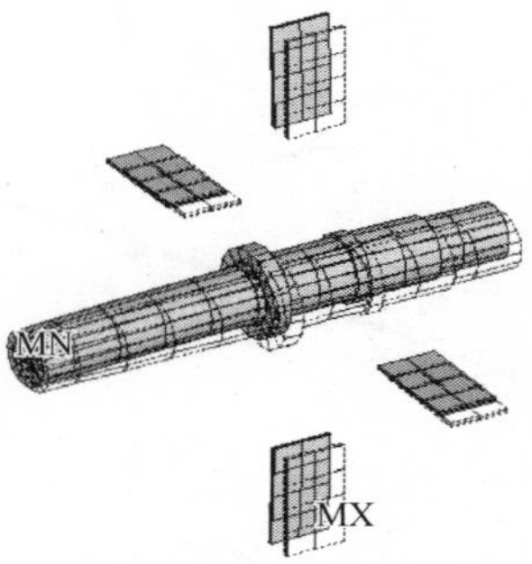

(c3) FEM2第3阶振型

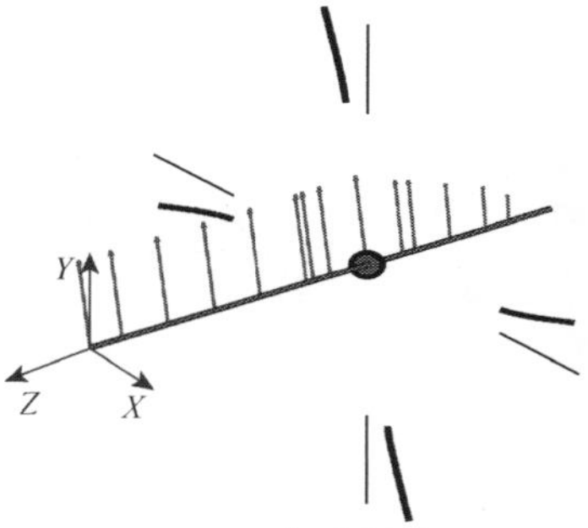

(d1) AM第4阶振型

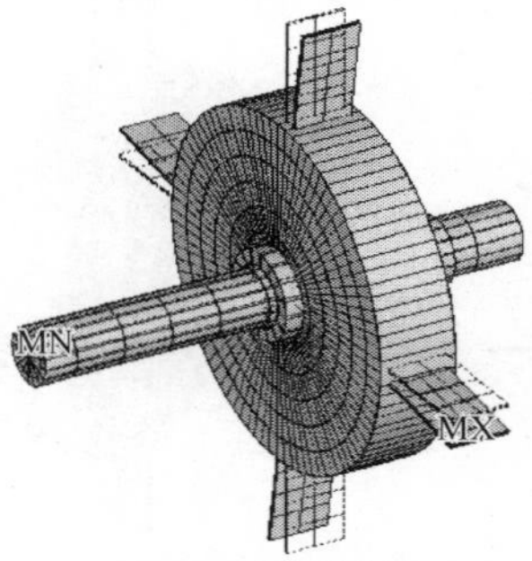

(d2) FEM1第4阶振型

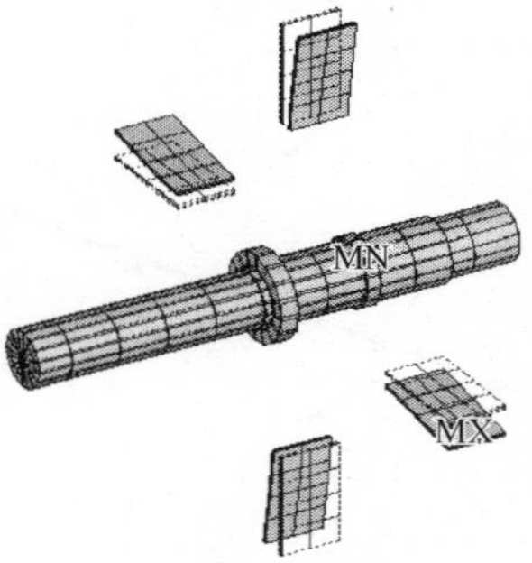

(d3) FEM2第4阶振型

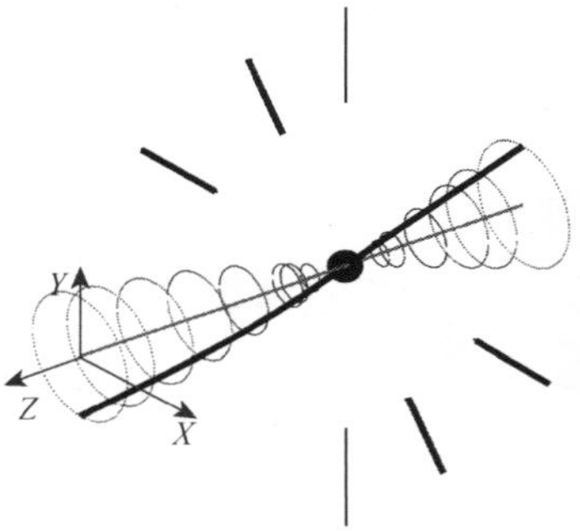

(e1) AM第5阶振型

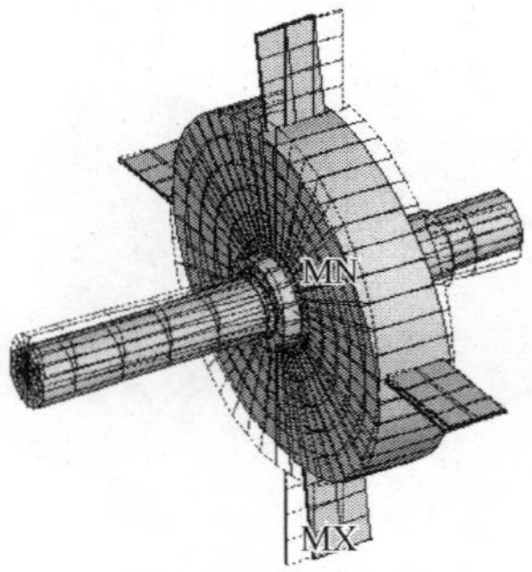

(e2) FEM1第5阶振型

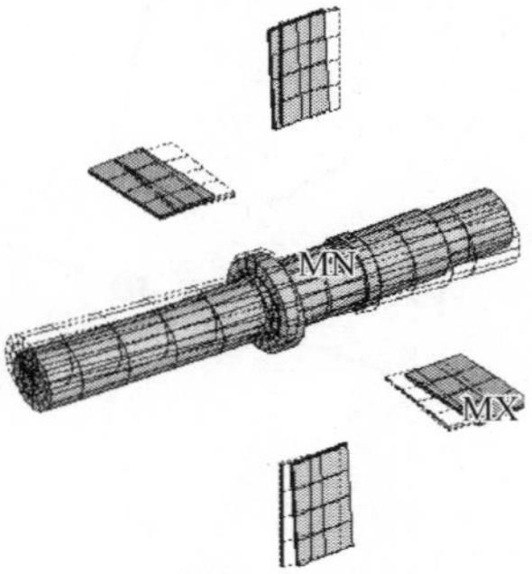

(e3) FEM2第5阶振型

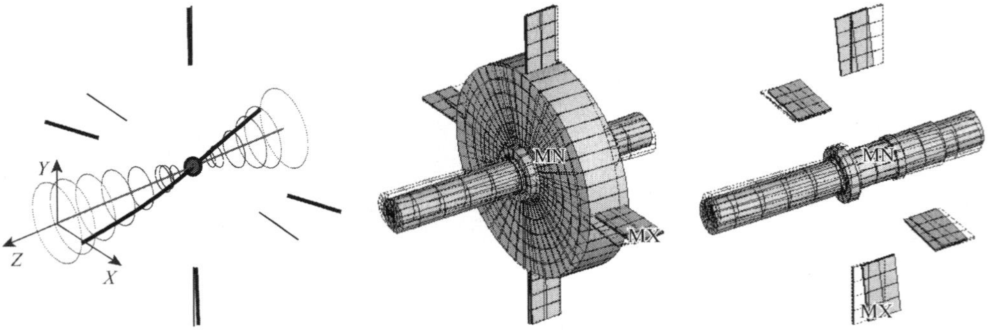

(f1) AM第6阶振型　(f2) FEM1第6阶振型　(f3) FEM2第6阶振型

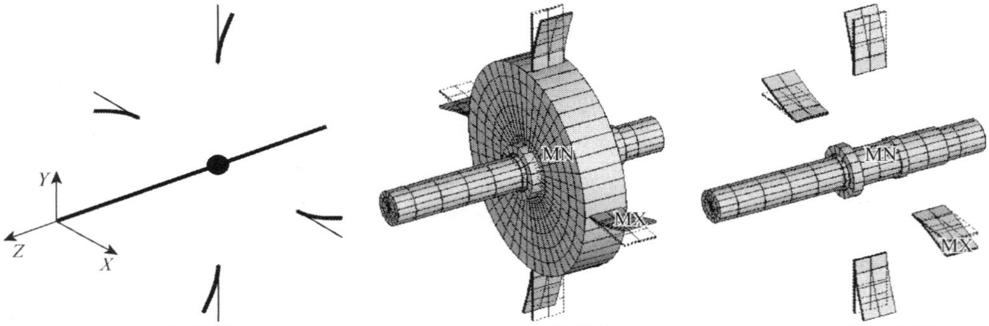

(g1) AM第7阶振型　(g2) FEM1第7阶振型　(g3) FEM2第7阶振型

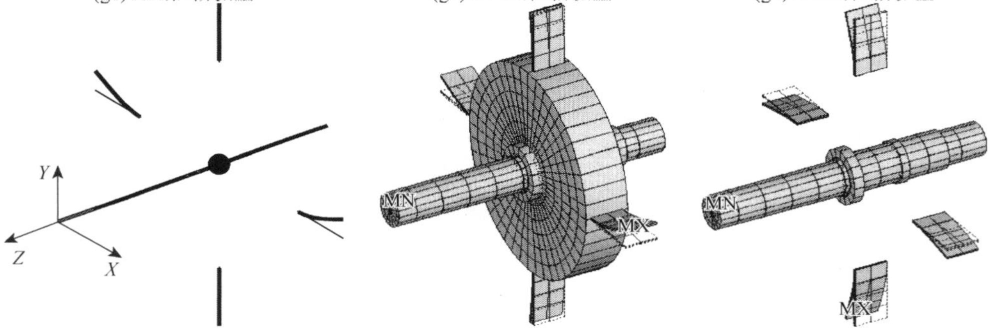

(h1) AM第8阶振型　(h2) FEM1第 8阶振型　(h3) FEM2第8阶振型

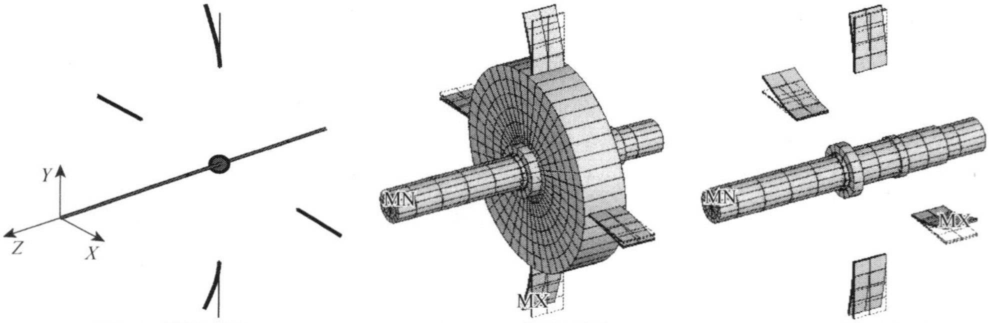

(i1) AM第9阶振型　(i2) FEM1第9阶振型　(i3) FEM2第9阶振型

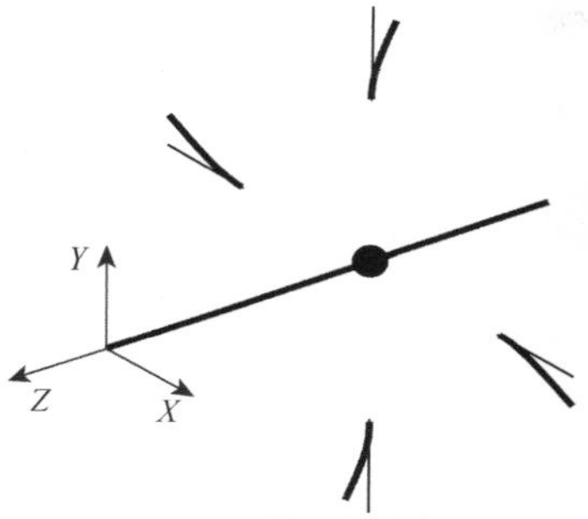

(j1) AM第10阶振型

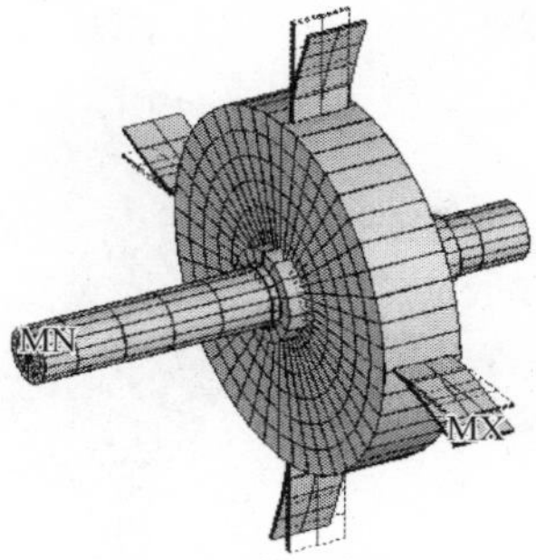

(j2) FEM1第10阶振型

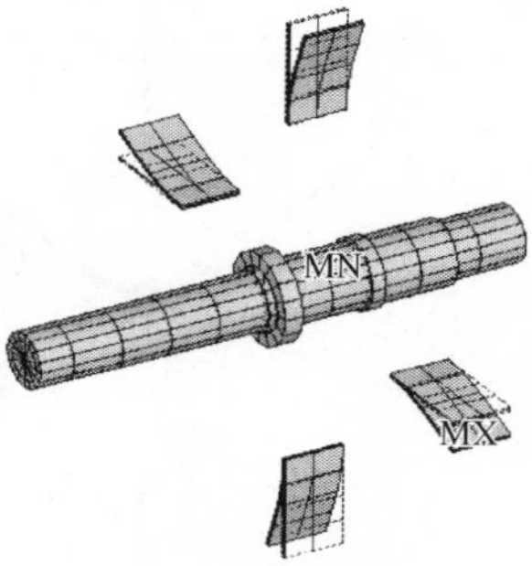

(j3) FEM2第10阶振型

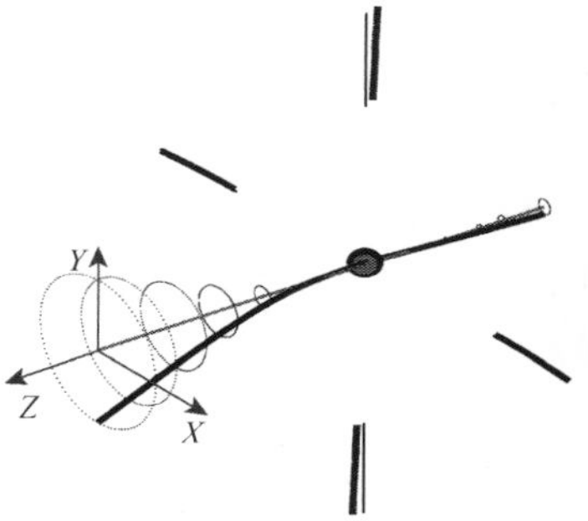

(k1) AM第11阶振型

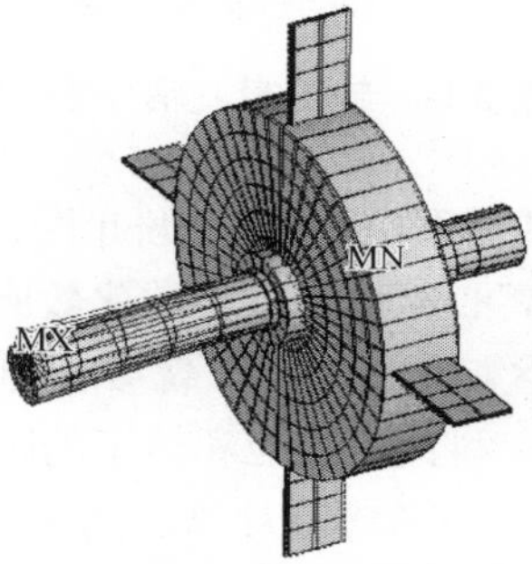

(k2) FEM1第11阶振型

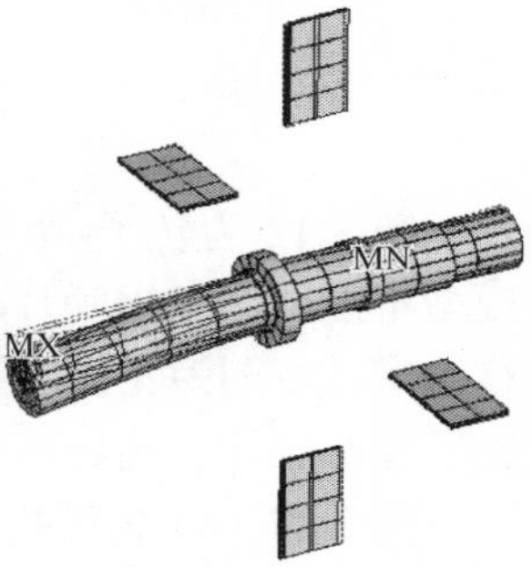

(k3) FEM2第11阶振型

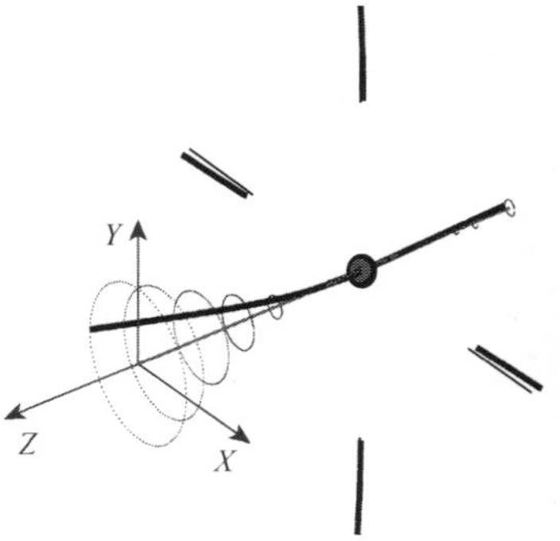

(l1) AM第12阶振型

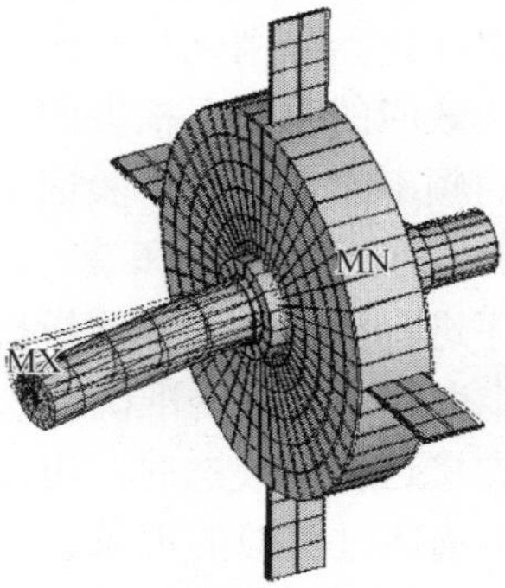

(l2) FEM1第12阶振型

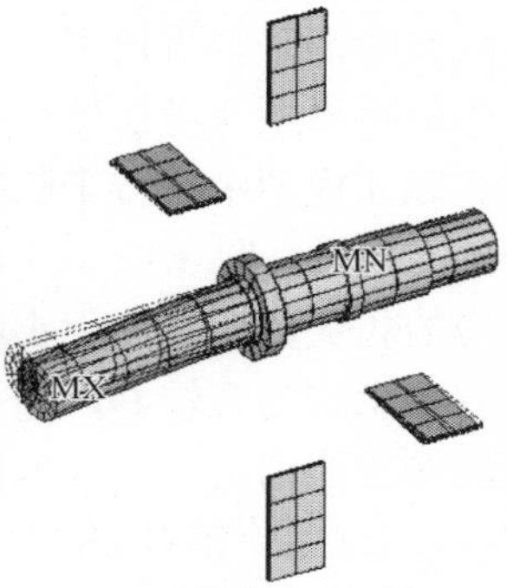

(l3) FEM2第12阶振型

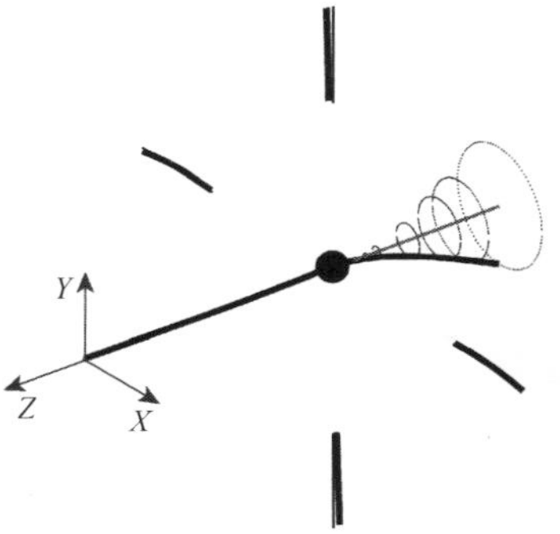

(m1) AM第13阶振型

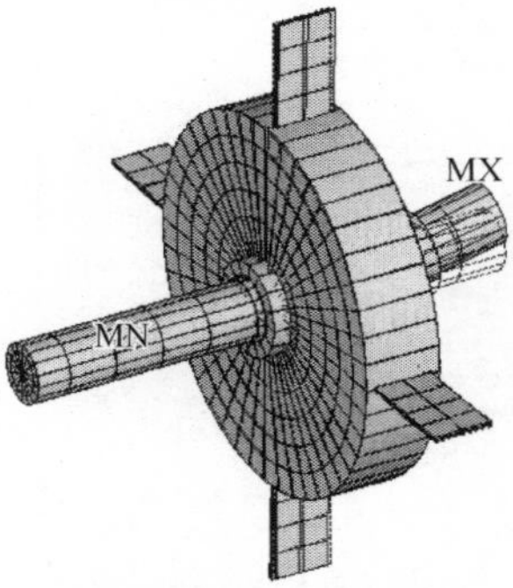

(m2) FEM1第13阶振型

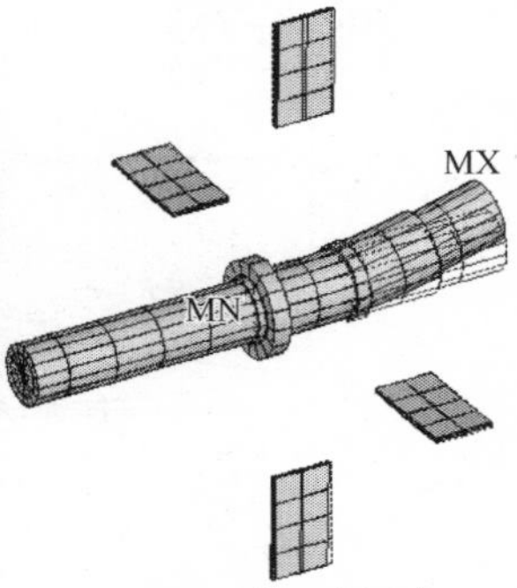

(m3) FEM2第13阶振型

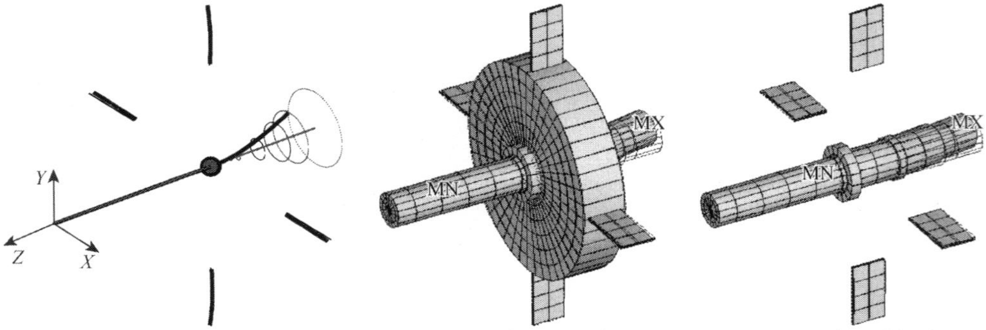

(n1) AM第14阶振型　　(n2) FEM1第14阶振型　　(n3) FEM2第14阶振型

图 3.11　转子-叶片耦合系统振型图

图 3.12 为转子-叶片耦合系统的 Campbell 图，在 ANSYS 软件中，由于所建模型不能同时考虑叶片的离心刚化、旋转软化效应和转子的陀螺效应，故分别进行考虑，右侧为左侧阴影区域的放大图。需要指出的是，图 3.12 中解析模型均考虑了离心刚化、旋转软化、科氏力效应和转子的陀螺效应。

图 3.12（a）为解析模型与考虑叶片离心刚化、旋转软化效应的有限元模型的对比图，从图中可以看到，解析模型和有限元模型中与叶片相关的频率吻合较好，这也验证了解析模型中考虑叶片离心刚化和旋转软化效应的准确性；图 3.12（b）为解析模型与考虑转子陀螺效应的有限元模型的对比图，由图可知，解析模型和有限元模型中与转子相关的频率吻合较好，验证了解析模型中考虑转子陀螺效应的准确性；图 3.12（c）将考虑了离心刚化和旋转软化的相关频率和考虑了陀螺效应的相关频率按照大小顺序进行排列，并与解析模型进行对比，结果表明各阶固有频率均吻合较好，进一步证明了模型的准确性。此外，由图 3.12（c）可知，随着转速的增大，当摆动模态接近俯仰模态时，出现了频率转向和振型转换现象，Lesaffre 等[2]和 Gruin 等[3]也描述过类似的现象。

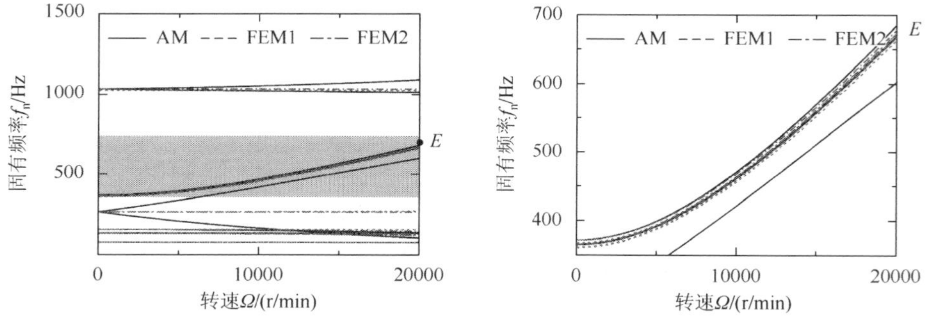

(a) 考虑叶片离心刚化和旋转软化影响

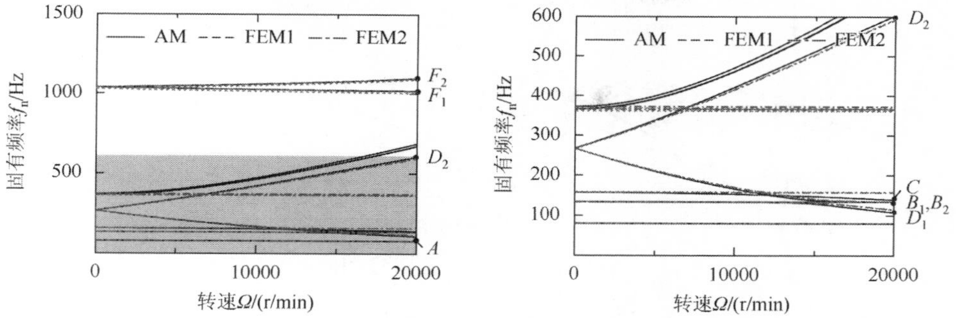

(b)考虑转子陀螺效应

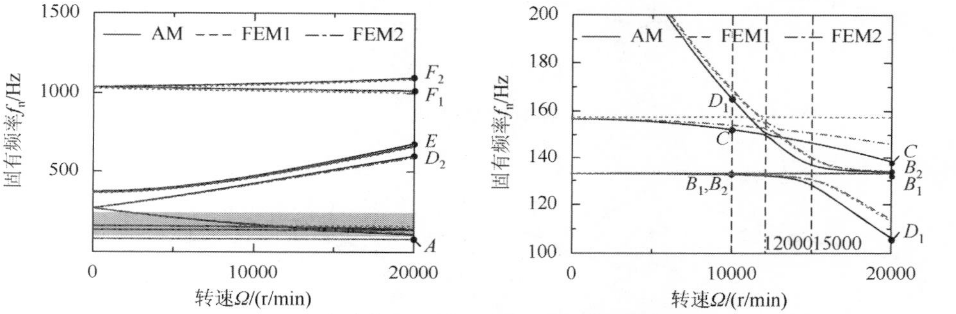

(c)考虑叶片离心刚化、旋转软化和转子陀螺效应

图 3.12　转子-叶片耦合系统的 Campbell 图

为了描述振型转换前后系统振型的变化，分析了 10000r/min、12000r/min、15000r/min 和 20000r/min 下系统的振型图，如图 3.13 所示，图中从左到右分别表示不同转速下系统第 2～5 阶的振型图。10000r/min 时第 2～5 阶振型与静止状态下振型相同，依次为系统平动和弯曲耦合、系统平动和弯曲耦合、扭转振型和轮盘摆动；12000r/min 时第 5 阶为耦合振型；15000r/min 时第 2、4 阶为系统俯仰模态与轮盘摆动的耦合振型；20000r/min 时为振型转换之后的结果，第 2～5 阶振型依次为轮盘摆动、系统平动和弯曲耦合、系统平动和弯曲耦合、扭转振型。

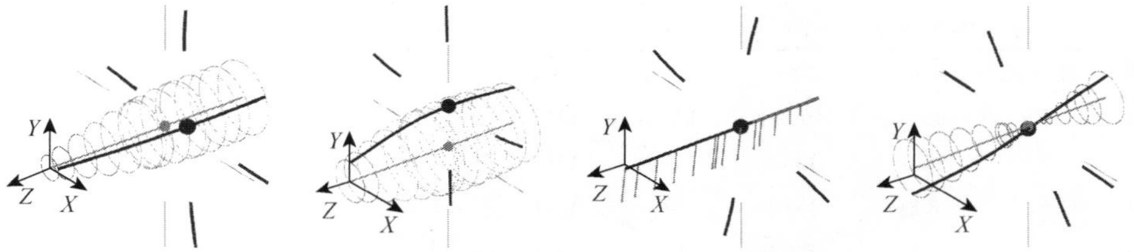

(a) 10000r/min

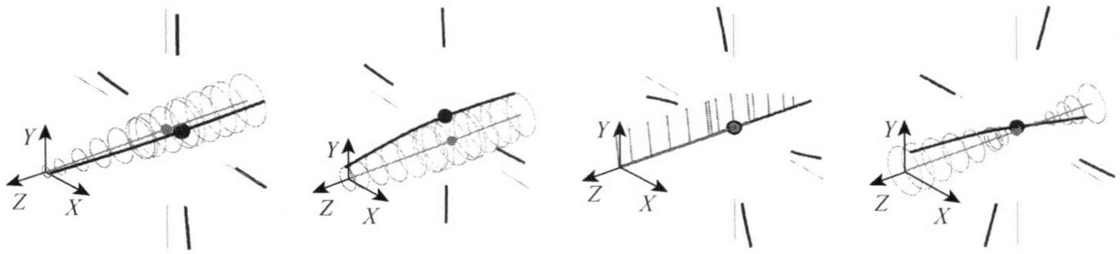

(b) 12000r/min

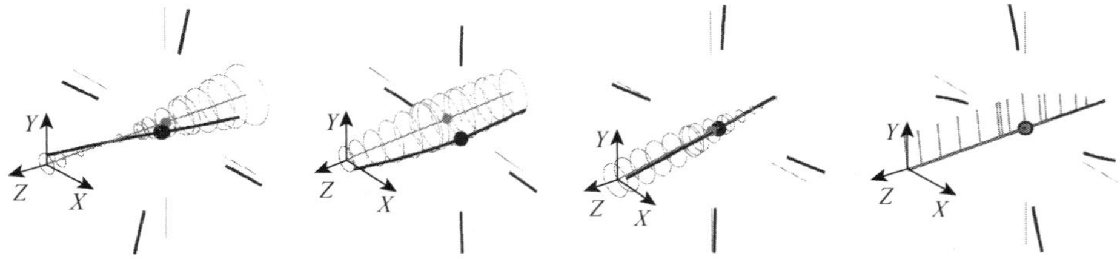

(c) 15000r/min

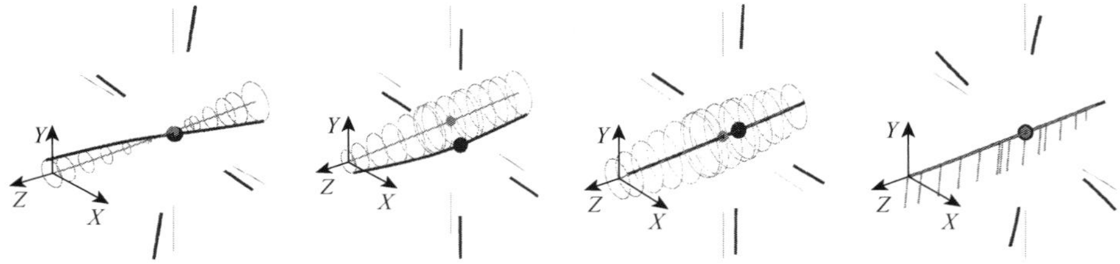

(d) 20000r/min

图 3.13　不同转速下第 2～5 阶振型图

表 3.4 列出了不同转速下转子-叶片耦合系统的固有频率，由表可知，随着转速的增大，扭转固有频率 f_{n4} 反而减小，Al-Bedoor[4]和 Lee 等[5]也给出了相同的结论。在 20000r/min 时，解析模型、有限元模型 1 和有限元模型 2 的扭转固有频率比静止时刻分别减小 11.75%、0.06%和 6.77%，可见弹性轮盘和刚性轮盘对扭转固有频率的影响不同，有限元模型 1 中扭转固有频率先增大后减小；解析模型与有限元模型 2 的变化趋势相近，是因为两者都将轮盘假设为刚性盘。

表 3.4　不同转速下转子-叶片耦合系统的固有频率

阶数	AM/Hz			FEM1/Hz			FEM2/Hz		
	0r/min	10000r/min	20000r/min	0r/min	10000r/min	20000r/min	0r/min	10000r/min	20000r/min
1	78.6	78.6	78.6	78.7	78.7	78.7	78.6	78.6	78.6
2	132.9	132.5	106.5↓	133.0	132.6	113.2↓	132.9	132.5	113.9↓
3	132.9	133.0	133.1	133.0	133.1	133.2	132.9	133.0	133.0
4	156.6	152.2↓	133.8	157.3	157.4	134.0	156.6	154.1↓	133.9
5	266.3	165.2↓	138.2↓	265.6	168.5↓	157.2↓	265.8	169.2↓	146.0↓

续表

阶数	AM/Hz			FEM1/Hz			FEM2/Hz		
	0r/min	10000r/min	20000r/min	0r/min	10000r/min	20000r/min	0r/min	10000r/min	20000r/min
6	266.3	421.2↑	602.4↑	265.6	416.0↑	593.3↑	265.8	414.9↑	591.6↑
7	364.7	461.0↑	668.7↑	360.3	456.5↑	663.3↑	364.6	460.7↑	667.9↑
8	365.4	461.8↑	669.8↑	361.0	456.6↑	663.3↑	365.3	460.8↑	668.0↑
9	365.4	461.8↑	669.8↑	361.0	459.3↑	669.1↑	365.3	463.5↑	673.7↑
10	371.3	470.8↑	685.0↑	367.0	464.4↑	674.2↑	371.2	468.4↑	678.5↑
11	1037.8	1025.1↓	1016.6↓	1031.5	1013.9↓	1004.1↓	1041.9	1024.6↓	1015.0↓
12	1037.8	1058.6↑	1097.3↑	1031.5	1049.4↑	1088.3↑	1041.9	1059.0↑	1095.7↑
13	1881.3	1868.7↓	1858.7↓	1826.6	1811.2↓	1799.9↓	1875.2	1859.4↓	1847.6↓
14	1881.3	1897.8↑	1920.7↑	1826.6	1842.0↑	1865.1↑	1875.2	1891.3↑	1914.8↑

3.4 本章小结

本章采用能量法考虑了系统的动能和势能，结合 Hamilton 变分原理和 Galerkin 方法推导出转子-叶片耦合系统的运动微分方程。并将解析模型得到的固有频率和振型与有限元模型以及模型实验测得的结果进行对比，验证了本章所开发的转子-叶片动力学模型的有效性。此外，有限元模型和所开发模型的固有频率对比结果表明，随着转速的增加，系统会出现频率转向和振型转换现象。

参考文献

[1] Yang C H，Huang S C. Coupling vibrations in rotating shaft-disk-blades system [J]. Journal of Vibration and Acoustics，2007，129（1）：48-57.

[2] Lesaffre N，Sinou J J，Thouverez F. Contact analysis of a flexible bladed-rotor [J]. European Journal of Mechanics-A/Solids，2007，26（3）：541-557.

[3] Gruin M，Thouverez F，Blanc L，et al. Nonlinear dynamics of a bladed dual-shaft [J]. European Journal of Computational Mechanics/Revue Européenne de Mécanique Numérique，2011，20（1-4）：207-225.

[4] Al-Bedoor B O. Natural frequncies of coupled blade-bending and shaft-torsional vibrations [J]. Shock and Vibration，2007，14（1）：65-80.

[5] Lee H，Song J S，Cha S J，et al. Dynamic response of coupled shaft torsion and blade bending in rotor blade system [J]. Journal of Mechanical Science and Technology，2013，27（9）：2585-2597.

第 4 章　旋转叶片-弹性机匣碰摩模型及模型验证

4.1　概　　述

一个合适的碰摩表征模型，对于叶片-机匣碰摩的研究是很必要的。关于接触碰撞问题，很多学者对不同的接触模型进行了总结归纳，并给出了不同模型的适用条件[1-4]，这里不再赘述。对于叶片与机匣之间的碰摩现象，也有很多学者进行了研究。Muszynska[5]指出转子-密封碰摩经常出现，而叶片和机匣碰摩很少发生，但是一旦发生则极其危险。在大部分转定子碰摩的研究中，通常用两个同心圆柱面表示转子和定子，采用线性弹簧模型来描述法向碰摩力 F_n，其表达式为

$$F_n = k_s \delta \tag{4.1}$$

式中，k_s 为定子刚度；δ 为侵入深度。

考虑叶片-机匣碰摩，假定叶片为一个悬臂梁，Padovan 和 Choy[6]推导了叶片径向变形和法向碰摩力之间的关系，分析了单叶片和多叶片碰摩情况下系统的非线性动力学特性。在单叶片碰摩情况下，法向碰摩力 F_n 的表达式为

$$F_n = \frac{\pi^2}{4}\frac{EI}{L^2}\frac{\frac{\pi}{2}\sqrt{\frac{\delta}{L}}}{\mu + \frac{\pi}{2}\sqrt{\frac{\delta}{L}}} \tag{4.2}$$

式中，E、I、L、δ 和 μ 分别为杨氏模量、叶片截面惯性矩、叶片长度、侵入深度和摩擦系数。

基于 Padovan 模型，考虑叶片旋转导致的离心刚化影响，Jiang 等[7]修订了旋转叶片-机匣法向碰摩力模型，其表达式为

$$F_n = 2.5\frac{EI}{L^2}\frac{1.549\sqrt{\frac{\delta}{L}}}{\mu + 1.549\sqrt{\frac{\delta}{L}}} + \frac{11}{56}\rho AL\omega^2\left(\frac{5}{22}L + \frac{35}{22}R_d\right)\frac{1.549\sqrt{\frac{\delta}{L}}}{\mu + 1.549\sqrt{\frac{\delta}{L}}} \tag{4.3}$$

式中，ρ 为材料密度；A 为叶片横截面积；ω 为旋转角速度；R_d 为轮盘的半径；其他参数同式（4.2）。

通过对上述文献的分析可知，现有的叶片-机匣碰摩表征模型都存在一定的局限性：忽略了叶片的形状，且多假设机匣为刚性。本章在前人研究的基础上，推导了一个新的叶片-机匣法向碰摩力模型。该模型不仅考虑了叶片变截面特性和旋转效应

的影响，还引入了机匣的当量刚度，考虑机匣弹性的影响。通过叶片-机匣碰摩实验，分析了叶片-机匣法向碰摩力在不同叶片尺寸、机匣刚度以及转速下的变化规律，最后，通过与实验数据以及现有模型进行对比，验证了所开发模型的有效性。

4.2　叶片-机匣碰摩模型

4.2.1　叶片-机匣碰摩模型推导

一般来说，不同的碰摩模型在合理的定子刚度情况下，对转定子系统的整体动力学特性影响不大，然而碰摩力对于转子和定子的局部变形和局部磨损有很大影响[1]，因此准确评估碰摩力具有重要意义。

叶片-机匣碰撞可以看成是柔性体与致密弹性体或者柔性体与柔性体之间的接触，其碰撞力取决于碰撞柔性体本身的整体变形，而非局部变形[1]。所以除了要考虑叶片的弯曲变形，还要考虑碰摩导致的机匣变形。因此在碰撞过程中，叶片-弹性机匣的法向碰摩力与叶片和机匣的变形密切相关，如图 4.1 所示。为了建模方便，在推导法向碰摩力的过程中，所做假设如下：

（1）忽略叶片和机匣的动能影响，叶片-机匣碰摩简化为一个准静态接触过程；

（2）忽略碰摩导致的轴向压缩势能的影响，仅考虑叶片弯曲势能和离心力导致的离心势能；

（3）假定轮盘为刚性，即不考虑轮盘的变形影响，叶片采用悬臂梁来模拟，叶片材料各向同性；

（4）不考虑碰摩过程中摩擦热效应。

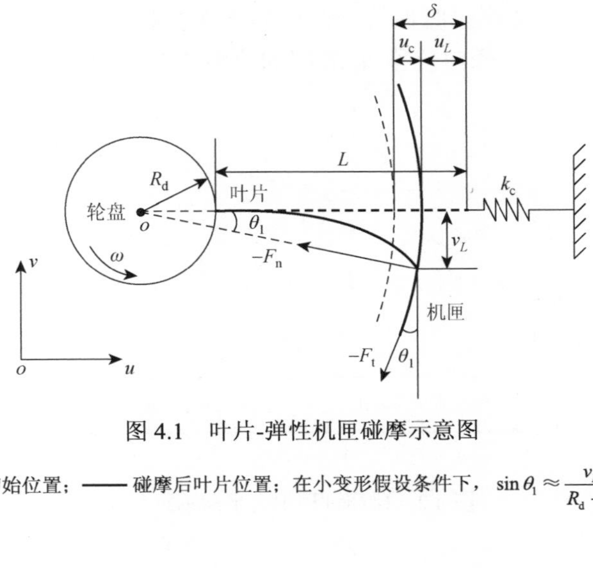

图 4.1　叶片-弹性机匣碰摩示意图

---- 叶片初始位置；—— 碰摩后叶片位置；在小变形假设条件下，$\sin\theta_1 \approx \dfrac{v_L}{R_d + L}, \cos\theta_1 \approx 1$

假定叶片的横截面沿着长度和宽度方向是均匀变化的，叶片横截面积和截面惯性矩表达式见式（2.7）和式（2.8）。

根据叶片-机匣碰摩过程满足能量守恒可得

$$V_{\mathrm{e}}+V_{\mathrm{c}}=W \tag{4.4}$$

式中，V_{e}为弯曲势能，其表达式为

$$V_{\mathrm{e}}=\frac{1}{2}\int_0^L EI(x)\left(\frac{\partial^2 v}{\partial x^2}\right)^2\mathrm{d}x \tag{4.5}$$

其中，E、L 和 v 分别为杨氏模量、叶片长度和叶片的弯曲位移。V_{c}为离心势能，其表达式为

$$V_{\mathrm{c}}=\frac{1}{2}\int_0^L \frac{1}{2}\rho A(x)\omega^2\left(L^2+2R_{\mathrm{d}}L-2R_{\mathrm{d}}x-x^2\right)\left(\frac{\partial v}{\partial x}\right)^2\mathrm{d}x \tag{4.6}$$

其中，ρ、R_{d}和 ω 分别为叶片材料密度、轮盘半径和旋转角速度。

W 为叶尖法向碰摩力 F_{n}和切向碰摩力 F_{t}所做的功，其中切向力 F_{t}为叶片-机匣碰摩产生的摩擦力，采用库仑摩擦模型来描述，即 $F_{\mathrm{t}}=\mu F_{\mathrm{n}}$，式中$\mu$为摩擦系数。

$$W=\frac{1}{2}F_{\mathrm{t}}\cos\theta_1 v_L-\frac{1}{2}F_{\mathrm{n}}\sin\theta_1 v_L=\frac{1}{2}\mu F_{\mathrm{n}}v_L-\frac{1}{2}\frac{v_L^2}{R_{\mathrm{d}}+L}F_{\mathrm{n}} \tag{4.7}$$

式中，v_L为叶尖的弯曲位移。

假定在碰摩过程中机匣有一个线性刚度，则接触力可以表示为

$$F_{\mathrm{elastic}}=k_{\mathrm{c}}u_{\mathrm{c}} \tag{4.8}$$

式中，k_{c} 和 u_{c} 分别为机匣的等效刚度和径向位移。

根据受力平衡关系可得（见图 4.2）

$$F_{\mathrm{n}}=F_{\mathrm{elastic}}$$

假定叶片与机匣碰摩瞬时保持一个准静态平衡状态，侵入量 δ 与机匣径向偏移距离 u_{c}和叶尖处的径向位移 u_L之间的位置关系如图 4.1 所示，可写为如下表达式：

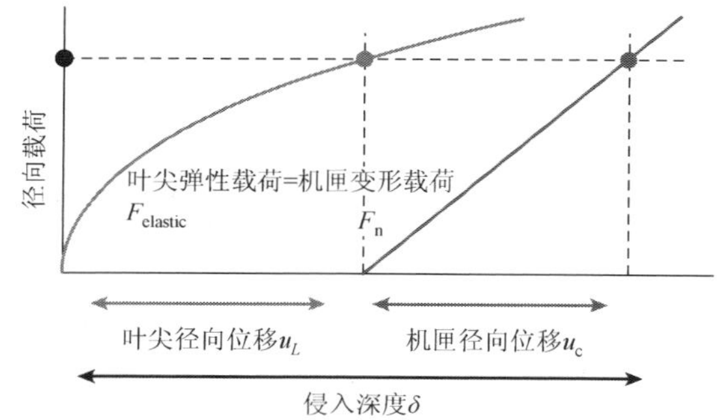

图 4.2　碰摩过程中力平衡示意图

$$\delta = u_L + u_c \tag{4.9}$$

式中，u_L 为由于弯曲导致的叶尖径向位移，其表达式为

$$u_L = \frac{1}{2}\int_0^L \left(\frac{\partial v}{\partial x}\right)^2 dx \tag{4.10}$$

基于材料力学理论，固定截面或变截面悬臂梁的变形可以近似表达为[8]

$$v = v_L \frac{1}{2}\left(\frac{3x^2}{L^2} - \frac{x^3}{L^3}\right) \tag{4.11}$$

将式（4.11）代入式（4.5）和式（4.6），通过式（4.4）计算可得叶尖位移 v_L：

$$v_L = \frac{\mu F_n}{\Gamma_0 + \dfrac{F_n}{R_d + L}} \tag{4.12}$$

式中，

$$\Gamma_0 = EI_0\left(\frac{3}{L^3} + A_1\right) + \rho A_0 \omega^2 \left(\frac{81}{280}L + \frac{3}{8}R_d + A_2\right)$$

其中，A_1 和 A_2 的表达式为

$$A_1 = -\frac{3\tau_b}{4L^3} - \frac{9\tau_h}{4L^3} + \frac{9\tau_b\tau_h}{10L^3} + \frac{9\tau_h^2}{10L^3} - \frac{9}{20L^3}\tau_b\tau_h^2 - \frac{3}{20L^3}\tau_h^3 + \frac{3}{35L^3}\tau_b\tau_h^3$$

$$A_2 = -\frac{369}{2240}L\tau_b - \frac{57}{280}R_d\tau_b - \frac{369}{2240}L\tau_h - \frac{57}{280}R_d\tau_h + \frac{59}{560}L\tau_b\tau_h + \frac{141}{1120}R_d\tau_b\tau_h$$

通过式（4.10）和式（4.11），可以获得 u_L。将 u_L 和 $u_c = F_n / k_c$ 代入式（4.9），侵入量 δ 可以写为

$$\delta = \frac{3\mu^2 (L + R_d)^2 F_n^2}{5L\left(F_n + (L + R_d)\Gamma_0\right)^2} + \frac{F_n}{k_c} \tag{4.13}$$

忽略高阶项，F_n 的表达式可以写为

$$F_n = \frac{-5\Gamma_0 L\left(\dfrac{R_d + L}{L}\dfrac{\Gamma_0}{k_c} - 2\dfrac{\delta}{L}\right) + \sqrt{5}(R_d + L)\Gamma_0\sqrt{5\dfrac{\Gamma_0}{k_c}\left(\dfrac{\Gamma_0}{k_c} + 4\dfrac{L}{R_d + L}\dfrac{\delta}{L}\right) + 12\mu^2\dfrac{\delta}{L}}}{20\dfrac{\Gamma_0}{k_c} - 10\dfrac{L}{R_d + L}\dfrac{\delta}{L} + 6\dfrac{R_d + L}{L}\mu^2} \tag{4.14}$$

设 $\Gamma_1 = \dfrac{\Gamma_0}{k_c}$，$\alpha = \dfrac{R_d + L}{L}$，则 F_n 的表达式可以写为

$$F_n = L\Gamma_1 k_c \frac{-5\left(\alpha\Gamma_1 - 2\dfrac{\delta}{L}\right) + \sqrt{5}\alpha\sqrt{5\Gamma_1\left(\Gamma_1 + \dfrac{4}{\alpha}\dfrac{\delta}{L}\right) + 12\mu^2\dfrac{\delta}{L}}}{20\Gamma_1 - \dfrac{10}{\alpha}\dfrac{\delta}{L} + 6\alpha\mu^2} \tag{4.15}$$

当机匣的刚度很大时，机匣变形可以忽略，即在式（4.9）中 u_c=0。在这种情况下，准静态的法向碰摩力可以表示为

$$F_n = \Gamma_0 L \frac{5\dfrac{R_d+L}{L}\dfrac{\delta}{L}+\sqrt{15}\left(\dfrac{R_d+L}{L}\right)^2\mu\sqrt{\dfrac{\delta}{L}}}{-5\dfrac{\delta}{L}+3\left(\dfrac{R_d+L}{L}\right)^2\mu^2} \tag{4.16}$$

当机匣刚度很小时，叶片的径向变形可以忽略。在这种情况下，准静态的法向碰摩力可以写为

$$F_n = k_c\delta \tag{4.17}$$

法向碰摩力的表达式［式（4.16）和式（4.17）］可以看成两种极限情况。如果叶片的变形非常大，法向碰摩力 F_n 随着侵入量的增加展示出非线性特性，其大小与转速、摩擦系数、叶片和轮盘的几何和材料参数有关［见式（4.16）］。如果机匣的变形很大，F_n 随着侵入量的增加呈现出线性特性，在这种情况下 F_n 仅与机匣的刚度有关［见式（4.17）］而与叶片参数无关。

4.2.2　不同参数对碰摩力的影响

盘和叶片的参数如表 4.1 所示。本节主要讨论转速 $\Omega\left(\Omega=\dfrac{60\cdot\omega}{2\pi}\right)$、侵入深度 δ、机匣刚度 k_c、摩擦系数 μ 和叶片几何参数（长度 L、宽度 b 和厚度 h）对准静态法向碰摩力的影响。

表 4.1　盘和叶片的参数

参数	数值	叶片参数	数值	盘的参数	数值
杨氏模量 E/GPa	200	叶片长度 L/mm	82	轮盘的半径 R_d/mm	140
密度 ρ /（kg/m^3）	7800	叶片宽度 b/mm	44		
泊松比 υ	0.3	叶片厚度 h/mm	3		

图 4.3 展示了不同转速下，机匣刚度和侵入深度对法向碰摩力的影响，其影响规律如下。

（1）当机匣刚度较小时，法向碰摩力几乎不受转速影响；而随着机匣刚度的增加，法向碰摩力与转速呈现出“硬”特性，即曲线斜率增大。法向碰摩力随机匣刚度变化的曲线呈“软”特性，即曲线斜率减小，并且当机匣刚度增加到一定值后，法向碰摩力稳定在某一数值，不再增加［图 4.3（a）］。

（2）法向碰摩力随侵入量的增加而增大，并呈“软”特性，这些变化规律与

文献[9]实验结果是类似的，如图 4.4 所示；与机匣刚度类似，在侵入量较小时，转速对法向碰摩力的影响并不明显，而随着侵入量的增加，转速的影响越来越明显，曲线呈“硬”特性［图 4.3（b)］。

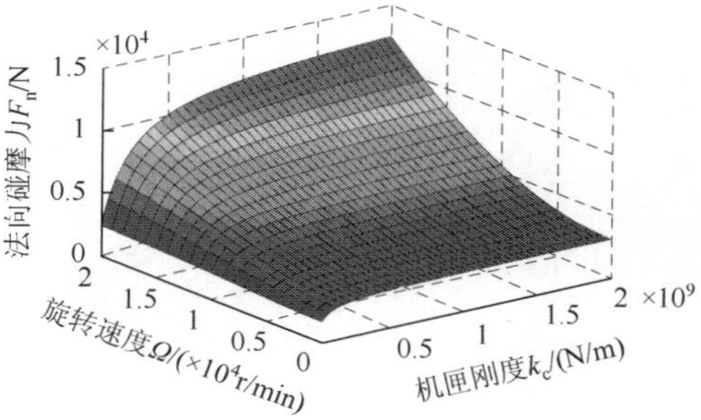

(a) 转速和机匣刚度影响

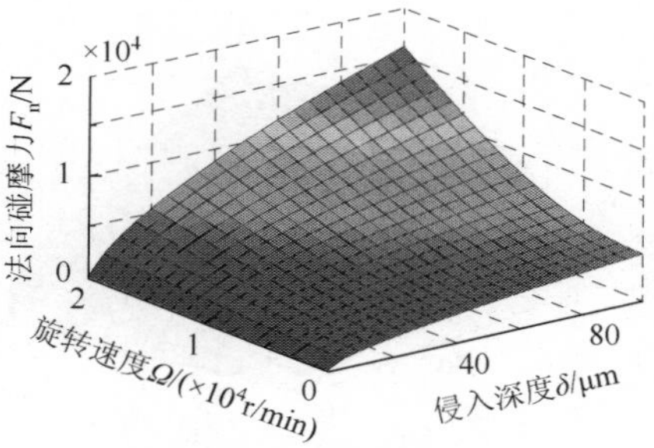

(b) 转速和侵入深度影响

图 4.3　不同参数下法向碰摩力

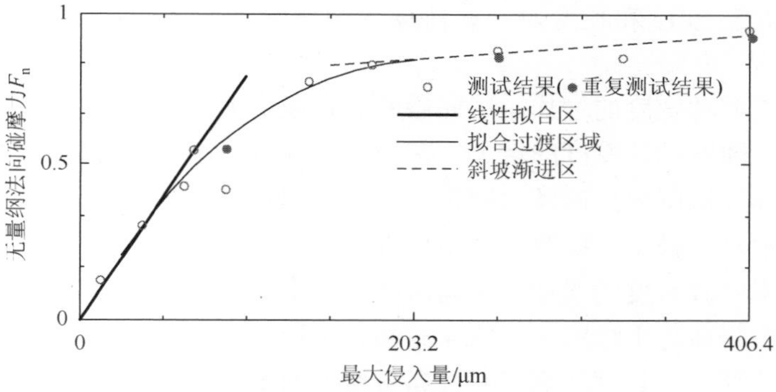

图 4.4　钢制机匣工况下碰摩载荷和侵入量之间的关系[9]

不同侵入深度下，机匣刚度和摩擦系数对法向碰摩力的影响如图 4.5 所示，由图可得到如下结论。

（1）当机匣刚度很小时，法向碰摩力和侵入深度呈线性关系，并且数值较小。随着机匣刚度的增加，法向力随侵入量增加呈非线性关系，表现出“软”特性；当机匣的刚度增加到某一值后，法向碰摩力增加日趋缓慢，几乎保持在一个定值；而在大的侵入量情况下，机匣刚度的影响更为明显，如图 4.5（a）所示。这些变化可以通过式（4.16）和式（4.17）进行解释。

（2）随着摩擦系数μ的增加，法向碰摩力减小，当$\mu \in [0,0.1]$时，减幅程度最大，当$\mu \in [0.1,0.3]$时，法向碰摩轻微减小［图 4.5（b)］。导致这种现象的原因是μ与切向碰摩力（摩擦力）有关，而切向碰摩力对叶片的弯曲变形有影响。摩擦

系数 μ 越小，会导致更小的切向和径向变形。在恒定的侵入深度下，机匣的位移增加，这样法向碰摩力会变大以平衡机匣变形产生的恢复力。在大的摩擦系数下，如 $\mu \in [0.1,0.3]$，叶片径向位移轻微增加，而法向碰摩力轻微减小。

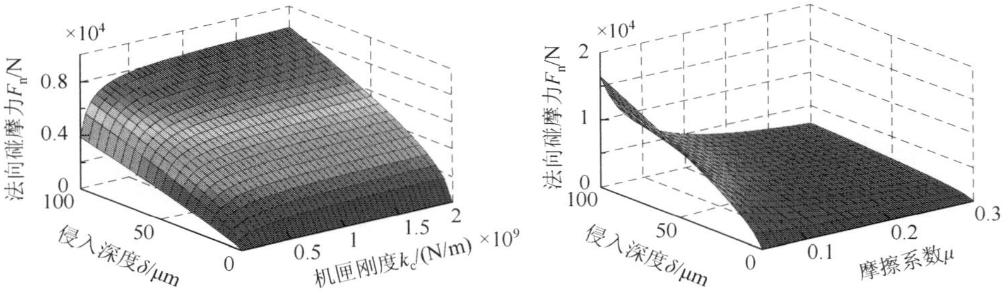

(a) 侵入深度和机匣刚度影响　　(b) 侵入深度和摩擦系数影响

图 4.5　不同侵入深度、机匣刚度和摩擦系数下法向碰摩力

叶片厚度、宽度和长度对法向碰摩力的影响如图 4.6 所示，主要规律总结如下。

（1）随着叶片宽度的增加，法向碰摩力轻微增大。叶片厚度对法向碰摩力有较大的影响。随着叶片厚度的增加，在小叶片厚度范围内法向碰摩力增幅明显，在大的叶片厚度范围内，碰摩力则趋于稳定。相对于窄叶片而言，宽叶片的法向碰摩力会提前趋于稳定，如图 4.6（a）所示。

（2）随着叶片长度的增加，法向碰摩力减小，相对于长叶片而言，短叶片的法向碰摩力会提前趋于稳定，如图 4.6（b）所示。

（3）叶片厚度、长度和宽度对法向碰摩力的影响依次减弱，法向碰摩力与这些参数导致的弯曲变形程度密切相关。

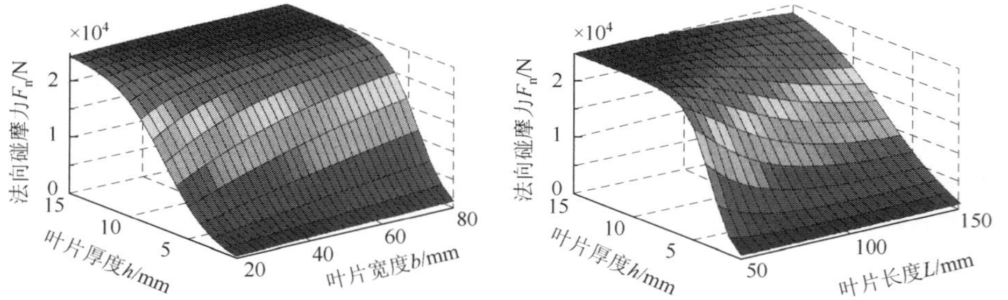

(a) 叶片厚度和叶片宽度影响　　(b) 叶片厚度和叶片长度影响

图 4.6　不同叶片厚度、宽度和长度下法向碰摩力

4.3　叶片-机匣碰摩实验

4.3.1　实验设备

为了验证上述法向碰摩力模型的准确性，搭建了如图 4.7 所示的转子-叶片碰摩实验台。该实验台由驱动系统、转子系统、进给系统以及测试系统组成。驱动系统包括电机和联轴器，转速可通过变频器进行控制，最高工作转速为 3000r/min。转子系统包括一个刚性轴以及一个刚性轮盘，这是为了减小转子振动对碰摩过程的影响。叶片通过榫连结构固定在轮盘上，并且在轮盘另一侧对应位置上放置一个配重块以保持受力平衡。整个转子系统安装在两个滚珠轴承上。本节采用了 3 种钢制叶片，分别为薄叶片、锥形叶片以及厚叶片。

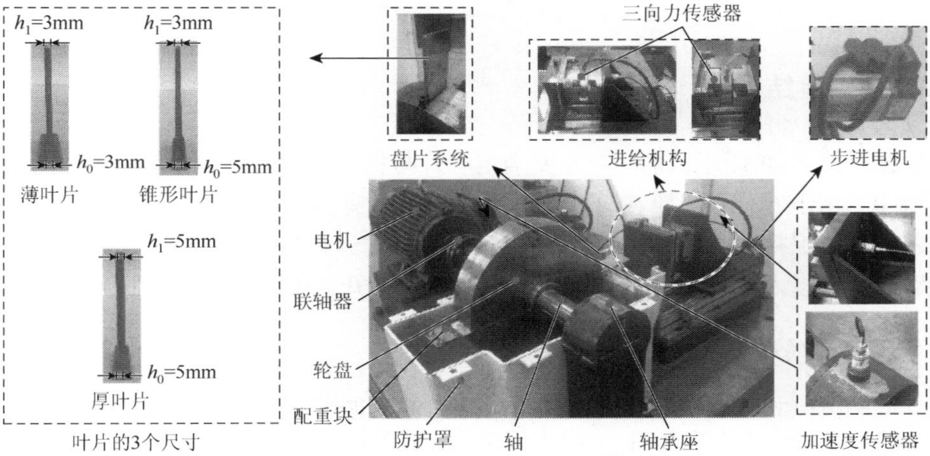

图 4.7　转子-叶片碰摩实验台

进给系统主要由一个丝杠导轨装置组成，进给量由伺服电机控制，精度可达到 1μm/脉冲。丝杠上方连接的是弹性机匣，该机匣为薄圆柱壳的一部分，以此来模拟弹性机匣（图 4.8）。为了研究不同机匣刚度下碰摩力的变化规律，本章采用铝和钢两种材质的机匣。机匣本身带有弧度，其中心与转子中心保持在同一水平面。

测试系统则由一个三向力传感器（Kistler 9367C）、2 个加速度传感器和一个电涡流位移传感器组成。三向力传感器主要用来获得叶片与机匣接触时的法向力和切向力（图 4.8）。加速度传感器布置在靠近轮盘的轴承和机匣支承处［图 4.8

(a)]，分别用来测试轴承以及机匣的振动，电涡流位移传感器用来测定机匣振动位移。

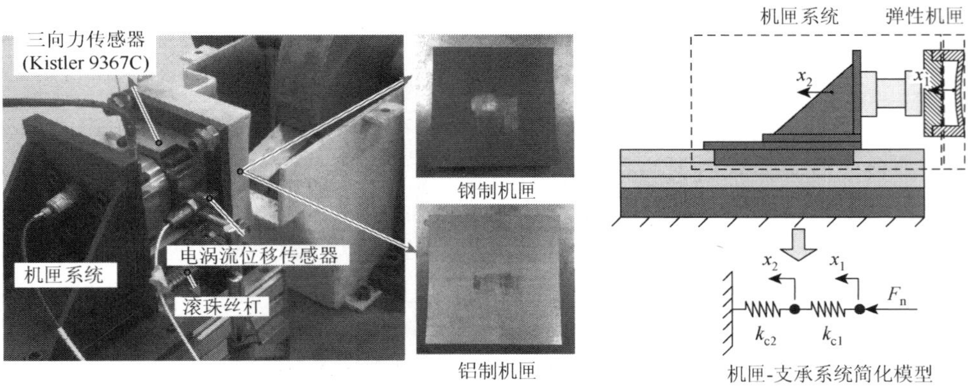

(a) 机匣系统图 (b) 机匣系统简化模型示意图

图 4.8 机匣系统图及简化模型示意图

4.3.2 实验结果

在叶片-机匣碰摩之前，首先要确定叶片与机匣的相对位置，使两者之间的间隙为 0。由于叶片和机匣在每次碰摩后机匣都会有少许的磨损量，所以在每次碰摩之前都应保持两者间隙为零。在叶片-机匣碰摩过程中，通过伺服电机，将机匣移动指定的侵入量，记录数据后，将机匣向后移开，使叶片与机匣脱离接触。

1. 测定的摩擦系数

铝制机匣和钢制机匣测定的法向碰摩力波形如图 4.9 所示，其中，负方向为传感器压力方向。在整体时间历程中的碰摩力，选取幅值最大的碰摩力进行分析。为了证明得到的力信号具有较好的可重复性，针对某一工况（图 4.9 的 A 和 B 时间段）进行了多次重复实验，如图 4.10 所示。从图 4.10 中可以看到，铝制机匣得到的法向碰摩力值波动较大，而钢制机匣得到的碰摩力值则相对比较稳定。这是由于铝制机匣的弹性刚度较小，在叶片与机匣发生碰摩时，局部振动较大，所以导致重复实验结果波动较大。但从整体来看，两种机匣得到的碰摩力结果依然具有一定的可重复性，即使有波动也是在允许范围内，所以可以认为不同侵入量下得到的碰摩力还是比较稳定的。

摩擦系数 μ 可以通过切向碰摩力和法向碰摩力的比值来确定。对于铝制和钢制机匣，在 1000r/min、1500r/min 和 2000r/min 转速下，测试摩擦系数随着法向碰摩力变化，如图 4.11 所示。该图表明对于铝制机匣，摩擦系数在 0.063 附近保持稳定；对于钢制机匣，摩擦系数随着转速的增加而减小，如在 1000r/min、1500r/min 和 2000r/min 转速下，其平均摩擦系数分别为 μ=0.274、0.246 和 0.17（表 4.2）。需要指出的是，对于铝制机匣而言，其平均摩擦系数非常小，主要是因为多次重复的碰摩后，机匣表面变得更加光滑［图 4.11（a）］。

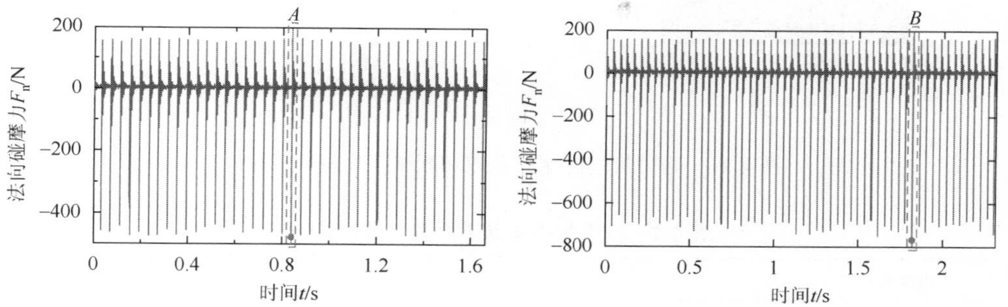

(a) 铝制机匣　(b) 钢制机匣

图 4.9　薄叶片法向碰摩力测量值（Ω=1500r/min，最大侵入量 50μm）

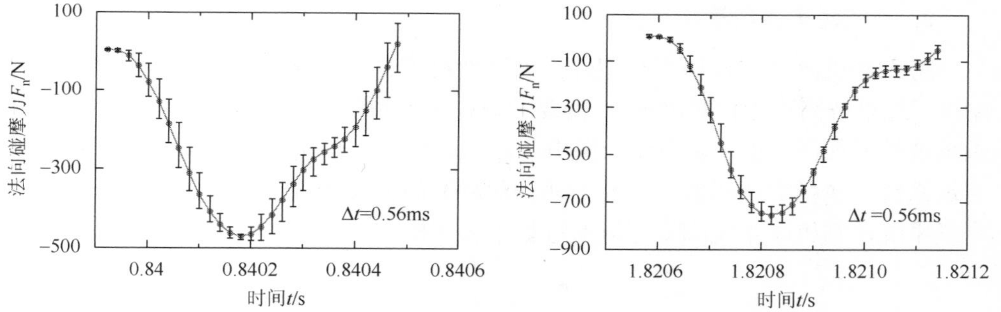

(a) A时间段　(b) B时间段

图 4.10　薄叶片法向碰摩力重复实验测量值范围（Ω=1500r/min，最大侵入量 50μm）

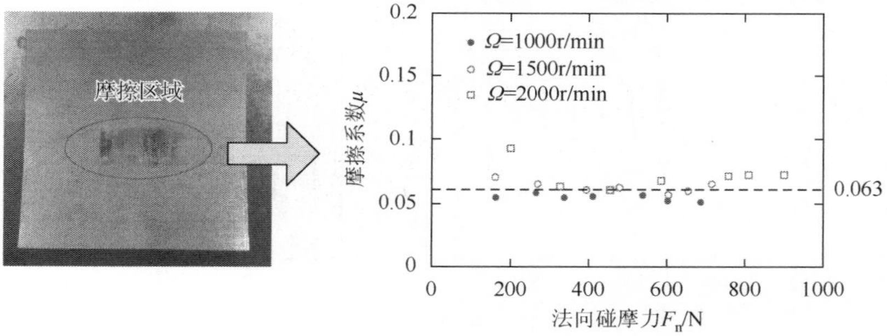

(a) 铝制机匣

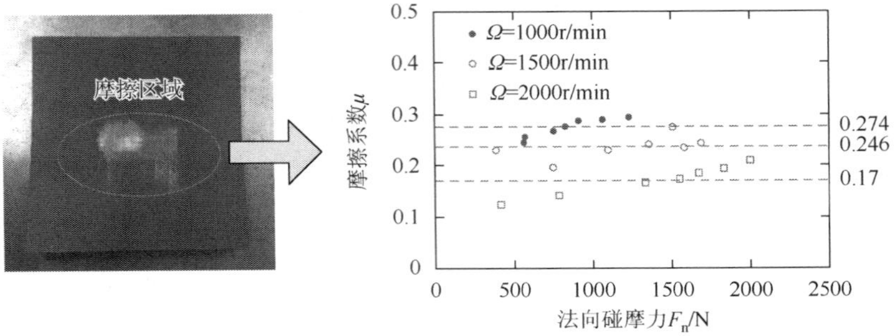

(b) 钢制机匣

图 4.11　两种机匣的摩擦系数（测试叶片为薄叶片）

表 4.2　机匣的平均摩擦系数（薄叶片）

机匣材料	铝制机匣			钢制机匣		
转速	1000r/min	1500r/min	2000r/min	1000r/min	1500r/min	2000r/min
平均摩擦系数	—	0.063	—	0.274	0.246	0.17

2. 测定的机匣刚度

考虑到机匣系统包括多个部件，如弹性机匣、力传感器等，因此机匣系统的刚度（这里也简称为机匣刚度），需要考虑各个子系统的刚度。一个简化的机匣支承系统模型如图 4.8（b）所示，图中，x_1、k_{c1}和x_2、k_{c2}分别表示弹性机匣和机匣支承系统（包括力传感器、线性导轨和丝杠）的位移和刚度。假定两个子系统为串联系统，则机匣系统刚度可以通过如下公式确定。

$$k_c = \frac{k_{c1}k_{c2}}{k_{c1}+k_{c2}} \tag{4.18}$$

机匣系统是通过丝杠来固定的，由于丝杠自身带有刚度，并且存在间隙，所以整个机匣系统在碰摩力的作用下会产生位移x_2。假设整个机匣为线性系统，通过由力传感器得到的法向碰摩力与电涡流传感器得到的位移值x_2（图 4.12）之间

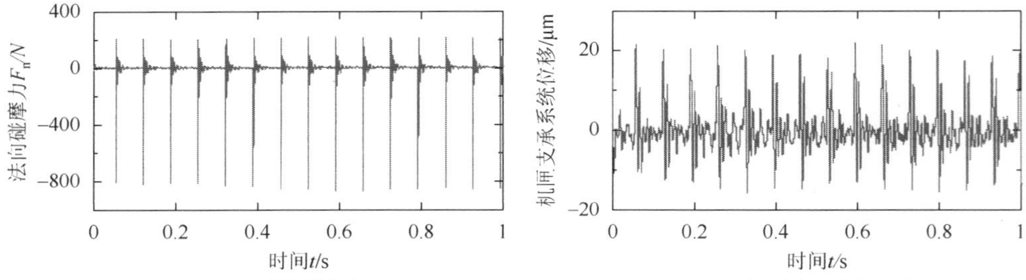

(a) 法向碰摩力　　(b) 机匣支承系统位移

图 4.12　测定的法向碰摩力及机匣位移（Ω=1000r/min，钢制机匣，薄叶片）

的比值，可以近似得到机匣支承系统的刚度值。对于机匣的弹性刚度，可以近似通过有限元方法计算得到，在机匣中部施加一个单位集中力（N），得到机匣的变形，进而得到机匣的弹性刚度，最后通过式（4.18）得到机匣系统的刚度，如表 4.3 所示。本章在后续的分析对比中，选取铝制机匣系统的刚度为 2×10^7N/m，钢制机匣系统的刚度为 3.5×10^7N/m。

表 4.3　机匣系统不同部件的刚度范围

机匣类型	铝制机匣	钢制机匣
机匣的弹性刚度 k_{c1}/（N/m）	$4.17\times10^7\sim8.62\times10^7$	$1.42\times10^8\sim4.4\times10^8$
支承系统的刚度 k_{c2}/（N/m）	$3.64\times10^7\sim4.497\times10^7$	
机匣系统刚度 k_c/（N/m）	$1.9435\times10^7\sim2.96\times10^7$	$2.8973\times10^7\sim4.08\times10^7$

4.4　基于准静态碰摩力的仿真及实验结果对比

4.4.1　不同尺寸叶片碰摩力结果分析

在 Ω=1000r/min 转速下，3 种类型叶片-钢制机匣仿真及测定的法向碰摩力如图 4.13 所示，该图展示了如下的碰摩力特性。

（1）对于薄叶片而言，特别是在小的侵入深度下，如侵入深度 $\delta\in[20,60]\mu m$，仿真结果和测试结果吻合很好；在大的侵入深度下，实验结果要大于仿真结果。

（2）对于厚叶片和锥形叶片而言，仿真结果和实验结果非常接近。厚叶片仿真得到的碰摩力最大，因为它的弯曲刚度最大，由于实验误差，在实验中这个现

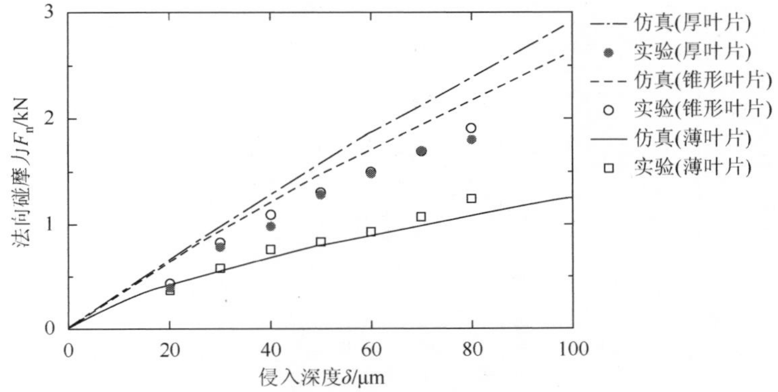

图 4.13　不同叶片的法向碰摩力与侵入深度的关系（Ω=1000r/min，钢制机匣）

象并没有体现出来。实验结果一直小于仿真结果，仿真和实验的误差随着侵入深度的增加而不断增大，造成误差较大的原因可能是随着侵入深度的增加，机匣刚度发生改变，另外，测试过程中根据伺服电机进给量确定的侵入深度也可能不完全准确。

（3）对比 3 种类型的叶片可知，厚叶片和锥形叶片碰摩力倾向于线性变化，薄叶片碰摩力倾向于非线性变化，这是由于碰摩过程中薄叶片会产生较大的弯曲变形。

4.4.2 不同转速下碰摩力结果分析

本节通过两种机匣材料，即钢制机匣和铝制机匣（图 4.8），来对比不同机匣刚度对法向碰摩力的影响。叶片选择薄叶片，主要分析转速和机匣刚度对法向碰摩力的影响。图 4.14 展示了铝制机匣和钢制机匣法向碰摩力随转速的变化曲线，该图展示法向碰摩力的变化规律如下。

（1）对于铝制机匣，仿真结果表明，法向碰摩力与侵入深度呈线性关系，转速对法向碰摩力几乎没有影响，测试结果均小于仿真结果。

（2）对于钢制机匣，仿真结果表明，随着转速的增加，法向碰摩力增大，且与侵入深度呈非线性关系。在小的侵入深度下，测试结果与仿真结果吻合很好；在大的侵入深度下，测试结果大于仿真结果，侵入深度越大，误差也越大。

（3）实验结果表明，随着转速的增加法向碰摩力增加，这个规律与仿真结果相同。近似的线性关系表明叶片弯曲变形较小，非线性碰摩力表示叶片弯曲变形较大，而叶片的弯曲变形与机匣的刚度有关，如在大的机匣刚度下，叶片弯曲变形较大。

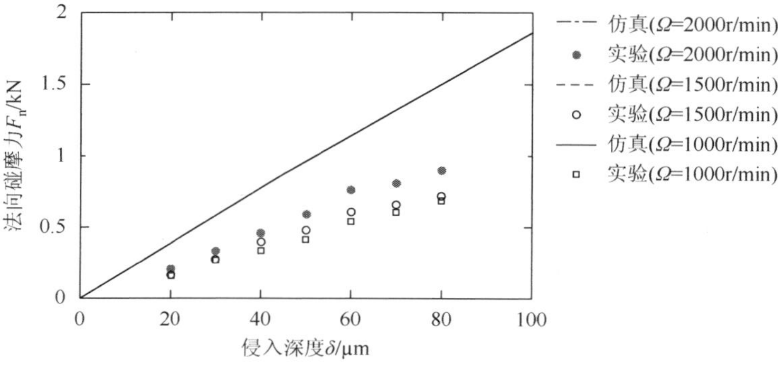

(a) 铝制机匣

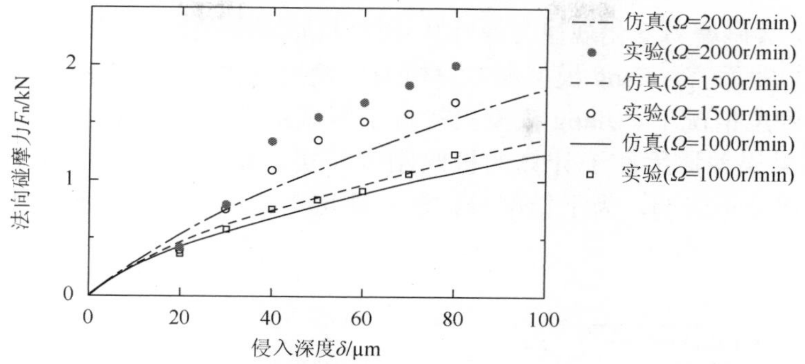

(b) 钢制机匣

图 4.14　不同转速下法向碰摩力与侵入深度的关系（薄叶片）

4.4.3　本章模型与现有模型的比较

考虑叶片几何尺寸（薄叶片和厚叶片）、机匣刚度（铝制机匣和钢制机匣）和转速（1000r/min、1500r/min 和 2000r/min）的影响，3 个理论模型［线性模型，式（4.1）；Jiang 模型，式（4.3）；本章模型，式（4.15）］和实验的对比结果，如图 4.15 和图 4.16 所示，这些图可以得到如下结论。

（1）对于薄叶片而言，Jiang 模型和本章模型与测试结果吻合较好，都呈非线性变化，这是因为薄叶片的刚度要小于钢制机匣的刚度［图 4.15（a)］。对于厚叶片而言，其刚度接近或者大于机匣刚度，Jiang 模型误差较大，这主要因为 Jiang 模型假设机匣为刚性，而本章模型和线性模型比 Jiang 模型更接近实验结果［图 4.15（b)］。

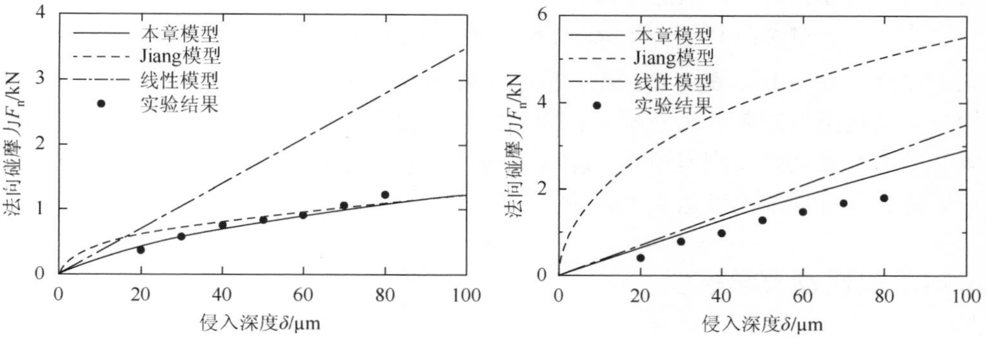

(a) 薄叶片　(b) 厚叶片

图 4.15　不同碰摩力模型对比（钢制机匣，Ω=1000r/min）

（2）对于薄叶片而言，铝制机匣刚度相对较小，薄叶片刚度接近或者大于机匣刚度，其碰摩力变化规律与厚叶片-钢制机匣碰摩类似，如图 4.16（a）所示。对于钢制机匣而言，Jiang 模型和本章模型比较接近实验结果［图 4.16（b）］。在大的侵入深度情况下，Jiang 模型更接近于测试结果［图 4.16（b）］。本章模型与实验结果误差原因在于计算的机匣刚度和实验给定的侵入深度不一定完全准确。上述分析表明，为了精准预估法向碰摩力，准确确定机匣刚度是非常关键的。

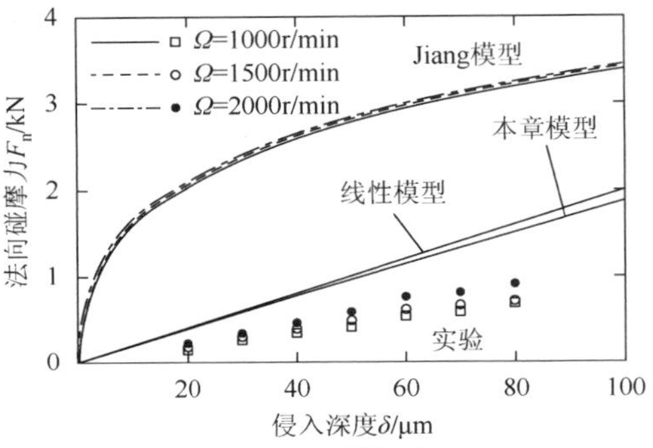

(a) 铝制机匣

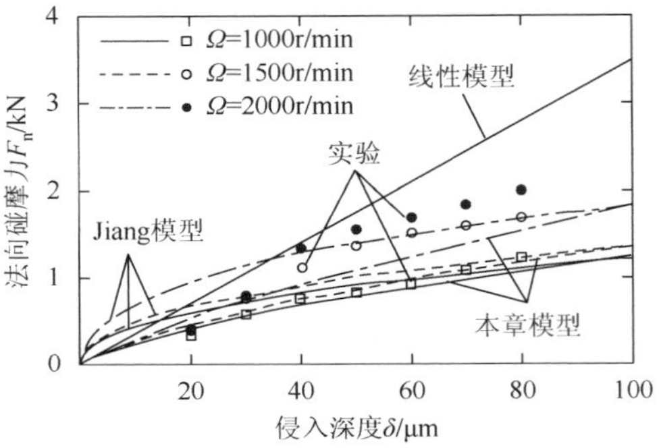

(b) 钢制机匣

图 4.16　不同转速下碰摩力模型对比（薄叶片）

4.5　动态碰摩力仿真

上述仿真碰摩力全部基于准静态假设，为了进一步验证法向碰摩力模型的有效性，本节主要分析动态法向碰摩力，并与准静态法向碰摩力进行对比。采用旋转悬臂梁来模拟叶片，其运动微分方程为

$$\boldsymbol{M}_b\ddot{\boldsymbol{q}}_b+(\boldsymbol{G}_b+\boldsymbol{D}_b)\dot{\boldsymbol{q}}_b+(\boldsymbol{K}_e+\boldsymbol{K}_c+\boldsymbol{K}_s+\boldsymbol{K}_{acc}+\boldsymbol{K}_F)\boldsymbol{q}_b=\boldsymbol{F} \tag{4.19}$$

式中，$\boldsymbol{M}_b$、$\boldsymbol{G}_b$、$\boldsymbol{D}_b$、$\boldsymbol{K}_e$、$\boldsymbol{K}_c$、$\boldsymbol{K}_s$、$\boldsymbol{K}_{acc}$ 和 $\boldsymbol{K}_F$ 分别为质量矩阵、科氏力矩阵、阻尼矩阵、结构刚度矩阵、离心刚化矩阵、旋转软化矩阵、加速度导致的附加刚度矩阵和外力导致的附加刚度矩阵；$\boldsymbol{q}_b$ 和 $\boldsymbol{F}$ 分别为正则坐标向量和外激振力向量。这些矩阵和向量详细的表达式，参见 2.2 节。

4.5.1　机匣动力学模型

叶片-弹性机匣碰摩过程中侵入量是一个非常重要的参数，它和叶片与机匣的振动密切相关。本章考虑叶片-机匣碰摩来源于离心力作用下的叶片伸长和轮盘中心与机匣中心之间的静态不对中，如图 4.17 所示，图中 $g_0+\delta_{max}$ 表示静态不对中量，且有 $g_0=R_c-r_g$，其中 R_c 为机匣半径，$r_g=L+R_d$ 表示叶尖轨迹半径。

由图 4.17 的几何关系可知：

$$\overline{AB}^2 + \overline{oB}^2 = \overline{oA}^2 \tag{4.20}$$

即

$$\left((r_g - \delta)\sin(\omega t + \varphi_1)\right)^2 + \left(g_0 + \delta_{max} + (r_g - \delta)\cos(\omega t + \varphi_1)\right)^2 = R_c^2 \tag{4.21}$$

式中，φ_1 为相位角。最后，侵入量 δ 可以表示为

$$\delta = r_g + (g_0 + \delta_{max})\cos(\omega t + \varphi_1) - \sqrt{\left((g_0 + \delta_{max})\cos(\omega t + \varphi_1)\right)^2 - (g_0 + \delta_{max})^2 + R_c^2} \tag{4.22}$$

基于实验台的机匣形状，对机匣进行如下简化：由于机匣碰摩区域非常小，仅考虑水平方向的碰摩，其碰摩类似于单点碰摩或局部碰摩；机匣简化为一个单自由度质量-弹簧-阻尼系统（图 4.17）。

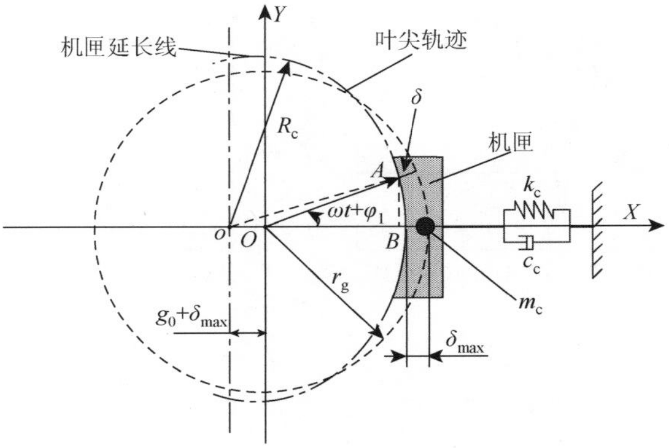

图 4.17　叶片-机匣碰摩示意图

机匣的运动微分方程可以写为

$$m_c \ddot{u}_c + c_c \dot{u}_c + k_c u_c = F_n \cos(\omega t + \varphi_1) \tag{4.23}$$

式中，m_c、c_c 和 u_c 为机匣的质量、阻尼和位移。机匣参数如表 4.4 所示。

表 4.4　机匣参数

机匣材料	铝制机匣	钢制机匣
机匣质量 m_c/kg	1.92	3.02
机匣阻尼 c_c/[（N·s）/m]	1×10^3	
机匣半径 R_c/m	0.224	

4.5.2　旋转叶片的动态法向碰摩力

在 Ω=1000r/min 和 δ_{max}=50μm 工况下，仿真得到的两种类型机匣和薄叶片之

间的法向碰摩力如图 4.18 所示，由图可得如下结论。

（1）在整个碰摩过程中，弹性变形协调条件可以近似写为 $\delta_1 \approx u_L - u_c + \delta$，式中 δ_1 为动态侵入深度，u_L 为叶尖径向位移。法向碰摩力的大小和形状随着 δ_1 的变化而变化。

（2）两种类型机匣下的法向碰摩力大小和形状不同，法向碰摩力的大小可以通过最大动态侵入深度 δ_1 来确定，法向碰摩力的形状与动态侵入深度 δ_1 的形状类似。与静态法向碰摩力规律类似，钢制机匣最大动态法向碰摩力也要大于铝制机匣。

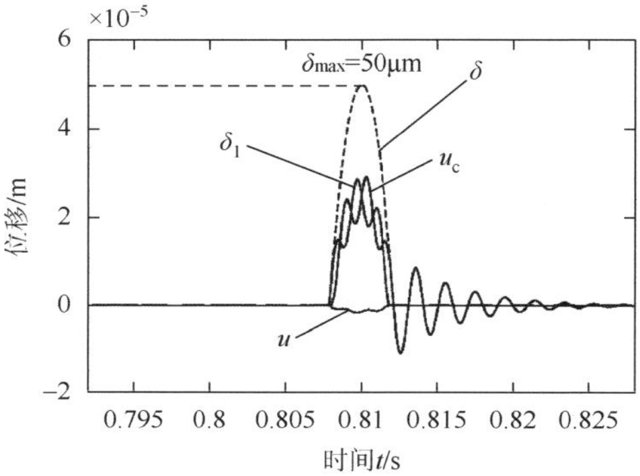

(a) 铝制机匣位移及动态侵入深度

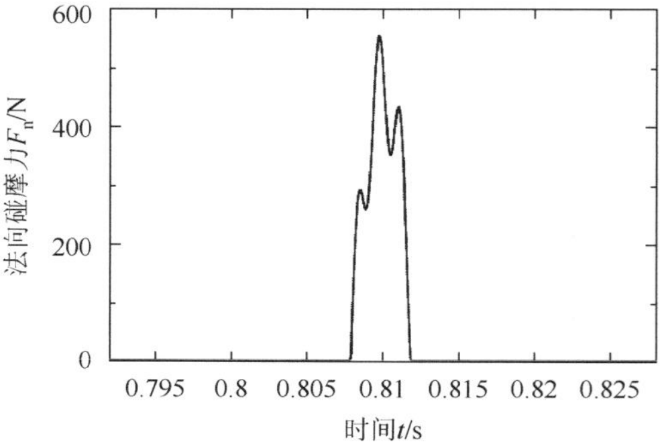

(b) 铝制机匣法向碰摩力

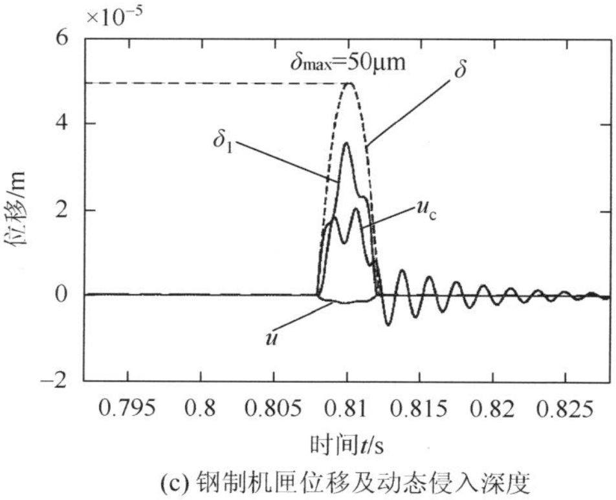

(c) 钢制机匣位移及动态侵入深度

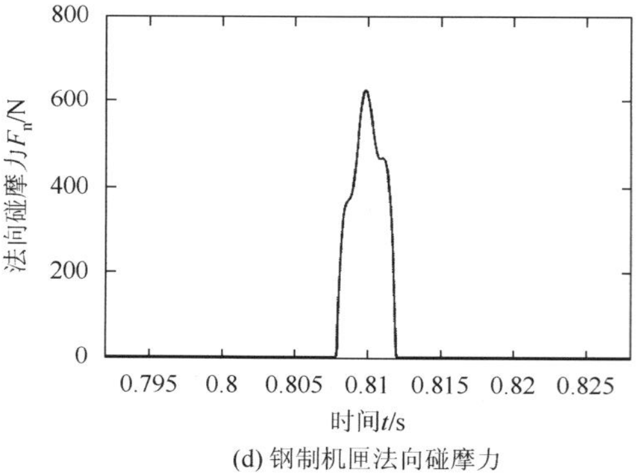

(d) 钢制机匣法向碰摩力

图 4.18　机匣位移、动态侵入深度及法向碰摩力（薄叶片，Ω=1000r/min，δ_{max}=50μm）

选择薄叶片来研究转速和机匣刚度对动态法向碰摩力的影响，不同转速下铝制机匣和钢制机匣的最大动态法向碰摩力如图 4.19 所示，由图可得如下结论。

（1）对于铝制机匣而言，仿真结果表明，最大动态法向碰摩力与侵入深度近似呈线性关系。不同的铝制机匣刚度对最大动态法向碰摩力有很大的影响，在适当的铝制机匣刚度下仿真结果与测试结果吻合较好。

（2）对于钢制机匣而言，仿真结果表明，随着转速的增加，最大动态法向碰摩力增加，在大的侵入深度下，最大动态法向碰摩力与侵入深度呈非线性关系。不同的机匣刚度对于最大动态法向碰摩力有相对较小的影响，在大的侵入深度下，测试结果要大于仿真结果，二者的误差随着侵入深度的增加而增大。

（3）准静态法向碰摩力要大于动态法向碰摩力，其主要原因是在整个碰摩过程中弹性变形相容性条件出现，真实的侵入深度为 δ_1，而准静态法向碰摩力采用最大侵入深度 δ_{max} 进行计算。

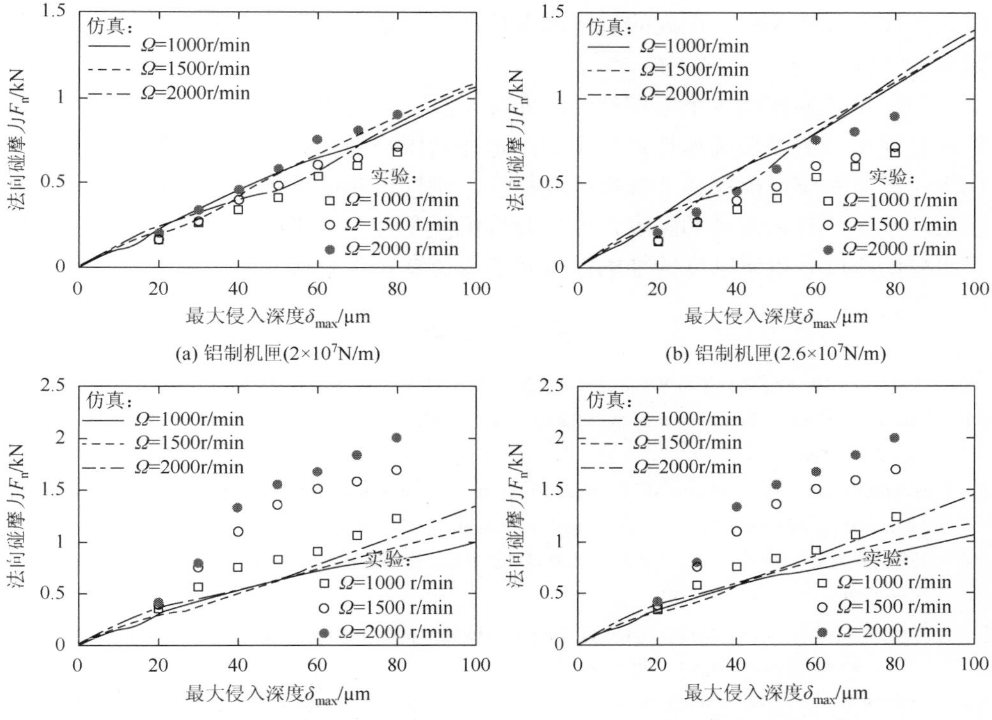

(a) 铝制机匣(2×10^7N/m)　(b) 铝制机匣(2.6×10^7N/m)

(c) 钢制机匣(3.5×10^7N/m)　(d) 钢制机匣(4.0×10^7N/m)

图 4.19　不同机匣和转速下法向碰摩力随侵入量变化曲线（薄叶片）

4.6　本 章 小 结

基于能量守恒，本章推导了一个新的叶片-弹性机匣碰摩力模型，该模型考虑了碰摩过程中叶片的弯曲变形和机匣整体变形。此外，也分析了叶片的几何尺寸、机匣刚度、侵入深度和转速对准静态和动态法向碰摩力的影响。主要结论如下。

（1）所开发的叶片-机匣碰摩力模型可以考虑机匣弹性的影响。通过调整机匣刚度，该模型可适用于弹性和刚性机匣情况。通过对比仿真和实验结果可知，该模型在某些工况下具有较高的精度。

（2）法向碰摩力的线性或非线性特性与叶片和机匣的刚度有关。当机匣的刚度远大于叶片的刚度时，法向碰摩力与侵入深度呈非线性关系，在这种情况下叶片变形对法向碰摩力起主导作用。当机匣的刚度远小于叶片的刚度时，法向碰摩力与侵入深度呈线性关系，在这种情况下，机匣的变形对法向碰摩力起主导作用。

（3）由于弹性变形的相容性条件，准静态法向碰摩力大于动态法向碰摩力，但是二者具有相同的变化趋势。在小的机匣刚度情况下，最大动态法向碰摩力与侵入深度呈线性关系，在大的机匣刚度情况下，最大动态法向碰摩力与侵入深度则呈非线性关系。

由于机匣系统由多个零部件装配而成，具有多种连接关系，如螺栓连接和滚珠丝杠连接，所以精确地计算机匣刚度是非常困难的。此外，在大的侵入深度情况下，机匣系统可能存在非线性刚度特性。刚性机匣条件下，机匣系统的刚度主要依赖于系统其余部件的刚度，而在弹性机匣条件下，机匣系统的刚度主要依赖于机匣的刚度。机匣刚度的准确性也是造成仿真和实验误差的一个主要原因。

参 考 文 献

[1] 江俊，陈艳华. 转子与定子碰摩的非线性动力学研究[J]. 力学进展，2013，43（1）：132-148.

[2] Gilardi G，Sharf I. Literature survey of contact dynamics modeling [J]. Mechanism and Machine Theory，2002，37：1213-1239.

[3] Jacquet-Richardet G，Torkeani M，Cartraud P，et al. Rotor to stator contacts in turbomachines. Review and application [J]. Mechanical Systems and Signal Processing，2013，40：401-420.

[4] 马辉，太兴宇，李焕军，等. 旋转叶片-机匣碰摩模型及试验研究综述[J]. 航空动力学报，2013，28（9）：2055-2069.

[5] Muszynska A. Rotor to stationary element rub-related vibration phenomena in rotating machinery–literature survey [J]. Shock and Vibration Digest，1989，21：3-11.

[6] Padovan J，Choy F K. Nonlinear dynamics of rotor/blade/casing rub interactions [J]. Journal of Turbomachinery，1987，109：527-534.

[7] Jiang J，Ahrens J，Ulbrich H，et al. A contact model of a rotating，rubbing blade[C]. Proceeding of the 5th IFToMM，Darmstadt，1998：478-489.

[8] Jiang J. Investigation of Friction in Blade，Casing Rub and Its Effect on Dynamics of a Rotor with Rubs [M]. Aachen：Shaker Verlag，2001.

[9] Padova C，Dunn M G，Barton J，et al. Casing treatment and blade-tip configuration effects on controlled gas turbine blade tip/shroud rubs at engine conditions [J]. Journal of Turbomachinery，2011，133：011016.1-011016.12.

第5章　基于悬臂梁理论的叶片-机匣碰摩动力学

5.1　概　　述

本章采用 2.2 节建立的模拟旋转叶片的悬臂梁动力学模型，通过对比解析模型和有限元模型的固有特性、幅频响应以及升速过程中的瞬态响应，验证模型的有效性。考虑静态平行不对中以及机匣整体变形对叶片-机匣间隙的影响，根据叶尖与机匣之间的位置关系，得到两者之间的间隙函数，通过间隙函数判定碰摩的发生。最后，采用数值积分法分析叶片在升速过程以及定转速下的碰摩响应，讨论静态不对中、机匣刚度和机匣变形对叶片-机匣碰摩响应的影响。

5.2　旋转叶片模型建立与验证

5.2.1　旋转叶片动力学模型

根据 2.2 节，得旋转叶片动力学方程为

$$\boldsymbol{M}_{\mathrm{b}}\ddot{\boldsymbol{q}}+\left(\boldsymbol{G}_{\mathrm{b}}+\boldsymbol{D}_{\mathrm{b}}\right)\dot{\boldsymbol{q}}+\boldsymbol{K}_{\mathrm{b}}\boldsymbol{q}=\boldsymbol{F} \tag{5.1}$$

式中，$\boldsymbol{M}_{\mathrm{b}}$、$\boldsymbol{G}_{\mathrm{b}}$、$\boldsymbol{D}_{\mathrm{b}}$、$\boldsymbol{K}_{\mathrm{b}}$ 分别为质量矩阵、科氏力矩阵、阻尼矩阵和刚度矩阵；$\boldsymbol{q}$ 和 $\boldsymbol{F}$ 为正则坐标向量和外激振力向量。其中，$\boldsymbol{K}_{\mathrm{b}}=\boldsymbol{K}_{\mathrm{e}}+\boldsymbol{K}_{\mathrm{c}}+\boldsymbol{K}_{\mathrm{s}}+\boldsymbol{K}_{\mathrm{acc}}+\boldsymbol{K}_{\mathrm{F}}$，这里 $\boldsymbol{K}_{\mathrm{e}}$、$\boldsymbol{K}_{\mathrm{c}}$、$\boldsymbol{K}_{\mathrm{s}}$、$\boldsymbol{K}_{\mathrm{acc}}$ 和 $\boldsymbol{K}_{\mathrm{F}}$ 分别为结构刚度矩阵、应力刚化刚度矩阵、旋转软化刚度矩阵、加速度导致的刚度矩阵和外力导致的刚度矩阵。各矩阵和向量表达式，详见 2.2 节，其中阻尼采用瑞利阻尼，模态阻尼比取 ξ_1=0.01、ξ_2=0.02。旋转叶片的具体尺寸参数和材料参数如表 5.1 所示。

表 5.1　旋转叶片系统材料参数和结构参数

材料参数	数值	盘片参数	数值	机匣参数	数值
杨氏模量 E/GPa	200	轮盘半径 R_{d}/mm	140	机匣质量/kg	0.06
密度ρ/（kg/m^3）	7800	叶片长度 L/mm	82	机匣半径 R_{c}/mm	224
泊松比 υ	0.3	叶片宽度 b/mm	44	机匣阻尼/[（N·s）/m]	100
剪切修正系数 κ	5/6	叶片厚度 h/mm	3		

5.2.2 基于固有特性及响应的模型验证

考虑叶片在旋转过程中产生的离心刚化（应力刚化）、旋转软化和科氏力效应的影响，旋转叶片的解析模型和有限元模型的固有频率对比结果如图 5.1（a）所示，由图可知，动频随着转速的增加而增加，两种模型动频的结果吻合很好，这表明旋转叶片解析模型是有效的。

除了通过动频验证模型的有效性以外，本节也通过幅频响应来验证解析模型的有效性。为了激发旋转叶片的 2 阶振型，根据悬臂梁的 2 阶振型进行载荷加载，即分别在叶片中部和叶尖施加反向的集中载荷，激振力幅值均为 20N，激振力频率为 10 倍的转频，以模拟气动载荷的影响。两种模型叶尖横向幅频响应如图 5.1（b）所示。由图可知，两种模型的幅频响应吻合较好，这也再次验证了解析模型的有效性。

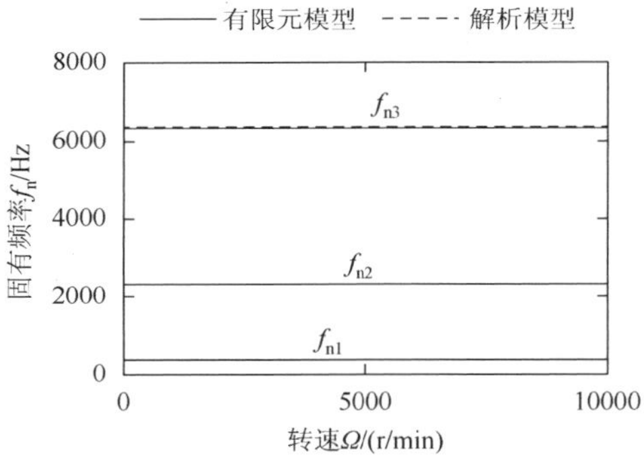

(a) 固有频率

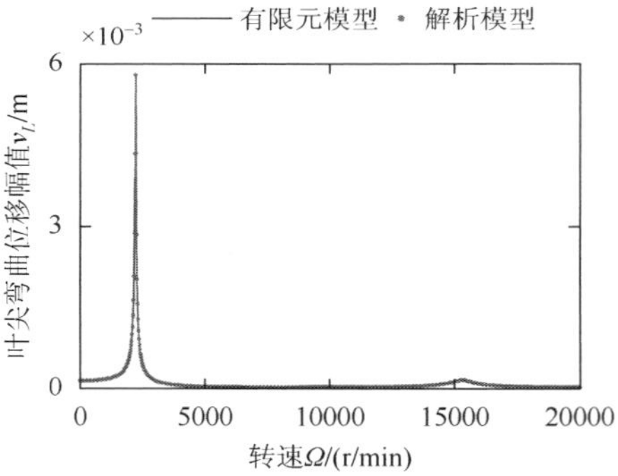

(b) 幅频响应

图 5.1 有限元模型与解析模型动频及幅频响应对比

为了进一步验证升速过程中解析模型的有效性，同样对比了有限元模型和解析模型在升速过程中的瞬态响应。不考虑叶尖-机匣的碰摩，升速过程中解析模型和有限元模型的叶尖振动响应如图 5.2 和图 5.3 所示。叶片先经历一个 0～10000r/min 的升速过程，后在 10000r/min 保持稳定。由图可知，在气动力载荷作用下，叶片在 2255r/min 左右时出现了 1 阶弯曲共振，这是气动激励频率接近于叶片第 1 阶动频 f_{n1} 所致。通过对比两种模型的升速过程中瞬态响应，可以发现，两种模型在升速过程中时频域响应吻合较好，这也进一步证明了 2.2 节所建立旋转叶片动力学模型的有效性。

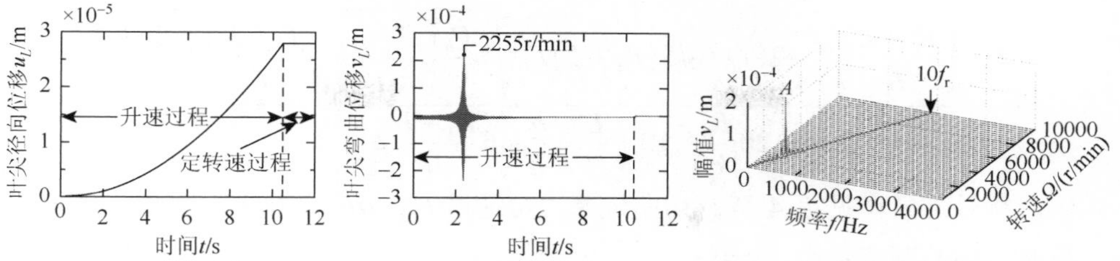

(a) 径向位移　(b) 弯曲位移　(c) 升速过程三维谱图

图 5.2　解析模型叶尖无碰摩时的振动响应

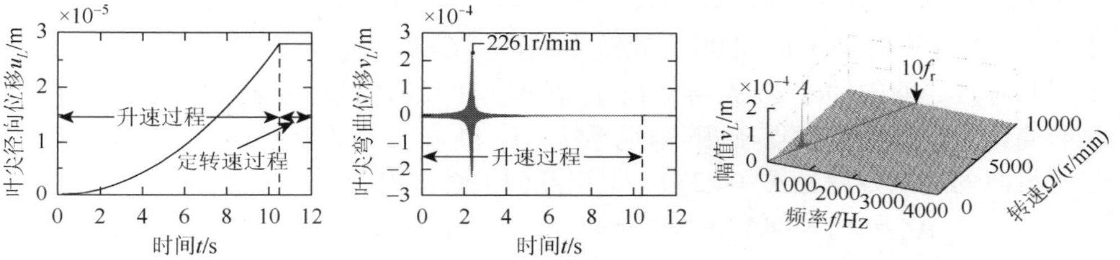

(a) 径向位移　(b) 弯曲位移　(c) 升速过程三维谱图

图 5.3　有限元模型叶尖无碰摩时的振动响应

5.3　考虑叶尖碰摩的旋转叶片动力学模型

考虑气动载荷、角加速度和碰摩载荷的影响，式（5.1）中外激振力向量 $\boldsymbol{F}$ 的元素为

$$\boldsymbol{F}(j,1)=\rho\dot{\theta}^2\int_0^L A\left(R_{\mathrm{d}}+x\right)\phi_{1j}\mathrm{d}x+F_{\mathrm{n}}\,\phi_{1j}\Big|_{x=L}\;(j=1,2,\cdots,N)$$

$$\boldsymbol{F}(j+N,1)=\int_0^L F_{\mathrm{e}}\phi_{2j}\mathrm{d}x-\rho\ddot{\theta}\int_0^L A\left(R_{\mathrm{d}}+x\right)\phi_{2j}\mathrm{d}x+F_{\mathrm{t}}\,\phi_{2j}\Big|_{x=L}\;(j=1,2,\cdots,N)$$

$$\boldsymbol{F}(j+2N,1)=-\rho\ddot{\theta}\int_0^L I\phi_{3j}\mathrm{d}x\quad(j=1,2,\cdots,N)$$

在升速过程中，采用恒定的角加速度，将周期性的气动力考虑为一个主要的激励载荷，气动力 F_{e} 表达式见式(2.29)，取 k_{e}=10，F_{e1}=20N/m，即 $F_{\mathrm{e}}=F_{\mathrm{e1}}\sin(10\omega t)$。

叶片-机匣碰摩引起的法向碰摩力可写为

$$F_{\mathrm{n}}=\begin{cases}-f_{\mathrm{n}}, & u_L>c_{\mathrm{rub}}+u_{\mathrm{c}}\\ 0, & u_L\leqslant c_{\mathrm{rub}}+u_{\mathrm{c}}\end{cases}\tag{5.2}$$

式中，F_{n}、u_L、c_{rub} 和 u_{c} 分别表示法向碰摩力、叶尖径向位移、叶片-机匣径向间隙和机匣径向位移。f_{n} 的表达式为

$$f_n = \frac{-5\Gamma_0 L\left(\frac{R_d+L}{L}\frac{\Gamma_0}{k_c}-2\frac{\delta}{L}\right)+\sqrt{5}\left(R_d+L\right)\Gamma_0\sqrt{5\frac{\Gamma_0}{k_c}\left(\frac{\Gamma_0}{k_c}+4\frac{L}{R_d+L}\frac{\delta}{L}\right)+12\mu^2\frac{\delta}{L}}}{20\frac{\Gamma_0}{k_c}-10\frac{L}{R_d+L}\frac{\delta}{L}+6\frac{R_d+L}{L}\mu^2} \tag{5.3}$$

式中，符号含义详见第 4 章。切向碰摩力可通过 $F_t=\mu F_n$ 来确定，式中 μ 为叶片与机匣之间的摩擦系数，μ=0.1。

本节主要分析静态平行不对中量 e_c 引起的碰摩［图 5.4（a）］和机匣变形引起的碰摩［图 5.4（b）］。图 5.4 中，叶片位置通过全局坐标系 $OXYZ$ 来描述，O、O_c 和 O_c' 分别表示轮盘中心、碰摩前机匣中心和碰摩后机匣中心。R_c 为弹性机匣的半径，r_g 为静态时（ω=0）的叶尖轨迹半径，$r_g=L+R_d$。g_0 表示机匣与轮盘同心时，机匣与叶片之间的间隙 $g_0=R_c-R_d-L$；u_c 表示机匣径向位移；δ 表示叶尖的侵入量。机匣简化为单自由度质点-弹簧-阻尼系统，k_c 和 c_c 分别表示径向方向的刚度和阻尼，机匣的运动方程见式（4.23）。根据几何关系，得到以下表达式：

$$[(r_g+c_{rub})\sin(\omega t+\varphi_1)]^2+[e_c+(r_g+c_{rub})\cos(\omega t+\varphi_1)]^2=R_c^2 \tag{5.4}$$

式中，ω 和 φ_1 分别表示旋转角速度和相位。考虑到静态平行不对中量 e_c 的影响，叶片与机匣之间的间隙函数可表示为：

$$c_{rub}=-e_c\cos\left(\omega t+\varphi_1\right)+\sqrt{R_c^2-e_c^2\sin^2(\omega t+\varphi_1)}-r_g \tag{5.5}$$

对于机匣变形引起的碰摩，定义一个系数 n_p（n_p=2，3，4），不考虑静态平行不对中的间隙函数可写为

$$c_{rub}=-(g_0-c_{min})\cos\left(n_p\left(\omega t+\varphi_1\right)\right)-r_g+\sqrt{\left((g_0-c_{min})\cos\left(n_p\left(\omega t+\varphi_1\right)\right)\right)^2-\left(g_0-c_{min}\right)^2+R_c^2} \tag{5.6}$$

通过调整 n_p 来控制不同的机匣变形形状［图 5.4（b）对应 n_p=3 的情况］，进而控制在一个旋转周期内叶片和机匣的接触次数。

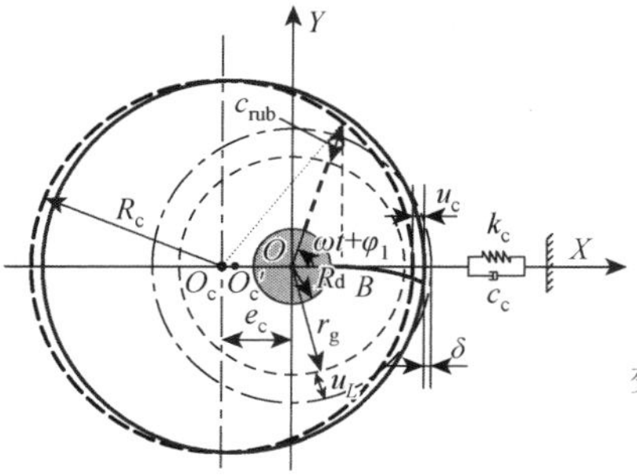

(a) 静态不对中引起的碰摩

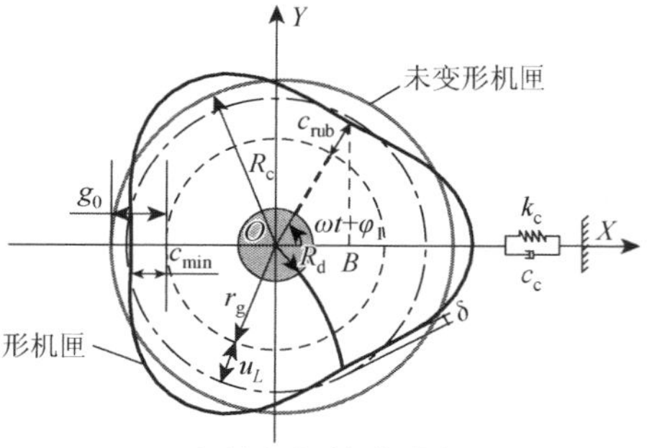

(b) 机匣变形引起的碰摩

图 5.4 叶片-机匣碰摩

-----叶尖轨迹（ω=0）；— - -叶尖轨迹（$\omega\neq0$）；— — —碰摩发生前机匣位置；———碰摩发生后机匣位置；$c_{min}=g_0-e_c$，$g_0=R_c-R_d-L$

5.4　考虑叶尖碰摩的旋转叶片振动响应分析

本节假定叶尖碰摩是由静态平行不对中量 e_c［图 5.4（a）］、离心力引起的叶片径向伸长和机匣变形［图 5.4（b）］所导致，分析了碰摩情况下，静态平行不对中量 e_c、机匣刚度 k_c、机匣变形系数 n_p 对系统动力学特性的影响。详细的仿真工况如表 5.2 所示。

表 5.2　仿真工况及参数

参数	变化的参数值	不变的参数值
静态平行不对中量 e_c	e_c=1.98mm（c_{min}=20μm） e_c=1.985mm（c_{min}=15μm） e_c=1.99mm（c_{min}=10μm）	k_c=20MN/m，g_0=2mm
机匣刚度 k_c	k_c=200MN/m k_c=20MN/m k_c=2MN/m	e_c=1.99mm（c_{min}=10μm），g_0=2mm
机匣变形形状 n_p	n_p=2 n_p=3 n_p=4	c_{min}=10μm，k_c=20MN/m，g_0=2mm

5.4.1　静态不对中的影响

在 e_c=1.98mm 和 k_c=20MN/m 的工况下，升速和稳态（10000r/min）下叶尖侵入量 δ 和机匣位移 u_c 如图 5.5 所示。由图可知，在升速过程中侵入量 δ 和机匣位移 u_c 逐渐增加，在 10000r/min 处达到最大值，并在稳态过程中趋于稳定。

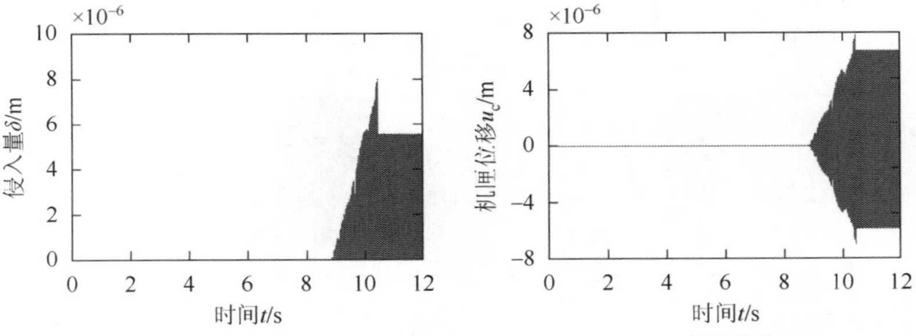

(a) 侵入量δ　(b) 机匣位移u_c

图 5.5　侵入量 δ 和机匣位移 u_c（e_c=1.98mm，k_c=20MN/m）

在不同的静态不对中条件下，叶片在 0～10000r/min 的升速过程和 10000r/min 的稳态过程的振动响应如图 5.6 和图 5.7 所示，这些图主要展示的动力学特性如下。

（1）随着静态平行不对中量的增加，最小间隙 $c_{\min}$（$c_{\min}=g_0-e_c$）减小，叶尖弯曲位移幅值增加，碰摩力增大，碰摩程度加剧。在 8843r/min 处出现幅值放大现象，因为 $3f_r$ 与叶片的 1 阶弯曲动频相近。除了 $3f_r$ 和 $10f_r$ 处，$14f_r$ 处也出现了幅值放大现象，因为 $14f_r$ 与叶片的 2 阶弯曲动频相近。

（2）时域波形表明在稳态过程中，每次碰摩之后，叶片振动会衰减（图 5.7），频谱图表明 1 阶弯曲动频 f_{n1} 相对于 f_{n2} 和 f_{n3} 占主导。随着静态平行不对中量 e_c 的增加，碰摩力的幅值和叶片碰摩时间增加，即碰摩程度增强。在此引入一个与碰摩力和碰摩时间有关的冲量 P 来估计碰摩程度。冲量 P 等于一个碰摩周期内法向碰摩力 F_n 与持续时间 t 的乘积。对于 e_c=1.98mm、1.985mm 和 1.99mm，冲量 P 分别为 0.1829N·s、0.3136N·s 和 0.4538N·s，且冲量 P 与静态平行不对中量 e_c 存在线性关系。

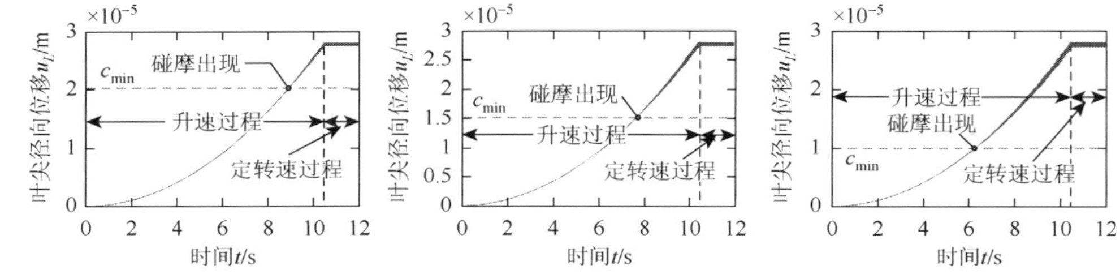

(a) 叶尖径向位移

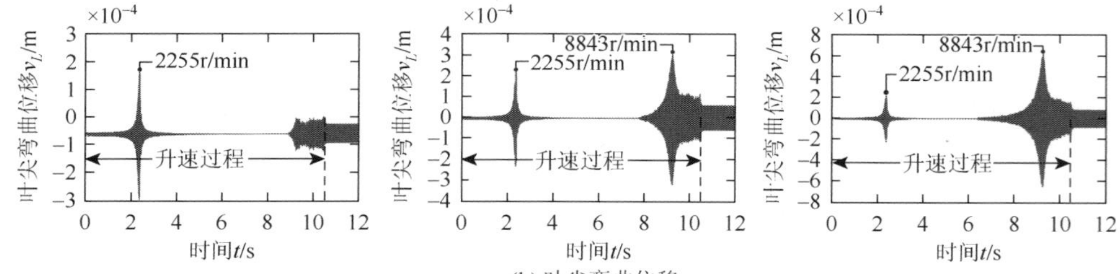

(b) 叶尖弯曲位移

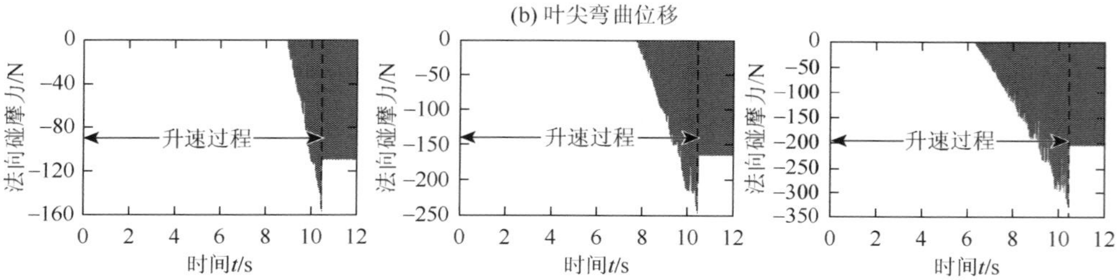

(c) 法向碰摩力

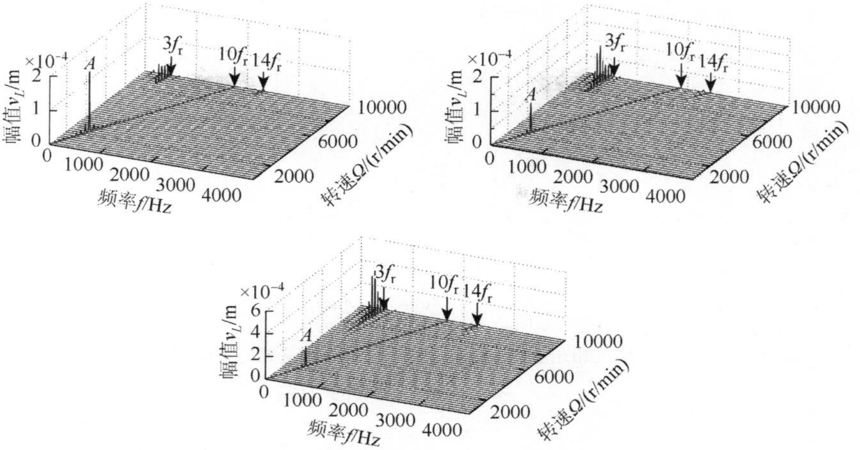

(d) 升速过程弯曲位移三维谱图

图 5.6　叶尖振动响应（图从左到右依次对应于 e_c=1.98mm、e_c=1.985mm 和 e_c=1.99mm）

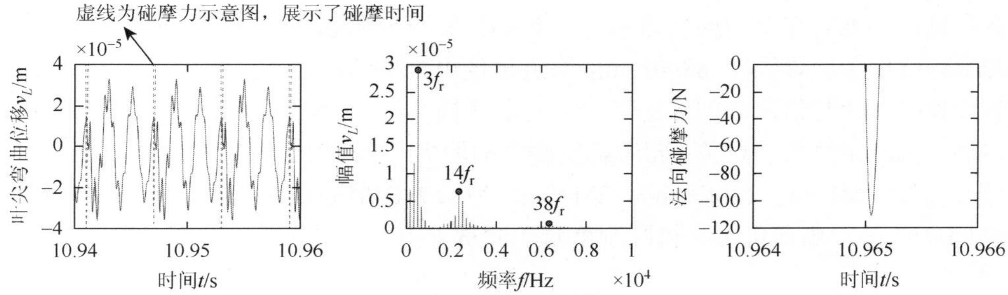

(a) e_c=1.98mm

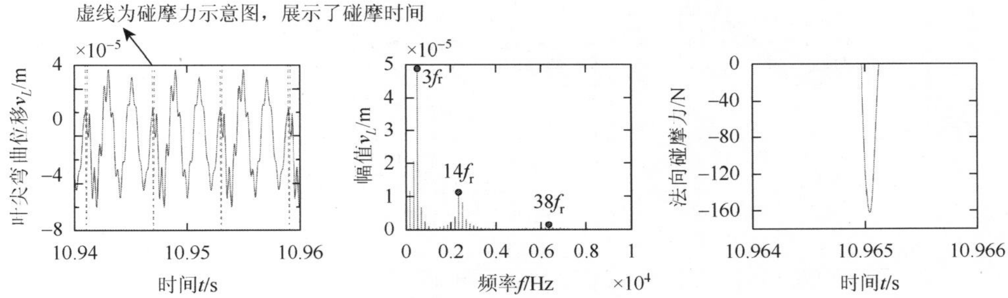

(b) e_c=1.985mm

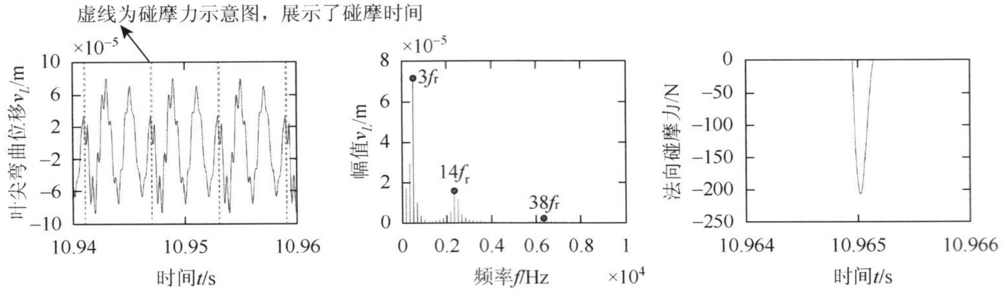

(c) e_c=1.99mm

图 5.7　叶尖在 10000r/min 下的振动响应（图从左到右依次对应于时域波形、频谱图和法向碰摩力）

5.4.2　机匣刚度的影响

本节研究了不同机匣刚度对叶片-机匣碰摩响应的影响，叶片在 0～10000r/min 升速过程和 10000r/min 稳态过程的振动响应如图 5.8 和图 5.9 所示。由图可知，不同机匣刚度对振动响应的影响与不对中量的影响相似。随着机匣刚度的增加，碰摩程度增加，导致在 8800r/min 附近出现更剧烈的超谐共振响应。锯齿状的碰摩力表明叶片与机匣之间经历了一个复杂碰撞过程，同时也可以看出，碰摩力的大小与机匣刚度密切相关，随着机匣刚度的增大，机匣给予叶片的反弹冲击更大。对于 k_c=200MN/m、20MN/m 和 2MN/m，冲量 P 的值分别为 4.106N·s、0.4538N·s 和 0.0977N·s，由此可见，机匣刚度对于冲量 P 有较大的影响。

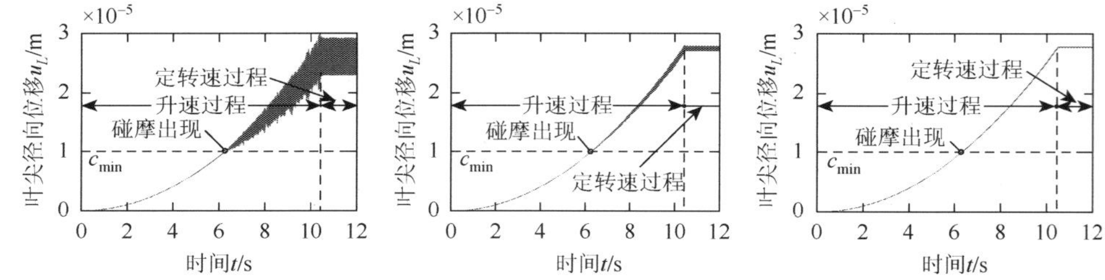

(a) 叶尖径向位移

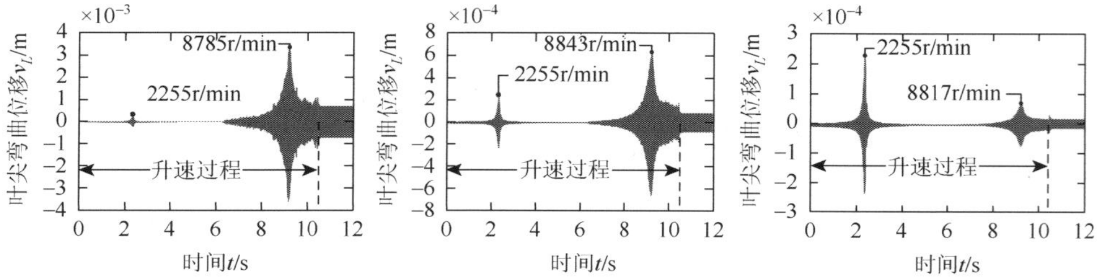

(b) 叶尖弯曲位移

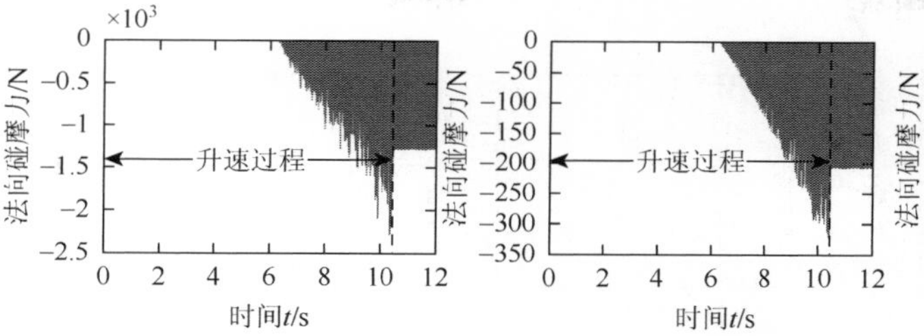

(c) 法向碰摩力

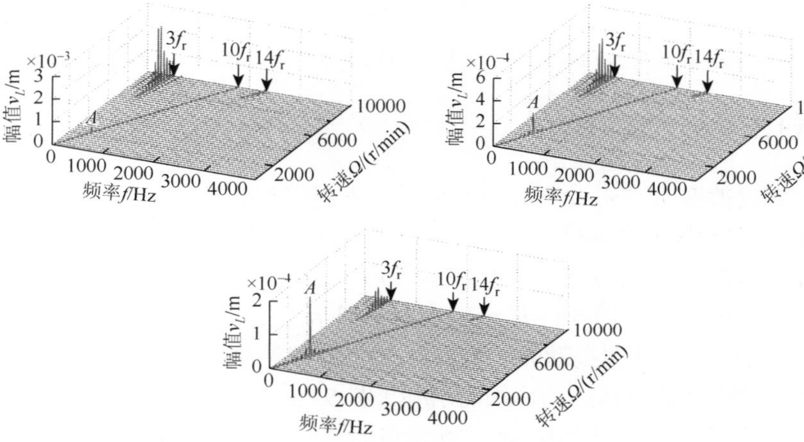

(d) 升速过程弯曲位移三维谱图

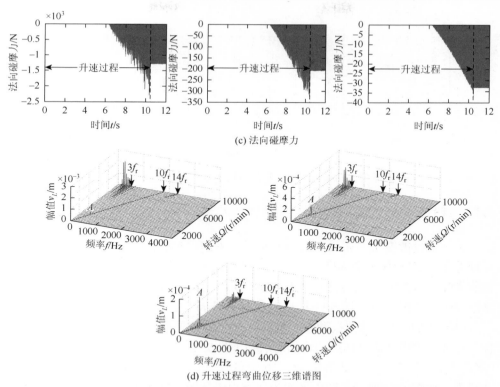

图 5.8　叶尖振动响应（图从左到右依次对应于 k_c=200MN/m、k_c=20MN/m 和 k_c=2MN/m）

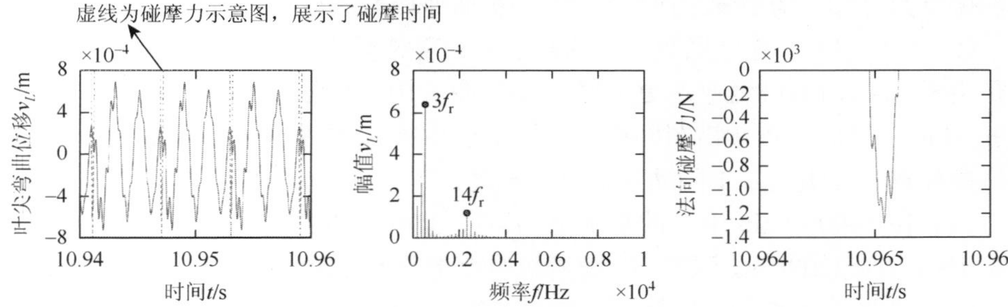

(a) k_c=200MN/m

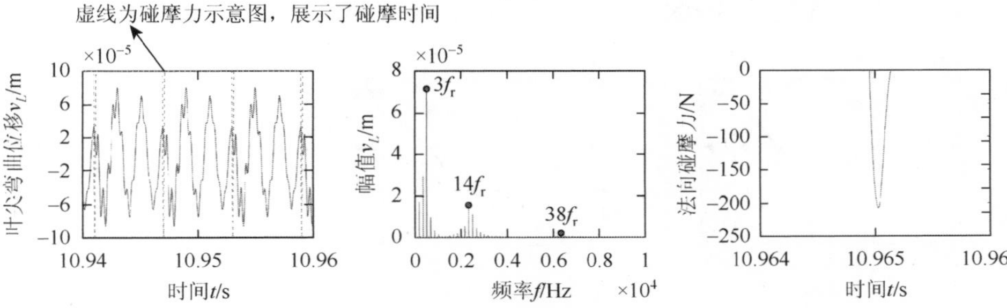

(b) k_c=20MN/m

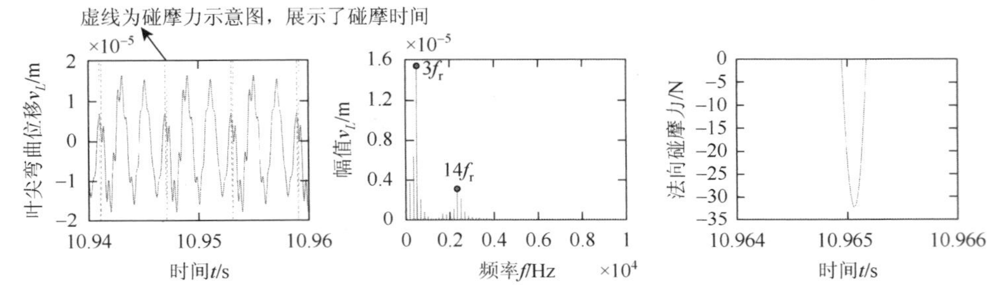

(c) k_c=2MN/m

图 5.9　10000r/min 时叶尖振动响应（图从左到右依次对应于时域波形、频谱图和法向碰摩力）

5.4.3　机匣变形的影响

本节通过改变 n_p（n_p=2、3、4）来模拟不同程度的机匣变形，假定一个旋转周期发生 n_p 次叶片-机匣碰摩［图 5.4（b）］。碰摩周期为旋转周期的 $1/n_p$，其频率被称为叶片通过频率（$f_p=n_pf_r$）。叶片在不同 n_p 下的升速碰摩振动响应和一定转速碰摩振动响应如图 5.10 和图 5.11 所示。这些图展示了如下的动力学特性。

（1）通过叶尖的弯曲振动响应可以看出叶片-机匣经历了一个间歇性的碰撞过程，同时碰撞程度随着转速的增加而增强［图 5.10（b）和图 5.10（c）］。除了 $10f_r$（气动力频率）处，f_p 及其倍频 nf_p 在接近叶片 1 阶和 2 阶动频附近会出现幅值放大现象，如图 5.11 所示，图中虚线为碰摩力示意图，阐明了碰摩时间。通过分析法向碰摩力可知，随着 n_p 的增大，叶片-机匣碰摩时间减少，碰摩程度减弱。

（2）当 n_p=3 时，在叶通频率处的幅值放大现象要比 n_p=2 和 n_p=4 时更加明显，这是由于 n_p=3 时其叶通频率更加接近 f_{n1}［图 5.10（d）］。值得注意的是，在 n_p=2 和 n_p=4 时，升速过程频谱图同样出现了 1 阶动频 f_{n1} 频率成分，这是由于叶片-机匣碰摩导致叶片出现了 1 阶动频的自由振动。

（3）在 10000r/min 下，冲量 P 在 n_p=2、3 和 4 的工况下分别为 0.4063N·s、0.3711N·s 和 0.2208N·s。这表明，随着机匣变形系数 n_p 的增加，冲量 P 的值减小，这是因为随着 n_p 的增加，接触区域增加，接触时间减少，但是，法向碰摩力的最大值几乎不变（大约为 300N）。

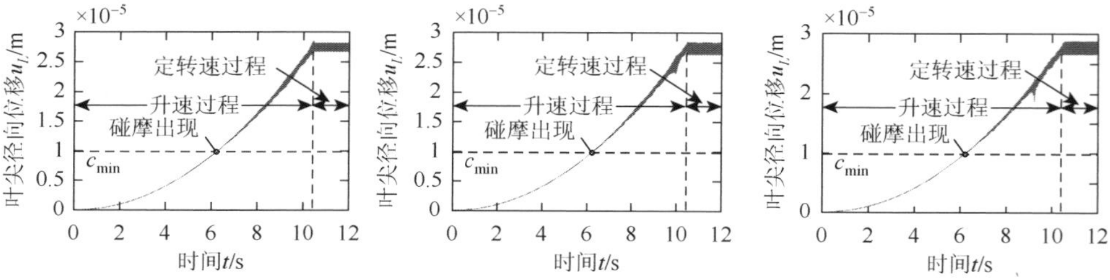

(a) 叶尖径向位移

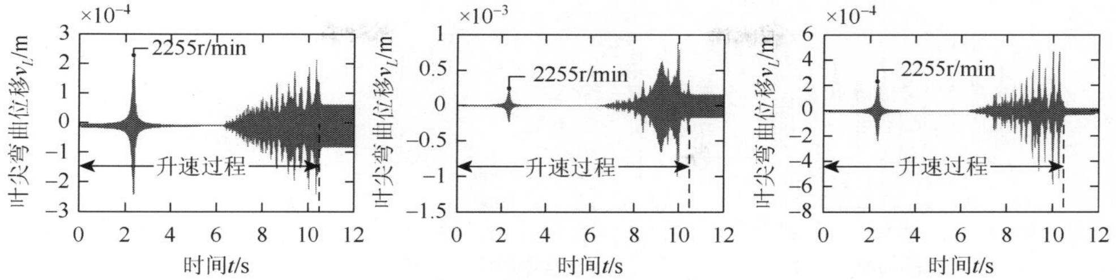

(b) 叶尖弯曲位移

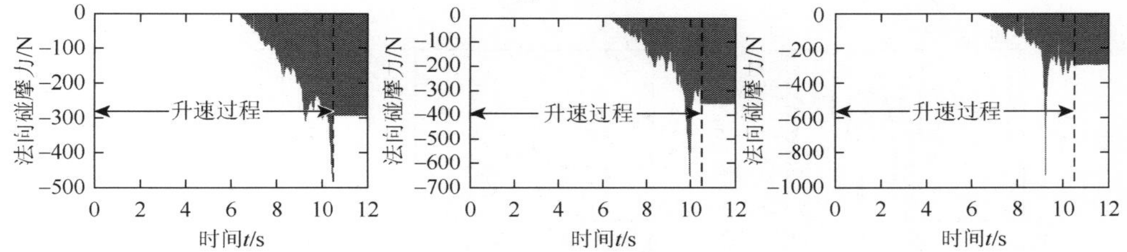

(c) 法向碰摩力

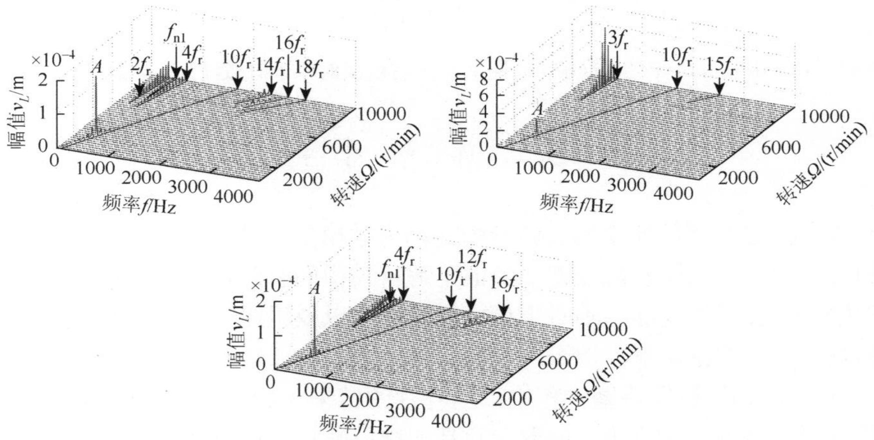

(d) 升速过程弯曲位移三维谱图

图 5.10 叶尖振动响应（图从左到右依次对应于 n_p=2、n_p=3 和 n_p=4）

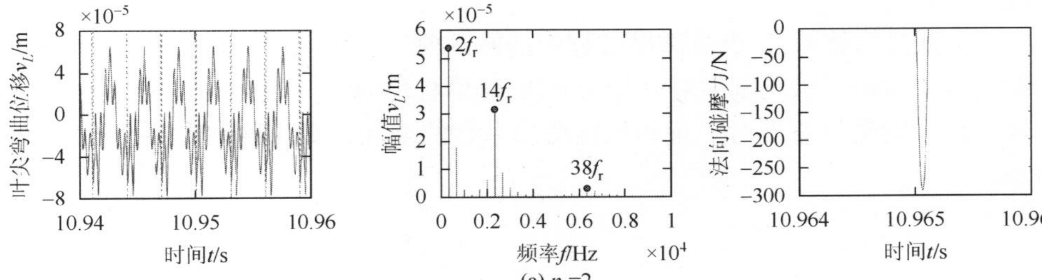

(a) n_p=2

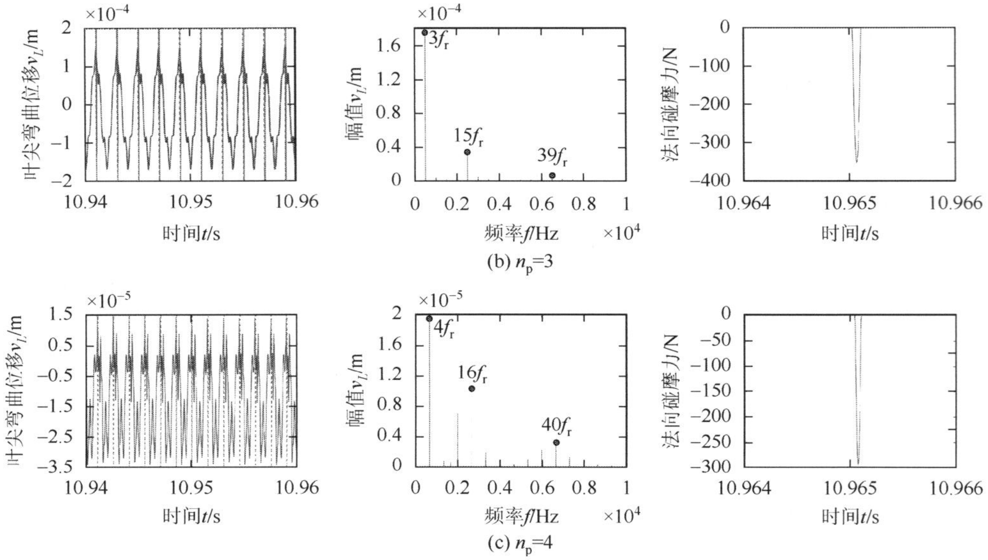

图 5.11　10000r/min 时叶尖振动响应（图从左到右依次对应于时域波形、频谱图和法向碰摩力）

5.5 本 章 小 结

本章在 2.2 节所建立的旋转悬臂梁动力学模型的基础上，通过动频、幅频响应和升速响应，利用有限元方法验证了解析模型的有效性。在升速过程以及稳态过程中，分析了不同静态不对中量、机匣刚度以及机匣变形对叶片碰摩振动响应的影响，主要结论如下。

（1）在叶片-机匣碰摩过程中，当叶片的转频（f_r）及其倍频（nf_r）接近叶片的动频时，会出现幅值放大现象，并且在接近叶片 1 阶动频时，其振动是最为明显的。

（2）机匣形状变形导致的叶片-机匣碰摩可以激发出与机匣变形系数 n_p 有关的叶通频率。

（3）通过对比叶片-机匣碰摩过程中的脉冲碰摩力的大小，可以发现，相对于本章的其他参数，机匣刚度对叶片-机匣的碰摩程度有十分重要的影响；并且，在升速过程中随着静态不对中量和机匣变形系数的增加，最大脉冲碰摩力近似线性增加。

第 6 章　旋转带冠叶片碰撞动力学

6.1　概　　述

航空发动机在运行过程中，离心力、气动载荷和温度载荷将会激发叶片振动，导致叶片容易产生疲劳失效[1-4]，进而降低航空发动机的寿命。为了提高叶片的寿命，现在常采用带冠叶片，依靠叶冠之间的相互碰撞和摩擦消耗叶片的振动能量，进而起到减振效果。本章将带冠叶片简化为带有叶尖质量的悬臂欧拉-伯努利（Euler-Bernoulli）梁，考虑叶片在旋转过程中产生的离心刚化和旋转软化效应，并同时考虑叶片径向和横向的科氏力耦合作用，基于 Hamilton 原理建立旋转带冠叶片的动力学模型，并通过有限元软件 ANSYS 验证模型的有效性。基于所开发的模型，采用 Newmark-β 数值解法，分析了叶冠间隙、叶片转速和气动力幅值对带冠叶片碰撞动力学特性的影响。

6.2　旋转带冠叶片模型建立与验证

考虑到叶片在旋转过程中产生的离心刚化、旋转软化以及科氏力效应，采用 Hamilton 原理，建立了旋转带冠叶片系统的动力学模型，并通过 ANSYS 软件验证模型有效性，具体建模流程如图 6.1 所示。

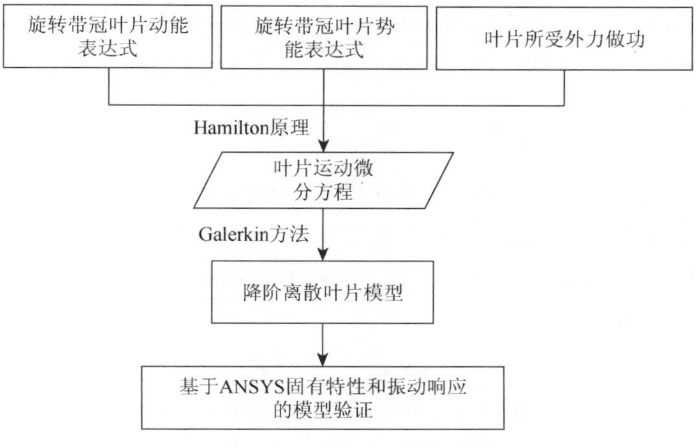

图 6.1　动力学建模流程图

6.2.1　旋转带冠叶片动力学模型

采用带有集中质量点的悬臂 Euler-Bernoulli 梁来模拟固定在刚性轮盘上的柔性带冠叶片，如图 6.2 所示，图中质量点 Q 表示叶冠，带冠叶片具体的尺寸参数和材料参数如表 6.1 所示。为了简化建模过程，主要假设如下：

（1）叶冠简化成集中质量点，并忽略叶冠对系统结构刚度的影响；

（2）忽略叶冠产生的动能，将叶冠质量产生的离心力等效为叶片受到的外力；

（3）带冠叶片为各向同性材料，本构关系满足胡克定律；

（4）忽略叶冠接触碰撞过程中产生的摩擦作用。

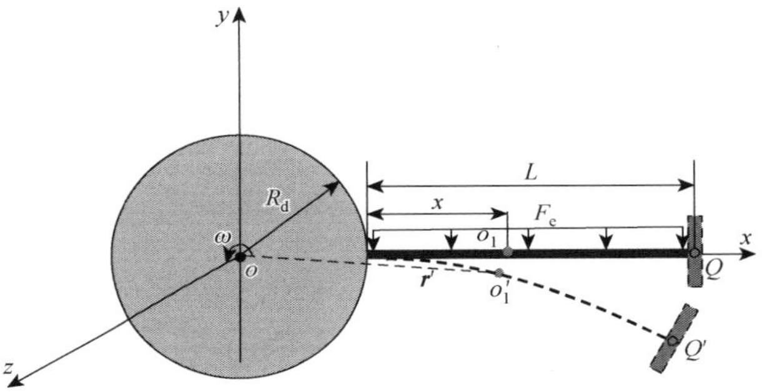

图 6.2　带冠叶片悬臂梁模型示意图

表 6.1　带冠叶片参数

参数	数值	叶片参数	数值	叶冠参数	数值
杨氏模量 E/GPa	200	叶片长度 L/mm	150	叶冠长度/mm	40
密度 ρ/（kg/m^3）	7800	叶片宽度/mm	40	叶冠宽度/mm	20
泊松比 υ	0.3	叶片厚度/mm	7	叶冠厚度/mm	7

在图 6.2 中，$oxyz$ 是带冠叶片系统的整体坐标系；R_d、ω 和 L 分别表示轮盘半径、叶片旋转角速度（rad/s）和叶片长度。需要说明的是，叶片的径向、弯曲方向和摆动方向与 x、y 和 z 方向一致，忽略叶片在摆动方向的位移，叶片上任意一点 o_1 的位移变量 $\boldsymbol{r}'$可以表示为

$$\boldsymbol{r}' = \boldsymbol{r} + \boldsymbol{\delta} = \begin{bmatrix} R_\mathrm{d} + x + u \\ v \\ 0 \end{bmatrix}, \boldsymbol{r} = \begin{bmatrix} R_\mathrm{d} + x \\ 0 \\ 0 \end{bmatrix}, \boldsymbol{\delta} = \begin{bmatrix} u \\ v \\ 0 \end{bmatrix}$$

式中，u 和 v 分别表示点 o_1 在径向和弯曲方向的位移。叶片上任意一点 o_1 速度 $\boldsymbol{v}_a$ 可以表示为

$$\boldsymbol{v}_{\mathrm{a}}=\dot{\boldsymbol{\delta}}+\bar{\boldsymbol{\Omega}}\times\boldsymbol{r}'=\dot{\boldsymbol{\delta}}+\boldsymbol{\Omega}\boldsymbol{r}' \tag{6.1}$$

式中，$\bar{\boldsymbol{\Omega}}=\begin{bmatrix}\omega_x\\ \omega_y\\ \omega_z\end{bmatrix}$；$\boldsymbol{\Omega}=\begin{bmatrix}0 & -\omega_z & \omega_y\\ \omega_z & 0 & -\omega_x\\ -\omega_y & \omega_x & 0\end{bmatrix}$；$\dot{\boldsymbol{\delta}}=\begin{bmatrix}\dot{u}\\ \dot{v}\\ 0\end{bmatrix}$。假设叶片是绕 z 轴转动的，取 $\omega_x=\omega_y=0$，$\omega_z=\omega$。

旋转带冠叶片的动能 T 的表达式为

$$T=\frac{1}{2}\int_0^L \rho A\boldsymbol{v}_{\mathrm{a}}^2\mathrm{d}x \tag{6.2}$$

式中，ρ 和 A 分别表示叶片密度和横截面积。

旋转带冠叶片势能 V 的表达式为

$$V=\frac{1}{2}\int_0^L EI\left(\frac{\partial^2 v}{\partial x^2}\right)^2\mathrm{d}x+\frac{1}{2}\int_0^L EA\left(\frac{\partial u}{\partial x}\right)^2\mathrm{d}x+\frac{1}{2}\int_0^L f_{\mathrm{c}}(x)\left(\frac{\partial v}{\partial x}\right)^2\mathrm{d}x \tag{6.3}$$

式中，E、I 分别是叶片杨氏模量和截面惯性矩；f_{c}（x）表示带冠叶片所受到的离心力，其表达式为：

$$f_{\mathrm{c}}(x)=\int_x^L \rho A\omega^2(R_{\mathrm{d}}+x)\,\mathrm{d}x+m_{\mathrm{s}}\omega^2(R_{\mathrm{d}}+L)=\frac{1}{2}\rho A\omega^2\left[2R_{\mathrm{d}}(L-x)+L^2-x^2\right]+m_{\mathrm{s}}\omega^2(R_{\mathrm{d}}+L) \tag{6.4}$$

作用在叶片上的外力所做的功 W_{non} 的表达式为

$$W_{\mathrm{non}}=\int_0^L F_{\mathrm{e}}\cdot v\mathrm{d}x+m_{\mathrm{s}}\omega^2(R_{\mathrm{d}}+L)\cdot u\big|_{x=L} \tag{6.5}$$

式中，F_{e} 是作用在单位长度叶片上的气动均布载荷，N/m。气动力 F_{e} 表达式见式（2.29），一般来说，气动载荷频率 f_{e} 是叶片转频 f_{r} 的 k_{e} 倍，本章取 $k_{\mathrm{e}}=2$，即 $F_{\mathrm{e}}=F_{\mathrm{e}1}\sin(2\omega t)=F_{\mathrm{e}1}\sin(2\pi f_{\mathrm{e}}t)$，其中 $\omega=2\pi f_{\mathrm{r}}$。

基于 Hamilton 能量原理，将带冠叶片的动能表达式［式（6.2）］、势能表达式［式（6.3）］和外力做功表达式［式（6.5）］代入式（2.10），并将 δu、δv 作为独立变量进行变分，旋转带冠叶片的运动微分方程可以表示为

$$\int_0^L \rho A\ddot{u}\mathrm{d}x-\int_0^L \rho A\omega^2 u\mathrm{d}x-2\int_0^L \rho A\omega\dot{v}\mathrm{d}x-\int_0^L EAu''\mathrm{d}x=\int_0^L \rho A\omega^2(R_{\mathrm{d}}+x)\mathrm{d}x+m_{\mathrm{s}}\omega^2(R_{\mathrm{d}}+L) \tag{6.6}$$

$$\int_0^L \rho A\ddot{v}\mathrm{d}x-\int_0^L \rho A\omega^2 v\mathrm{d}x+2\int_0^L \rho A\omega\dot{u}\mathrm{d}x+\int_0^L EIv^{(4)}\mathrm{d}x-\int_0^L\left(v''f_{\mathrm{c}}(x)+v'f_{\mathrm{c}}'(x)\right)\mathrm{d}x=\int_0^L F_{\mathrm{e}}\mathrm{d}x \tag{6.7}$$

式中，$u''=\dfrac{\partial^2 u}{\partial x^2}$；$v'=\dfrac{\partial v}{\partial x}$；$v''=\dfrac{\partial^2 v}{\partial x^2}$；$v^{(4)}=\dfrac{\partial^4 v}{\partial x^4}$。

采用 Galerkin 方法对叶片径向位移 u 和横向（弯曲）位移 v 进行离散，通过引入正则坐标 p_i（t）和 q_i（t），叶片径向和横向位移变量可以写为

$$\begin{cases} u(\bar{x},t)=\sum_{i=1}^{N}\varphi_i(\bar{x})p_i(t) \\ v(\bar{x},t)=\sum_{i=1}^{N}\phi_i(\bar{x})q_i(t) \end{cases} \tag{6.8}$$

式中，$\bar{x}=x/L$；$\varphi_i(\bar{x})$ 和 $\phi_i(\bar{x})$ 分别是叶片第 i 阶径向和横向振型函数，其表达式为[5]

$$\begin{cases} \varphi_i(\bar{x})=\sin\left(\dfrac{2i-1}{2}\pi\bar{x}\right) \\ \phi_i(\bar{x})=\left(\cosh\lambda_i\bar{x}-\cos\lambda_i\bar{x}\right)-\dfrac{\sinh\lambda_i-\sin\lambda_i}{\cosh\lambda_i+\cos\lambda_i}\left(\sinh\lambda_i\bar{x}-\sin\lambda_i\bar{x}\right) \end{cases} \tag{6.9}$$

其中，i=1,2,3,⋯, N，N 为模态截断阶数，本章取 N=4；λ_i 是第 i 阶弯曲振型函数的特征值，其值由特征方程决定，特征方程的表达式如下[5]：

$$1+\cos\lambda_i\cosh\lambda_i+\frac{m_s}{\rho AL}\lambda_i\left(\cos\lambda_i\sinh\lambda_i-\sin\lambda_i\cosh\lambda_i\right)=0 \tag{6.10}$$

将式（6.8）和式（6.9）代入式（6.6）和式（6.7），旋转带冠叶片的振动微分方程可写为

$$\boldsymbol{M}\ddot{\boldsymbol{q}}+\left(\boldsymbol{D}+\boldsymbol{G}\right)\dot{\boldsymbol{q}}+\boldsymbol{K}\boldsymbol{q}=\boldsymbol{F} \tag{6.11}$$

式中，$\boldsymbol{K}=\boldsymbol{K}_e+\boldsymbol{K}_s+\boldsymbol{K}_c$；$\boldsymbol{M}$、$\boldsymbol{D}$、$\boldsymbol{G}$、$\boldsymbol{K}_e$、$\boldsymbol{K}_c$、$\boldsymbol{K}_s$ 和 $\boldsymbol{F}$ 分别为质量矩阵、阻尼矩阵、科氏力矩阵、结构刚度矩阵、离心刚化矩阵、旋转软化矩阵和外激振力向量；$\boldsymbol{q}$ 为正则坐标向量。各矩阵和向量的具体表达式如下。

正则坐标向量

$$\boldsymbol{q}=\left[p_1,\cdots,p_i,\cdots,p_N,q_1,\cdots,q_i,\cdots,q_N\right]^{\mathrm{T}}$$

质量矩阵

$$\boldsymbol{M}=\mathrm{diag}[\boldsymbol{M}_1,\boldsymbol{M}_2]$$

式中，

$$\boldsymbol{M}_1(j,i)=\rho AL\int_0^1\varphi_i(\bar{x})\varphi_j(\bar{x})\mathrm{d}\bar{x}\quad(i,j=1,2,\cdots,N)$$

$$\boldsymbol{M}_2(j,i)=\rho AL\int_0^1\phi_i(\bar{x})\phi_j(\bar{x})\mathrm{d}\bar{x}\quad(i,j=1,2,\cdots,N)$$

结构刚度矩阵

$$\boldsymbol{K}_e=\mathrm{diag}[\boldsymbol{K}_{e1},\boldsymbol{K}_{e2}]$$

式中，

$$\boldsymbol{K}_{e1}(j,i)=-\frac{EA}{L}\int_0^1\varphi_j(\bar{x})\varphi_i''(\bar{x})\mathrm{d}\bar{x}\quad(i,j=1,2,\cdots,N)$$

$$\boldsymbol{K}_{\mathrm{e2}}(j,i)=\frac{EI}{L^3}\int_0^1\phi_j(\bar{x})\phi_i^{(4)}(\bar{x})\mathrm{d}\bar{x}\quad(i,j=1,2,\cdots,N)$$

离心刚化矩阵

$$\boldsymbol{K}_{\mathrm{c}}=\mathrm{diag}[\boldsymbol{0}\quad\boldsymbol{K}_{\mathrm{cs}}]$$

式中，

$$\boldsymbol{K}_{\mathrm{cs}}=\rho A\omega^2R_{\mathrm{d}}(-\boldsymbol{A}_1+\boldsymbol{A}_3+\boldsymbol{A}_4)+\rho A\omega^2L(\frac{-\boldsymbol{A}_1+\boldsymbol{A}_2+2\boldsymbol{A}_5}{2})-\frac{m_{\mathrm{s}}\omega^2(L+R_{\mathrm{d}})}{L}\boldsymbol{A}_1$$

其中，$\boldsymbol{A}_1(j,i)=\int_0^1\phi_j(\bar{x})\phi_i''(\bar{x})\mathrm{d}\bar{x}$；$\boldsymbol{A}_2(j,i)=\int_0^1\phi_j(\bar{x})\phi_i''(\bar{x})\bar{x}^2\mathrm{d}\bar{x}$；$\boldsymbol{A}_3(j,i)=\int_0^1\phi_j(\bar{x})\phi_i''(\bar{x})\bar{x}\mathrm{d}\bar{x}$；$\boldsymbol{A}_4(j,i)=\int_0^1\phi_j(\bar{x})\phi_i'(\bar{x})\mathrm{d}\bar{x}$；$\boldsymbol{A}_5(j,i)=\int_0^1\phi_j(\bar{x})\phi_i'(\bar{x})\bar{x}\mathrm{d}\bar{x}$；这里 $i,j=1,2,\cdots,N$。

旋转软化矩阵

$$\boldsymbol{K}_{\mathrm{s}}=-\omega^2\boldsymbol{M}$$

阻尼矩阵

$$\boldsymbol{D}=\alpha\boldsymbol{M}+\beta\boldsymbol{K}$$

式中，$\alpha=\frac{4\pi f_{\mathrm{n1}}f_{\mathrm{n2}}(f_{\mathrm{n1}}\xi_2-f_{\mathrm{n2}}\xi_1)}{\left(f_{\mathrm{n1}}^2-f_{\mathrm{n2}}^2\right)}$；$\beta=\frac{f_{\mathrm{n2}}\xi_2-f_{\mathrm{n1}}\xi_1}{\pi\left(f_{\mathrm{n2}}^2-f_{\mathrm{n1}}^2\right)}$。其中，$f_{\mathrm{n1}}$ 和 f_{n2} 分别表示叶片 1 阶和 2 阶固有频率；模态阻尼比 $\xi_1=0.0268$，$\xi_2=0.0536$。

科氏力矩阵

$$\boldsymbol{G}=\begin{bmatrix}\boldsymbol{0}&\boldsymbol{G}_2\\\boldsymbol{G}_1&\boldsymbol{0}\end{bmatrix}$$

式中，

$$\boldsymbol{G}_1(j,i)=2\rho AL\omega\int_0^1\varphi_i(\bar{x})\phi_j(\bar{x})\mathrm{d}\bar{x}\quad(i,j=1,2,\cdots,N)$$

$$\boldsymbol{G}_2(j,i)=-2\rho AL\omega\int_0^1\phi_i(\bar{x})\varphi_j(\bar{x})\mathrm{d}\bar{x}\quad(i,j=1,2,\cdots,N)$$

外激振力向量

$$\boldsymbol{F}=\begin{bmatrix}\boldsymbol{F}_1\\\boldsymbol{F}_2\end{bmatrix}$$

式中，

$$\boldsymbol{F}_1(j,1)=\rho AL\omega^2\int_0^1(R_{\mathrm{d}}+L\bar{x})\varphi_j(\bar{x})\mathrm{d}\bar{x}+m_{\mathrm{s}}\omega^2(R_{\mathrm{d}}+L)\varphi_j(\bar{x})|_{\bar{x}=1}$$

$$\boldsymbol{F}_2(j,1)=L\int_0^1F_{\mathrm{e}}\phi_j(\bar{x})\mathrm{d}\bar{x}\quad(j=1,2,\cdots,N)$$

6.2.2　考虑碰撞带冠叶片动力学模型

本节建立了带冠叶片间碰撞动力学模型，如图 6.3 所示。当主动叶片叶尖的振动位移超出与相邻叶片之间的间隙时，相邻叶片将会发生碰撞，主动叶片受到的碰撞力 F_t 的表达式为[3]：

$$F_t = \begin{cases} -k(y(L) - y_1(L) + \Delta_1), & y(L) - y_1(L) < -\Delta_1 \\ 0, & \text{其他} \\ -k(y(L) - y_2(L) - \Delta_2), & y(L) - y_2(L) > \Delta_2 \end{cases} \tag{6.12}$$

式中，$y(L)$、$y_1(L)$和 $y_2(L)$分别表示主动叶片、被动叶片 1 和被动叶片 2 叶尖横向位移。值得注意的是，这里假设被动叶片仅受到碰撞力的作用，而主动叶片受到气动力和碰撞力的共同作用。根据文献[3]，选取旋转带冠叶片的 1 阶动刚度作为接触刚度 k，即 $k=\boldsymbol{K}(1, 1)$。

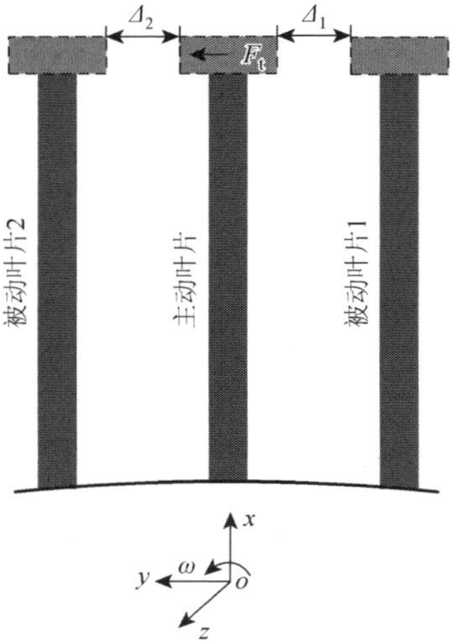

图 6.3　带冠叶片的悬臂梁模型

考虑相邻叶片之间的碰撞，外力对带冠叶片所做功 W_{non} 变为

$$W_{\text{non}} = \int_0^L F_e \cdot v\mathrm{d}x + m_s\omega^2\left(R_d + L\right)\cdot u\big|_{x=L} + F_t v_L \tag{6.13}$$

考虑碰撞的旋转带冠叶片横向动力学方程为

$$\begin{aligned} &\int_0^L \rho A\ddot{v}\mathrm{d}x - \int_0^L \rho A\omega^2 v\mathrm{d}x + 2\int_0^L \rho A\omega\dot{u}\mathrm{d}x + \int_0^L EI_z v^{(4)}\mathrm{d}x \\ &-\int_0^L \left(v'' f_c(x) + v' f_c'(x)\right)\mathrm{d}x = \int_0^L F_e\mathrm{d}x + F_t\delta(x-L) \end{aligned} \tag{6.14}$$

式中，δ 为 Dirac 函数[3]，用于表明碰撞位置发生在叶尖处。引入碰撞力后，外激励向量表达式为

$$\boldsymbol{F}^* = \begin{bmatrix} \boldsymbol{F}_1 \\ \boldsymbol{F}_3 \end{bmatrix}, \boldsymbol{F}_3(j,1) = L\int_0^1 F_e\phi_j(\bar{x})\mathrm{d}\bar{x} + F_t\phi_j(\bar{x})\big|_{\bar{x}=1}$$

$$(j = 1, 2, \cdots, N)$$

6.2.3　基于固有特性及响应的模型验证

本节通过对比 ANSYS 中有限元模型固有频率和振动响应，验证本章所推导出的旋转带冠叶片解析模型的有效性。有限元模型采用 Beam188 梁单元模拟悬臂叶片，叶尖集中质量点采用 Mass21 单元进行模拟。图 6.4 展示了有限元模型和解析模型前 3 阶弯曲固有频率的对比结果，图中 $\Omega=30\omega/\pi$（r/min）。对比结果表明两种模型的固有频率吻合较好，仅在 1 阶动频处存在最大误差 4.60%。图 6.5（a）对比了两种模型幅频响应，结果表明两种模型的峰值频率吻合较好，只是峰

值幅值存在误差，这可能是由于解析模型和有限元模型中两者阻尼矩阵存在差别。基于有限元模型结果，通过调整解析模型中模态阻尼比ξ_1、ξ_2，对解析模型进行修正，修正之后的幅频响应的结果如图 6.5（b）所示。

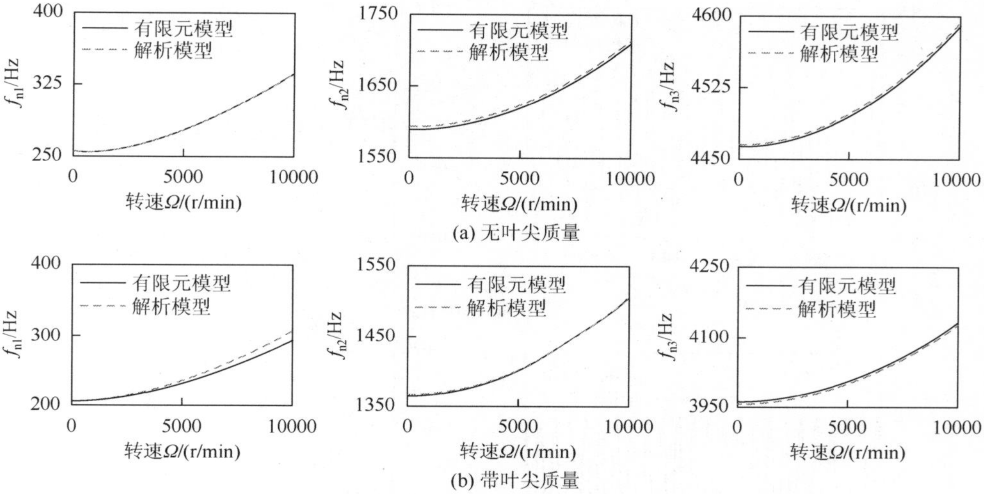

(a) 无叶尖质量

(b) 带叶尖质量

图 6.4　有限元模型与解析模型固有频率对比

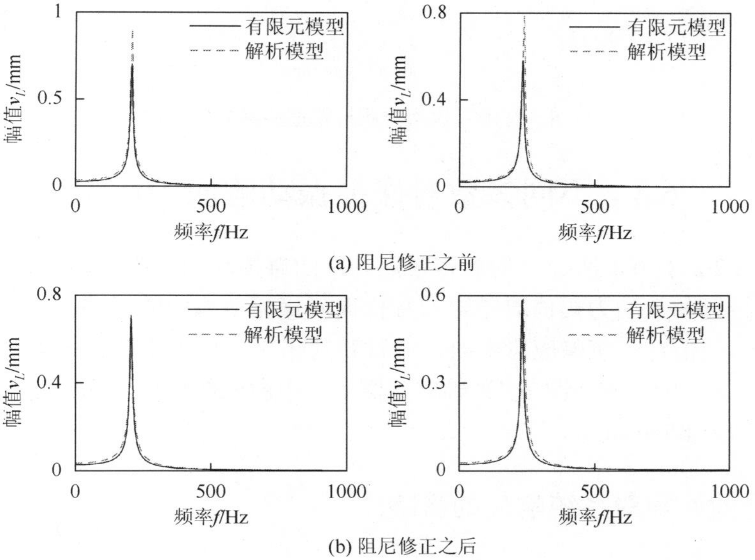

(a) 阻尼修正之前

(b) 阻尼修正之后

图 6.5　有限元模型与解析模型幅频响应对比（从左到右对应叶片转速分别为 Ω=0r/min 和 Ω=5000r/min）

为进一步验证模型的有效性，本节也对比了解析模型和有限元模型中碰撞激发的振动响应。图 6.6 为两种模型下碰撞振动响应的对比结果，结果表明两种模型的时域响应和频域响应吻合较好。

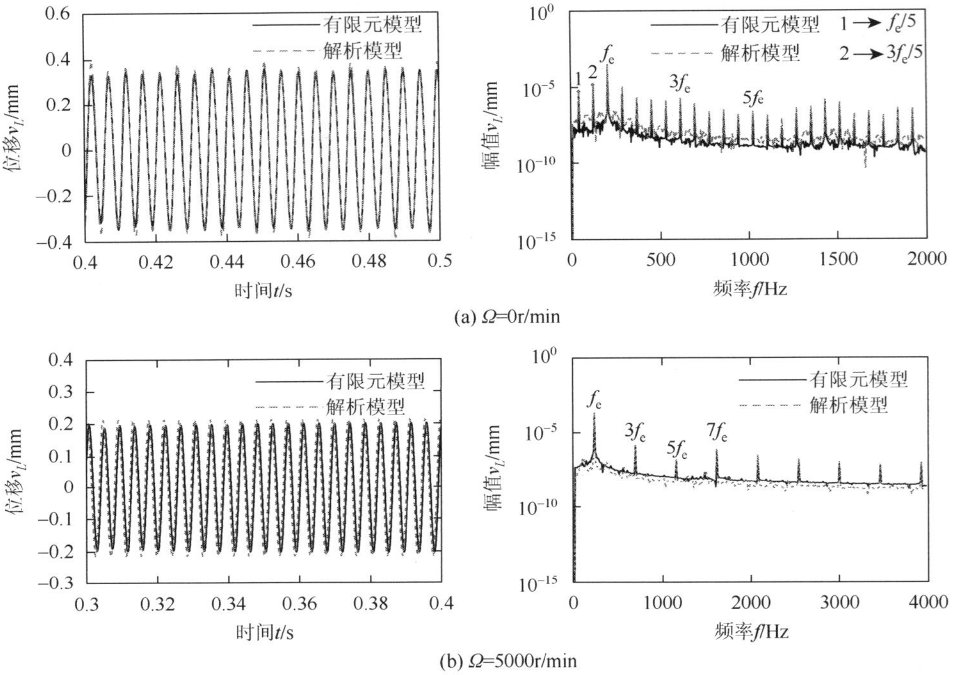

(a) Ω=0r/min

(b) Ω=5000r/min

图 6.6　有限元模型与解析模型碰撞响应对比

6.3　不同参数对碰撞振动响应的影响

基于 6.2.2 小节中所建立的旋转带冠叶片的碰撞动力学模型，本节分析冠间间隙、叶片转速和气动力幅值对带冠叶片横向碰撞振动响应的影响。在讨论冠间间隙和气动力幅值对系统响应影响时，叶片转速采用 1 阶共振转速，叶片的共振转速可通过 Campbell 图（图 6.7）确定，图 6.7 中激励频率曲线和一阶动频曲线的交点转速约为 8550r/min。

6.3.1　冠间间隙对系统响应的影响

本小节主要讨论旋转带冠叶片在对称间隙（$\Delta_2=\Delta_1$）和非对称间隙（Δ_1=0.2mm 固定，Δ_2/Δ_1 作为变量）下叶片碰撞振动响应，所选择的仿真参数：气动力幅值 F_{e1}=150N/m，Ω=8550r/min。

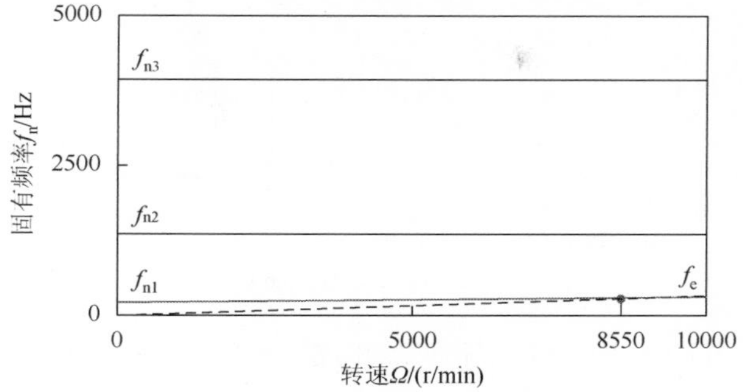

图 6.7　叶片的 Campbell 图

1. 对称间隙下旋转带冠叶片碰撞响应

图 6.8 展示了主动叶片叶尖位移在不同冠间间隙下的分岔图和三维谱图；图 6.9 展示了带冠叶片在不同间隙下的弯曲位移最大值和碰撞力最大值。图 6.8 和图 6.9 体现了以下动力学特征。

（1）分岔现象出现在$\varDelta_1$∈[0，0.048）∪（0.63，0.7]mm。在$\varDelta_1$∈[0.022，0.63]mm 时系统出现周期 5 和周期 1 运动，三维谱图内出现了$f_e/5$、$7f_e/5$ 等分频成分和 $3f_e$、$5f_e$ 等倍频成分（图 6.8）。

（2）当$\varDelta_1$∈[0，0.7]mm 时，相邻叶片会发生碰撞，当间隙$\varDelta_1$大于 0.7mm 时，相邻叶片未发生碰撞；当$\varDelta_1$∈[0.048，0.63]mm 时，随着冠间间隙的增大，叶片之间的碰撞力几乎不发生变化，而主动叶片的弯曲位移线性增加（图 6.9）。

（3）当$\varDelta_1$∈[0，0.63]mm 时，主动叶片会与两个叶片都发生碰撞（双碰）；当Δ_1∈（0.63，0.7]mm 时，在此范围内，主动叶片仅与其中一个被动叶片发生碰撞，此时主动叶片振动更为剧烈。

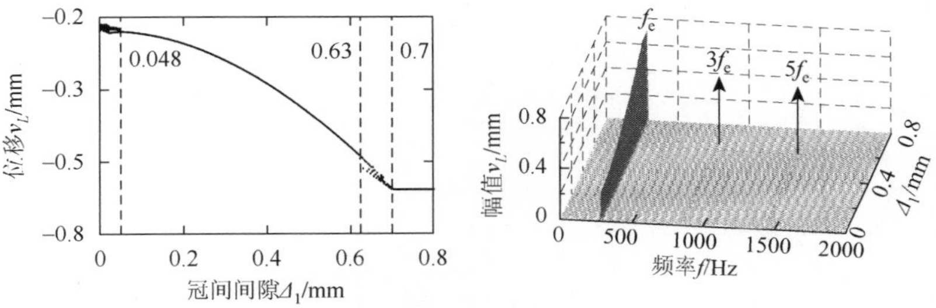

(a) $\varDelta_1$∈[0,0.8] mm

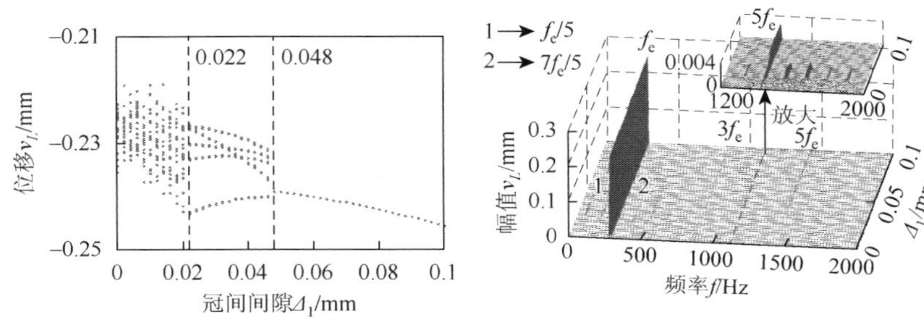

(b) $\Delta_1 \in [0,0.1]$ mm

图 6.8　主动叶片在不同冠间间隙下的分岔图和三维谱图

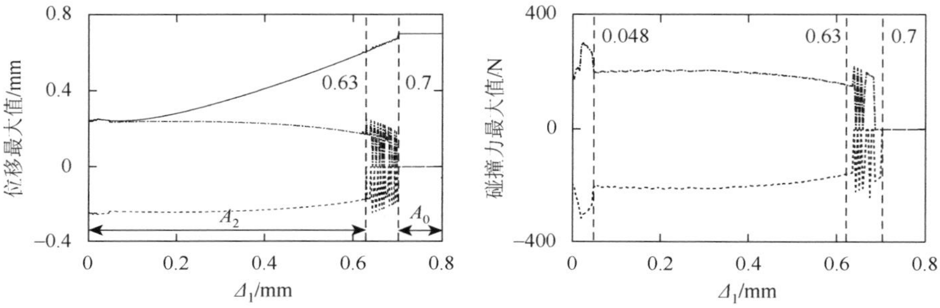

(a) 弯曲位移最大值　　(b) 碰撞力最大值

图 6.9　不同冠间间隙下叶片弯曲位移最大值和碰撞力最大值

——主动叶片；--------被动叶片 1；-·-·-·-被动叶片 2；A_0，A_2 表示无碰撞和双碰区间

图 6.10 展示了间隙值Δ_1为 0.03mm 和 0.4mm 时，主动叶片的碰撞振动响应。由图可知，当Δ_1=0.03mm 时，主动叶片呈现周期 5 运动；当Δ_1=0.4mm 时，主动叶片呈现周期 1 运动。主动叶片在Δ_1=0.03mm 产生周期 5 运动的原因是，存在一个 5 倍于激励周期的碰撞周期，在一个碰撞周期内出现了 5 次不同程度的碰撞［图 6.10（a）］。

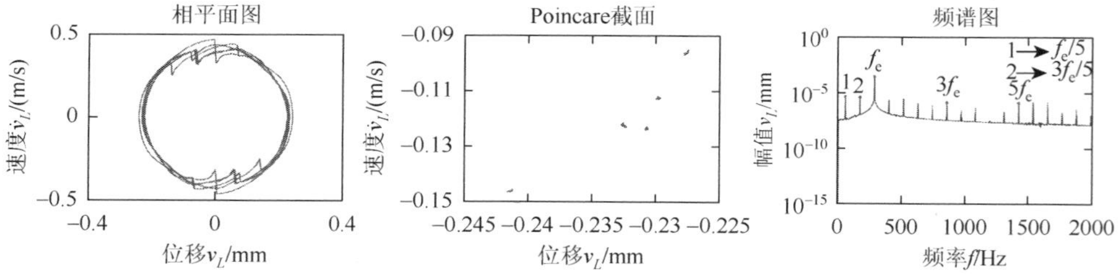

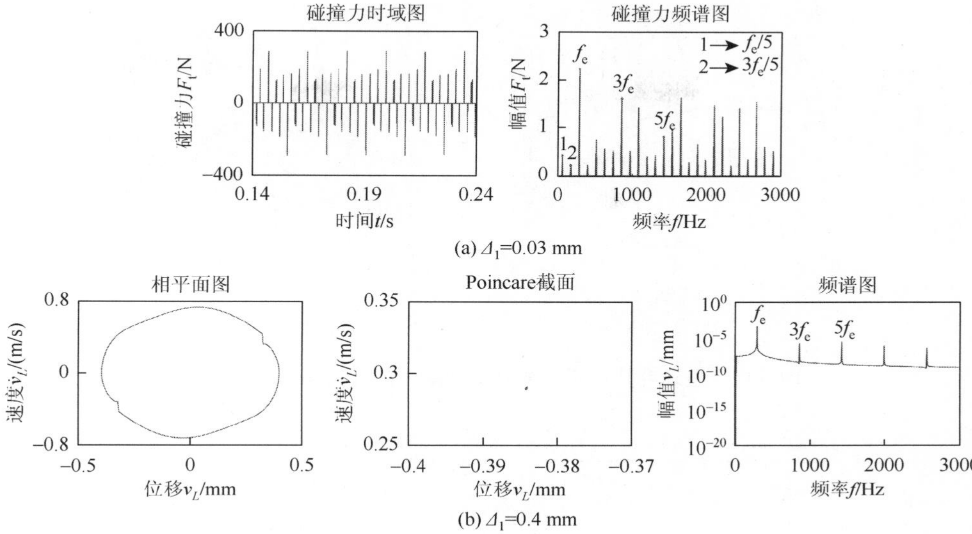

图 6.10 主动叶片碰撞振动响应

2. 非对称间隙下旋转带冠叶片碰撞响应

工程实际中加工误差和装配误差是不可避免的，这导致相邻叶冠间隙并不总是相等的，下面讨论旋转带冠叶片在非对称间隙下的碰撞振动响应。

图 6.11 展示了主动叶片叶尖位移在非对称间隙下的分岔图和三维谱图；图 6.12 展示了带冠叶片在非对称间隙下的弯曲位移最大值和碰撞力最大值。图 6.11 和图 6.12 体现了以下动力学现象。

（1）当$\varDelta_2/\varDelta_1\in[0,\ 0.19)\cup[1.24,\ 1.94)$时，主动叶片主要呈现混沌运动，三维谱图内出现了连续谱和 $3f_e$、$5f_e$ 等奇数倍频成分［图 6.11（b）］；当$\varDelta_2/\varDelta_1\in[0.19,\ 0.65)$时，主动叶片主要呈现周期 2 和周期 4 运动，频谱图内出现了 $f_e/4$、$f_e/2$ 等分频成分。

（2）当$\varDelta_2/\varDelta_1\in[0,\ 1.94)$时，主动叶片与两个被动叶片都会发生碰撞，且随着$\varDelta_2/\varDelta_1$的进一步增大，主动叶片与被动叶片 2 不发生碰撞，仅与被动叶片 1 产生碰撞（图 6.11 和图 6.12）。

（3）$\varDelta_1$和$\varDelta_2$两种间隙相差越大，主动叶片与被动叶片之间的碰撞振动响应越复杂（图 6.11）。

图 6.13 展示了主动叶片在某些具体非对称间隙下碰撞振动响应。由图可知，当$\varDelta_2/\varDelta_1$=0.28 时，主动叶片呈现周期 2 运动；当$\varDelta_2/\varDelta_1$=1 和$\varDelta_2/\varDelta_1$=1.5 时，主动叶片呈现周期 1 运动和混沌运动。

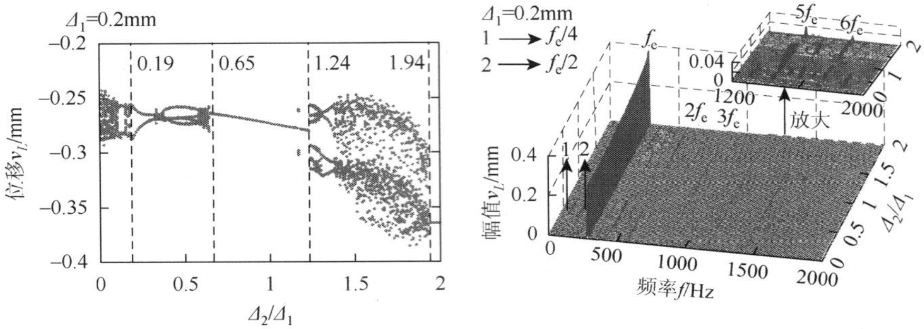

(a) 分岔图　　(b) 三维谱图

图 6.11　主动叶片在不同非对称间隙下的分岔图和三维谱图

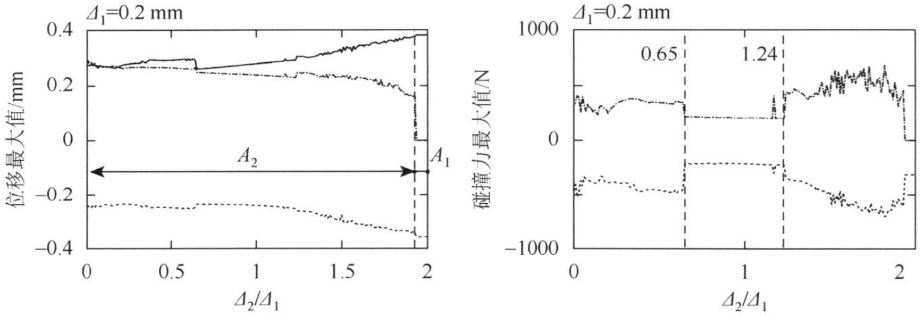

(a) 弯曲位移最大值　　(b) 碰撞力最大值

图 6.12　不同非对称间隙下叶片弯曲位移最大值和碰撞力最大值

——主动叶片；--------被动叶片 1；-·-·-·-被动叶片 2；A_1，A_2 表示单碰和双碰区间

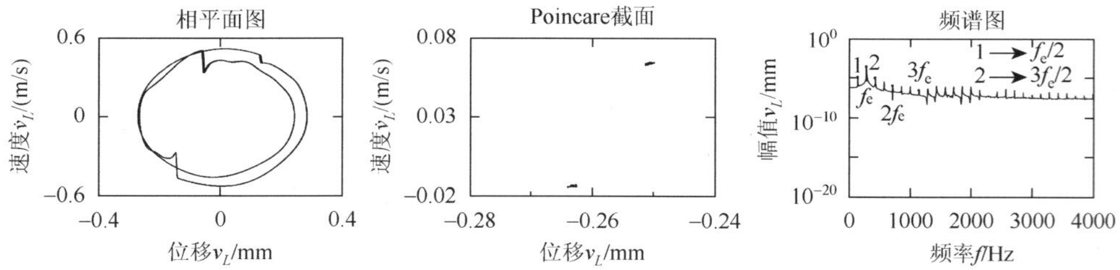

(a) $\varDelta_2/\varDelta_1$=0.28

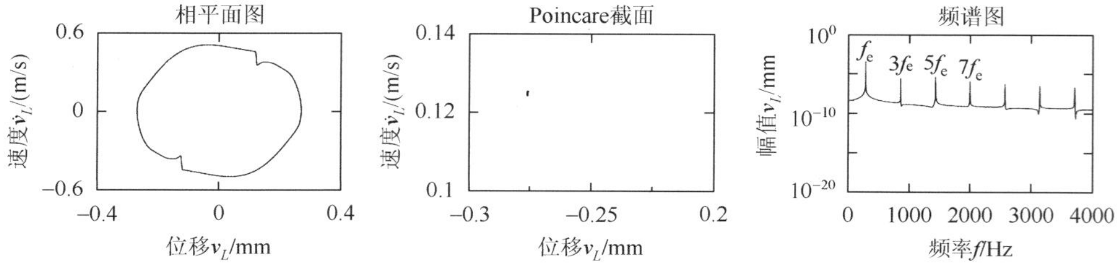

(b) $\varDelta_2/\varDelta_1$=1

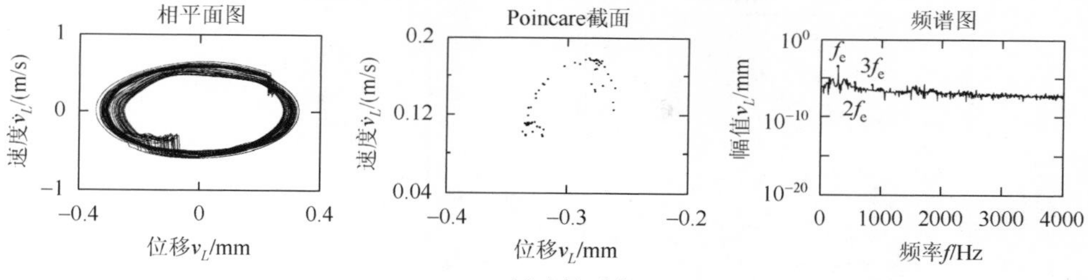

(c) Δ_2/Δ_1=1.5

图 6.13 非对称间隙下主动叶片碰撞振动响应

6.3.2 叶片转速对系统响应的影响

本小节主要分析叶片转速对系统碰撞振动响应的影响，仿真参数：F_{e1}=150N/m，$\Delta_1=\Delta_2$=0.1mm。图 6.14 为主动叶片叶尖位移在不同叶片转速下的分岔图和三维谱图；图 6.15 展示了带冠叶片在不同转速下的弯曲位移最大值和碰撞力最大值。图 6.14 和图 6.15 体现了以下动力学现象。

（1）随着叶片转速的增加，主动叶片的运动由周期 3 运动开始，经过一段区间的混沌运动，最终达到稳定的周期 1 运动，并且在三维谱图中出现了 $f_e/3$、$5f_e/3$ 等分频成分以及 $3f_e$、$5f_e$ 等奇数倍频成分（图 6.14）。

（2）主动叶片在转速为 8550r/min 附近，位移幅值最大，这是因为此时激励频率接近叶片的 1 阶动频［图 6.15（a）］；此外，带冠叶片碰撞力最大值呈不规律变化［图 6.15（b）］，这是因为随着转速的增加，带冠叶片弯曲动刚度发生变化，而带冠叶片动刚度的变化会同时影响接触刚度和叶片的弯曲振动位移（图 6.15）。

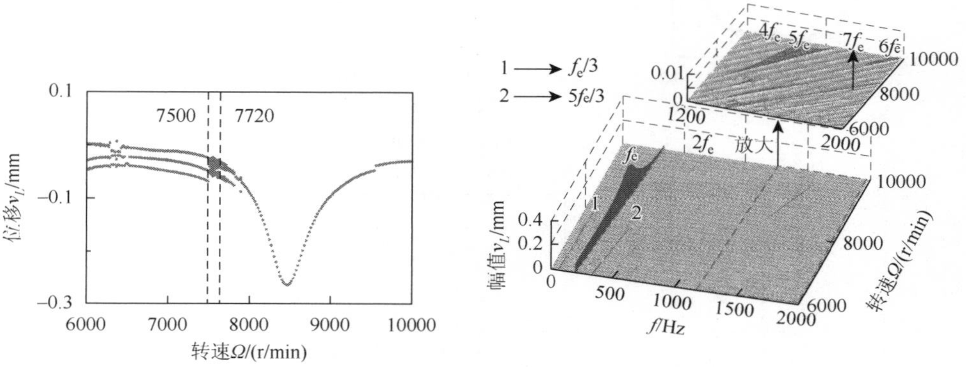

(a) 分岔图 (b) 三维谱图

图 6.14 主动叶片在不同转速下的分岔图和三维谱图

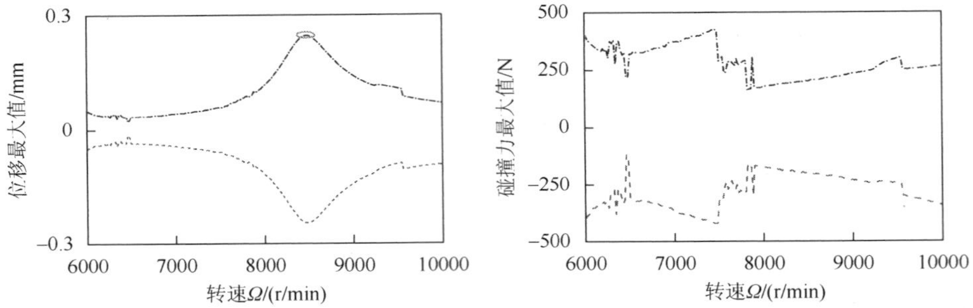

(a) 弯曲位移最大值　　(b) 碰撞力最大值

图 6.15　不同转速下叶片弯曲位移最大值和碰撞力最大值

----被动叶片 1；——被动叶片 2

图 6.16 展示了在不同转速下主动叶片的碰撞振动响应。由图可知，当 Ω=7000r/min、7500r/min 和 8000r/min 时，主动叶片呈现周期 3、混沌和周期 1 运动。

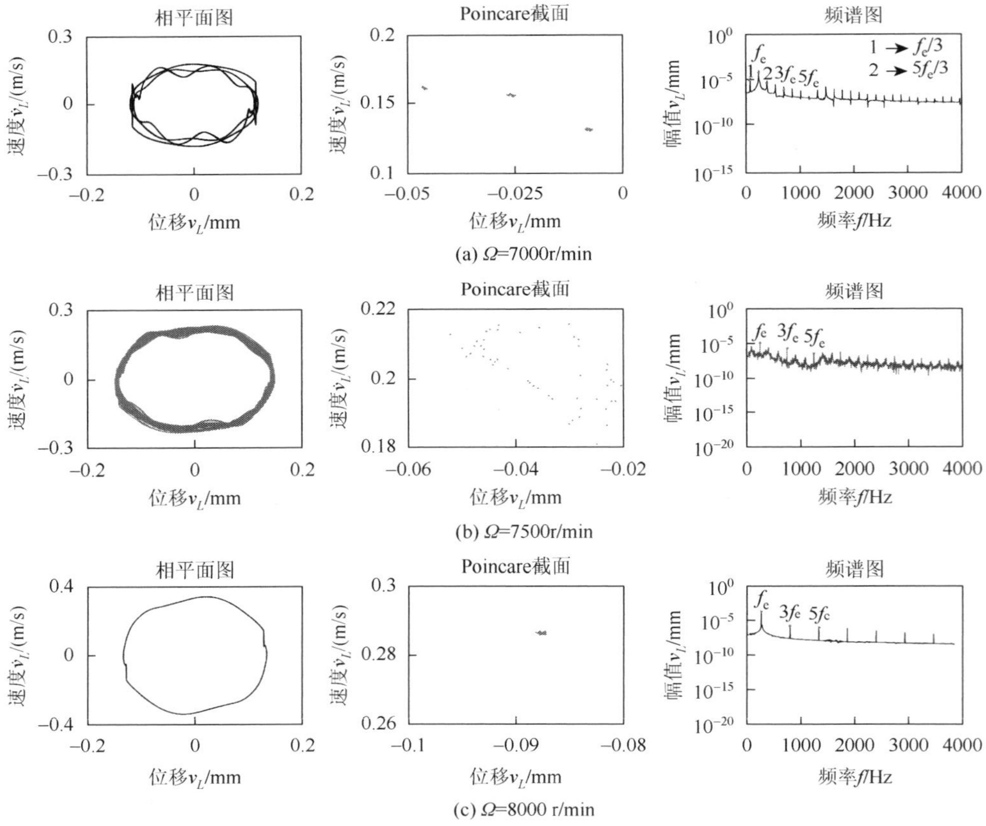

图 6.16　不同叶片转速下主动叶片碰撞振动响应

6.3.3　气动力幅值对系统响应的影响

本节分析了均布气动载荷幅值对系统碰撞响应的影响，仿真参数：Ω=8550r/min，Δ_1=Δ_2=0.1mm。图 6.17 为主动叶片叶尖位移在不同气动力幅值下的分岔图和三维谱图；图 6.18 展示了带冠叶片在不同气动力幅值下的振动位移最大值和碰撞力最大值。图 6.17 和图 6.18 展示了如下动力学现象。

（1）当 F_{e1}>20N/m 时，相邻叶片的碰撞出现，且当 $F_{e1}\in$[20，600]N/m 时主动叶片与两个被动叶片都发生碰撞。随着气动力幅值的增加，主动叶片的运动形式由周期 1 运动向周期 5 运动转变［图 6.17（a）］。由三维频谱图可观察到 $3f_e$、$5f_e$ 等奇数倍频和 $f_e/5$ 等分频成分［图 6.17（b）］。

（2）未发生碰撞之前，主动叶片位移随着气动力幅值的增加而线性增加；在碰撞过程中，主动叶片位移随气动力幅值的增加也是线性增加的，但增加的斜率较小。同时碰撞力也随着气动力的增加而线性增加，碰撞力曲线在 F_{e1}=320N/m 发生跳变，这也是导致主动叶片在此气动力幅值下运动形式发生变化的原因（图 6.17 和图 6.18）。

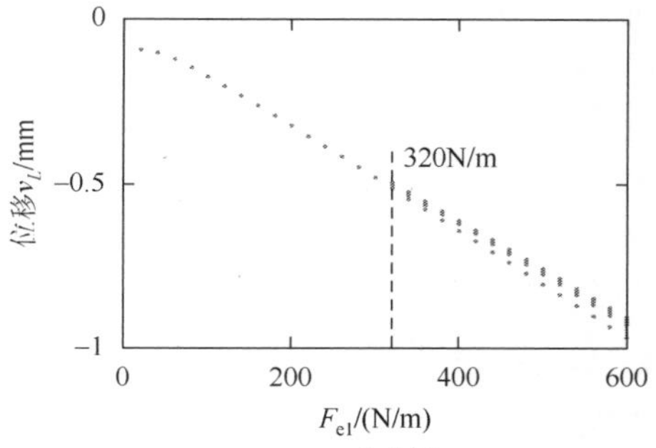

(a) 分岔图

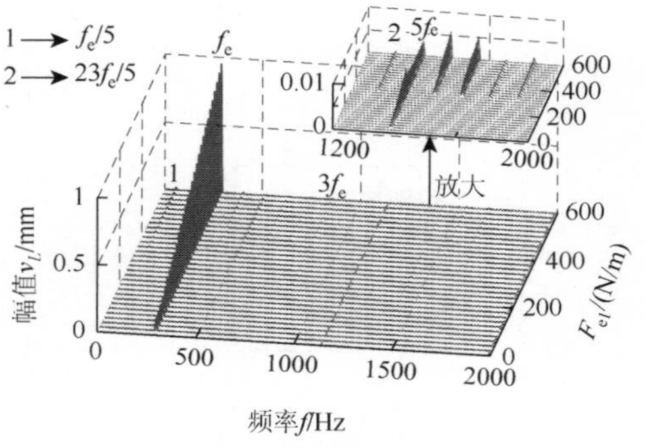

(b) 三维谱图

图 6.17　主动叶片在不同气动力幅值下的分岔图和三维谱图

图 6.19 展示了主动叶片在不同气动力幅值下碰撞振动响应。图 6.19 表明，当 F_{e1}=100N/m 和 400N/m 时，主动叶片呈现周期 1 和周期 5 运动，出现周期 5 运动的原因是存在一个 5 倍于气动力周期的碰撞周期。

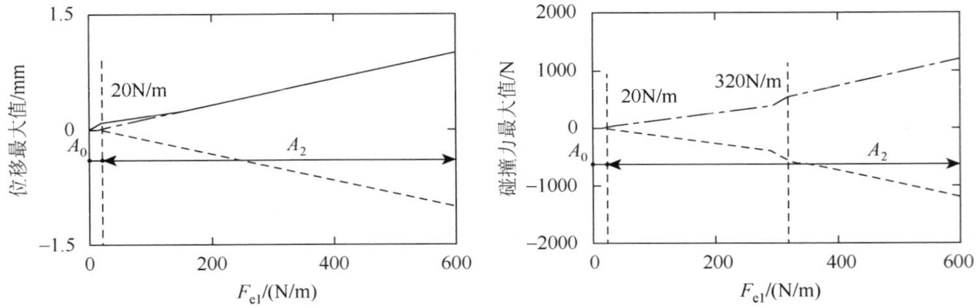

(a) 振动位移最大值　　(b) 碰撞力最大值

图 6.18　不同气动力幅值下叶片振动位移最大值和碰撞力最大值

——主动叶片；- - - -被动叶片 1；— - —被动叶片 2；A_0，A_2 分别表示无碰撞和双碰区间

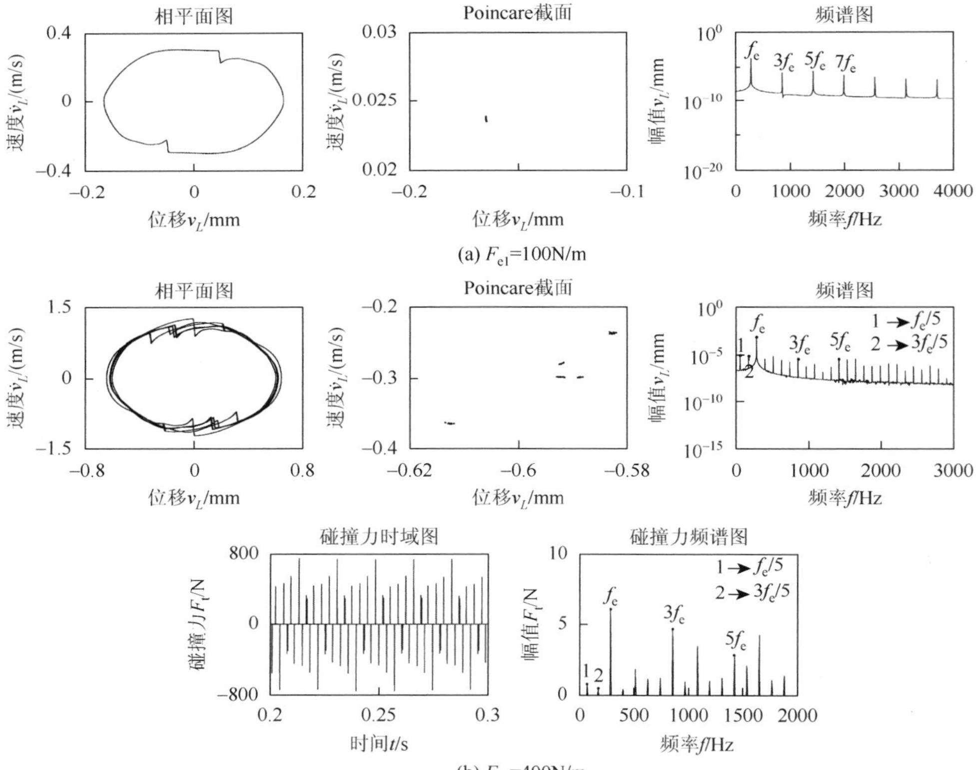

(b) F_{e1}=400N/m

图 6.19　不同气动力幅值下主动叶片碰撞振动响应

6.4 本 章 小 结

本章基于悬臂欧拉-伯努利梁理论，考虑叶片旋转导致的离心刚化、旋转软化和科氏力效应，利用 Hamilton 原理建立了旋转带冠叶片的动力学模型，并且通过 ANSYS 模型验证了模型的有效性。基于提出的解析模型，研究了叶冠间隙、叶片转速以及气动力幅值对系统碰撞振动响应的影响，主要结论如下。

（1）在一些非对称间隙情况下，带冠叶片的碰撞振动响应相对于对称间隙情况较为复杂。在对称间隙工况下，主动叶片的位移随着叶冠间隙的增加逐渐增加，被动叶片的位移随着叶冠间隙的增加逐渐减小；在非对称间隙工况下，$\varDelta_1$（主动叶片和被动叶片 1 的间隙）和$\varDelta_2$（主动叶片和被动叶片 2 的间隙）两种间隙相差越大，主动叶片与被动叶片之间的碰撞振动响应越复杂。

（2）随着叶片转速的增加，带冠叶片振动呈现出复杂的非线性动力学特征，这是由于旋转带冠叶片动刚度随着转速的增加而增加。

（3）在碰撞过程中，主动叶片位移随着气动力幅值的增加而线性增加，同时，碰撞力也随着气动力的增加而线性增加。

参 考 文 献

[1] Lee B W，Suh J J，Lee H，et al. Investigations on fretting fatigue in aircraft engine compressor blade [J]. Engineering Failure Analysis，2011，18：1900-1908.

[2] Bhaumik S K，Sujata M，Venkataswamy M A，et al. Failure of a low pressure turbine rotor blade of an aeroengine [J]. Engineering Failure Analysis，2006，13：1202-1219.

[3] Chu S M，Cao D Q，Sun S P，et al. Impact vibration characteristics of a shrouded blade with asymmetric gaps under wake flow excitations [J]. Nonlinear Dynamics，2013，72：539-554.

[4] 任兴民，卢娜，岳聪，等. 考虑转速及碰摩的带冠涡轮叶片动力特性研究[J]. 西北工业大学学报，2013，31：926-930.

[5] 张义民. 机械振动[M]. 北京：清华大学出版社，2007：187-197.

第 7 章　基于悬臂板理论的叶片-机匣碰摩动力学

7.1　概　　述

叶片在工作时，会受到来自高速旋转以及外部流场等载荷的作用，从而导致叶片复杂的振动响应。由于初始安装过程中的装配误差，使得叶尖与机匣内壁存在不均匀的间隙，而叶片在离心力的作用下会产生一定的径向伸长量，这样就可能会导致叶片与机匣在较小间隙处发生碰摩。因为叶片工作时的转速很高，所以碰摩故障一旦发生就会对叶片和机匣造成严重的损伤。相对于悬臂梁模型，采用悬臂板模拟叶片，可以更准确地模拟叶片与机匣可能发生的点碰摩和局部碰摩，这样就可以更好地对碰摩导致的叶片宽频、多模态振动进行分析。

本章以旋转直板叶片为研究对象，基于 2.3 节建立的悬臂板动力学模型，通过与有限元模型固有频率和模态振型结果的对比，验证了模型的有效性。在此基础上，考虑静态角不对中和平行不对中的影响，分析了升速过程中不同机匣刚度、不对中角以及叶片-机匣最小间隙对叶片-机匣碰摩导致的振动响应的影响。

7.2　基于固有特性的悬臂板叶片模型验证

本节主要采用有限元方法得到叶片的固有频率和模态振型，来验证解析模型的有效性。在 ANSYS 软件中采用 Shell181 单元来建立叶片有限元模型，旋转叶片的相关参数如表 7.1 所示。考虑到计算机的运算效率以及计算结果的准确性，解析模型选取模态截断数 $M=N=3$。叶片的固有频率对比结果如图 7.1 和表 7.2 所示，解析与有限元的动频曲线趋势相同，固有频率均随转速的增大而增大，转速对 1 阶和 2 阶弯曲动频的影响较大，对 1 阶扭转固有频率影响较小。从表 7.2 的动频相对误差可以看出，最大的相对误差为 3.6%，出现在扭转固有频率。图 7.2（a）和图 7.2（b）分别为有限元模型和解析模型的前 3 阶振型，对比两种方法的振型图可知，解析模型振型与 ANSYS 振型吻合很好，这也再次证明了解析模型的准确性。

表 7.1　旋转叶片参数

结构参数	材料参数
叶片长度 L=82mm	杨氏模量 E=200GPa
叶片宽度 b=44mm	密度 ρ=7800kg/m^3
叶片厚度 h=3mm	泊松比 υ=0.3
轮盘半径 R_d=140mm	

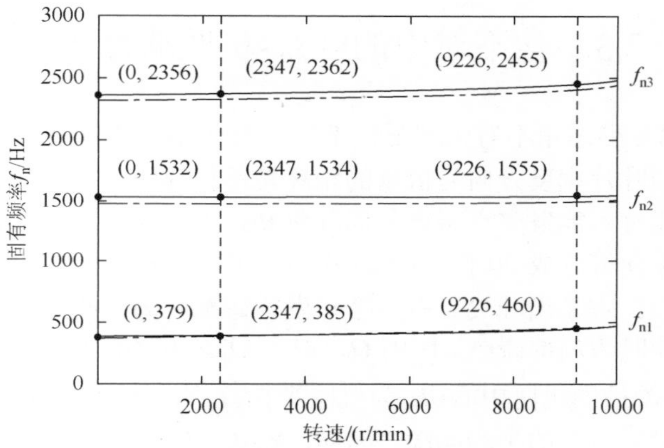

图 7.1　叶片前 3 阶固有频率

——解析；- - -有限元

表 7.2　叶片固有频率对比

转速/（r/min）	1 阶弯曲动频			1 阶扭转动频			2 阶弯曲动频		
	ANSYS/Hz	解析/Hz	误差/%	ANSYS/Hz	解析/Hz	误差/%	ANSYS/Hz	解析/Hz	误差/%
0	373.52	378.99	1.5	1479.29	1532.17	3.6	2313.88	2355.97	1.8
5000	399.39	404.48	1.3	1485.79	1538.91	3.6	2343.74	2385.37	1.8
10000	468.18	472.48	0.9	1505.11	1558.92	3.6	2431.06	2471.48	1.7

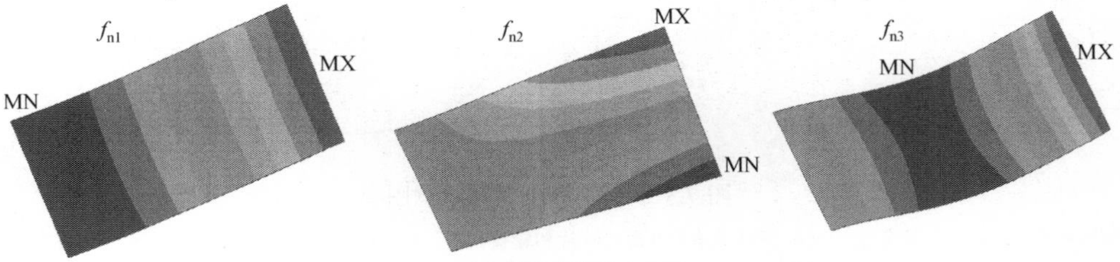

(a) 有限元模型

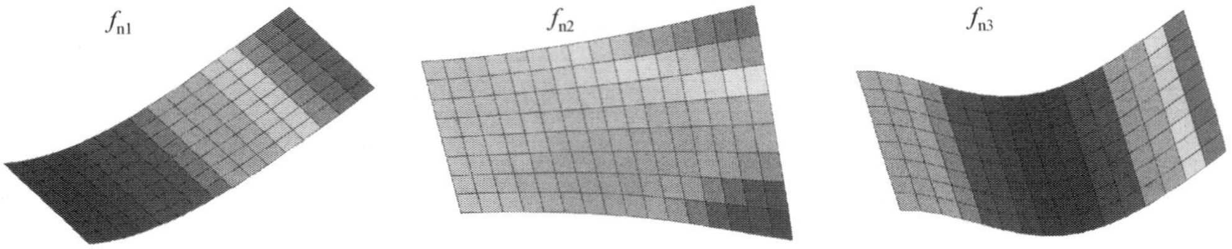

(b) 解析模型

图 7.2　叶片模态振型对比

7.3　含不对中的叶片-机匣碰摩模型

图 7.3 为包含静态角不对中和平行不对中的叶片-机匣碰摩示意图，不对中的存在导致叶尖沿叶片宽度方向与机匣的距离是不相等的，在离心力、气动力的作用下叶片与机匣有可能发生点碰摩、局部碰摩。为了模拟点碰摩以及局部碰摩，将叶尖沿宽度方向等分成 20 份，即 21 个点，并将机匣简化为沿叶片径向的单自由度集中质量点。定义当叶尖只有一个点发生碰摩时为点碰摩，当有两个及两个以上点发生碰摩时为局部碰摩。图中 O_c、O 和 O_c' 分别为静止时刻的机匣中心、轮盘中心、发生碰摩后的机匣中心；R_c 为机匣半径；r_g 为初始叶尖轨迹半径，$r_g=L+R_d$；g_0 为机匣与轮盘同心时的平均间隙，$g_0=R_c-R_d-L$；k_c、c_c 为机匣的刚度及阻尼；β 为角不对中量；$c_{\min}$ 为不对中角为零时叶尖与机匣内壁之间的最小间隙，则叶尖 1 点与机匣之间的最小间隙 $c_{\min}^1$ 为

$$c_{\min}^1 = c_{\min} - [b\sin\beta + (L+R_d)\cos\beta - (L+R_d)] \tag{7.1}$$

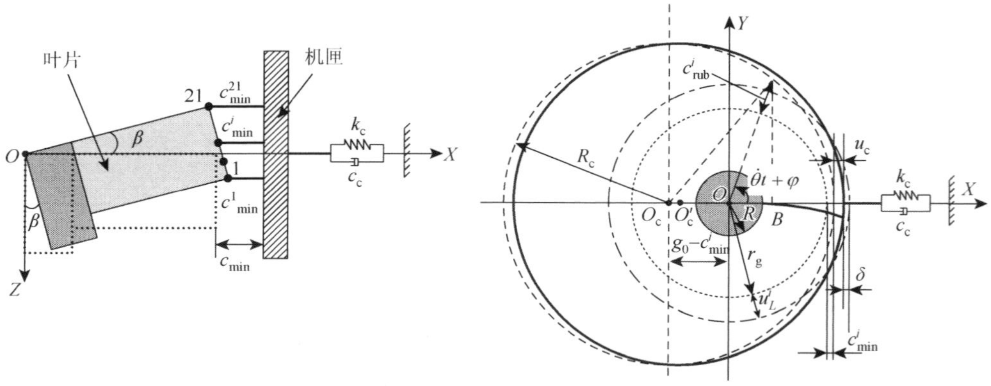

图 7.3　叶片-机匣碰摩示意图

●叶尖宽度方向上的等分点；………不对中角为 0 时，叶片和轮盘位置；－－－碰摩发生前机匣位置；………叶尖轨迹 $(\dot{\theta}=0)$；——碰摩发生后机匣位置；—－－叶尖轨迹 $(\dot{\theta}\neq 0)$

叶尖上各点与机匣之间的最小间隙为

$$c_{\min}^{i}=c_{\min}^{1}+\frac{(i-1)b}{20}\sin\beta\quad(i=1,2,3,\cdots,21)\tag{7.2}$$

式中，$c_{\min}^{i}$ 为叶尖第 i 个点与机匣之间的最小间隙。

由几何关系可得

$$\left((r_{\mathrm{g}}+c_{\mathrm{rub}}^{i})\sin(\dot{\theta}t+\varphi)\right)^{2}+\left(g_{0}-c_{\min}^{i}+(r_{\mathrm{g}}+c_{\mathrm{rub}}^{i})\cos(\dot{\theta}t+\varphi)\right)^{2}=R_{\mathrm{c}}^{2}\tag{7.3}$$

式中，φ 为相位角。

叶尖第 i 个点与机匣之间的间隙函数为

$$c_{\mathrm{rub}}^{i}=-(g_{0}-c_{\min}^{i})\cos\left(\dot{\theta}t+\varphi\right)+\sqrt{\left((g_{0}-c_{\min}^{i})\cos\left(\dot{\theta}t+\varphi\right)\right)^{2}-\left(g_{0}-c_{\min}^{i}\right)^{2}+R_{\mathrm{c}}^{2}}-r_{\mathrm{g}}\tag{7.4}$$

对于叶片-机匣碰摩，判定碰摩发生的条件是根据叶尖位移与间隙之间的关系来确定的，其中，间隙指的是叶尖与机匣内壁之间的径向距离。如果叶尖的径向位移超过了叶片与机匣内壁之间的间隙值，则在叶尖的法向和切向施加碰摩力；如果叶尖的径向位移小于叶片与机匣内壁之间的间隙值，则不发生碰摩，即

$$F_{\mathrm{n}}^{i}=\begin{cases}f_{\mathrm{n}}^{i}, & u_{L}^{i}>c_{\mathrm{rub}}^{i}+u_{\mathrm{c}}\\ 0, & u_{L}^{i}\leqslant c_{\mathrm{rub}}^{i}+u_{\mathrm{c}}\end{cases}\tag{7.5}$$

式中，u_{L}^{i} 和 u_{c} 分别为叶尖第 i 个点的径向位移和机匣位移；f_{n}^{i} 为叶尖第 i 个点的法向碰摩力。第 4 章中提出基于悬臂梁模型的叶片-机匣法向碰摩力的表达式，由于本节模型考虑了静态不对中，并把叶尖-机匣碰摩简化成了叶尖上 21 个点与机匣的碰摩，所以在模拟过程中，法向碰摩力应修改为原模型的 1/21，则叶尖第 i 点的法向碰摩力为

$$f_{\mathrm{n}}^{i}=\frac{-5\varGamma_{0}L\left(\dfrac{4R_{\mathrm{d}}+L}{L}\dfrac{\varGamma_{0}}{k_{\mathrm{c}}}-2\dfrac{\delta_{i}}{L}\right)+\sqrt{5}\left(R_{\mathrm{d}}+L\right)\varGamma_{0}\sqrt{5\dfrac{\varGamma_{0}}{k_{\mathrm{c}}}\left(\dfrac{\varGamma_{0}}{k_{\mathrm{c}}}+4\dfrac{L}{R_{\mathrm{d}}+L}\dfrac{\delta_{i}}{L}\right)+12\mu^{2}\dfrac{\delta_{i}}{L}}}{21(20\dfrac{\varGamma_{0}}{k_{\mathrm{c}}}-10\dfrac{L}{R_{\mathrm{d}}+L}\dfrac{\delta_{i}}{L}+6\dfrac{R_{\mathrm{d}}+L}{L}\mu^{2})}\tag{7.6}$$

式中，$\varGamma_{0}=EI\dfrac{3}{L^{3}}+\rho A\dot{\theta}^{2}(\dfrac{81}{280}L+\dfrac{3}{8}R_{\mathrm{d}})$；$\delta_i$ 为叶尖第 i 点的侵入量；k_{c} 为机匣刚度。其中 I 为截面惯性矩，$I=bh^3/12$。切向碰摩力为 $F_{\mathrm{t}}^{i}=\mu F_{\mathrm{n}}^{i}$，其中 μ 为叶片与机匣之间的摩擦系数。

7.4　叶片-机匣碰摩导致的振动响应分析

考虑静态不对中（角不对中和平行不对中）的影响，本节分析了升速过程中，机匣刚度、不对中角和叶片-机匣最小间隙对叶片和机匣振动响应的影响，所采用的升速区间为 0～10000r/min。同时，分析了某些定转速下的振动响应。详细的运

行工况和仿真参数如表 7.3 所示。

表 7.3　叶片-机匣碰摩仿真参数

运行工况	参变量	运行参数
工况 1	k_c=2MN/m	c_{min}=80μm，m_c=3.02kg，μ=0.3，c_c=1×10^3(N·s)/m，F_{e1}=454.5Pa，β=0.1°，$\ddot{\theta}$=100rad/s^2，k_e=10，φ=180°，g_0=2mm，ξ_1=ξ_2=0.01
工况 2	k_c=20MN/m	
工况 3	k_c=200MN/m	
工况 4	β=0.09°	c_{min}=85μm，m_c=3.02kg，μ=0.3，c_c=1×10^3(N·s)/m，F_{e1}=454.5Pa，k_c=20MN/m，$\ddot{\theta}$=100rad/s^2，k_e=10，φ=180°，g_0=2mm，ξ_1=ξ_2=0.01
工况 5	β=0.1°	
工况 6	β=0.11°	
工况 7	c_{min}=78μm	m_c=3.02kg，β=0.1°，c_c=1×10^3(N·s)/m，F_{e1}=454.5Pa，μ=0.3，k_c=20MN/m，$\ddot{\theta}$=100rad/s^2，k_e=10，φ=180°，g_0=2mm，ξ_1=ξ_2=0.01
工况 8	c_{min}=82μm	
工况 9	c_{min}=86μm	

7.4.1　机匣刚度的影响

不同机匣刚度下，转速从 0r/min 升速到 10000r/min 的瞬态法向碰摩力和稳定在 10000r/min 后的稳态碰摩力响应如图 7.4（a）所示。图中不同灰度颜色代表叶尖上不同点所受的法向碰摩力。叶尖 1 点的弯曲方向的位移时域图和三维谱图如图 7.4（b）和图 7.4（c）所示。图 7.5～图 7.8 分别为在 4889r/min、6329r/min、8330r/min 和 9214r/min 转速下的叶尖振动响应。由图 7.4～图 7.8 可以观察到如下的动力学现象。

（1）在升速过程中，叶片经历了未碰摩、点碰摩、局部碰摩的过程，并且在转速为 10000r/min 时，叶尖上前 7 个点与机匣发生了碰摩。机匣刚度从 2MN/m 变化为 20MN/m 时，叶尖法向碰摩力急剧增加，而从 20MN/m 变化为 200MN/m 时，法向碰摩力增加相对缓慢，同时，在大的机匣刚度下碰摩力波动更剧烈[图 7.4（a）]。

（2）随着机匣刚度的增加，碰摩程度加剧，工况 3 叶尖弯曲位移明显增大。在转速为 4889r/min、6329r/min、8330r/min 和 9214r/min 时出现了明显的超谐共振现象，这是由于 5f_r（对应于 4889r/min）、4f_r（对应于 6329r/min）和 3f_r（对应于 9214r/min）接近叶片的 1 阶弯曲动频，11f_r（对应于 8330r/min）接近叶片的 1 阶扭转动频。超谐共振转速为 9214r/min 时，相对于其他的超谐共振转速，共振峰值更大，共振现象更为明显。

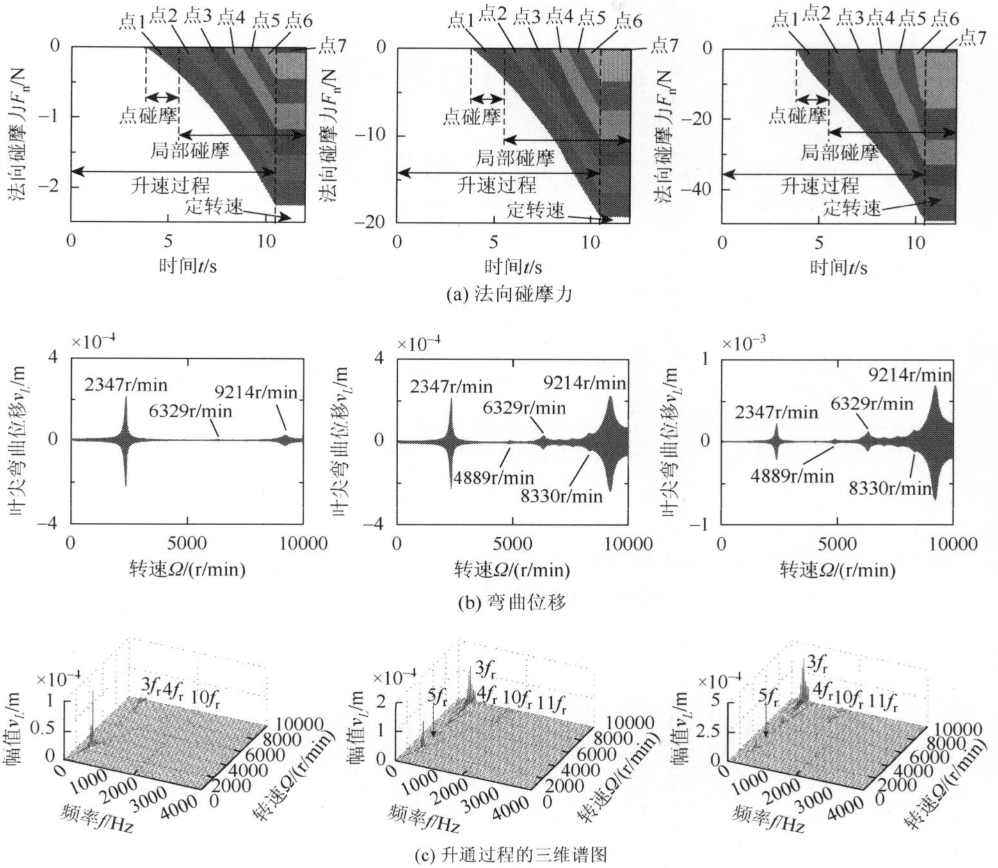

图 7.4　不同机匣刚度下叶尖振动响应（图从左到右刚度依次对应于 k_c=2MN/m、k_c=20MN/m、k_c=200MN/m）

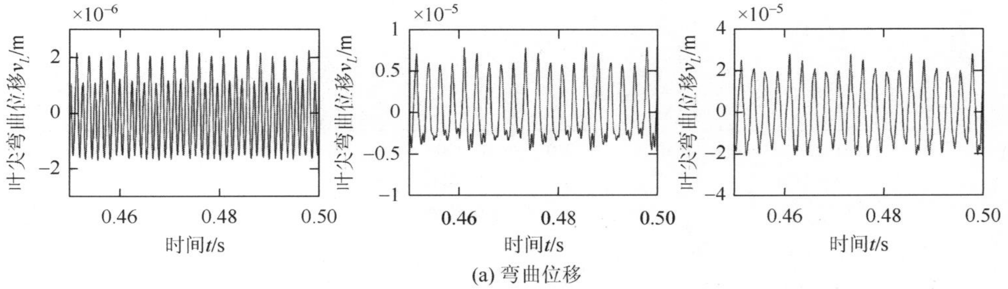

(a) 弯曲位移

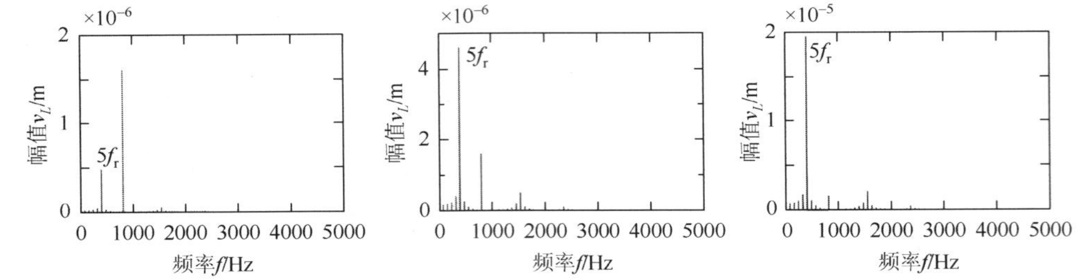

(b) 频谱图

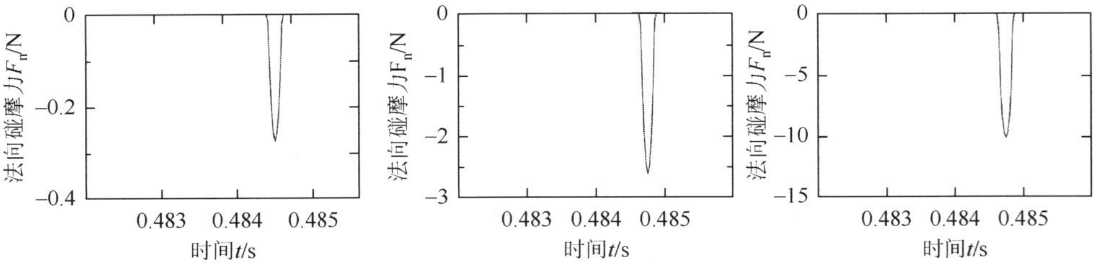

(c) 法向碰摩力

图 7.5　转速为 4889r/min 时不同机匣刚度下叶尖振动响应（图从左到右刚度依次对应于 k_c=2MN/m、k_c=20MN/m、k_c=200MN/m）

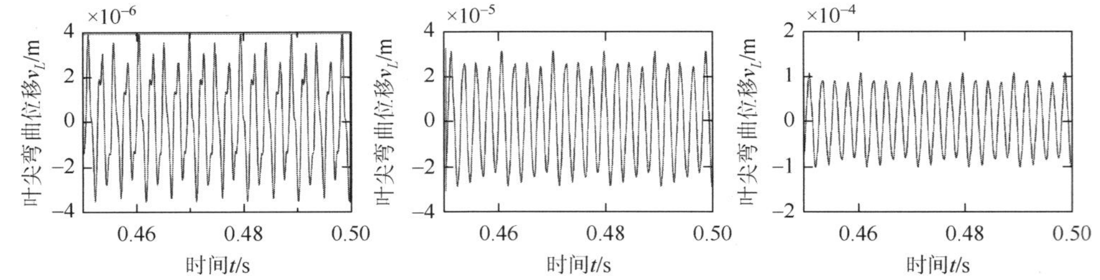

(a) 弯曲位移

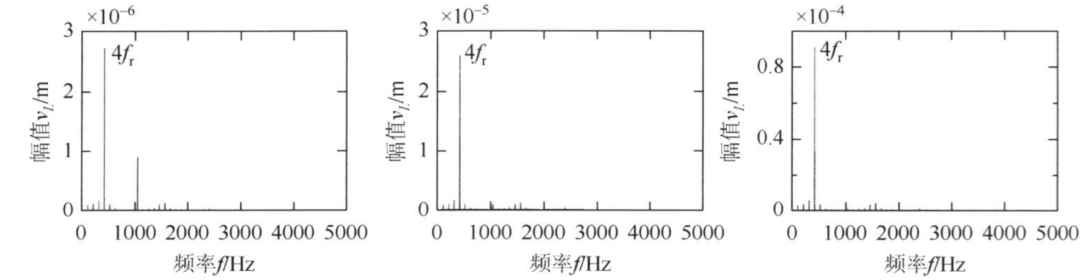

(b) 频谱图

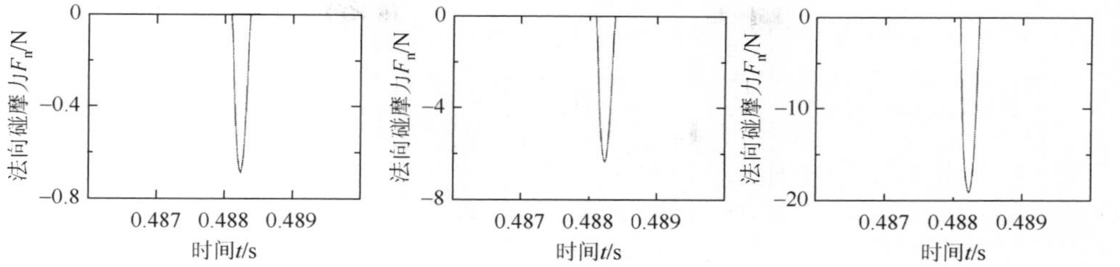

(c) 法向碰摩力

图 7.6　转速为 6329r/min 时不同机匣刚度下叶尖振动响应（图从左到右刚度依次对应于 k_c=2MN/m、k_c=20MN/m、k_c=200MN/m）

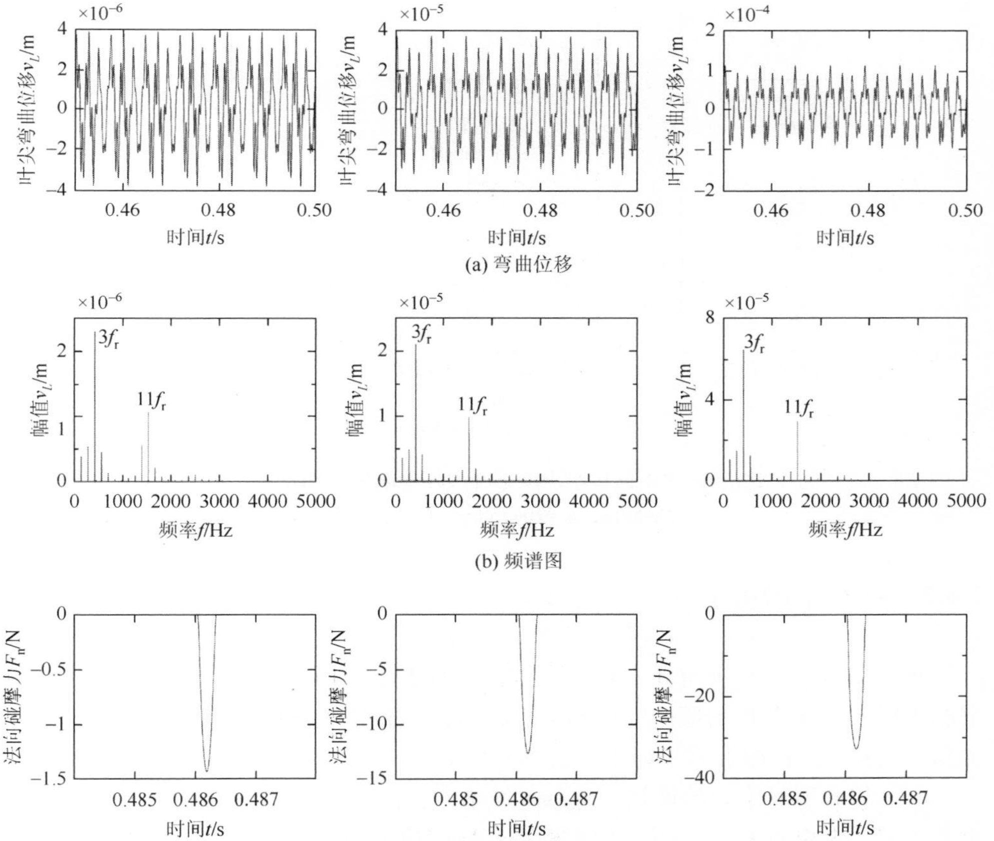

(c) 法向碰摩力

图 7.7　转速为 8330r/min 时不同机匣刚度下叶尖振动响应（图从左到右刚度依次对应于 k_c=2MN/m、k_c=20MN/m、k_c=200MN/m）

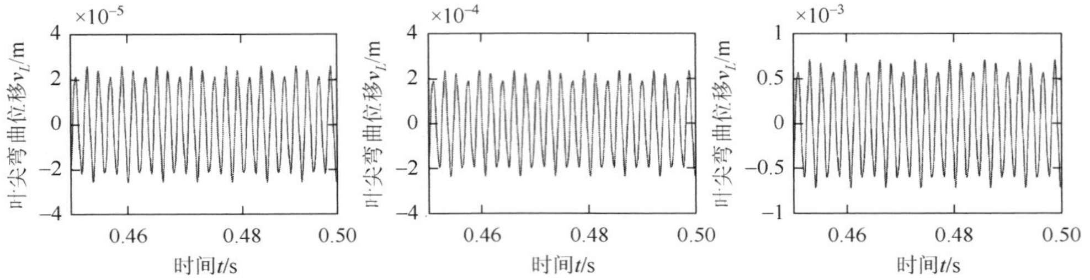

(a) 弯曲位移

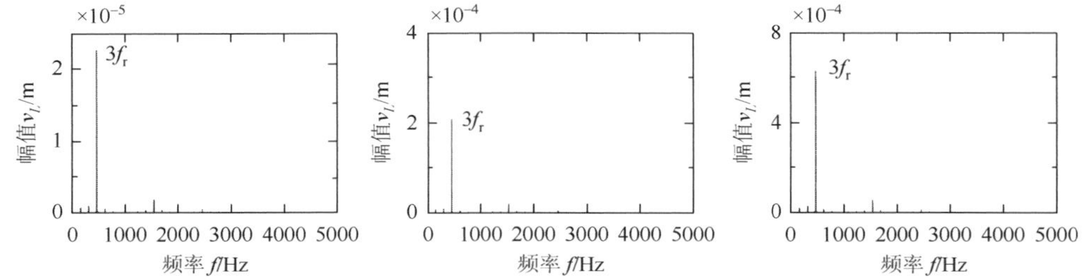

(b) 频谱图

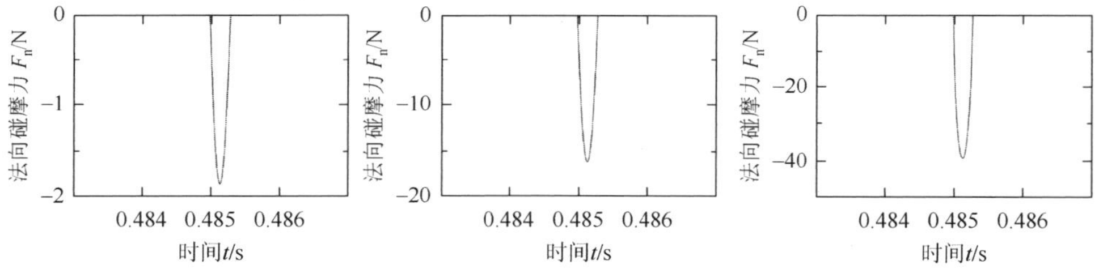

(c) 法向碰摩力

图 7.8　转速为 9214r/min 时不同机匣刚度下叶尖振动响应（图从左到右刚度依次对应于 k_c=2MN/m、k_c=20MN/m、k_c=200MN/m）

7.4.2　不对中的影响

本小节分析不对中角 β 对碰摩导致的叶片振动响应的影响，选取叶尖的法向碰摩力以及叶尖 1 点的弯曲位移响应进行讨论，工况 4、5 和 6 下的叶尖振动响应如图 7.9 所示。该图展示了如下动力学特性。

（1）随着不对中角的增加，碰摩区域增大；在工况 4、5 和 6 下，叶尖上分别有 4 个点、5 个点和 7 个点参与了碰摩，同时碰摩力也随之增大；碰摩开始时刻提前，点碰摩的持续时间增加［图 7.9（a)］。

（2）不对中角的增大导致叶尖-机匣碰摩更剧烈，引起超谐共振的转速明显增多［图 7.9（b)］。

（3）工况 6（不对中角最大）频率成分更丰富，$3f_r$、$4f_r$、$5f_r$ 和 $11f_r$ 处出现超谐共振现象，其中 $3f_r$、$4f_r$、$5f_r$ 接近叶片的 1 阶弯曲动频（f_{n1}），$11f_r$ 接近叶片的 1 阶扭转动频（f_{n2}），并且 $3f_r$ 激发的幅值放大现象更为明显［图 7.9（c）］。

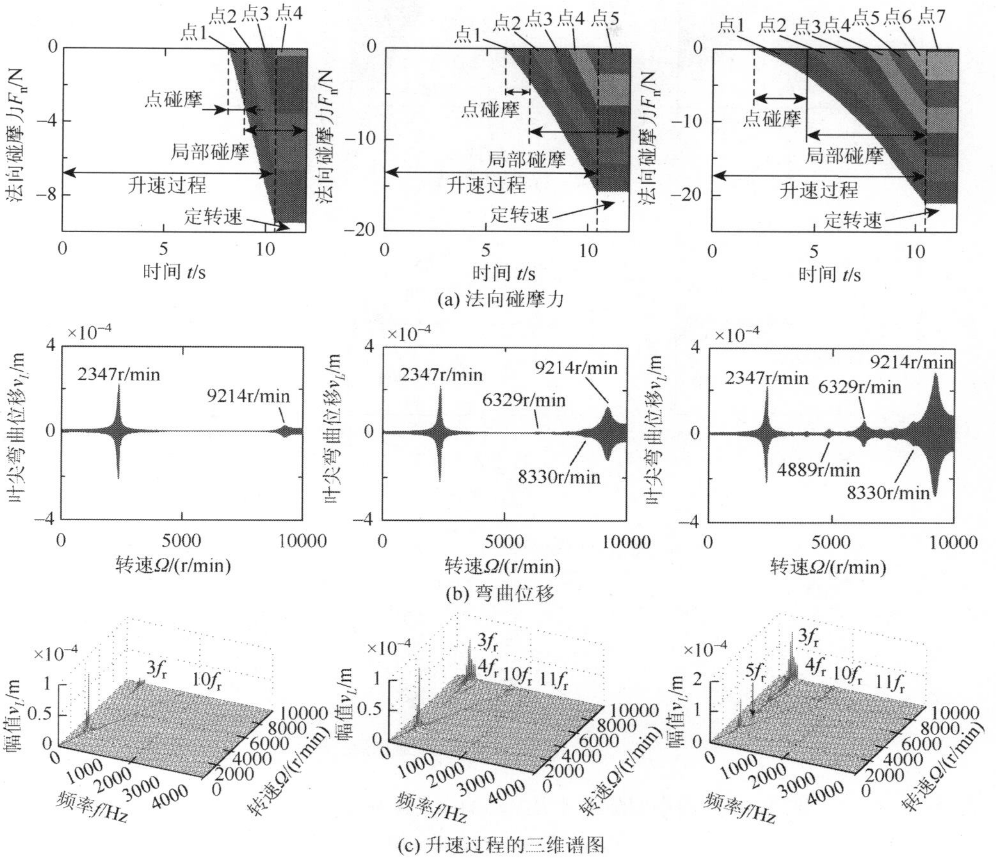

图 7.9 不同不对中角下叶尖振动响应（图从左到右依次对应于 β=0.09°、β=0.1°、β=0.11°）

7.4.3 叶片-机匣最小间隙的影响

图 7.10 为不同叶片-机匣最小间隙下，碰摩导致的振动响应，图 7.10（a）、图 7.10（b）、图 7.10（c）分别为法向碰摩力、叶尖 1 点弯曲位移和升速过程的三维谱图。由图可知，随着最小间隙的增加，碰摩区域和点碰摩的持续时间减小，在工况 7、8 和 9 下叶尖上分别有 7 个点、6 个点和 5 个点参与了碰摩［图 7.10（a）］。另外，最小间隙的增加能够削弱碰摩程度，使碰摩引起的超谐共振转速数目减少，超谐共振峰值降低，工况 7 所出现的超谐共振现象与工况 6 相似。

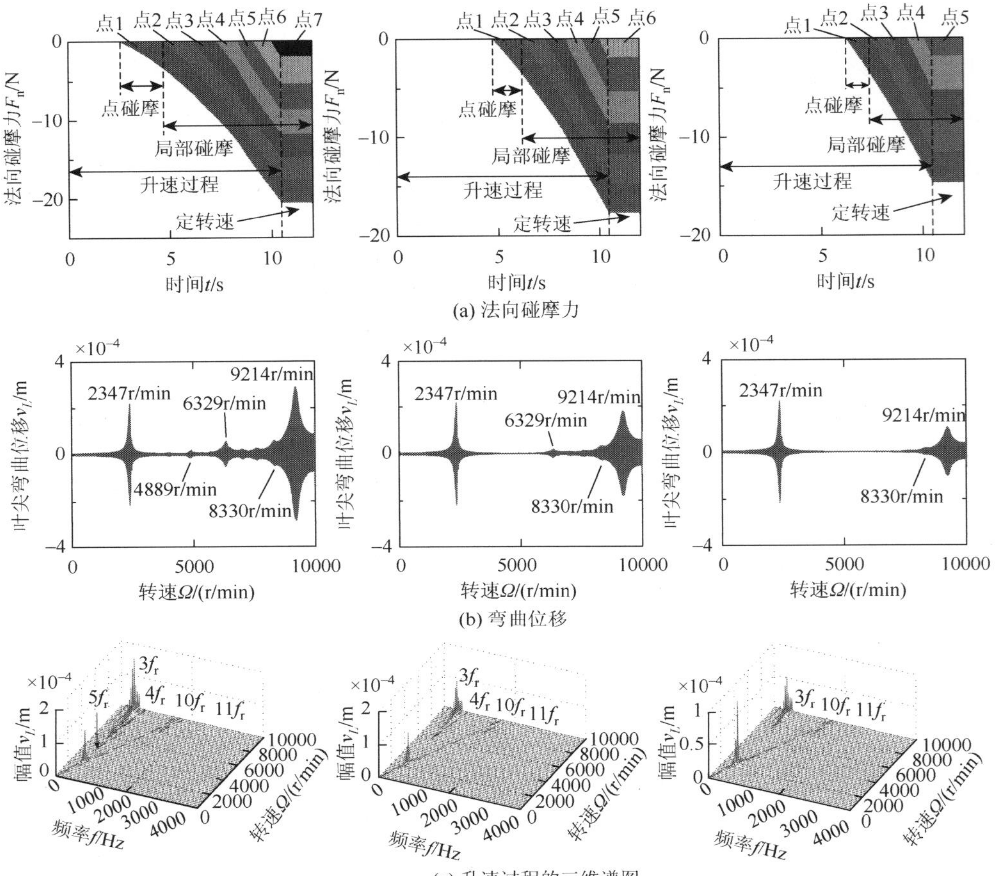

(a) 法向碰摩力

(b) 弯曲位移

(c) 升速过程的三维谱图

图 7.10　不同叶片-机匣最小间隙下叶尖振动响应（图从左到右依次对应于 c_{min}=78μm、c_{min}=82μm、c_{min}=86μm）

7.5　本 章 小 结

本章首先采用叶片有限元模型和 2.3 节所开发的解析模型，分析了旋转悬臂板的固有特性，并验证了解析模型的准确性。通过间隙判断函数，建立了含不对中的叶片-机匣碰摩模型，分析了在升速过程中，机匣刚度、不对中角和叶片-机匣最小间隙对叶片-机匣碰摩导致的振动响应的影响。主要结论如下。

（1）随着转速的增加，叶尖碰摩区域增大，出现两种碰摩形式：点碰摩和局部碰摩。在升速过程中，超谐共振现象在 $3f_r$、$4f_r$、$5f_r$ 和 $11f_r$ 处出现，这是由于转频的倍频接近叶片的动频。其中，$3f_r$、$4f_r$ 和 $5f_r$ 接近叶片的 1 阶动频（f_{n1}），$11f_r$ 接近叶片的 2 阶动频（1 阶扭转动频，f_{n2}），并且 $3f_r$ 引起的超谐共振现象更为明显。

（2）机匣刚度主要影响叶片-机匣碰摩的程度，即机匣刚度越大，法向碰摩力越大，反弹的影响越严重。不对中角和叶片-机匣的最小间隙主要影响叶尖碰摩区域的大小、点碰摩的持续时间和碰摩程度。不对中角的增加会导致叶尖碰摩区域增大，点碰摩的持续时间增加，碰摩加剧，超谐共振现象多次出现。而叶片-机匣最小间隙的影响与不对中角的影响相反。

第 8 章　基于变厚度壳的叶片-机匣碰摩动力学

8.1　概　　述

目前有关叶片-机匣碰摩方面的研究很多采用悬臂梁和悬臂板模型，这与真实叶片的扭形变截面结构存在较大的差距，为了更好地模拟叶片的结构特征，很多学者采用了三维有限元模型来模拟，相对于梁和板结构而言，虽然准确性大幅提高，但计算效率却十分低下。为了解决效率和精度之间的矛盾，本章基于 ANSYS 软件，采用变厚度壳单元（Shell181）对真实叶片进行建模，考虑叶片的旋转效应，建立整体坐标系下的间隙函数，对叶尖各个节点进行间隙判定，确定碰摩发生的位置，并讨论了气动力幅值、静态不对中、机匣刚度和气动力频率（与叶片前障碍物数目相关）对叶片碰摩响应的影响。

8.2　基于变厚度壳的叶片有限元模型

叶片的运动微分方程可以写为

$$\boldsymbol{M}\ddot{\boldsymbol{u}}+[\boldsymbol{D}+\boldsymbol{G}(\omega)]\dot{\boldsymbol{u}}+[\boldsymbol{K}_{\mathrm{e}}+\boldsymbol{K}_{\mathrm{c}}(\omega)+\boldsymbol{K}_{\mathrm{s}}(\omega)+\boldsymbol{K}_{\mathrm{acc}}(\dot{\omega})]\boldsymbol{u}=\boldsymbol{F} \tag{8.1}$$

式中，$\boldsymbol{M}$、$\boldsymbol{D}$、$\boldsymbol{G}(\omega)$、$\boldsymbol{K}_{\mathrm{e}}$、$\boldsymbol{K}_{\mathrm{c}}(\omega)$、$\boldsymbol{K}_{\mathrm{s}}(\omega)$和 $\boldsymbol{K}_{\mathrm{acc}}(\dot{\omega})$分别为整体质量矩阵、阻尼矩阵、科氏力矩阵、结构刚度矩阵、应力刚化矩阵、旋转软化矩阵和加速度导致的刚度矩阵；$\boldsymbol{u}$ 和 $\boldsymbol{F}$ 分别表示位移和外激振力向量。叶片的整体质量矩阵可以表示为

$$\boldsymbol{M}=\sum_{i=1}^{n}\boldsymbol{M}_{\mathrm{ext}}^{i} \tag{8.2}$$

式中，n 表示单元数；$\boldsymbol{M}_{\mathrm{ext}}^{i}$ 为第 i 个单元质量矩阵 $\boldsymbol{M}^{i}$ 的扩展矩阵。$\boldsymbol{M}^{i}$ 的表达式为

$$\boldsymbol{M}^{i}=\int_{V}\boldsymbol{N}^{\mathrm{T}}\boldsymbol{N}\rho\mathrm{d}V \tag{8.3}$$

式中，$\boldsymbol{N}$ 表示形函数矩阵；ρ 为材料密度；V 为单元体积。假设叶片有 p 个节点，每个节点有 q 个自由度，$\boldsymbol{M}_{\mathrm{ext}}^{i}$ 是将 $\boldsymbol{M}^{i}$ 扩充为 $p\times q$ 阶方阵，并只在各自单元中节点所对应的元素上有值，其余元素为零。下面的矩阵组集方式同质量矩阵。

$\boldsymbol{G}(\omega)$为叶片整体科氏力矩阵，其表达式为

$$\boldsymbol{G}(\omega)=\sum_{i=1}^{n}\boldsymbol{G}_{\mathrm{ext}}^{i}(\omega) \tag{8.4}$$

式中，$\boldsymbol{G}_{\text{ext}}^i(\omega)$ 为 $\boldsymbol{G}^i(\omega)$ 的扩展矩阵。$\boldsymbol{G}^i(\omega)=2\int_V \boldsymbol{N}^{\text{T}}\boldsymbol{\Omega}\boldsymbol{N}\rho\text{d}V$ 表示单元科氏力矩阵，$\boldsymbol{\Omega}$ 为和转速 ω 有关的矩阵。

$\boldsymbol{K}_{\text{e}}$ 为叶片整体结构刚度矩阵，其表达式为

$$\boldsymbol{K}_{\text{e}}=\sum_{i=1}^{n}\boldsymbol{K}_{\text{e\_ext}}^i \tag{8.5}$$

式中，$\boldsymbol{K}_{\text{e\_ext}}^i$ 为 $\boldsymbol{K}_{\text{e}}^i$ 的扩展矩阵。$\boldsymbol{K}_{\text{e}}^i=\int_V \boldsymbol{B}^{\text{T}}\boldsymbol{C}\boldsymbol{B}\text{d}V$ 表示单元结构刚度矩阵，$\boldsymbol{B}$ 为应变矩阵，对于特定结构，$\boldsymbol{B}$ 与选取的形函数有关，$\boldsymbol{C}$ 为弹性矩阵。

$\boldsymbol{K}_{\text{c}}$ 为叶片整体应力刚化矩阵，其表达式为

$$\boldsymbol{K}_{\text{c}}(\omega)=\sum_{i=1}^{n}\boldsymbol{K}_{\text{c\_ext}}^i(\omega) \tag{8.6}$$

式中，$\boldsymbol{K}_{\text{c\_ext}}^i(\omega)$ 为 $\boldsymbol{K}_{\text{c}}^i(\omega)$ 的扩展矩阵。$\boldsymbol{K}_{\text{c}}^i(\omega)=\int_V \bar{\boldsymbol{G}}^{\text{T}}\boldsymbol{\tau}(\omega)\bar{\boldsymbol{G}}\text{d}V$ 表示单元应力刚化矩阵，$\bar{\boldsymbol{G}}$ 为形函数对坐标求偏导得到的矩阵，$\boldsymbol{\tau}(\omega)$为整体笛卡儿坐标系下的柯西应力矩阵。

$\boldsymbol{K}_{\text{s}}(\omega)$为叶片整体旋转软化矩阵，其表达式为

$$\boldsymbol{K}_{\text{s}}(\omega)=\sum_{i=1}^{n}\boldsymbol{K}_{\text{s\_ext}}^i(\omega) \tag{8.7}$$

式中，$\boldsymbol{K}_{\text{s\_ext}}^i(\omega)$ 为 $\boldsymbol{K}_{\text{s}}^i(\omega)$ 的扩展矩阵。$\boldsymbol{K}_{\text{s}}^i(\omega)=\boldsymbol{\Omega}^{\text{T}}\boldsymbol{\Omega}\boldsymbol{M}^i$ 为单元软化矩阵。

$\boldsymbol{K}_{\text{acc}}(\dot{\omega})$ 为叶片加速度导致的刚度矩阵，其表达式为

$$\boldsymbol{K}_{\text{acc}}(\dot{\omega})=\sum_{i=1}^{n}\boldsymbol{K}_{\text{acc\_ext}}^i(\dot{\omega}) \tag{8.8}$$

式中，$\boldsymbol{K}_{\text{acc\_ext}}^i(\dot{\omega})$ 为 $\boldsymbol{K}_{\text{acc}}^i(\dot{\omega})$ 的扩展矩阵。$\boldsymbol{K}_{\text{acc}}^i(\dot{\omega})=\int_V \rho\boldsymbol{N}^{\text{T}}\dot{\boldsymbol{\Omega}}\boldsymbol{N}\text{d}V$ 为单元加速度导致的刚度矩阵。

$\boldsymbol{D}$ 为叶片整体阻尼矩阵，其表达式为

$$\boldsymbol{D}=\alpha\boldsymbol{M}+\beta[\boldsymbol{K}_{\text{e}}+\boldsymbol{K}_{\text{c}}(\omega)+\boldsymbol{K}_{\text{s}}(\omega)+\boldsymbol{K}_{\text{acc}}(\dot{\omega})] \tag{8.9}$$

式中，$\alpha=\dfrac{4\pi f_{\text{n1}}f_{\text{n2}}(f_{\text{n1}}\xi_2-f_{\text{n2}}\xi_1)}{(f_{\text{n1}}^2-f_{\text{n2}}^2)}$；$\beta=\dfrac{f_{\text{n2}}\xi_2-f_{\text{n1}}\xi_1}{\pi(f_{\text{n2}}^2-f_{\text{n1}}^2)}$。其中，$f_{\text{n1}}$ 和 f_{n2} 表示第 1 阶和第 2 阶叶片固有频率，Hz；ξ_1=0.01 和 ξ_2=0.02 分别为对应的模态阻尼比。

针对一个悬臂变截面扭形叶片，本章基于 ANSYS 软件，采用 Shell181 单元建立了叶片的有限元模型。在有限元模型中，每个壳单元有 4 个节点，每个节点有 6 个自由度，叶片单元的厚度 ε 随着叶片空间位置的变化而变化，其厚度通过压力面和吸力面的轮廓数据来确定。为了方便地建立叶片的有限元模型，叶片厚度可表示为一个与叶片位置坐标有关的多项式函数，其表达式为

$$\begin{aligned}\varepsilon = a_0 + a_1x + a_2y + a_3z + a_4xy + a_5xz + a_6yz + a_7x^2 + a_8y^2 + a_9z^2 + a_{10}x^2y \\ + a_{11}x^2z + a_{12}y^2x + a_{13}y^2z + a_{14}z^2y + a_{15}z^2x + a_{16}x^3 + a_{17}y^3 + a_{18}z^3\end{aligned} \tag{8.10}$$

多项式系数值如表 8.1 所示。

表 8.1 叶片厚度表达式系数值

系数	数值	系数	数值	系数	数值
a_0	103.483493320281	a_7	−0.0132663383259381	a_{14}	$4.04545648878032\times10^{-5}$
a_1	−1.28642406148245	a_8	−0.128205293361446	a_{15}	$-2.42013326974853\times10^{-5}$
a_2	4.82238416808146	a_9	0.00341415846367103	a_{16}	$-5.67048041492172\times10^{-6}$
a_3	−0.9902020608432	a_{10}	$9.41915436461449\times10^{-5}$	a_{17}	0.00128770324765455
a_4	−0.000906821489512604	a_{11}	$4.09788615479160\times10^{-5}$	a_{18}	$-4.18793453072765\times10^{-6}$
a_5	0.0113993681462746	a_{12}	−0.000361912494606473		
a_6	−0.0307058945762916	a_{13}	0.000400229210329633		

叶片的变厚度壳有限元模型如图 8.1 所示。图中叶片根部被全约束，叶尖被等分为 20 个单元、21 个节点，叶片被划分为 400 个单元、441 个节点。

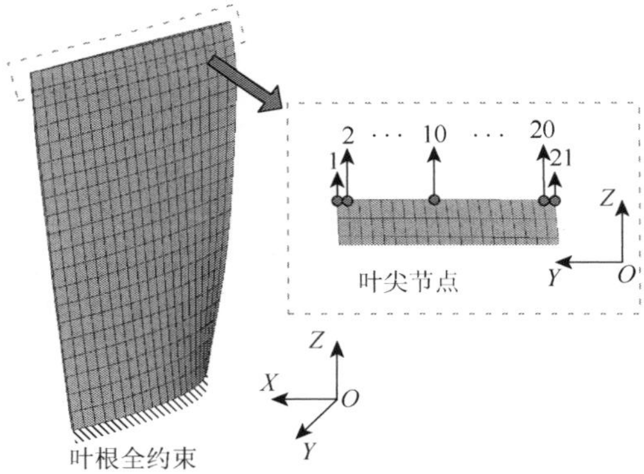

图 8.1 叶片有限元模型

8.3 叶片固有特性分析

为了验证变厚度壳叶片动力学模型的有效性，本节基于 ANSYS 软件，对比壳单元（Shell181）和实体单元（Solid186）两种模型所得到的动频和零转速下的模态振型，两种模型的有限元网格如图 8.2 所示。需要说明的是，两种模型叶根位置均被完全约束，对于壳模型，叶根位置曲线被全约束；对于实体模型，叶根底面被全约束。

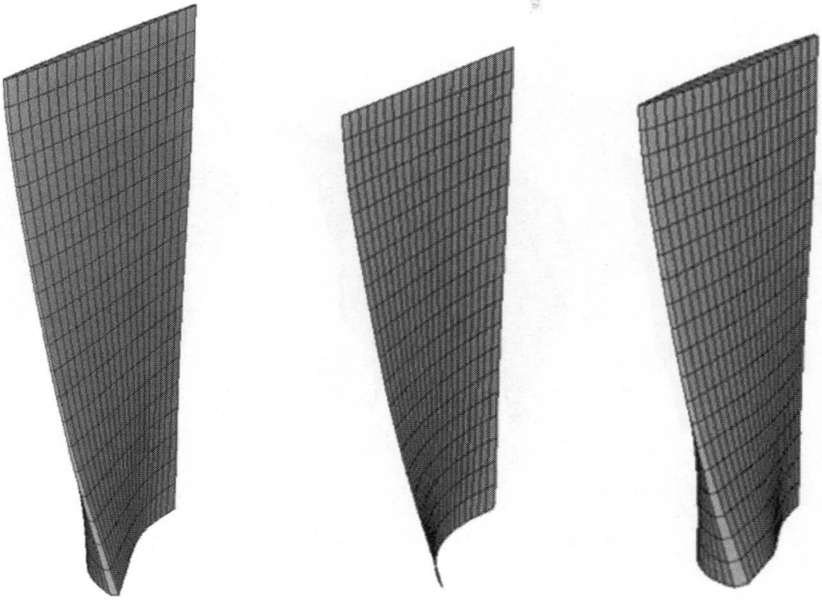

(a) 实体单元(Solid186)　(b) 壳单元(Shell181)　(c) 显示厚度的壳单元

图 8.2　ANSYS 软件有限元网格

基于壳单元和实体单元得到的前 3 阶动频（f_{n1}、f_{n2} 和 f_{n3}）和对应的零转速下模态振型分别如图 8.3 和图 8.4 所示。图 8.3 中 f_{n1}、f_{n2} 和 f_{n3} 分别对应叶片的第 1 阶弯

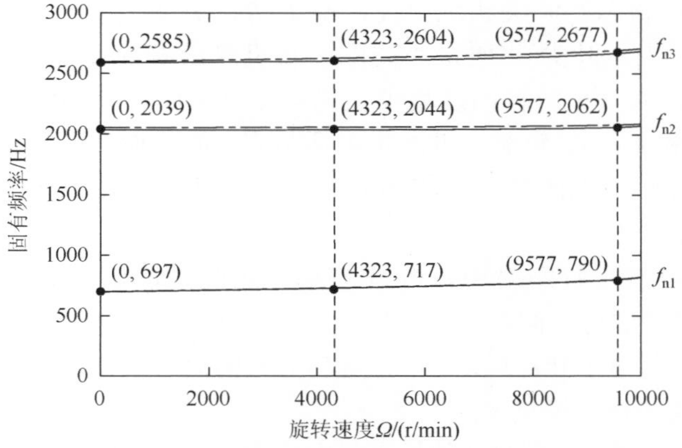

图 8.3　考虑离心刚化、旋转软化和科氏力作用下叶片动频

———壳单元；—·-·—实体单元；（A，B）中 A 表示转速，B 表示动频

曲、第 1 阶扭转和第 2 阶弯曲模态。对比结果表明，采用变厚度壳单元获得的叶片的动频、模态振型与实体单元所获得结果吻合很好，这也验证了变厚度壳有限元模型的有效性。

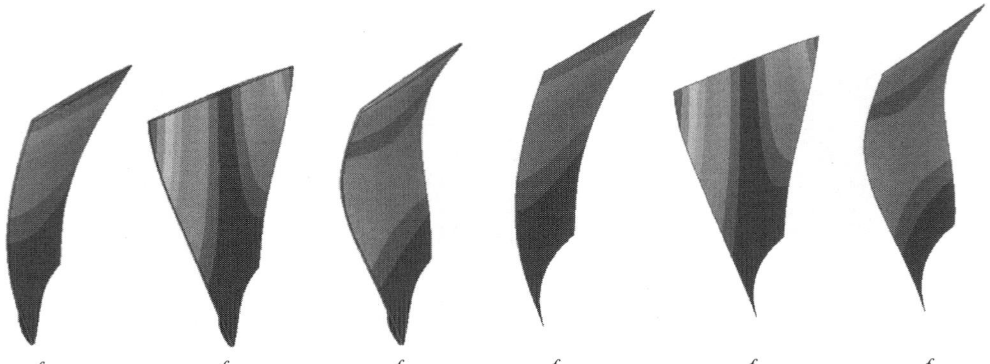

(a) 实体单元(Solid186)　(b) 壳单元(Shell181)

图 8.4　叶片前 3 阶模态振型（零转速）

8.4　叶片-机匣碰摩模型

在升速工况下，考虑静态平行不对中量 e_c 和离心力导致的叶片伸长影响，叶尖-机匣间隙变化示意图如图 8.5 所示。图中叶尖节点位置通过一个全局坐标系 $OXYZ$ 来描述，O 和 O_c 分别表示盘片中心和静止机匣中心。R_c 表示机匣半径；r_g 表示静止状态下叶尖轨迹半径，$r_g=L+R_d$，L 和 R_d 分别表示叶片长度和盘的半径；c_{min} 表示叶尖-机匣最小间隙。将机匣沿着旋转轴方向划分为 21 部分，每部分简化为一个两自由度集中质量点，自由度方向为叶片的弯曲和径向方向。k_{ci}、c_{ci} 和 k_{ti}、c_{ti} 分别为机匣集中质量点 i 的径向和切向的刚度和阻尼。在 ANSYS 软件中，机匣的这些集中质量点被刚性耦合在一起，以此来模拟机匣的整体平动。

由于存在静态平行不对中，叶片与机匣之间的间隙随时间变化。为了在 ANSYS 软件中考虑这种间隙变化，假设叶片静止，叶片的径向和弯曲方向为 Z 和 X 方向，机匣相对于叶片运动，叶片旋转导致的离心刚化、旋转软化和科氏力，通过相应的矩阵来进行模拟。

通过计算叶尖节点 i 和对应的机匣集中质量点 i 之间的间隙 c_{rub}^i 来判断叶尖参与碰摩的节点，并基于此计算碰摩力，c_{rub}^i 表达式为

$$c_{\text{rub}}^{i}=c^{i}-u_{\text{Zb}}^{i}+u_{\text{Zc}}^{i} \tag{8.11}$$

式中，u_{Zb}^{i} 和 u_{Zc}^{i} 分别为叶尖节点 i 和机匣集中质量点 i 的径向位移。值得注意的是，机匣在叶片弯曲方向的振动对 c_{rub}^{i} 的影响未考虑。

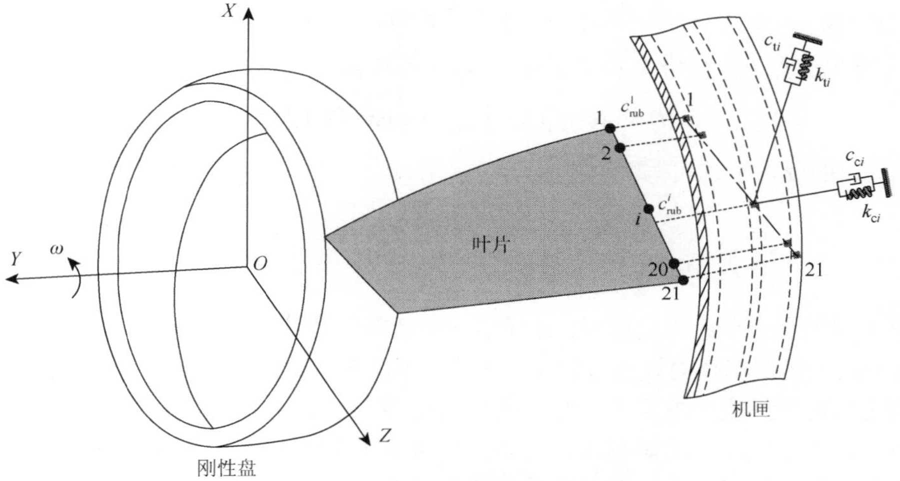

(a) 间隙三维示意图

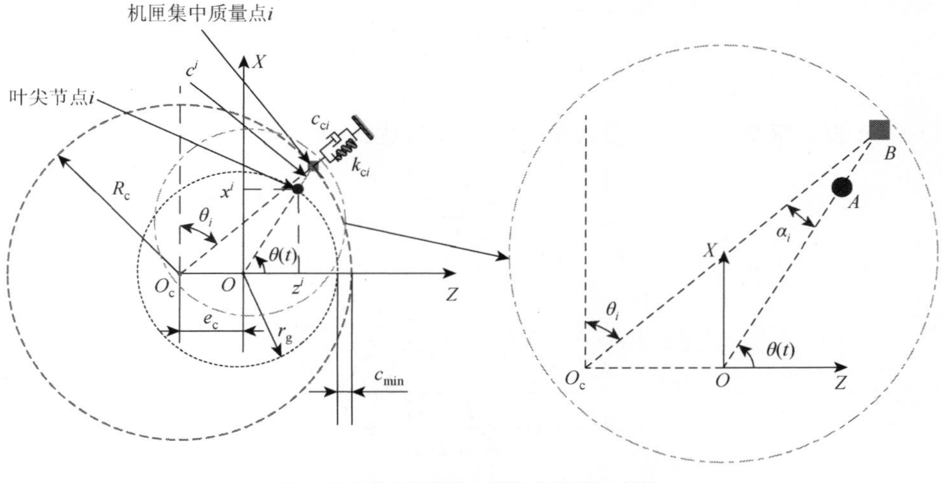

(b) 叶尖节点i和机匣集中质量点i间隙示意图

图 8.5　叶尖-机匣间隙示意图

●叶尖节点；■机匣集中质量点；——·——刚性耦合；- - - - - -碰摩前机匣位置；··········叶尖节点 i 的运动轨迹；

$\theta(t)=\omega t+\varphi_{i0}$，$\varphi_{i0}$ 为初始相位角，$\varphi_{i0}=\arctan(X_{0}^{i}/Z_{0}^{i})$

c^i 的表达式为

$$c^i=\begin{cases} R_\mathrm{c}\sin(\pi/2-\theta_i(t))/\sin\theta(t)-r_\mathrm{g}, & \theta(t)\neq n\pi, n\text{为整数} \\ c_{\min}, & \theta(t)=2n\pi, n\text{为整数} \\ 2R_\mathrm{c}-2r_\mathrm{g}-c_{\min}, & \theta(t)=(2n+1)\pi, n\text{为整数} \end{cases} \tag{8.12}$$

式中，$R_\mathrm{c}=l_{O_\mathrm{c}B}$；$\theta_i(t)=\pi/2-\theta(t)+\alpha_i(t)$（图 8.5）。$\varphi_{i0}=\arctan(X_0^i/Z_0^i)$，这里 X_0^i 和 Z_0^i 表示叶尖节点 i 的初始 X 和 Z 坐标。$\alpha_i(t)$ 可写为

$$\alpha_i(t)=\arcsin[(R_\mathrm{c}-c_{\min}-r_\mathrm{g})\sin\theta(t)/R_\mathrm{c}] \tag{8.13}$$

叶尖节点 i 的侵入量 δ_i 可写为

$$\delta_i=\begin{cases} -c_\mathrm{rub}^i, & c_\mathrm{rub}^i<0 \\ 0, & c_\mathrm{rub}^i\geqslant 0 \end{cases} \tag{8.14}$$

第 4 章采用一个悬臂梁模型，推导了一个新的叶片-机匣法向碰摩力的表征模型，由于这个模型在叶尖只能考虑为一个点，不能考虑碰摩力在弦长方向的分布，而本章采用的变厚度壳单元，在叶尖弦向存在多个节点，需要将碰摩力离散加载到节点上。由于变厚度的影响，在离心力作用下每个叶尖节点的伸长量不同，导致叶尖节点受到的碰摩力不同，因此需要修订该模型，以适用这种新的局部碰摩形式。叶尖节点 i 的法向碰摩力修订为

$$F_{Z\mathrm{b}}^i=f_\mathrm{n}\frac{\delta_i}{\delta} \tag{8.15}$$

式中，δ 表示每个叶尖节点侵入量之和，其表达式为

$$\delta=\sum_{i=1}^{n}\delta_i \tag{8.16}$$

f_n 的表达式为

$$f_\mathrm{n}=\frac{-5\varGamma_0L\left(\dfrac{R_\mathrm{d}+L}{L}\dfrac{\varGamma_0}{k_{ci}}-2\dfrac{\delta_i}{L}\right)+\sqrt{5}(R_\mathrm{d}+L)\varGamma_0\sqrt{5\dfrac{\varGamma_0}{k_{ci}}\left(\dfrac{\varGamma_0}{k_{ci}}+4\dfrac{L}{R_\mathrm{d}+L}\dfrac{\delta_i}{L}\right)+12\mu^2\dfrac{\delta_i}{L}}}{20\dfrac{\varGamma_0}{k_{ci}}-10\dfrac{L}{R_\mathrm{d}+L}\dfrac{\delta_i}{L}+6\dfrac{R_\mathrm{d}+L}{L}\mu^2} \tag{8.17}$$

式中，$\varGamma_0=EI\dfrac{3}{L^3}+\rho A\dot{\theta}^2\left(\dfrac{81}{280}L+\dfrac{3}{8}R_\mathrm{d}\right)$，其中，$I$ 为叶片截面惯性矩。

叶尖节点 i 的切向碰摩力表达式为

$$F_{X\mathrm{b}}^i=\mu F_{Z\mathrm{b}}^i \tag{8.18}$$

式中，μ 为叶片-机匣的摩擦系数。详细的仿真流程图如图 8.6 所示。

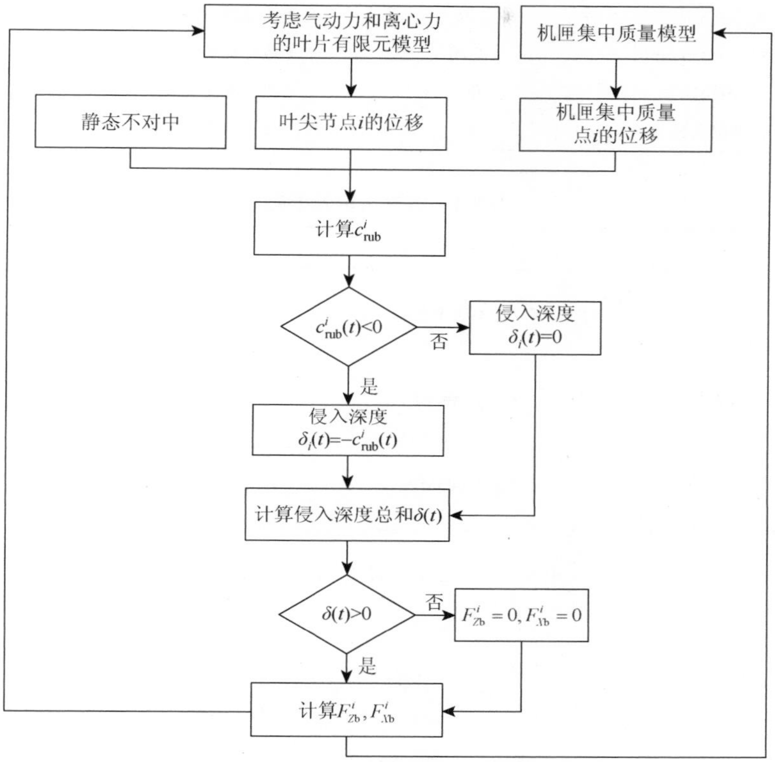

图 8.6　叶片-机匣碰摩仿真流程图

F^i_{Xb} -叶尖节点 i 的切向碰摩力；F^i_{Zb} -叶尖节点 i 的法向碰摩力；
c^i_{rub} -叶尖节点 i 和对应的机匣集中质量点之间的间隙

8.5　叶片-机匣碰摩动力学特性分析

本节气动力采用施加在叶片表面的压力来模拟，仅采用一次谐波载荷，见式（2.29）。考虑升速过程中加速度的影响，即 $F_{\mathrm{e}}=F_{\mathrm{e1}}\sin(k_{\mathrm{e}}\theta)$，式中，$\theta$ 为旋转角，其表达式为 $\theta=\dfrac{1}{2}\ddot{\theta}t^2$，取 $\ddot{\theta}=100\ \mathrm{rad/s^2}$。叶片、刚性轮盘和机匣参数如表 8.2 所示。本章主要分析升速过程中（0～10000r/min），气动力幅值、静态不对中、机匣刚度和气动力频率对叶片和机匣系统振动响应的影响。详细的仿真工况如表 8.3 所示。

表 8.2　叶片旋转系统参数

材料参数	数值	轮盘、叶片和机匣参数	数值
杨氏模型 E/GPa	125	轮盘的半径 R_d/mm	216.52
密度 ρ/（kg/m^3）	4370	等效叶片长度 L/mm	88.6
泊松比 υ	0.3	机匣质量 m_c/kg	1
摩擦系数 μ	0.3	机匣半径 R_c/mm	306.82

表 8.3　仿真工况及参数

参数	变化的参数值	不变的参数值
气动力幅值	F_{e1}=0.003MPa F_{e1}=0.004MPa F_{e1}=0.005MPa	e_c=1.6mm（$c_{\min}$=0.1mm）， $k_{ci}=\dfrac{5}{21}\times10^6(i=1,\cdots,21)\text{N/m}$， k_e=10，$k_{ti}=\dfrac{4}{21}\times10^6(i=1,\cdots,21)\text{N/m}$， $c_{ti}=c_{ci}=\dfrac{1}{21}\times10^3(i=1,\cdots,21)(\text{N}\cdot\text{s})/\text{m}$， $m_i=\dfrac{1}{21}(i=1,\cdots,21)\text{kg}$
静态不对中	e_c=1.55mm（$c_{\min}$=0.15mm） e_c=1.6mm（$c_{\min}$=0.1mm） e_c=1.65mm（$c_{\min}$=0.05mm）	F_{e1}=0.004MPa，$e_c+c_{\min}=1.7$mm， k_e=10，$k_{ci}=\dfrac{5}{21}\times10^6(i=1,\cdots,21)\text{N/m}$， $k_{ti}=\dfrac{4}{21}\times10^6(i=1,\cdots,21)\text{N/m}$， $c_{ti}=c_{ci}=\dfrac{1}{21}\times10^3(i=1,\cdots,21)(\text{N}\cdot\text{s})/\text{m}$， $m_i=\dfrac{1}{21}(i=1,\cdots,21)\text{kg}$
机匣刚度	$k_{ci}=\dfrac{1}{21}\times10^6(i=1,\cdots,21)\text{N/m}$ $k_{ci}=\dfrac{2.5}{21}\times10^6(i=1,\cdots,21)\text{N/m}$ $k_{ci}=\dfrac{5}{21}\times10^6(i=1,\cdots,21)\text{N/m}$	F_{e1}=0.004MPa，e_c=1.6mm（$c_{\min}$=0.1mm）， k_e=10，$k_{ti}=\dfrac{4}{21}\times10^6(i=1,\cdots,21)\text{N/m}$， $c_{ti}=c_{ci}=\dfrac{1}{21}\times10^3(i=1,\cdots,21)(\text{N}\cdot\text{s})/\text{m}$， $m_i=\dfrac{1}{21}(i=1,\cdots,21)\text{kg}$
叶片前障碍物数目	k_e=20 k_e=40 k_e=60	F_{e1}=0.004MPa，e_c=1.6mm（$c_{\min}$=0.1mm）， $k_{ti}=\dfrac{4}{21}\times10^6(i=1,\cdots,21)\text{N/m}$ $k_{ci}=\dfrac{5}{21}\times10^6(i=1,\cdots,21)\text{N/m}$， $c_{ti}=c_{ci}=\dfrac{1}{21}\times10^3(i=1,\cdots,21)(\text{N}\cdot\text{s})/\text{m}$， $m_i=\dfrac{1}{21}(i=1,\cdots,21)\text{kg}$

在叶片从 0～10000r/min 的升速过程中，无碰摩工况下叶尖振动响应如图 8.7 所示。由图可知，在气动载荷作用下，仅有叶片的第 1 阶弯曲共振出现，其共振转速为 4323r/min，此时气动激励频率和叶片第 1 阶动频 f_{n1} 相一致。对于径向位移，节点 1 的位移均值随着转速的增加而减小，而节点 11 和节点 21 的位移均值随着转速的增加而增大。对于弯曲位移，节点 1 的位移均值轻微增加，而节点 11 和节点 21 的位移均值随着转速的增加有较大幅度的增大。这些振动现象表明，对于扭形变截面叶片而言，叶尖节点的振动是与叶尖弦向位置密切相关的。

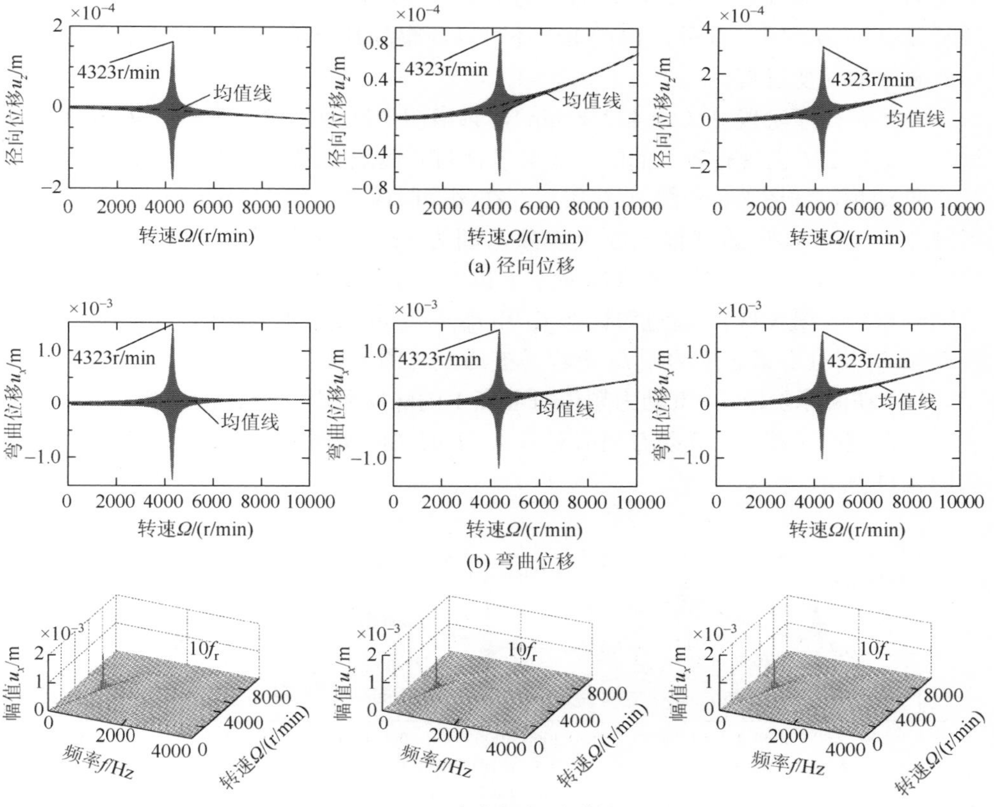

(a) 径向位移

(b) 弯曲位移

(c) 弯曲位移三维谱图

图 8.7　升速过程中无碰摩叶尖不同节点振动响应（图从左到右依次对应节点 1、节点 11 和节点 21）

8.5.1　气动力幅值的影响

在升速过程中，不同气动力幅值作用下节点 21 的振动响应、不同节点的法向碰摩力如图 8.8 和图 8.9 所示。图 8.9（b）展示了两种碰摩形式：单点碰摩和局部碰摩。这里单点碰摩指仅一个叶尖节点和机匣之间的碰摩，局部碰摩指两个或多个叶尖节点和机匣之间的碰摩。4323r/min 转速下节点 1 和 9577r/min 转速下节点 21 的振动响应如图 8.10 和图 8.11 所示，图 8.8～图 8.11 展示了如下的动力学现象。

（1）通过法向碰摩力可以观测到在升速过程中出现了两个碰摩阶段（图 8.9）。第 1 个叶尖碰摩出现在 4323r/min 附近（图 8.8），这个阶段称为碰摩阶段 1（RS1）；此后叶尖碰摩消失直到 7000r/min，第 2 次叶尖碰摩出现，这个阶段称为碰摩阶段 2（RS2）。

（2）在碰摩阶段 1，碰摩发生在叶尖两侧，然而在碰摩阶段 2，碰摩仅发生在叶尖的一侧（图 8.9）。对比法向碰摩力的大小发现，在碰摩阶段 1 叶尖碰摩比碰摩阶段 2 更为严重。此外，由图 8.9 还可以观察到升速过程中碰摩从单点碰摩向局部碰摩的转变过程。

（3）在碰摩阶段 1（Ω=4323r/min），频谱图中展示气动力频率 $10f_{\mathrm{r}}$ 占据主导地位，此外 $28f_{\mathrm{r}}$ 也具有较大的幅值（这里称为幅值放大现象），因为 $28f_{\mathrm{r}}$ 接近叶片第 2 阶动频，如图 8.8 和图 8.10 所示。在碰摩阶段 2，在 7624r/min 和 9577r/min 转速下，也可以观测到幅值放大现象，因为 $6f_{\mathrm{r}}$ 和 $5f_{\mathrm{r}}$ 与叶片第 1 阶动频吻合（图 8.8 和图 8.11）。此外，在 $12f_{\mathrm{r}}$ 频率下也出现了较大的幅值，因为它与叶片第 2 阶动频重合（图 8.11）。通过对比在 f_{n1} 和 f_{n2} 附近 nf_{r} 频率下的幅值，可以发现第 1 阶动频 f_{n1} 相对于第 2 阶动频 f_{n2} 更容易被激发［图 8.11（b）］。

（4）在碰摩阶段 1，气动力幅值对节点 1 的法向碰摩力有较大影响，如图 8.10 所示。在碰摩阶段 2，气动力幅值对节点 21 的法向碰摩力和振动响应影响不大，如图 8.11 所示。

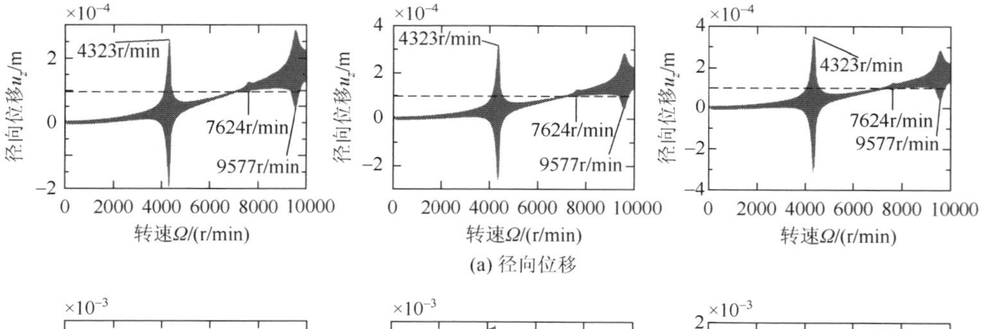

(a) 径向位移

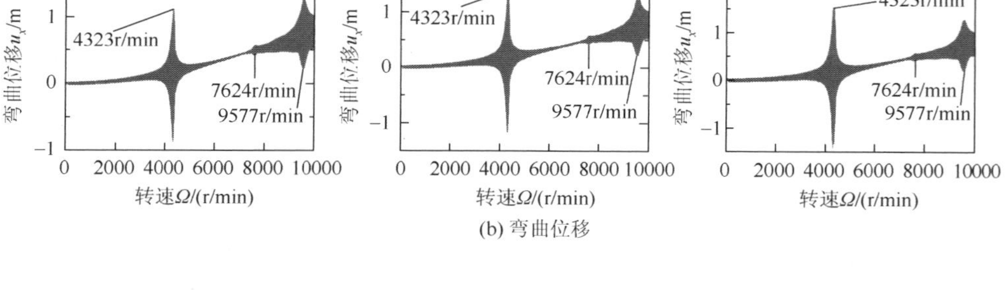

(b) 弯曲位移

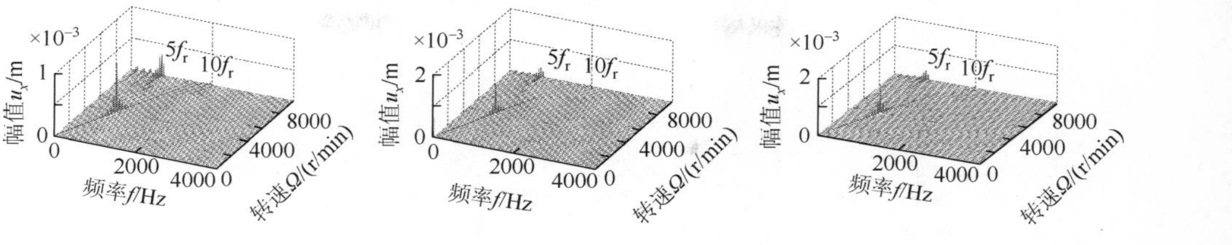

(c) 弯曲位移三维谱图

图 8.8　叶尖节点 21 振动响应（图从左到右依次对应于 F_{e1}=0.003MPa、F_{e1}=0.004MPa 和 F_{e1}=0.005MPa）

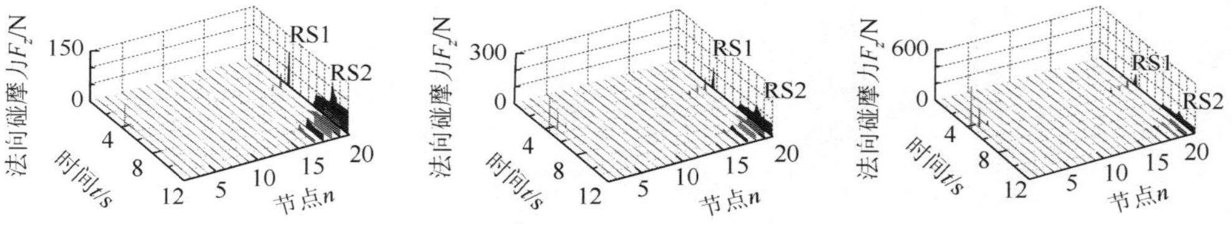

(a) 法向碰摩力

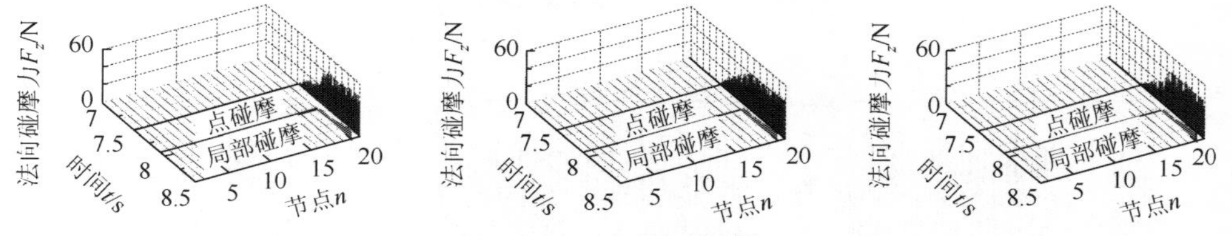

(b) 局部放大图

图 8.9　叶尖不同节点法向碰摩力（图从左到右依次对应于 F_{e1}=0.003MPa、F_{e1}=0.004MPa 和 F_{e1}=0.005MPa）

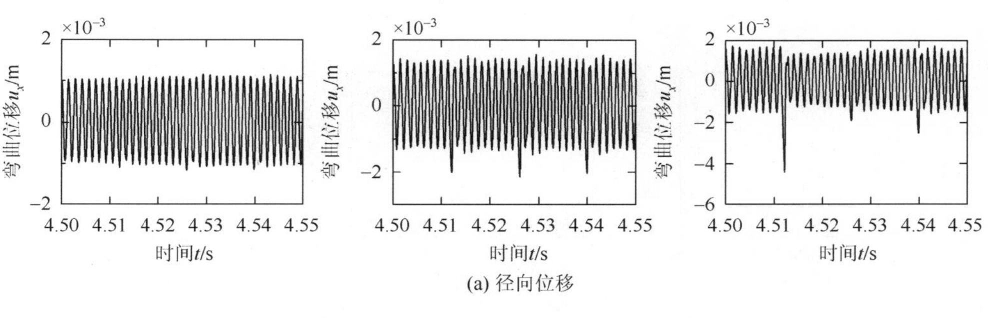

(a) 径向位移

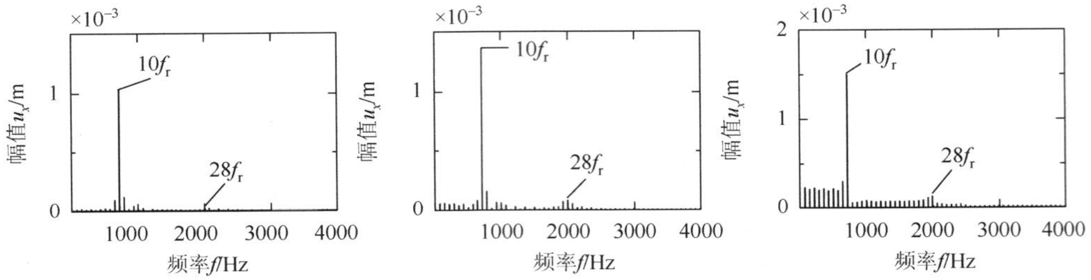

(b) 径向位移频谱图

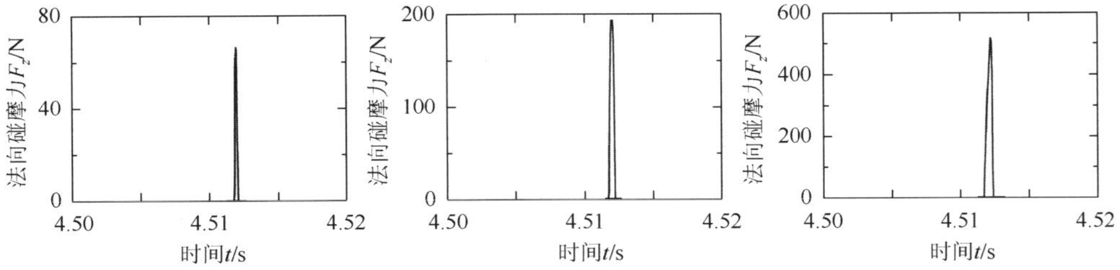

(c) 法向碰摩力

图 8.10　叶尖节点 1 振动响应（4323r/min）（图从左到右依次对应于 F_{e1}=0.003MPa、F_{e1}=0.004MPa 和 F_{e1}=0.005MPa）

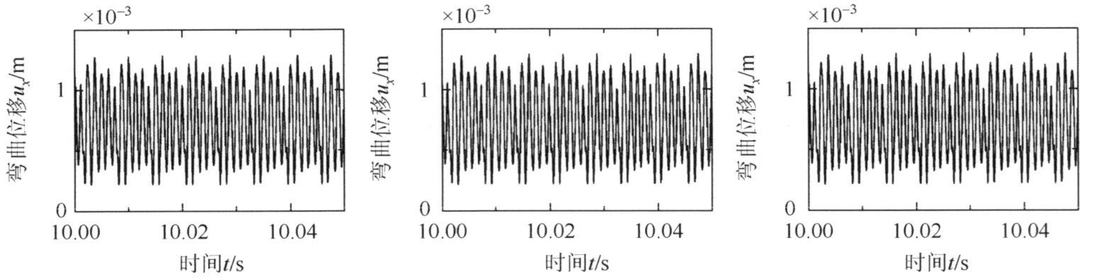

(a) 时域波形

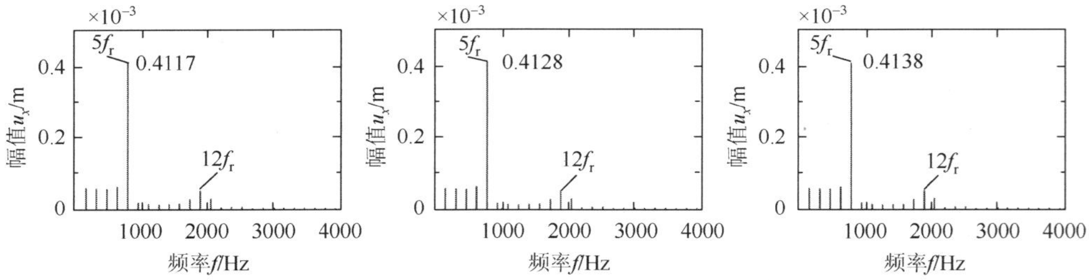

(b) 频谱图

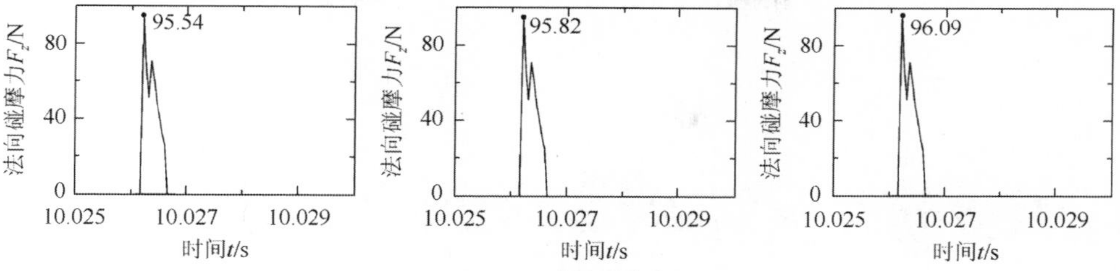

(c) 法向碰摩力

图 8.11　叶尖节点 21 振动响应（9577r/min）（图从左到右依次对应于 F_{e1}=0.003MPa、F_{e1}=0.004MPa 和 F_{e1}=0.005MPa）

8.5.2　静态不对中的影响

不同静态不对中量 e_c 下，碰摩导致的振动响应如图 8.12～图 8.15 所示。由图可知，在升速过程中仍旧存在两个碰摩阶段：碰摩阶段 1 和碰摩阶段 2。分别对应叶尖两侧和单侧碰摩。随着静态不对中量的增加，碰摩出现时间提前，叶尖碰摩区域增大。此外，在碰摩阶段 2，随着静态不对中量的增加碰摩持续时间也增加，如图 8.13 所示。

在两个碰摩阶段，随着不对中量的增加，碰摩激发的振动响应越来越复杂，时域波形出现了多个超谐共振峰，如图 8.12 所示。在 e_c=1.65mm 工况下，在 5491r/min 和 6425r/min 转速下均出现了幅值放大现象，这是因为 $8f_r$ 和 $7f_r$ 接近第 1 阶动频 f_{n1}，其他的叶片时域和频域振动特征，详见 8.5.1 小节有关气动力幅值对振动响应的描述。

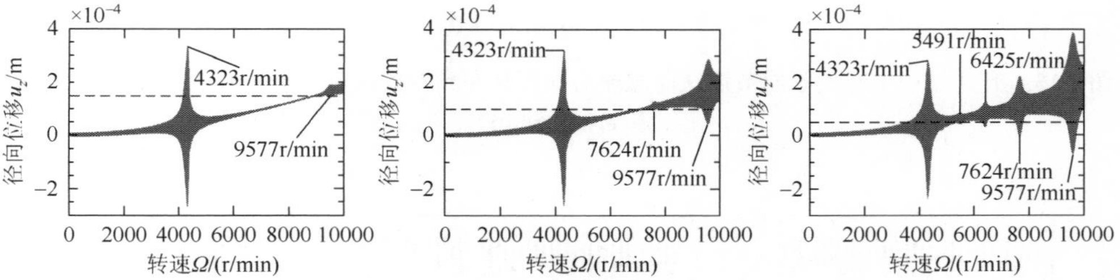

(a) 径向位移

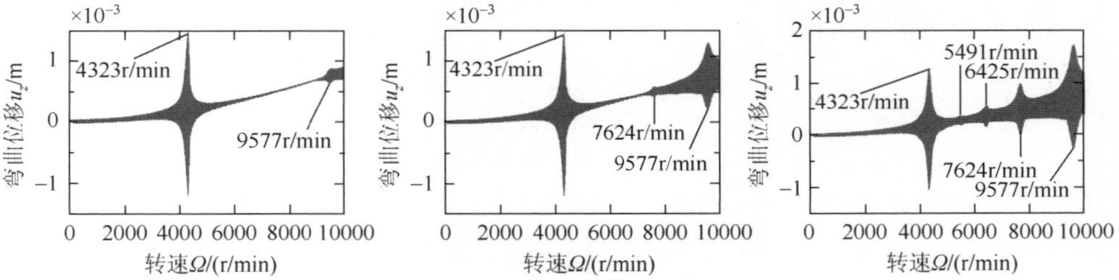

(b) 弯曲位移

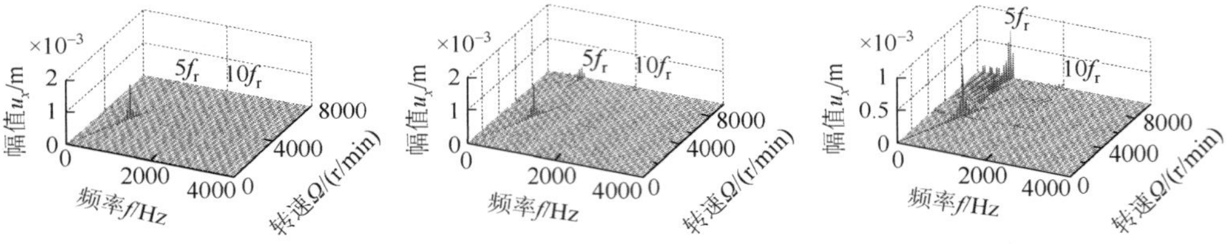

(c) 升速过程中弯曲位移三维谱图

图 8.12　叶尖节点 21 振动响应（图从左到右依次对应于 e_c=1.55mm、e_c=1.6mm 和 e_c=1.65mm）

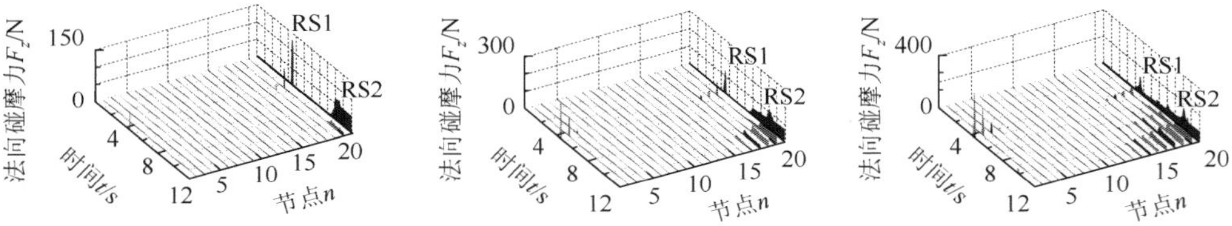

(a) 法向碰摩力

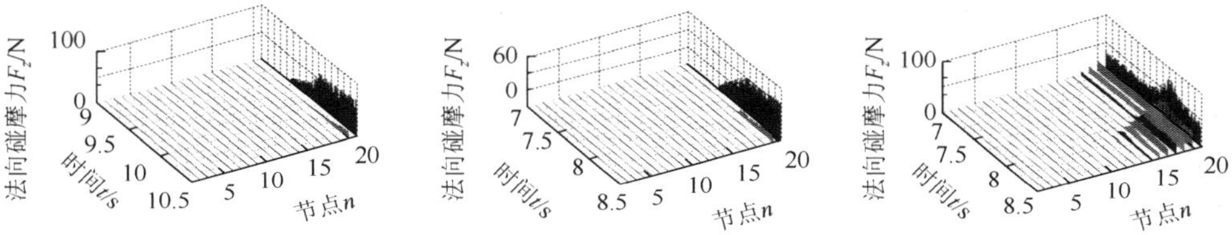

(b) 局部放大图

图 8.13　升速过程中叶尖不同节点法向碰摩力（图从左到右依次对应于 e_c=1.55mm、e_c=1.6mm 和 e_c=1.65mm）

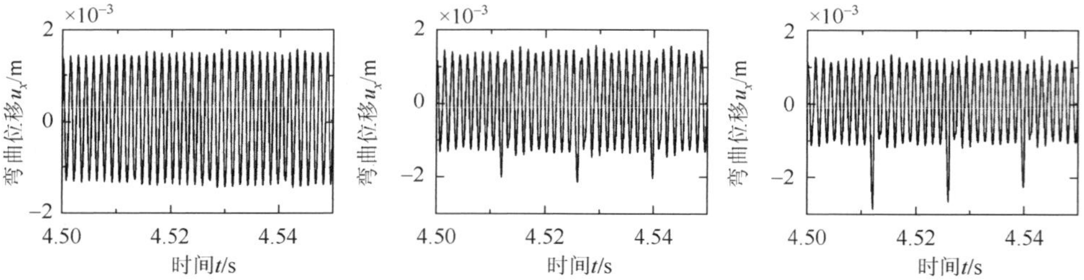

(a) 时域波形

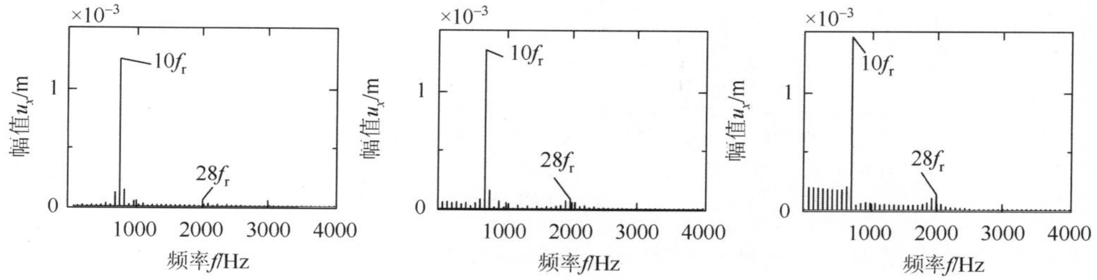

(b) 频谱图

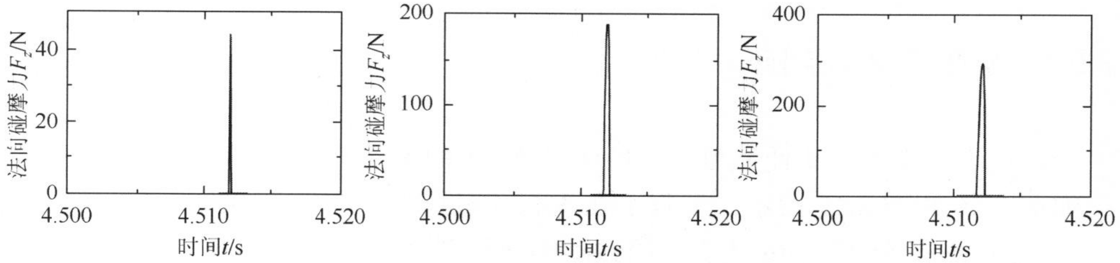

(c) 法向碰摩力

图 8.14　叶尖节点 1 振动响应（4323r/min）（图从左到右依次对应于 e_c=1.55mm、e_c=1.6mm 和 e_c=1.65mm）

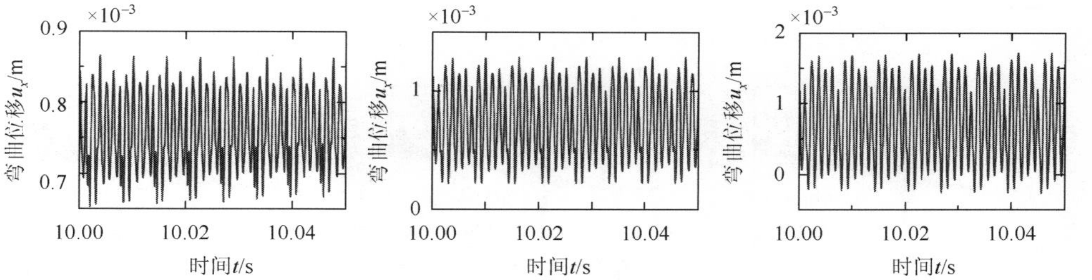

(a) 时域波形

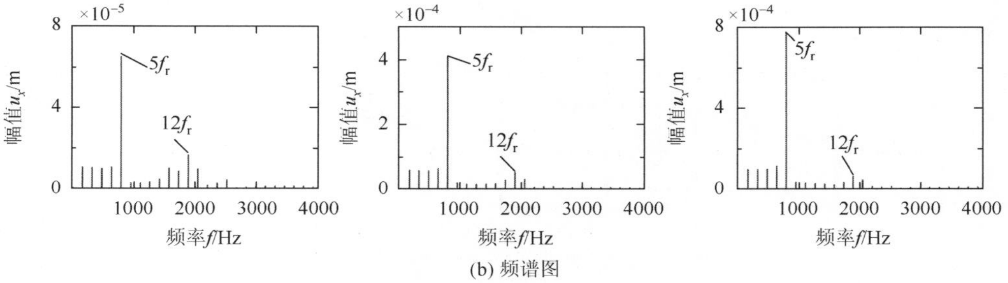

(b) 频谱图

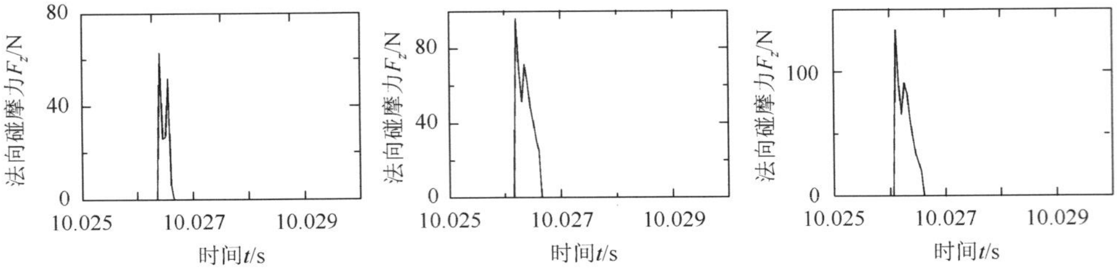

(c) 法向碰摩力

图 8.15　叶尖节点 21 振动响应（9577r/min）（图从左到右依次对应于 e_c=1.55mm、e_c=1.6mm 和 e_c=1.65mm）

8.5.3　机匣刚度的影响

升速过程中不同机匣刚度下，叶尖节点 21 的振动响应和不同节点法向碰摩力如图 8.16 和图 8.17 所示。节点 1 在 4323r/min 转速下的振动响应如图 8.18 所示，节点 21 在 9577r/min 转速下的振动响应如图 8.19 所示。这些图表明，在不同机匣刚度下系统的振动响应类似于不同静态不对中情况下系统的振动响应，随着机匣刚度的增加，碰摩越严重。在 9577r/min 转速下，法向碰摩力与机匣刚度之间存在一个线性关系，如图 8.19 所示；此外，机匣刚度越大，超谐共振现象越明显。

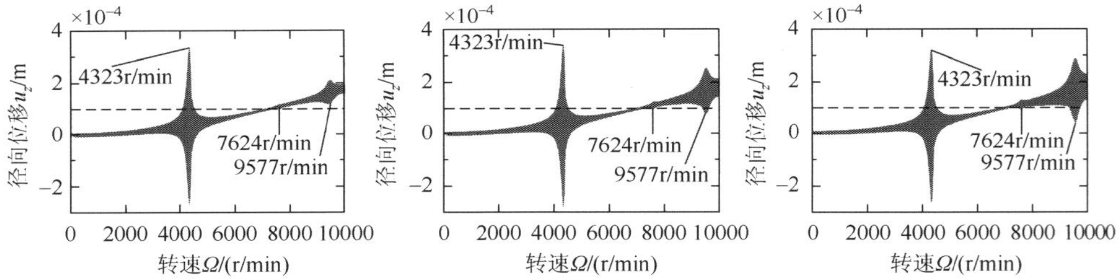

(a) 径向位移

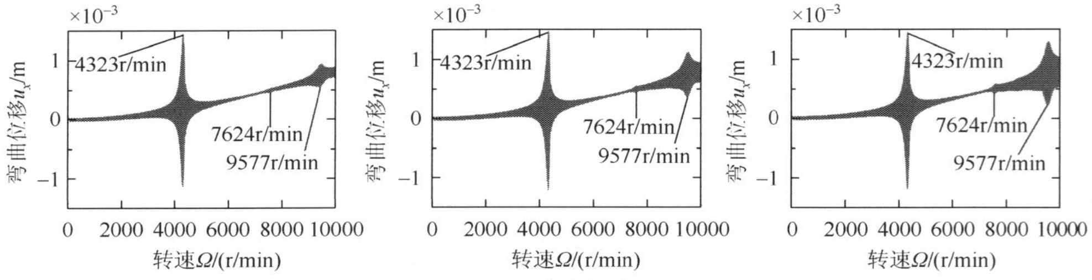

(b) 弯曲位移

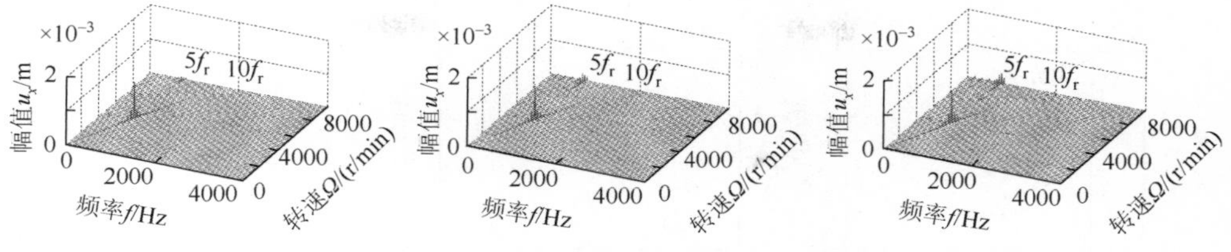

(c) 弯曲位移三维谱图

图 8.16　叶尖节点 21 振动响应（图从左到右依次对应于 k_{ci}=1/21×10^{6}N/m、k_{ci}=2.5/21×10^{6}N/m 和 k_{ci}=5/21×10^{6}N/m）

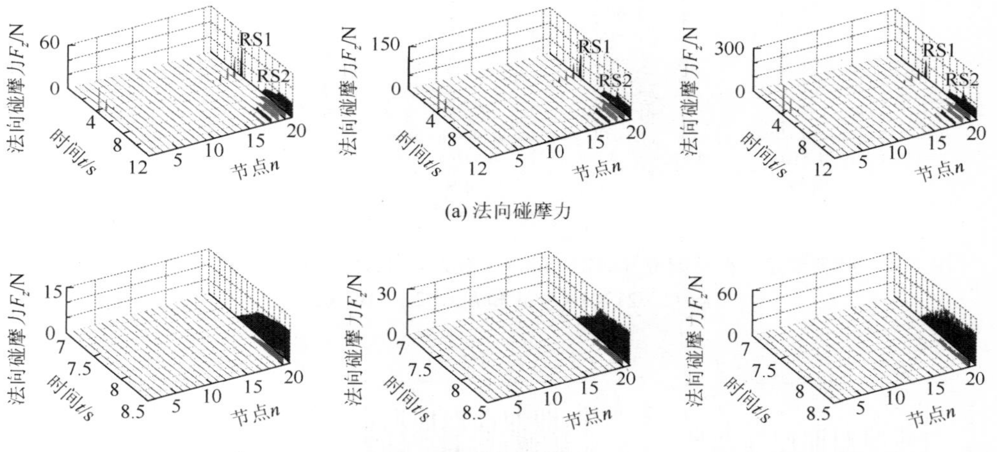

(a) 法向碰摩力

(b) 局部放大图

图 8.17　升速过程中叶尖不同节点法向碰摩力（图从左到右依次对应于 k_{ci}=1/21×10^{6}N/m、k_{ci}=2.5/21×10^{6}N/m 和 k_{ci}=5/21×10^{6}N/m）

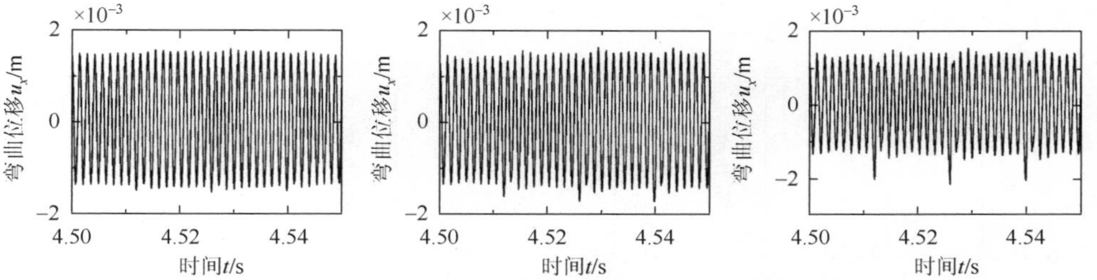

(a) 时域波形

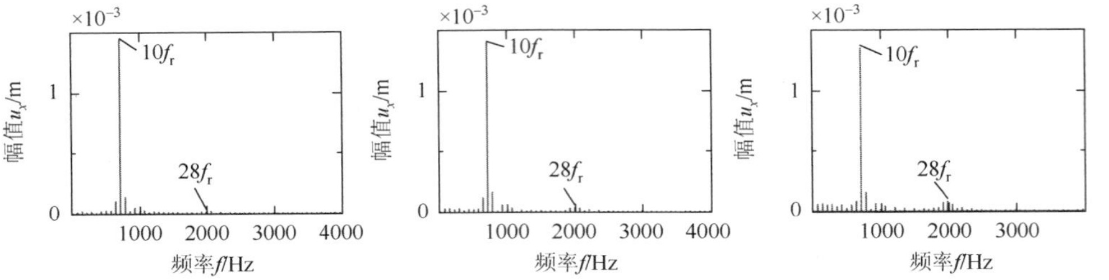

(b) 频谱图

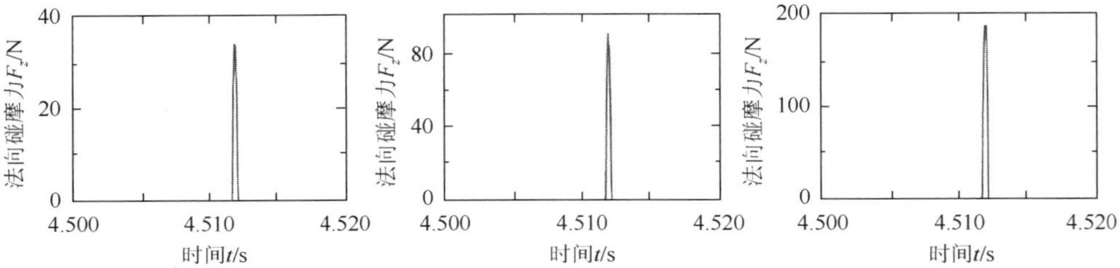

(c) 法向碰摩力

图 8.18　叶尖节点 1 振动响应（4323r/min）（图从左到右依次对应于 k_{ci}=1/21×10^{6}N/m、k_{ci}=2.5/21×10^{6}N/m 和 k_{ci}=5/21×10^{6}N/m）

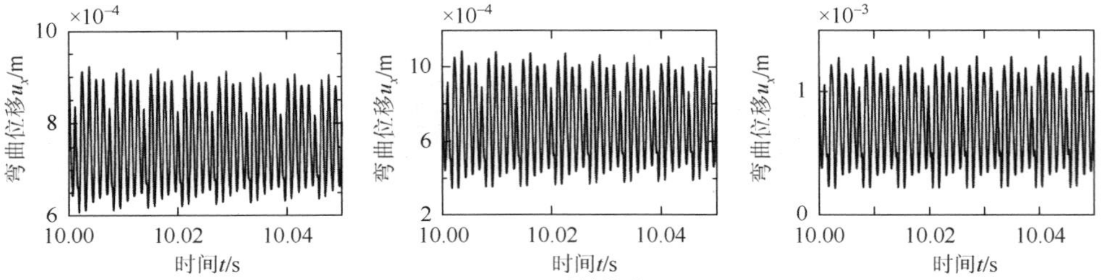

(a) 时域波形

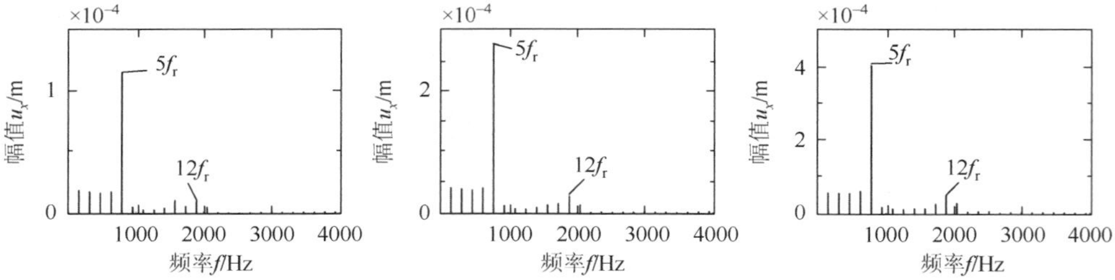

(b) 频谱图

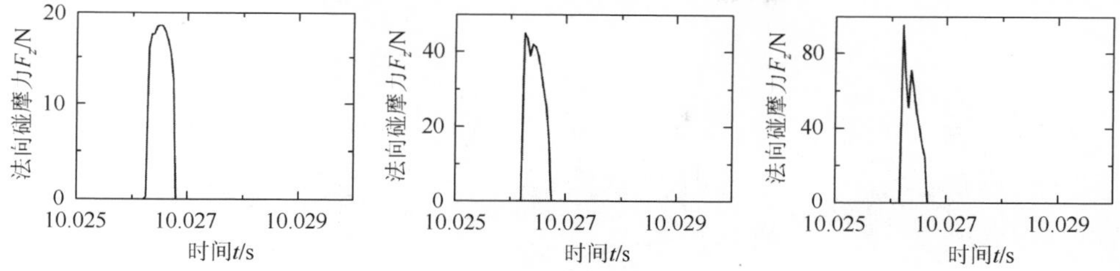

(c) 法向碰摩力

图 8.19　叶尖节点 21 振动响应（9577r/min）（这些图从左到右依次对应于 k_{ci}=1/21×10^{6}N/m、k_{ci}=2.5/21×10^{6}N/m 和 k_{ci}=5/21×10^{6}N/m）

8.5.4　叶片气动力频率的影响

叶片的气动频率与叶片前障碍物数目（或静子叶片数）有关，本节通过调整障碍物数目来分析叶片气动力频率对叶片和机匣系统振动响应的影响。不同叶片前障碍物数目下，叶尖节点 21 的振动响应和不同节点法向碰摩力如图 8.20 和图 8.21 所示；节点 21 在 9577r/min 转速下的振动响应如图 8.22 所示。这些图表明随着叶片前障碍物数目的增多，由气动力引起的共振现象提前出现，且持续时间缩短（图 8.20），所以有利于叶片快速通过共振区。k_e=60 时，气动载荷引起共振转速降低，在转速较低的时刻，叶片旋转一周所需时间较长，由于叶片-机匣存在平行不对中，叶片在间隙较大处发生共振，在经过小间隙之前可能共振已消失，进而导致未出现碰摩阶段 1［图 8.21（c）］。此外，k_e 的变化对碰摩阶段 2 无影响（图 8.22）。

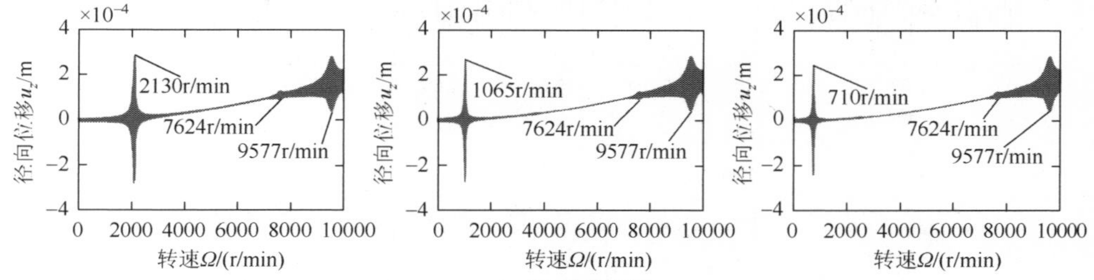

(a) 径向位移

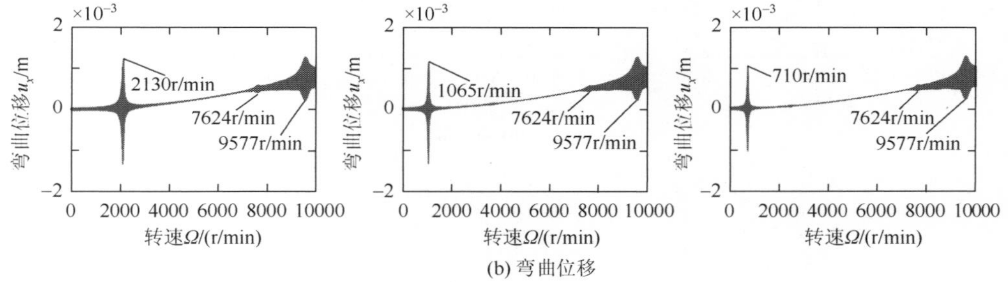

(b) 弯曲位移

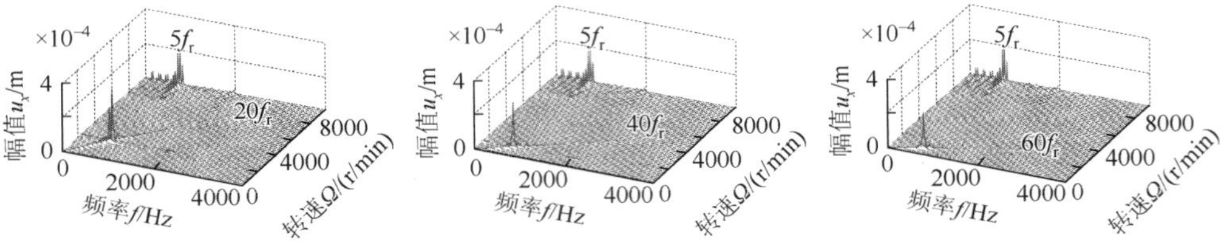

(c) 弯曲位移三维谱图

图 8.20　叶尖节点 21 振动响应（图从左到右依次对应于 k_e=20、k_e=40 和 k_e=60）

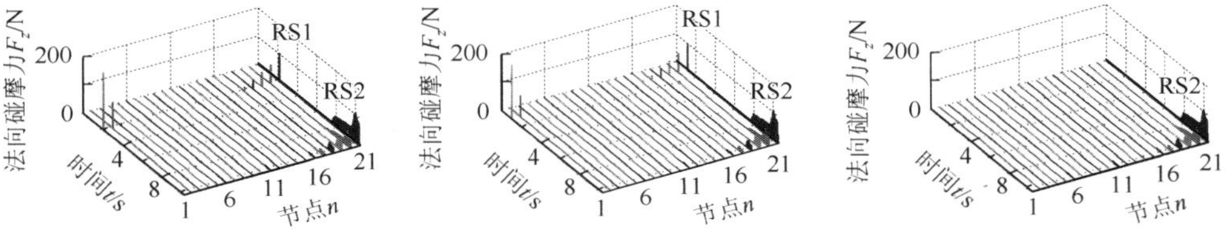

(a) k_e=20　　(b) k_e=40　　(c) k_e=60

图 8.21　升速过程中叶尖不同节点法向碰摩力

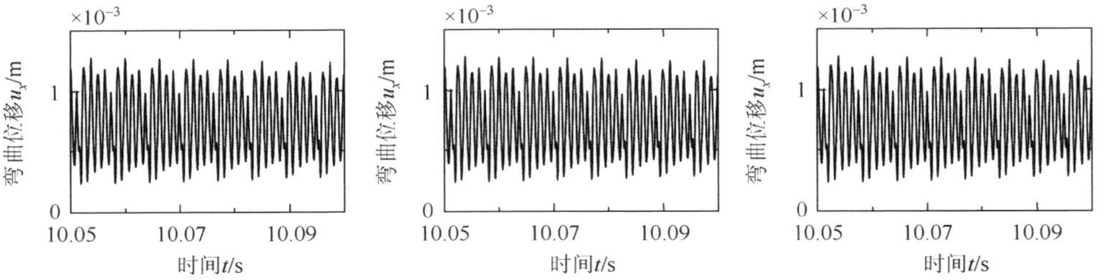

(a) 时域波形

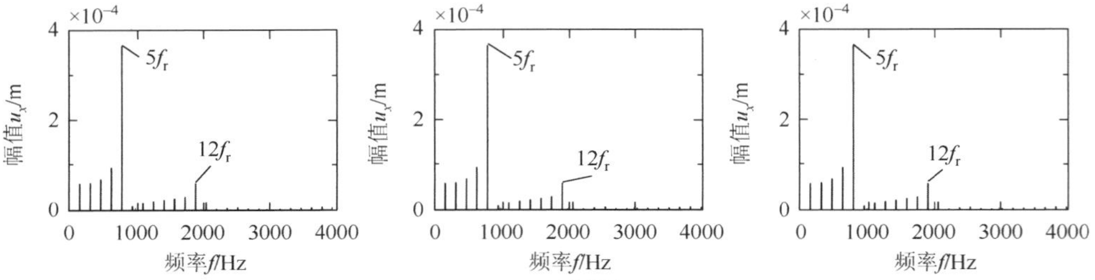

(b) 频谱图

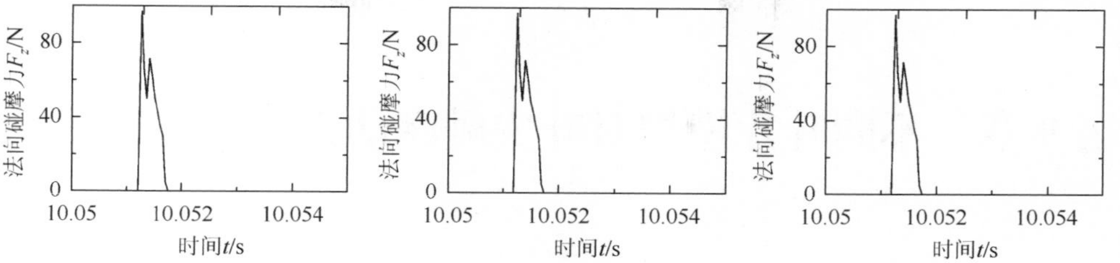

(c) 法向碰摩力

图 8.22　叶尖节点 21 振动响应（9577r/min）（图从左到右依次对应于 k_e=20、k_e=40 和 k_e=60）

8.6　本章小结

本章基于 ANSYS 软件，采用 Shell181 单元建立了一个变厚度扭形叶片的有限元模型。将机匣简化为多个集中质量点，并将这些集中质量点进行刚性耦合，基于此假设模拟了叶片-机匣碰摩故障。此外，考虑升速过程，分析了气动力幅值、静态不对中、机匣刚度和气动力频率（与叶片前障碍物数目相关）对叶尖碰摩激发的叶片振动响应的影响。主要结论如下。

（1）随着转速的增加，对于变截面扭形叶片而言，由离心力导致的不同叶尖节点伸长程度不同，叶尖碰摩位置和碰摩程度都会发生变化。此外，在升速过程中叶尖碰摩经历了两个阶段（碰摩阶段 1 和碰摩阶段 2），对于碰摩阶段 1，叶尖两侧节点均参与碰摩，而对于碰摩阶段 2，叶尖仅有一侧节点参与碰摩。

（2）当转频（f_r）的倍频成分（nf_r）接近叶片的动频（f_{ni}）时，叶片碰摩会激发幅值放大和谐波共振，例如，在转速为 5491r/min、6425r/min、7624r/min 和 9577r/min 时，时域波形会出现共振峰，这是由于 $8f_r$、$7f_r$、$6f_r$ 和 $5f_r$ 与系统第 1 阶动频 f_{n1} 重合。此外，值得注意的是，相对于第 2 阶动频（f_{n2}），叶片振动在第 1 阶动频 f_{n1} 附近占据主导地位。

（3）在碰摩阶段 1，气动力幅值对于叶尖节点 1 的法向碰摩力有较大的影响，叶片前障碍物数目会影响由气动力引起的共振现象的发生时间和持续时间；在碰摩阶段 2，气动力幅值对于节点 21 的法向碰摩力和振动响应影响较小。此外，随着静态不对中程度的增加，在时域波形可以观测到更多的共振峰，即静态不对中程度越大，碰摩越严重。在碰摩阶段 2，法向碰摩力随着机匣刚度的增加近似线性增加。较大的叶片前障碍物数目可能导致碰摩阶段 1 消失，但对碰摩阶段 2 无影响。

第 9 章　不同叶片模型对叶尖碰摩动力学特性的影响

9.1　概　　述

在现有的叶片-机匣碰摩研究中，多采用梁、等厚度直板、等厚度扭板和三维有限元来模拟叶片，这 4 种叶片模型各有优缺点，如梁模型不能考虑叶片弦向方向对碰摩的影响，而等厚度直板和扭板不能模拟真实叶片的变截面，采用三维有限模型可以模拟真实叶片，但需要消耗更多的计算机资源。为了探究不同叶片模型对叶尖碰摩动力学特性的影响，本章基于 ANSYS 软件，考虑叶片旋转轴和机匣轴线之间的平行不对中和角不对中影响，采用梁单元和壳单元，建立 4 种不同的叶片模型（梁模型、等厚度直板模型、等厚度扭板模型和变厚度壳模型），模拟叶片-机匣的碰摩过程，并讨论角不对中对叶片碰摩响应的影响。

9.2　叶片有限元模型及叶片-机匣碰摩模型

9.2.1　叶片的有限元模型

本章分别采用 Beam188 和 Shell181 单元来建立梁和等厚度直板、等厚度扭板、变厚度壳有限元模型，如图 9.1 所示，图中叶片根部采用全约束。对于变厚度壳模拟真实叶片的建模过程，详见第 8 章。图 9.1 中叶片有限元模型的节点和单元信息，如表 9.1 所示。

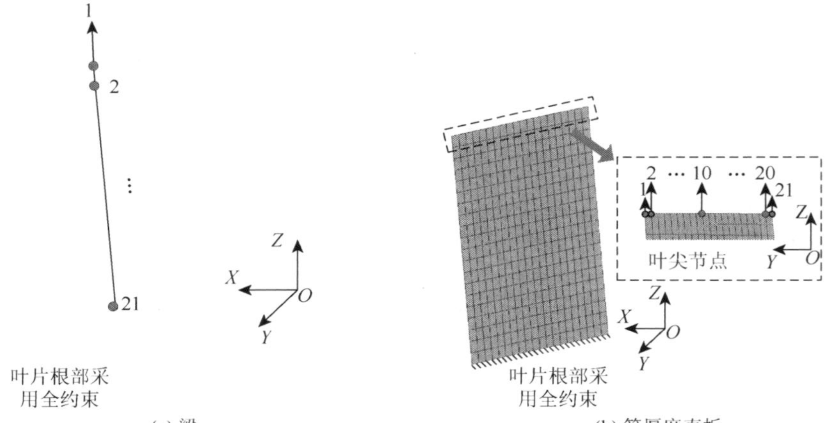

(a) 梁　　　　(b) 等厚度直板

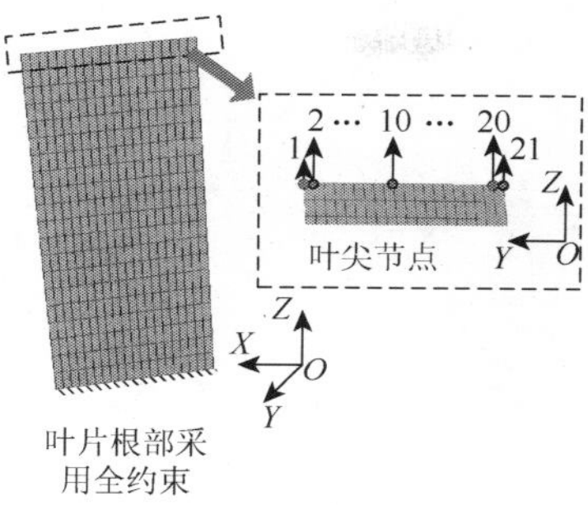

(c) 等厚度扭板

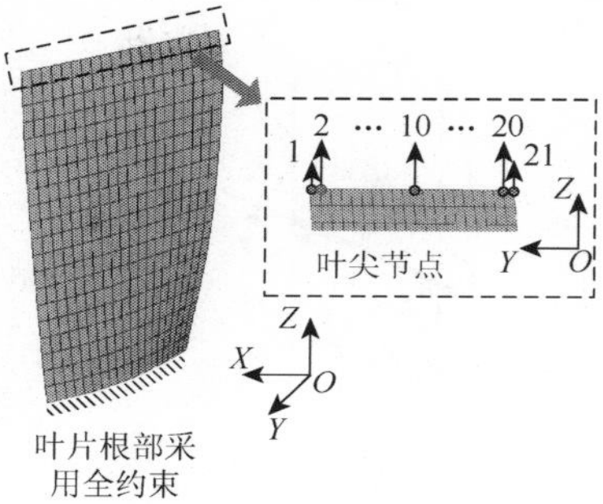

(d) 变厚度壳

图 9.1　叶片有限元模型

表 9.1　叶片有限元模型节点和单元数

叶片模型	叶尖节点数	叶片单元数	叶片节点数
梁（Beam188）	1	20	21
等厚度直板（Shell181）	21	400	441
等厚度扭板（Shell181）	21	400	441
变厚度壳（Shell181）	21	400	441

9.2.2　考虑叶片和机匣宽度的叶片-机匣碰摩模型

叶尖与机匣间隙示意图如图 9.2 所示。含不对中的叶片-机匣碰摩模型与 8.4 节的碰摩模型相似，不同的是，由于考虑了不对中角，叶尖每个节点的最小间隙不同［图 9.2（c）］。将式（8.12）和式（8.13）中 $c_{\min}$ 替换为 $c_{\min}^i$，其表达式为

$$c_{\min}^i = c_{\min 1} + (21 - i) \times b \times \cos\beta_2 / 20 \times \sin\beta_1 \tag{9.1}$$

式中，β_1 和 β_2 分别表示不对中角和安装角。$c_{\min 1}$ 可写为

$$c_{\min 1} = c_{\min} - (r_g \cos\beta_1 + b\cos\beta_2 \times \sin\beta_1 - r_g) \tag{9.2}$$

式中，$c_{\min}$ 为 $\beta_1=0$ 时叶片-机匣的最小间隙。

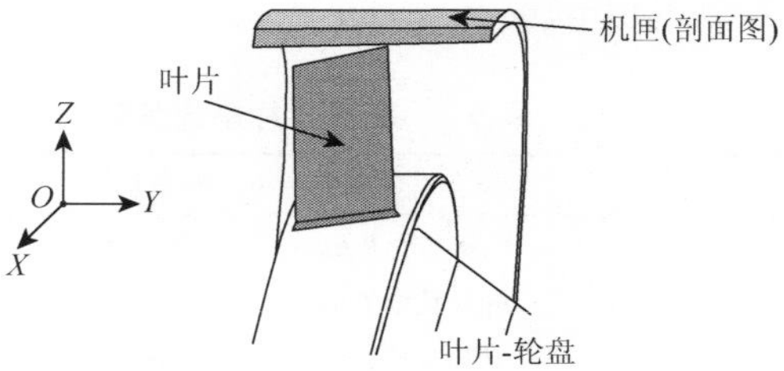

(a) 三维示意图

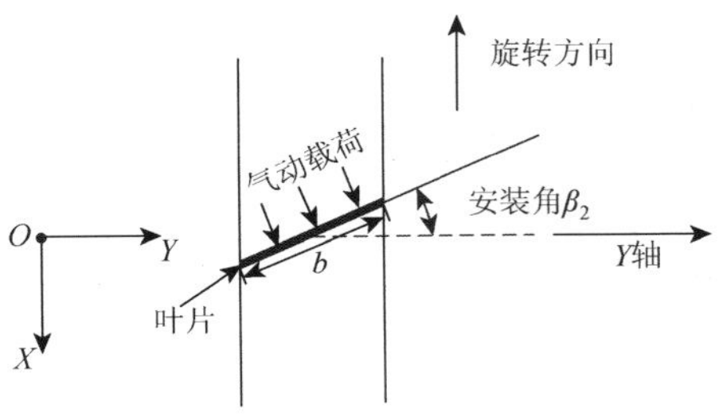

(b) 叶片俯视图

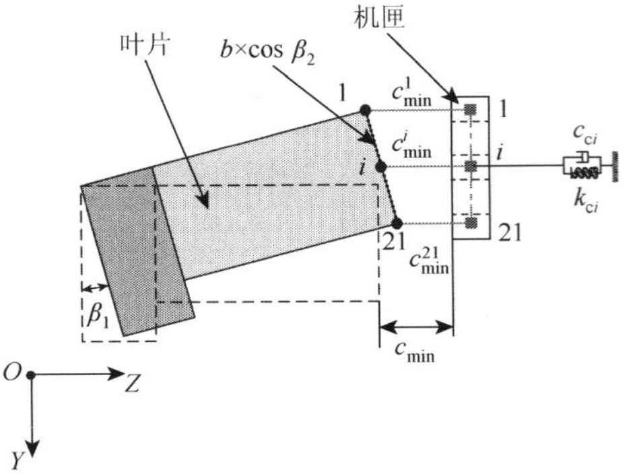

(c) 叶尖与机匣间隙示意图

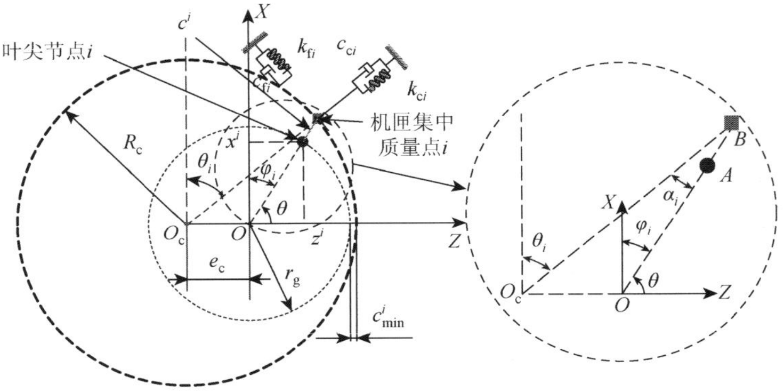

(d) 叶尖i节点与机匣集中质量点i间隙示意图

图 9.2　叶尖与机匣间隙示意图

●叶尖节点；■机匣集中质量点；——-—刚性耦合；-----碰摩发生前机匣位置；············叶尖节点 i 轨迹

9.3　无碰摩情况下 4 种叶片模型动力学特性分析

叶片、刚性轮盘和机匣的材料和几何参数如表 9.2 所示。考虑离心刚化、旋转软化和科氏力的影响，将 4 种叶片模型的动频与实体单元模拟的真实叶片的动频进行了对比，如图 9.3 所示。

表 9.2　旋转叶片系统参数

材料参数	数值	盘片参数	数值	机匣参数	数值
杨氏模量 E/GPa	125	轮盘半径 R_d/mm	216.52	机匣质量 m_c/kg	1
密度 ρ/(kg/m^3)	4370	叶片长度 L/mm	88.6	机匣半径 R_c/mm	306.82
泊松比 υ	0.3	叶片弦长 b/mm	56.7		
摩擦系数 μ	0.3	安装角 β_2/(°)	35.32		

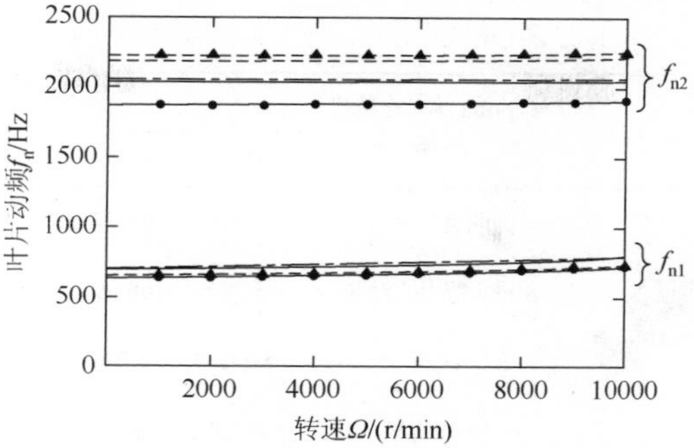

图 9.3　考虑旋转软化、离心刚化和科氏力效应的叶片动频分析

—-—实体叶片模型；———变厚度壳叶片模型；-▲-▲-等厚度扭板叶片模型；-----等厚度直板叶片模型；—●—●—梁叶片模型

此外，把等厚度扭板模型的固有频率和振型与 Sinha 等[1]和 Leissa 等[2]的结果进行了对比，如表 9.3 和表 9.4 所示。结果表明，等厚度扭板模型与 Sinha 等[1]模型的振型和固有频率之间的误差较小，而与 Leissa 等[2]模型的振型和固有频率在低阶振型误差较小，在高阶存在一定误差。

表 9.3　与 Sinha 等[1]的结果对比（L/b=3，b/h=20，υ=0.3）

振型		与 Sinha 等[1]的结果对比	扭角				
			0°	15°	30°	45°	60°
1F 1 阶弯曲		现有结果	3.42	3.42	3.42	3.41	3.41
		Sinha 等[1]的结果	3.42	3.42	3.41	3.41	3.40
		误差	0%	0%	0.3%	0%	0.3%
2F 2 阶弯曲		现有结果	21.46	20.77	19.08	17.04	15.08
		Sinha 等[1]的结果	21.32	20.65	18.98	16.98	15.07
		误差	0.7%	0.6%	0.5%	0.4%	0.1%
1T 1 阶扭转		现有结果	20.92	22.07	25.17	29.50	34.49
		Sinha 等[1]的结果	20.79	21.95	25.06	29.39	34.37
		误差	0.6%	0.5%	0.4%	0.4%	0.3%
3F 3 阶弯曲		现有结果	60.87	58.87	56.61	54.13	51.36
		Sinha 等[1]的结果	59.78	57.96	55.75	53.36	50.74
		误差	1.8%	1.5%	1.5%	1.4%	1.2%

续表

振型		与 Sinha 等[1]的结果对比	扭角				
			0°	15°	30°	45°	60°
2T 2 阶扭转	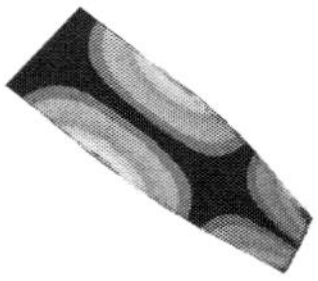	现有结果	65.91	68.77	76.57	87.74	100.81
		Sinha 等[1]的结果	65.27	68.09	75.83	86.90	99.84
		误差	1.0%	1.0%	1.0%	1.0%	1.0%
1EB 1 阶弦向弯曲	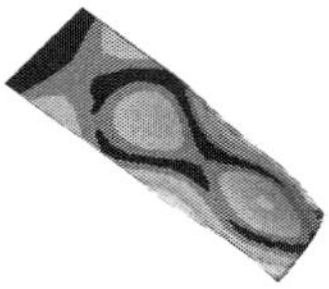	现有结果	198.85	198.56	197.62	206.88	205.44
		Sinha 等[1]的结果	204.88	204.70	204.21	203.57	202.88
		误差	–2.9%	–3.0%	–3.2%	1.6%	1.2%

表 9.4　与 Sinha 等[1]和 Leissa 等[2]的结果对比（L/b=3，b/h=5，υ=0.3）

模态		与 Sinha 等[1]和 Leissa 等[2]的结果对比	扭角				
			0°	15°	30°	45°	60°
1F		现有结果	3.356	3.331	3.258	3.149	3.018
		Sinha 等的 ANSYS 结果	3.370	3.356	3.304	3.232	3.140
		Leissa 等[2]的结果	3.379	3.362	3.291	3.192	3.063
1T		现有结果	7.474	7.540	7.723	7.989	8.292
		Sinha 等的 ANSYS 结果	7.430	7.517	7.753	8.071	8.401
		Lessia 等[2]的结果	7.443	7.521	7.660	8.035	8.338
2F		现有结果	18.015	17.966	17.823	17.594	17.292
		Sinha 等的 ANSYS 结果	17.909	17.961	18.059	18.084	17.943
		Lessia 等[2]的结果	22.700	22.600	22.360	22.030	21.350
1EB	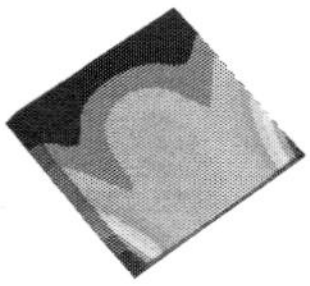	现有结果	22.895	22.808	22.563	22.193	21.736
		Sinha 等的 ANSYS 结果	22.745	22.661	22.427	22.088	21.680
		Lessia 等[2]的结果	26.260	26.210	25.910	25.490	24.930
2T		现有结果	24.603	24.433	23.965	23.291	22.519
		Sinha 等的 ANSYS 结果	24.345	24.253	23.986	23.562	23.012
		Lessia 等[2]的结果	29.330	29.360	29.400	29.300	29.020

本节采用施加在叶片表面的压力来模拟气动力，表达式见式（2.29），其中 k_e=10。考虑升速过程中加速度的影响，即 $F_e = F_{e1}\sin(k_e\theta)$，式中，$\theta$ 为旋转角，其表达式为 $\theta = \frac{1}{2}\ddot{\theta}t^2$，取 $\ddot{\theta} = 100\ \text{rad/s}^2$。叶片在 0～10000r/min 的升速过程中，无碰摩工况下梁、等厚度直板、等厚度扭板和变厚度壳叶片模型的叶尖振动响应，如图 9.4～图 9.7 所示，这些图展示了如下的动力学现象。

（1）在气动载荷作用下，4 种叶片模型都会出现 1 阶弯曲共振现象，其共振转速分别为 3923r/min、4020r/min、4016r/min 和 4323r/min［图 9.4（b）、图 9.5（b）、图 9.6（b）和图 9.7（b）］，这是由于气动激励频率和叶片 1 阶动频 f_{n1} 接近［图 9.4（c）、图 9.5（c）、图 9.6（c）、图 9.7（c）和图 9.3］。

（2）对于梁叶片模型，叶尖只有一个节点，叶尖节点的径向位移随着转速的增加而增加［图 9.4（a）］；对于等厚度直板叶片模型，叶尖各节点的径向位移差别很小［图 9.5（a）］；对于等厚度扭板叶片模型，其规律与等厚度直板叶片模型相似，不同的是，由于其存在扭形特征，叶尖节点的径向位移会出现共振峰［图 9.6（a）］；对于变厚度壳模型，叶尖节点 1 的径向位移的常值分量随着转速的增加而减少，叶尖节点 11 和节点 21 径向位移的常值分量随着转速的增加而增加。这个现象说明对于变厚度扭板叶片模型，叶尖节点的振动与其在叶尖上的位置紧密相关［图 9.7（a）］。

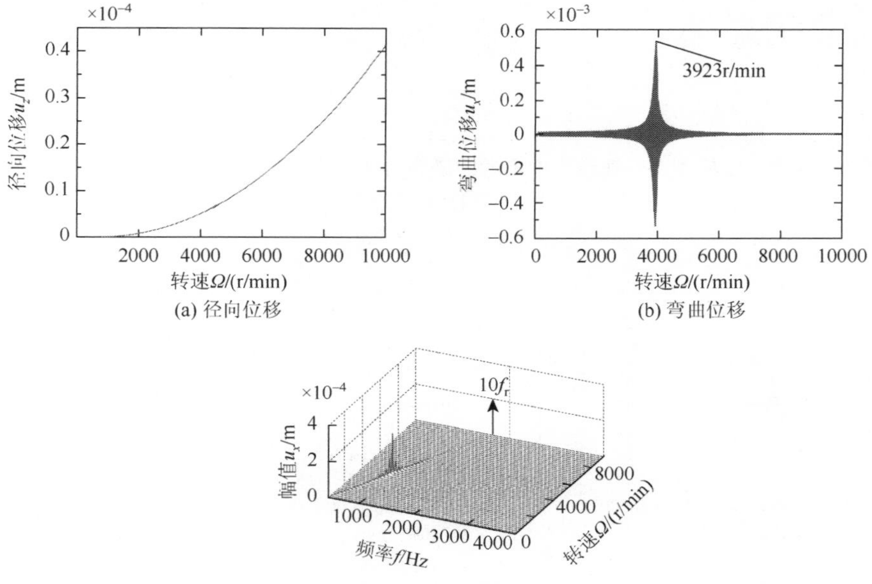

(a) 径向位移　(b) 弯曲位移

(c) 弯曲位移三维谱图

图 9.4　梁模型在升速过程中不考虑碰摩时叶尖节点振动响应

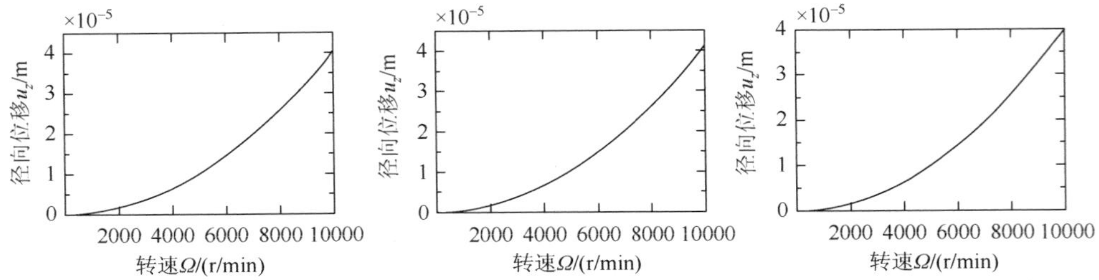

(a) 径向位移

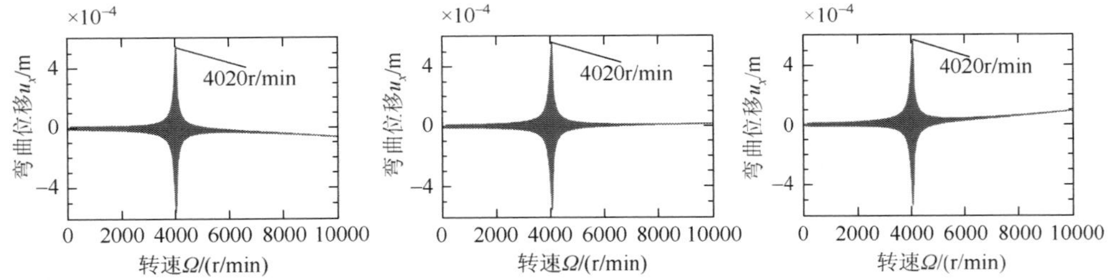

(b) 弯曲位移

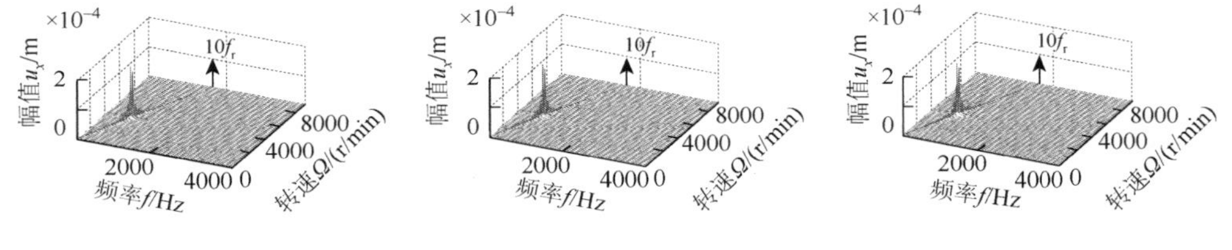

(c) 弯曲位移三维谱图

图 9.5　等厚度直板模型在升速过程中不考虑碰摩时叶尖节点振动响应（图从左至右对应节点 1、节点 11 和节点 21）

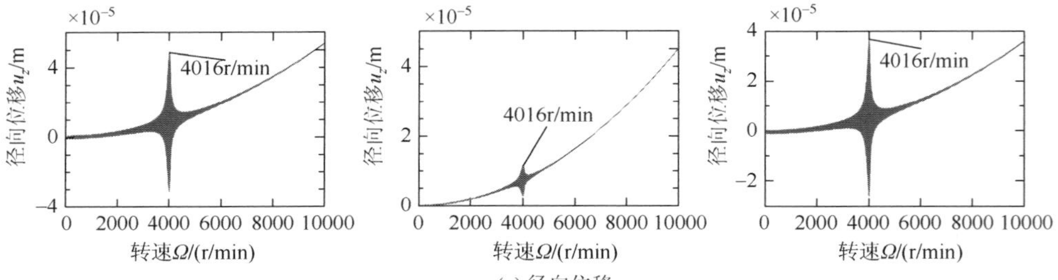

(a) 径向位移

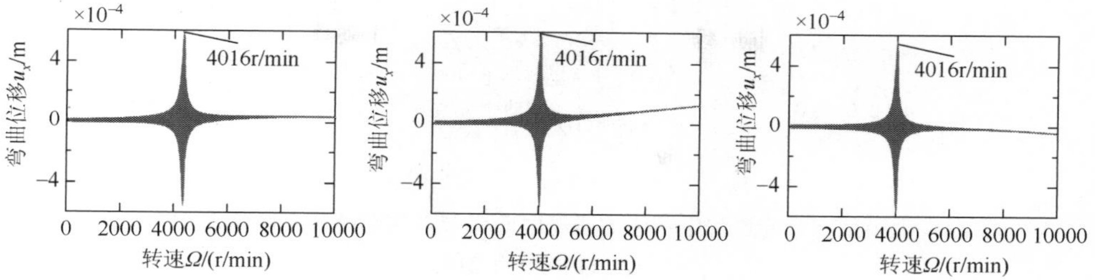

(b) 弯曲位移

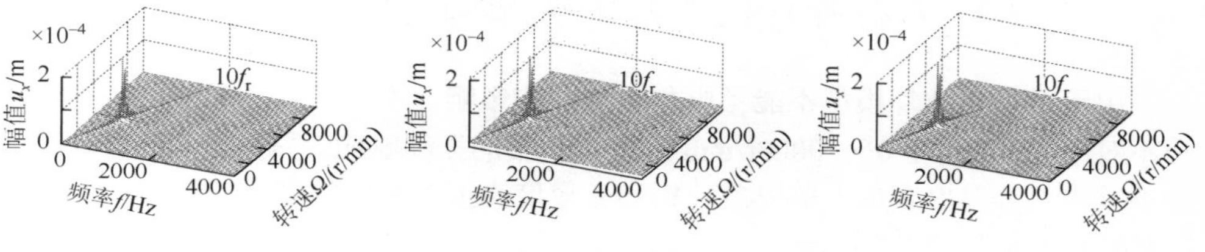

(c) 弯曲位移三维谱图

图 9.6　等厚度扭板模型在升速过程中不考虑碰摩时叶尖节点振动响应（图从左至右对应节点 1、节点 11 和节点 21）

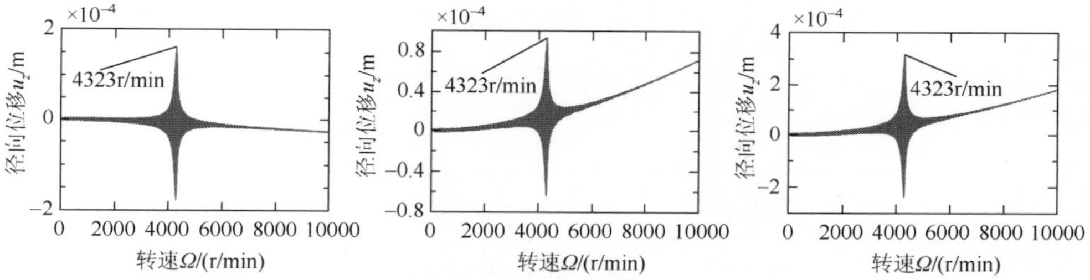

(a) 径向位移

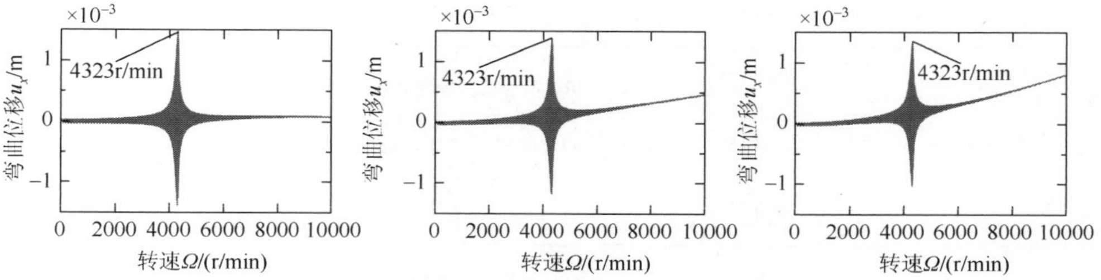

(b) 弯曲位移

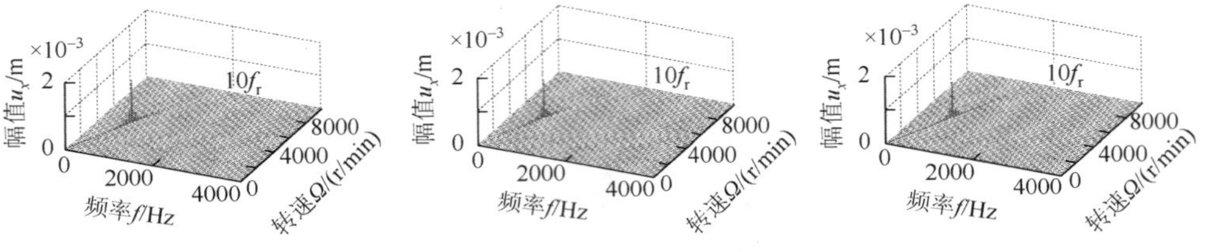

(c) 弯曲位移三维谱图

图 9.7　变厚度壳模型在升速过程中不考虑碰摩时叶尖节点振动响应（图从左至右对应节点 1、节点 11 和节点 21）

9.4　4 种叶片模型叶尖碰摩动力学特性分析

由于梁单元叶片模型不能考虑角不对中的影响，本节研究了梁叶片在不考虑角不对中的情况下，0～10000r/min 升速过程中的振动响应。另外，本节也研究了角不对中对等厚度直板、等厚度扭板和变厚度壳振动响应的影响。详细的运行工况和仿真参数如表 9.5 所示。

表 9.5　叶片-机匣碰摩仿真参数

叶片模型	变化的参数值	不变化的参数值
梁模型	—	e_c=1.68mm（c_{min}=0.02mm），$k_{ci}=\frac{5}{21}\times10^6(i=1,\cdots,21)$ N/m， $k_{ti}=\frac{4}{21}\times10^6(i=1,\cdots,21)$N/m，$c_{ti}=c_{ci}=\frac{1}{21}\times10^3(i=1,\cdots,21)$(N·s)/m， $m_i=\frac{1}{21}(i=1,\cdots,21)$kg
等厚度直板模型	β_1=0.13° β_1=0.15° β_1=0.17°	e_c=1.68mm（c_{min}=0.02mm），$k_{ci}=\frac{5}{21}\times10^6(i=1,\cdots,21)$N/m， $k_{ti}=\frac{4}{21}\times10^6(i=1,\cdots,21)$N/m，$c_{ti}=c_{ci}=\frac{1}{21}\times10^3(i=1,\cdots,21)$(N·s)/m， $m_i=\frac{1}{21}(i=1,\cdots,21)$kg
等厚度扭板模型	β_1=0.13° β_1=0.15° β_1=0.17°	e_c=1.68mm（c_{min}=0.02mm），$k_{ci}=\frac{5}{21}\times10^6(i=1,\cdots,21)$N/m， $k_{ti}=\frac{4}{21}\times10^6(i=1,\cdots,21)$N/m，$c_{ti}=c_{ci}=\frac{1}{21}\times10^3(i=1,\cdots,21)$(N·s)/m， $m_i=\frac{1}{21}(i=1,\cdots,21)$kg
变厚度壳模型	β_1=0.13° β_1=0.15° β_1=0.17°	e_c=1.68mm（c_{min}=0.02mm），$k_{ci}=\frac{5}{21}\times10^6(i=1,\cdots,21)$N/m， $k_{ti}=\frac{4}{21}\times10^6(i=1,\cdots,21)$N/m，$c_{ti}=c_{ci}=\frac{1}{21}\times10^3(i=1,\cdots,21)$(N·s)/m， $m_i=\frac{1}{21}(i=1,\cdots,21)$kg

9.4.1　基于梁模型的碰摩响应分析

在 0～10000r/min 的升速过程中，梁模型叶尖振动响应如图 9.8 和图 9.9 所示。由图可知，幅值放大现象出现在 8382r/min 下［图 9.8（b）］，$5f_r$ 和叶片第 1 阶动频 f_{n1} 相近［图 9.9（b）］。升速过程中，随着转速的增加，叶尖径向位移增加，碰摩程度增强，法向碰摩力增大［图 9.8（d）］。

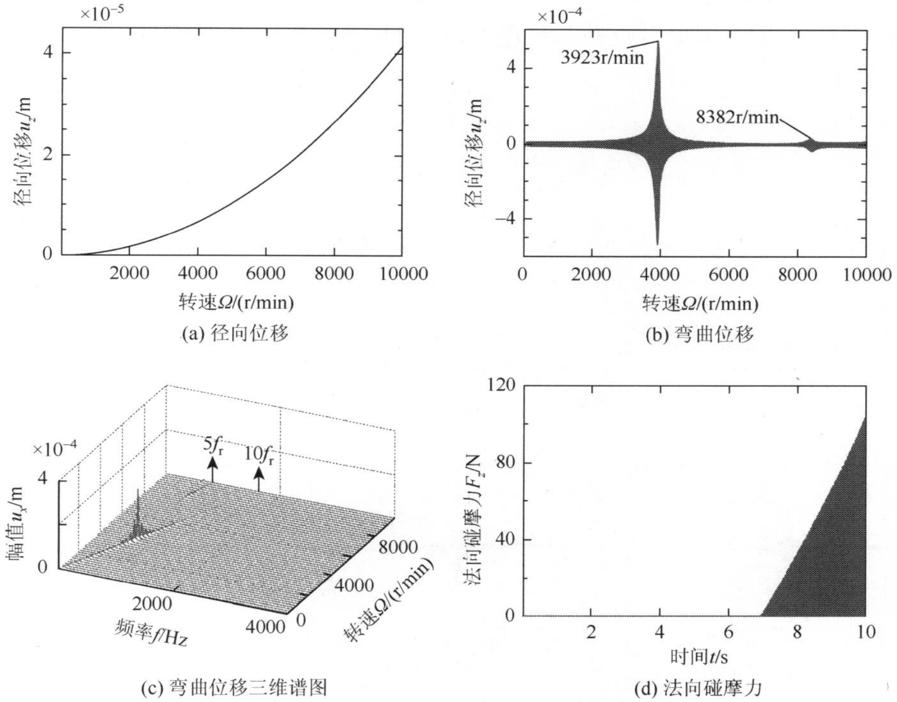

(a) 径向位移　(b) 弯曲位移

(c) 弯曲位移三维谱图　(d) 法向碰摩力

图 9.8　升速过程中叶尖节点碰摩振动响应

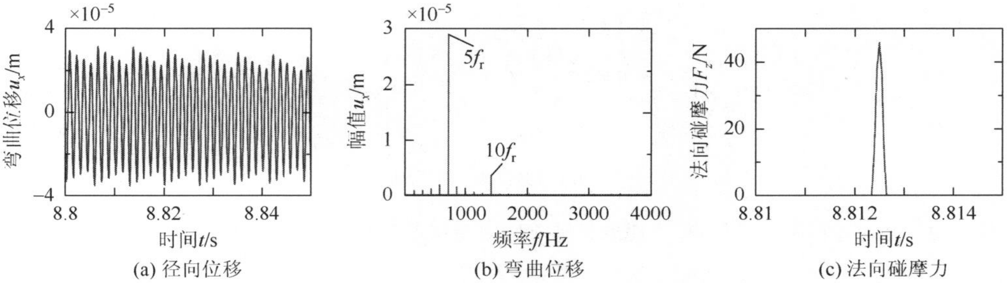

(a) 径向位移　(b) 弯曲位移　(c) 法向碰摩力

图 9.9　8382r/min 转速下叶尖节点的振动响应

9.4.2　基于等厚度直板模型的碰摩响应分析

在升速过程中，不同角不对中量下叶尖节点 21 的振动响应和各节点的法向碰摩力如图 9.10 和图 9.11 所示。叶尖节点 21 在 8585r/min 的振动响应如图 9.12 所示。由图可知，随着不对中角的增加，共振峰的数量［图 9.10（b）］和法向碰摩力［图 9.12（c）］增加，碰摩程度增加。随着角不对中程度的增加，碰摩发生更早，叶尖碰撞范围扩大，在不对中角分别为 0.13°、0.15°和 0.17°时，叶尖分别有 3、5 和 7 个节点参与碰摩（图 9.11）。另外，其他动力学特性与 9.4.1 节的结果相似。

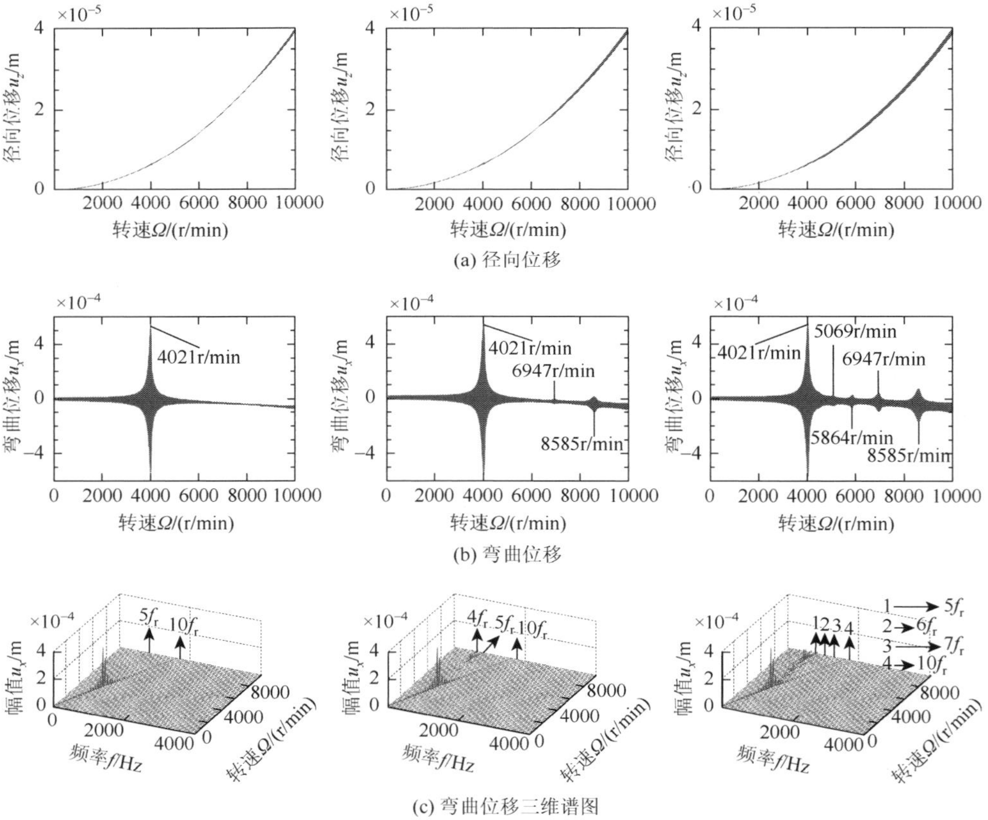

(a) 径向位移

(b) 弯曲位移

(c) 弯曲位移三维谱图

图 9.10　升速过程中叶尖节点 21 碰摩振动响应（图从左至右对应不对中角 β_1=0.13°、β_1=0.15° 和 β_1=0.17°）

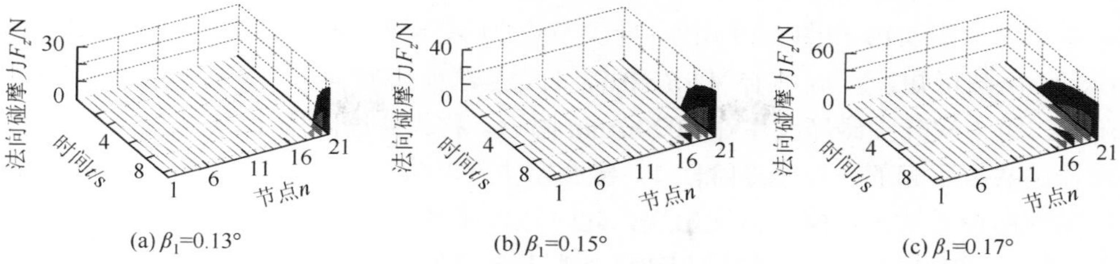

图 9.11　升速过程中叶尖各节点法向碰摩力

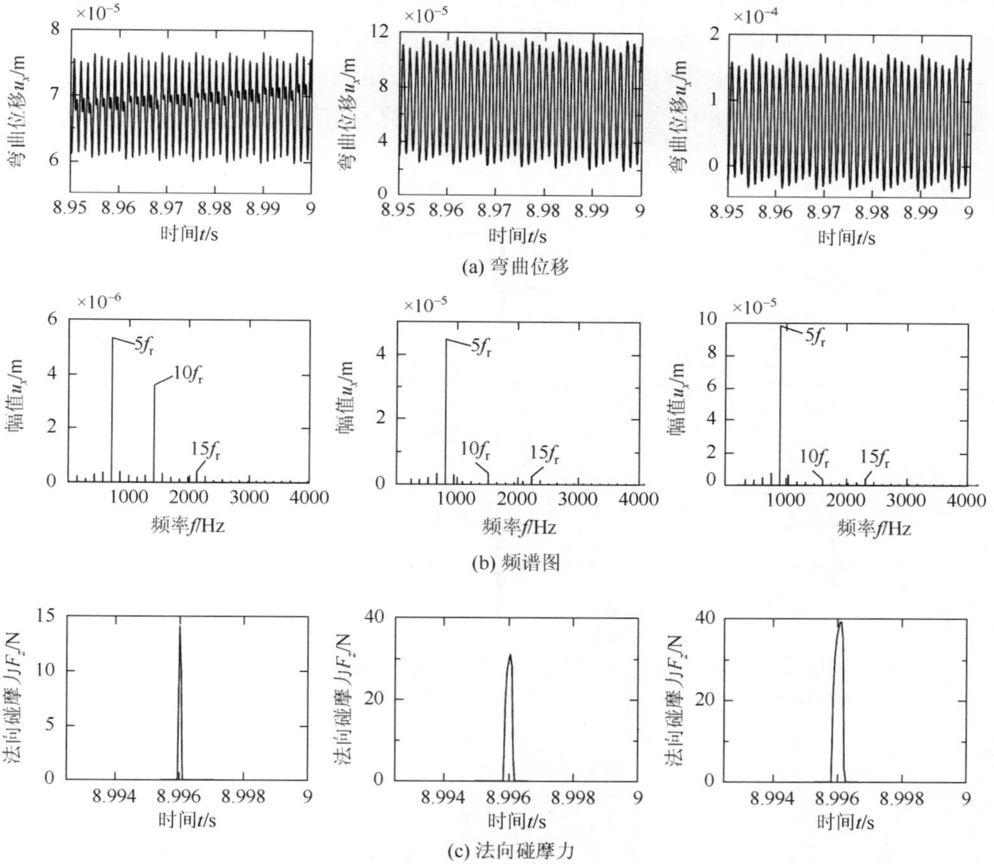

图 9.12　8585r/min 转速下叶尖节点 21 的振动响应(图从左至右对应不对中角 β_1=0.13°、β_1=0.15°和 β_1=0.17°)

9.4.3　基于等厚度扭板模型的碰摩响应分析

基于等厚度扭板模型，在升速过程中，叶尖节点 21 的振动响应和各节点的法向碰摩力如图 9.13 和图 9.14 所示；叶尖节点 21 在 8538r/min 的振动响应如图 9.15 所示。由图可知，当 β_1=0.15°和 β_1=0.17°时，从法向碰摩力可以看出碰摩分为两个阶段。第 1 次叶尖碰摩发生在 4020r/min 附近，称为碰摩阶段 1，这是由气动力导致径向共振引起的。在碰摩阶段 1，碰摩发生在叶尖一端。随后随着转速的增加，叶尖径向伸长增大，碰摩再次出现，此时称为碰摩阶段 2（图 9.14），此时碰摩主要由转速增大导致的叶片伸长和超谐共振共同激发。需要指出的是，在 β_1=0.13°的工况下，叶尖一侧节点间隙如节点 21、节点 20 等，略大于 β_1=0.15°、β_1=0.17°工况，此时叶尖与机匣在 8538r/min 超谐共振转速下未发生碰摩，随着转速的进一步增加，在 8644r/min 转速下节点 21 才出现轻微碰摩。

等厚度扭板模型与等厚度直板模型的振动响应相似，不同的是，由于其存在扭型特征，叶尖节点的径向位移会出现共振峰[图 9.13（a）]，可能会产生碰摩（图 9.14）。

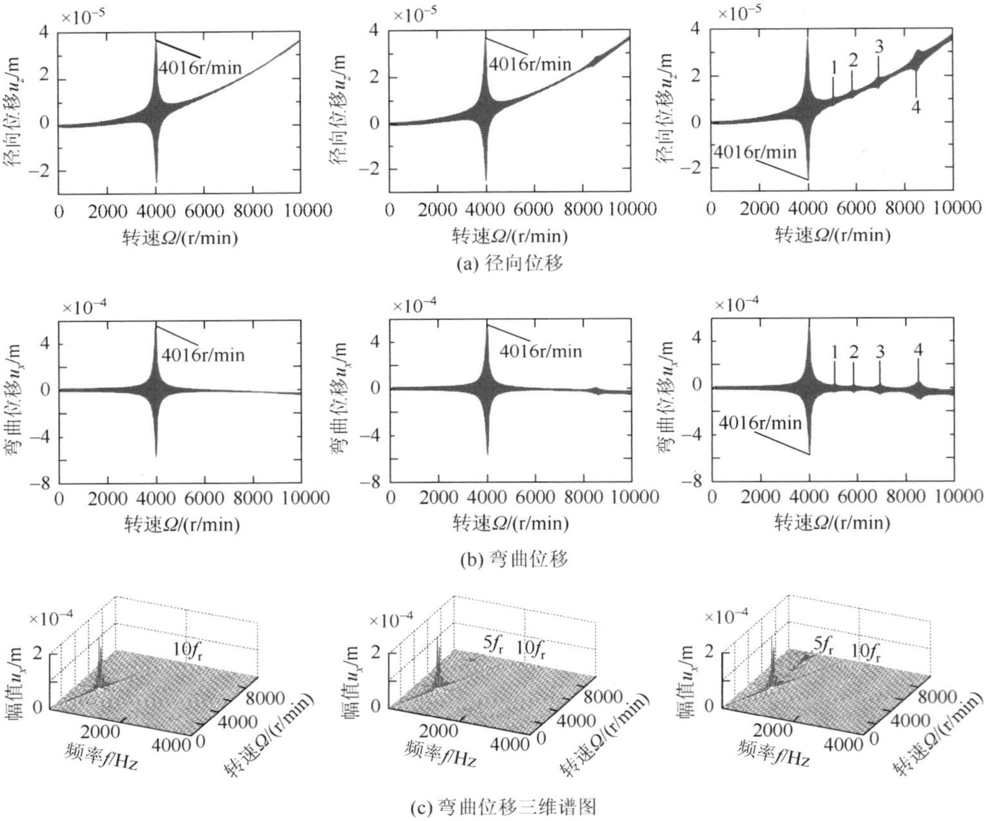

(a) 径向位移

(b) 弯曲位移

(c) 弯曲位移三维谱图

图 9.13　升速过程中叶尖节点 21 碰摩振动响应（图从左至右对应不对中角 β_1=0.13°、β_1=0.15°和 β_1=0.17°）

1→5070r/min；2→5864r/min；3→6939r/min；4→8538r/min

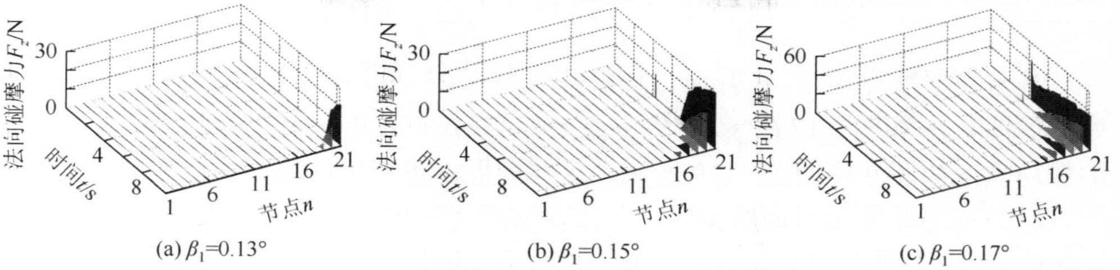

图 9.14　升速过程中叶尖各节点法向碰摩力

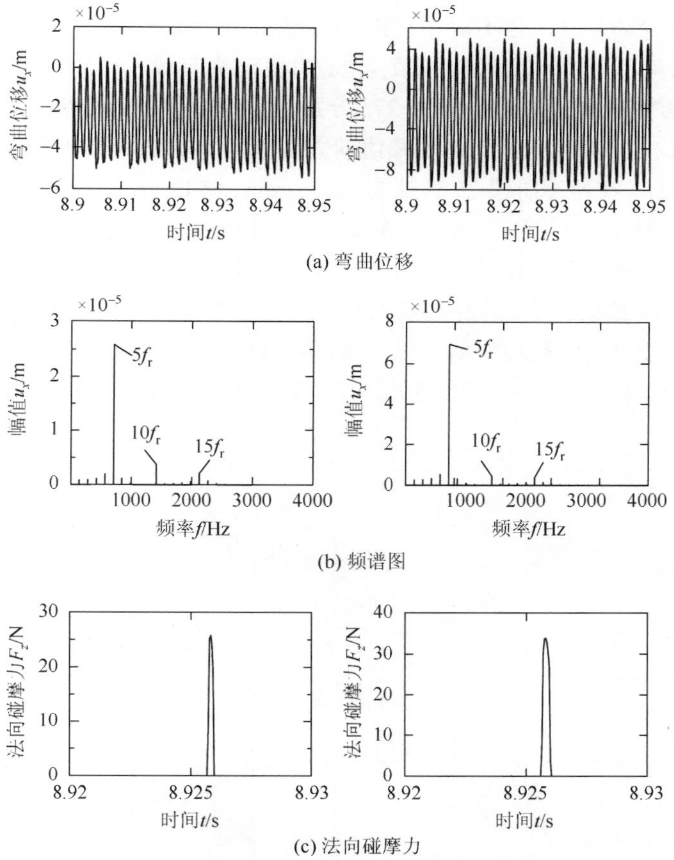

图 9.15　8538r/min 转速下叶尖节点 21 的振动响应（图从左至右对应不对中角 β_1=0.15°和 β_1=0.17°）

9.4.4　基于变厚度壳模型的碰摩响应分析

基于变厚度壳模型，在升速过程中叶尖节点 21 的振动响应和各节点的法向碰摩力如图 9.16 和图 9.17 所示。叶尖节点 1 在 4361r/min 和叶尖节点 21 在 9624r/min 的振动响应如图 9.18 和图 9.19 所示。这些图展示了如下的动力学现象。

（1）与等厚度扭板碰摩类似，从法向碰摩力可以看出碰摩分为两个阶段。第 1 次叶尖碰摩发生在 4361r/min 附近，称为碰摩阶段 1。在碰摩阶段 1，碰摩发生在叶尖两端。随后，叶尖一端的碰摩消失，第 2 阶段的碰摩开始，此时称为碰摩阶段 2。在碰摩阶段 2，碰摩只发生在叶尖的一端（图 9.17）。

（2）在碰摩阶段 1，角不对中程度对碰摩节点 1 影响较小［图 9.18（c）］；在碰摩阶段 2，角不对中程度对碰摩节点 21 的振动响应和法向碰摩力影响较大。

（3）在碰摩阶段 1，由于 $10f_r$ 和 $27f_r$ 分别与叶片 1 阶和 2 阶动频一致［图 9.3 和图 9.18（b）］，在 4361r/min 时出现幅值放大现象（图 9.16 和图 9.18），此时气动力频率 $10f_r$ 占主导。在碰摩阶段 2，转速为 4871r/min、5543r/min、6433r/min、7684r/min 和 9624r/min 时出现幅值放大现象（图 9.16 和图 9.19），因为 $9f_r$、$8f_r$、$7f_r$、$6f_r$、$5f_r$ 与叶片的 1 阶动频一致［图 9.3 和图 9.16（c）］。同时，$27f_r$ 和 $12f_r$ 可以看到幅值放大，因为 $27f_r$ 和 $12f_r$ 分别与叶片的 2 阶动频一致（图 9.18 和图 9.19）。通过比较 nf_r 在叶片 1 阶和 2 阶动频附近幅值可以看出，叶片的 1 阶动频比 2 阶动频更容易被激发［图 9.18（b）和图 9.19（b）］。另外，其他的动力学特性与 9.4.1～9.4.3 小节类似。

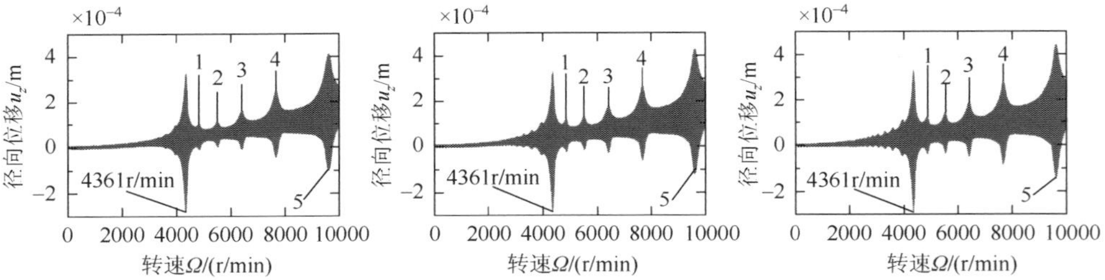

(a) 径向位移

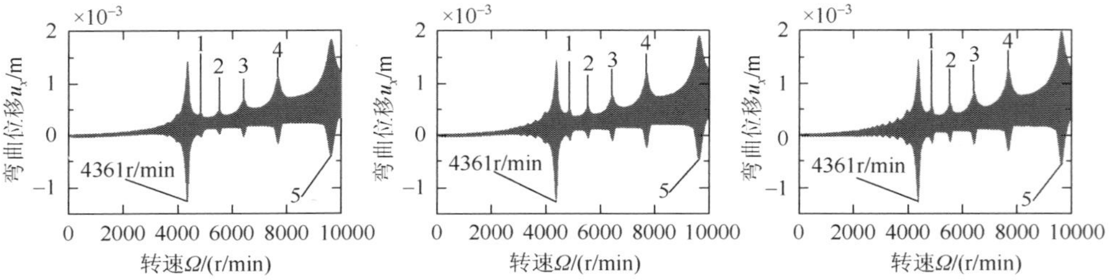

(b) 弯曲位移

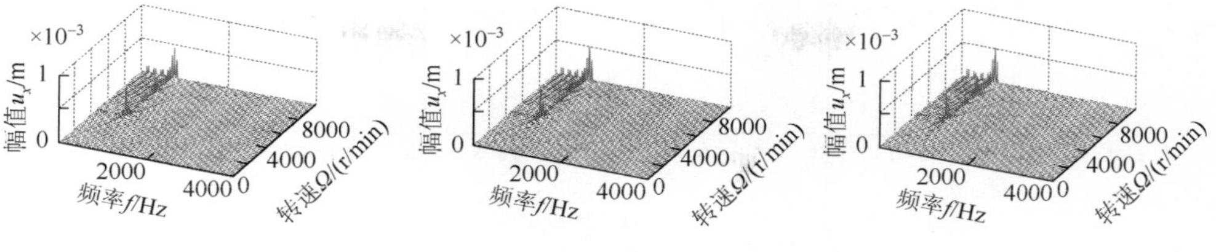

(c) 弯曲位移三维谱图

图 9.16　升速过程中叶尖 21 节点碰摩振动响应（图从左至右对应不对中角 β_1=0.13°、β_1=0.15° 和 β_1=0.17°）

1→4871r/min；2→5543r/min；3→6433r/min；4→7684r/min；5→9624r/min

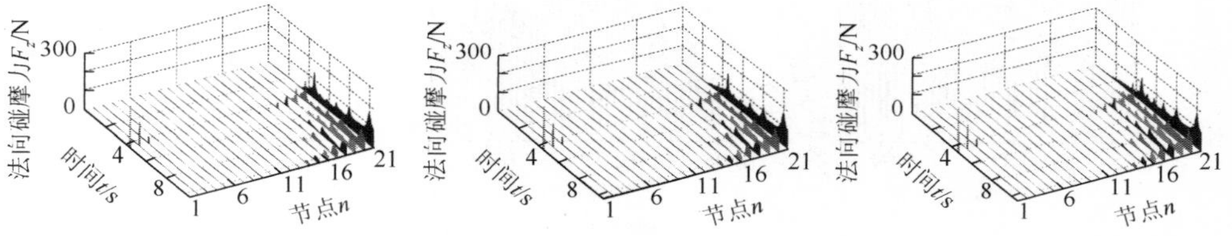

(a) β_1=0.13°　(b) β_1=0.15°　(c) β_1=0.17°

图 9.17　升速过程中叶尖各节点法向碰摩力

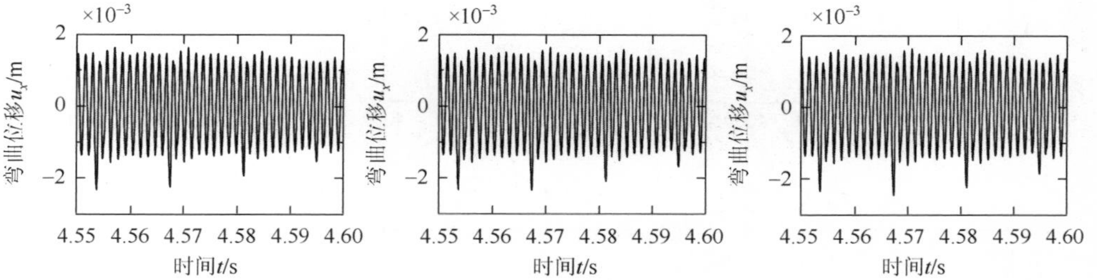

(a) 弯曲位移

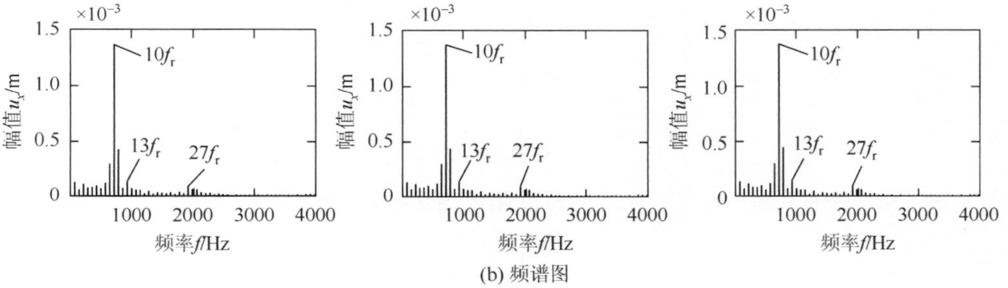

(b) 频谱图

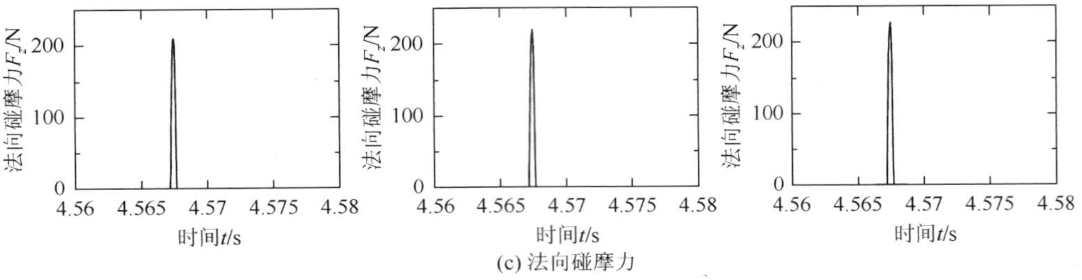

图 9.18　4361r/min 转速下叶尖节点 1 的振动响应（图从左至右对应不对中角 β_1=0.13°、β_1=0.15° 和 β_1=0.17°）

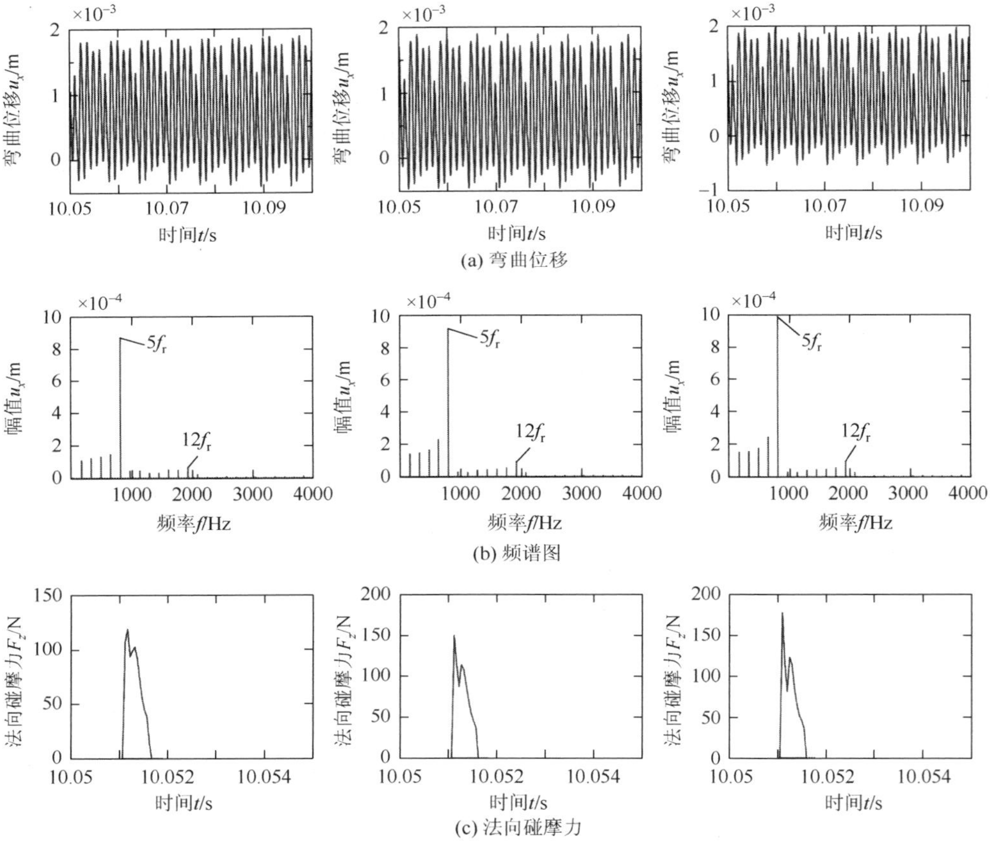

图 9.19　9624r/min 转速下叶尖节点 21 的振动响应（图从左至右对应不对中角 β_1=0.13°、β_1=0.15° 和 β_1=0.17°）

9.5 本章小结

本章分别采用梁、等厚度直板、等厚度扭板和变厚度壳，建立了 4 个叶片有限元模型，将机匣简化为多个集中质量点，并将这些集中质量点进行刚性耦合，基于此假设模拟了叶片-机匣碰摩故障。此外，考虑升速过程，分析了角不对中对叶尖碰摩振动响应的影响。主要结论如下。

（1）梁模型不能考虑角不对中和叶尖在宽度方向的振动；等厚度直板和等厚度扭板模型中叶尖各位置由离心力引起的叶尖伸长几乎相同，不同的是，由于等厚度扭板存在扭型特征，叶尖节点的径向位移会出现共振峰；由于叶片质量分布不均，变厚度壳模型中叶尖各位置由离心力引起的叶尖伸长不相同。

（2）对于等厚度直板模型和变厚度壳模型而言，碰摩剧烈程度随着不对中角增加而加强。由于考虑了叶片的扭型和变厚度特征，变厚度壳模型更能真实地反映碰摩过程。当转频的倍频 nf_r 与叶片动频一致时叶尖碰摩可以引起幅值放大现象。

（3）对于等厚度扭板模型和变厚度壳模型而言，由于扭形的影响，可能存在两个碰摩阶段，在碰摩阶段 1，等厚度扭板仅在叶片一端出现碰摩，而变厚度壳模型则在叶片两端角点发生碰摩。而在碰摩阶段 2，两个模型均在叶片一端发生碰摩。

参 考 文 献

[1] Sinha S K，Turner K E. Natural frequencies of a pre-twisted blade in a centrifugal force field[J]. Journal of Sound and Vibration，2011，330（11）：2655-2681.

[2] Leissa A，Jacob K I. Three-dimensional vibrations of twisted cantilevered parallelepipeds [J]. Journal of Applied Mechanics，1986，53（3）：614-618.

第 10 章　榫连盘片结构叶尖-机匣碰摩动力学

10.1　概　　述

前面各章节在分析叶片振动时均假设叶片和轮盘是刚性连接在一起的，而实际在航空发动机中，叶片和轮盘之间的连接很多采用榫连结构，叶片在振动过程中会对榫连结构的界面接触特性产生影响，而接触特性的变化反过来也会影响叶片根部的边界约束条件，进而对叶片的振动也会产生影响，因此要准确分析叶片的振动，需要考虑轮盘和叶片之间的榫连界面接触的影响。本章基于 ANSYS 软件，建立了盘片结构的扇区模型（1/38 叶盘结构），采用接触单元模拟榫槽-榫头的界面接触，通过脉冲力模型模拟叶片-机匣局部碰摩力，分析了叶尖碰摩情况下，转速以及侵入量对叶片振动和榫连结构界面接触特性的影响。

10.2　盘片有限元模型及简化的叶尖碰摩力模型

10.2.1　盘片有限元模型

本章所分析的盘片结构由 38 个叶片组成，为了减小计算规模，提高计算效率，只对 1/38 轮盘扇区（基本扇区）进行有限元建模，在进行计算时，对轮盘内孔施加轴向及周向约束，并对榫头的单个侧面施加轴向约束。盘片榫连结构的几何尺寸如图 10.1 所示。

盘片采用的材料为钛合金，其杨氏模量 E=125GPa，泊松比 υ=0.3，密度为 ρ=4370kg/m^3。基于 ANSYS 软件，采用 Solid45 单元，建立盘片结构扇区三维有限元模型，如图 10.2 所示。模型共划分为 16421 个单元和 17238 个节点，榫头与榫槽的接触面采用面-面接触单元来模拟，其中榫头面定义为接触面，采用接触面单元 Conta173，榫槽面定义为目标面，采用目标面单元 Targe170，接触面共划分为 840 个单元和 928 个节点。绕 z 轴逆时针施加转速，并将叶背对应的接触面定义为 B 面，叶盆对应的接触面定义为 A 面，榫头的安装角为 15°（图 10.2）。

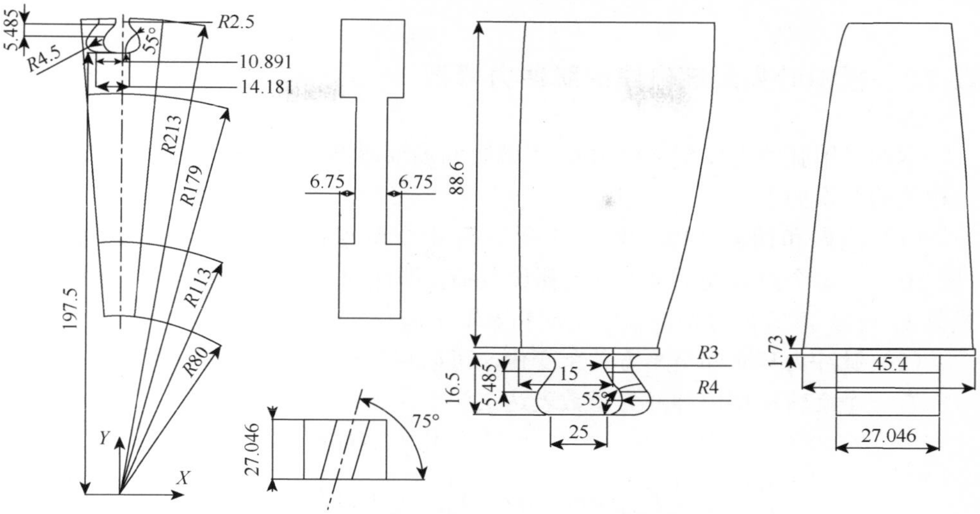

图 10.1　盘片榫连结构的几何尺寸（单位：mm）

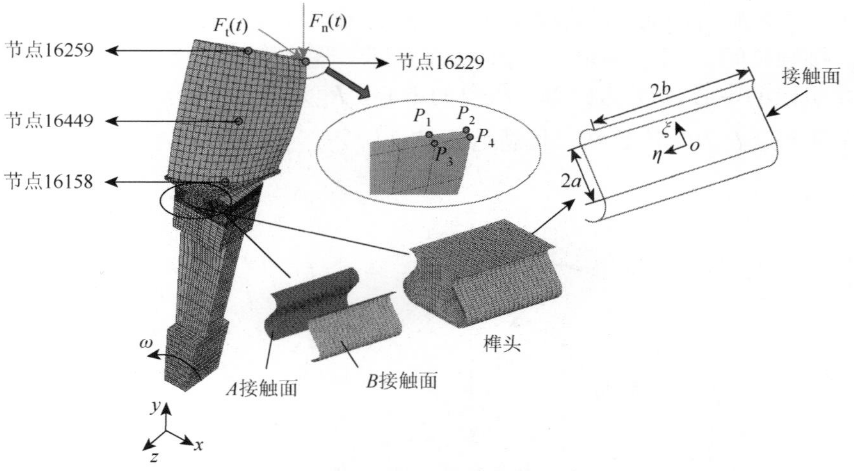

图 10.2　榫连结构有限元模型

榫头接触面采用单边接触进行建模，利用库仑摩擦模型模拟界面之间的摩擦，取摩擦系数 μ=0.3。当两个接触面的剪切应力达到某一值时，两个接触面出现相对滑移，在接触滑移出现之前的状态称为黏合接触。ANSYS 软件接触算法主要包括多点约束（MPC）法、罚函数方法、接触法向和切向纯拉格朗日乘子法、增广的拉格朗日方法、法向采用拉格朗日乘子法和切向采用罚函数方法。本章采用增广的拉格朗日方法来处理接触边界约束，该方法同时具有纯罚函数方法和纯拉格朗日方法的优势。

10.2.2　模拟叶尖局部碰摩的脉冲力模型

本章采用脉冲力模型来模拟叶片-机匣的局部碰摩现象。对于脉冲力模型，一些相关的假设如下。

（1）法向和切向碰摩力均分在叶尖的 4 个节点位置（P_1、P_2、P_3 和 P_4）（图 10.2）。每个点施加两个方向的碰摩载荷，即法向碰摩载荷 F_n（t）和切向碰摩载荷 F_t（t），其方向分别沿 y 轴负向和 x 轴正向。

（2）脉冲力与时间呈平方关系变化，可以将其简化为半正弦函数。

在一个旋转周期内脉冲力函数表达式为

$$F_n(t)=\begin{cases}0, & 0\leqslant t<t_0, t_c+t_0<t\leqslant t_p\\ -\dfrac{1}{4}F_{n\max}\sin\left(\dfrac{\pi}{t_c}(t-t_0)\right), & t_0\leqslant t\leqslant t_c+t_0\end{cases} \tag{10.1}$$

式中，$F_{n\max}$ 为接触过程中最大法向碰摩力，其表达式由式（4.15）确定；t_c 为接触时间；t_p 为旋转周期；t_0 为碰摩起始时间。通过叶片的旋转角速度 ω 和侵入深度 δ，接触时间 t_c 可以确定，如图 10.3 所示。图中，O_1 为旋转叶片的中心，O_2 为静止机匣的中心，O_2' 为碰摩后机匣的中心，R_c 为机匣半径，β 为接触角，R_d 为轮盘的半径，L 为叶片长度，且满足 $r_g=R_d+L$。

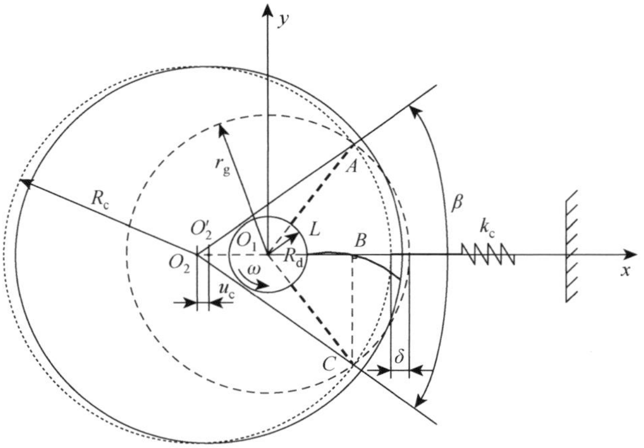

图 10.3　叶尖-机匣碰摩示意图

-----叶尖轨迹；··········机匣静止位置；———碰摩后机匣位置

假定碰摩为一个准静态接触过程，弹性机匣的接触角和刚性机匣的接触角相同，这样在刚性机匣假设下得到的接触时间 t_c[1, 2]，仍然适用于弹性机匣，

其表达式为

$$t_c = \frac{60\beta}{2\pi\omega}, \beta = 2\cos^{-1}\left(\frac{R_c^2 + (R_c + \delta - r_g)^2 - r_g^2}{2R_c(R_c + \delta - r_g)}\right) \tag{10.2}$$

切向碰摩力可以通过库仑摩擦模型来确定，其表达式为

$$F_t(t) = \mu F_n(t) \tag{10.3}$$

式中，叶片和机匣之间的摩擦系数为 μ=0.3。施加的碰摩载荷如图 10.4 所示，图中前 20 个旋转周期（0～20t_p）仅有离心力存在，在 21～25 旋转周期（20t_p～25t_p）离心力和碰摩力同时存在。

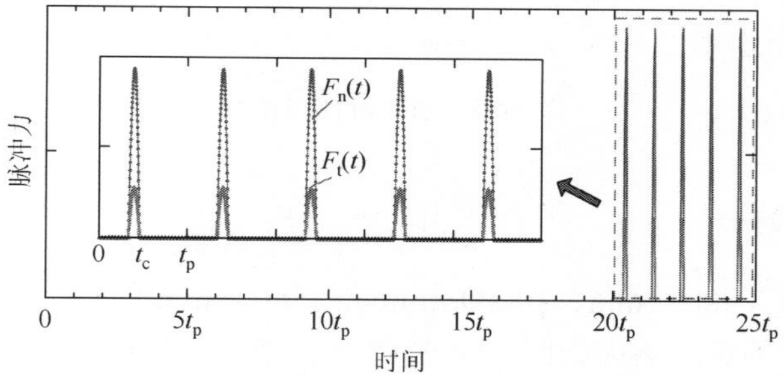

图 10.4　脉冲力示意图

计算法向和切向碰摩力所需的叶片、轮盘和机匣的参数如下：叶片长度 L=88.6mm，叶片宽度 b=56.7mm，叶片厚度 h=10mm，叶片弯曲惯性矩 $I=bh^3/12$，叶片横截面积 A=567mm^2，机匣半径 R_c=306.82mm，叶尖半径 r_g=305.12mm，轮盘半径 R_d=216.52mm，机匣刚度 k_c=5×10^{6}N/m。

10.3　考虑叶尖碰摩的叶片动力学及榫连接触特性分析

考虑旋转效应对叶片刚度和榫连接触特性的影响，在 ANSYS 软件中采用预应力模态分析，计算 10000r/min 转速下盘片结构的前 3 阶模态振型，如图 10.5 所示。

10.3.1　转速的影响

本节主要分析侵入深度 δ=100μm 工况下，转速对叶片的振动响应和榫连接触特性的影响。

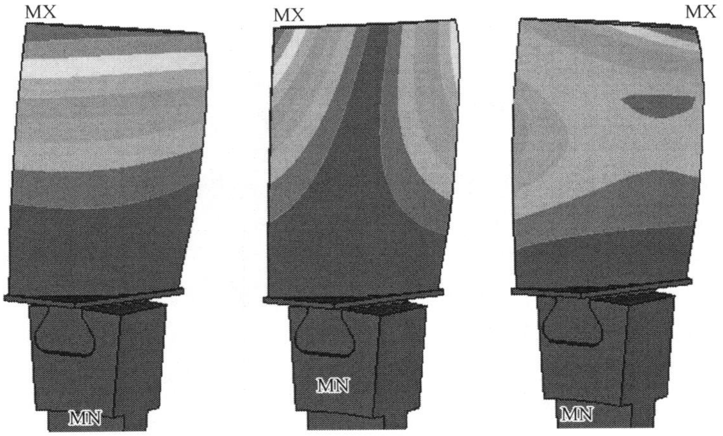

(a) 第1阶　　(b) 第2阶　　(c) 第3阶

图 10.5　前 3 阶模态振型

1. 叶片振动响应

不同转速下（5000r/min、10000r/min 和 15000r/min），叶片不同位置（叶尖、叶中和叶根）处的振动响应如图 10.6 和图 10.7 所示。图中 1X 表示转频，时域波形 3 个直线区域表示在 x、y 和 z 方向离心力产生的静变形和静应力，而周期性的位移和动应力为离心力和碰摩载荷共同作用所致。图 10.6 和图 10.7 展示了如下的动力学特征。

（1）仅考虑离心力的影响，在叶尖和叶中位置，径向（y 向）变形最大，横向（x 向）变形次之，而轴向（z 向）变形最小；然而在叶根位置，横向变形最大，径向变形次之，轴向变形最小。随着转速的增大，变形增加。

（2）考虑碰摩载荷后，x、y 和 z 向的振动位移在离心力导致的平衡位置附近波动，在叶尖和叶中位置，系统 y 向和 z 向振幅大于 x 方向，这表明对于本章所研究的叶片，叶尖局部碰摩主要激发叶片的径向和轴向振动。

（3）频谱图表明在系统固有频率附近会出现一些幅值较大的倍频成分［图 10.6(b)］，这里称之为幅值放大现象，例如，在 5000r/min 和 10000r/min 转速对应的 8X 和 4X 倍频成分接近于系统的第 1 阶弯曲动频（652.66Hz），而在 15000r/min 转速对应的 8X 倍频成分接近于第 2 阶固有频率（1979.2Hz，第 1 阶扭转动频）。

（4）动应力展示叶尖弯曲应力（x 方向）大于其余两个方向。对比 x 和 z 两个方向，在叶中和叶根处的径向应力（y 方向）是较为明显的，且叶中的应力是最大的。通过分析叶片不同位置的位移和动应力可以看出，叶尖碰摩会导致叶片出现弓形弯曲。

（5）在径向方向（y 方向），碰摩过程中叶片动应力是逐渐变化的，随着转速的增加动应力从拉压交变应力变化到仅存在拉应力，这是由于在高转速下离心力要大于碰摩力。

（6）在 15000r/min 转速下叶片的振动响应要小于 10000r/min 工况下的响应，这是由于在 15000r/min 工况下没有激发系统第 1 阶弯曲动频，即系统的倍频成分远离系统的第 1 阶动频。

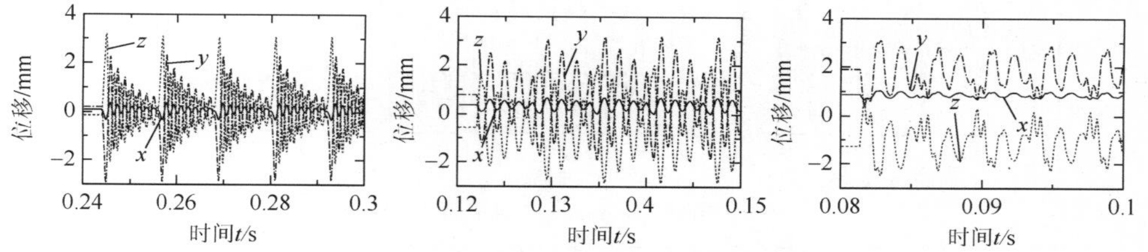

(a) 叶尖x、y和z方向位移(节点16229)

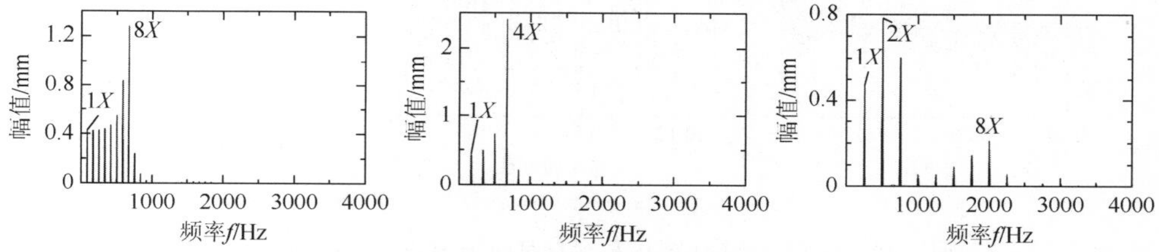

(b) 叶尖y方向频谱图(节点16229)

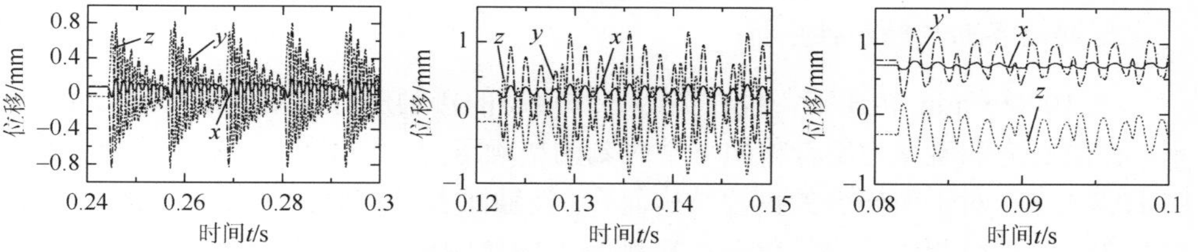

(c) 叶中x、y和z方向位移(节点16449)

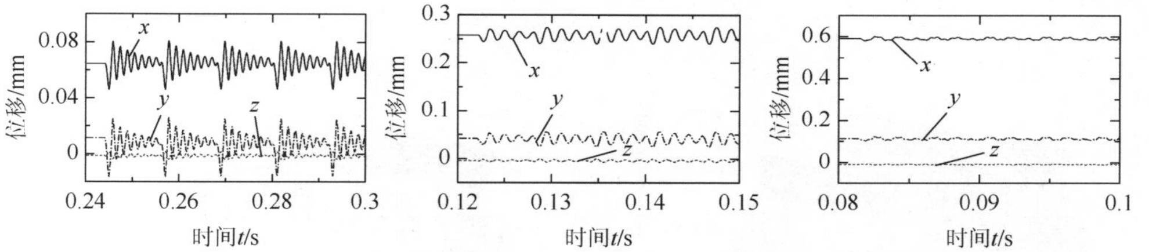

(d) 叶根x、y和z方向位移(节点16158)

图 10.6　不同转速下叶片振动位移响应（图从左到右对应于 5000r/min、10000r/min 和 15000r/min）

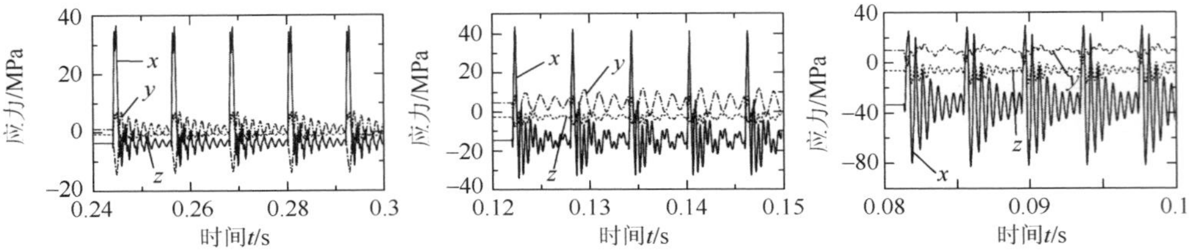

(a) 叶尖x、y和z方向动应力(节点16259)

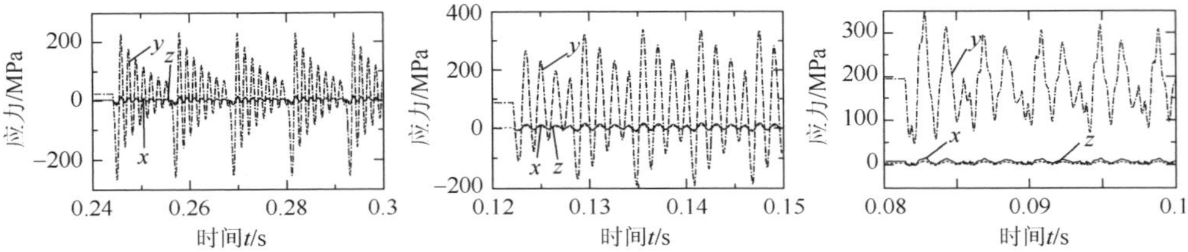

(b) 叶中x、y和z方向动应力(节点16449)

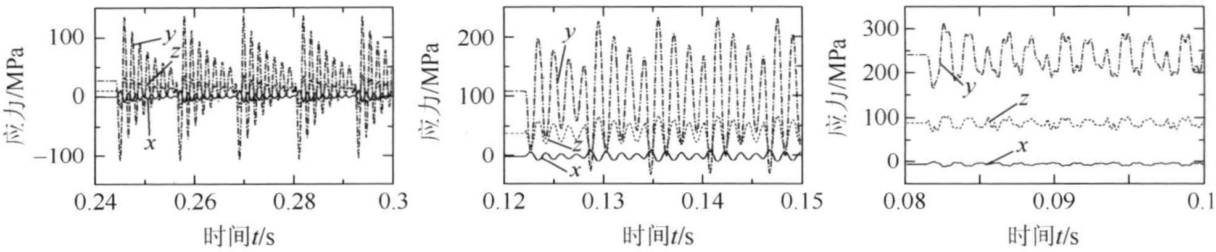

(c) 叶根x、y和z方向动应力(节点16158)

图 10.7　不同转速下叶片动应力响应（图从左到右对应于 5000r/min、10000r/min 和 15000r/min）

2. 榫连界面接触特性分析

在 10000r/min 转速下，仅在离心力作用下的接触压力云图如图 10.8（a）所示，在离心力和碰摩力组合作用下某时刻的接触压力云图如图 10.8（b）所示。由图 10.8 可知，对于所研究的盘片结构而言，接触面 *B* 的接触压力要大于接触面 *A*，因此在以后的分析过程中，仅分析接触面 *B* 的接触特性，该接触面节点示意图如图 10.8（c）所示。

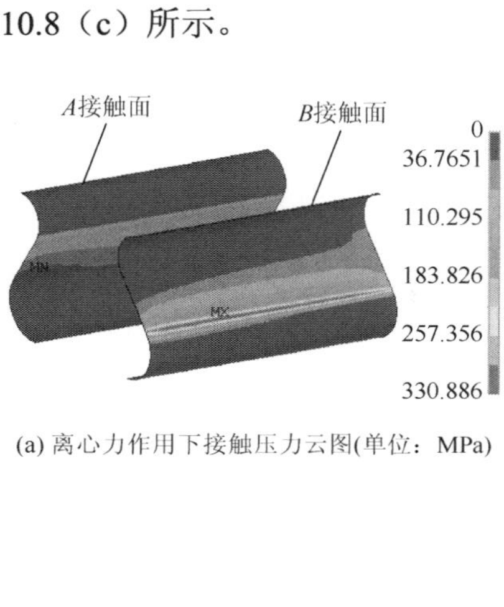

(a) 离心力作用下接触压力云图(单位：MPa)

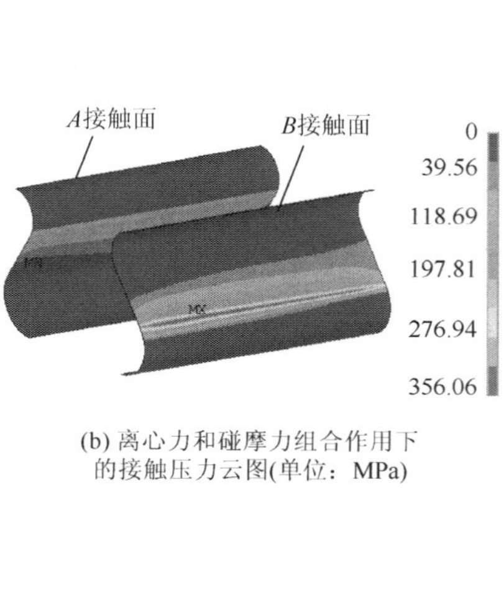

(b) 离心力和碰摩力组合作用下的接触压力云图(单位：MPa)

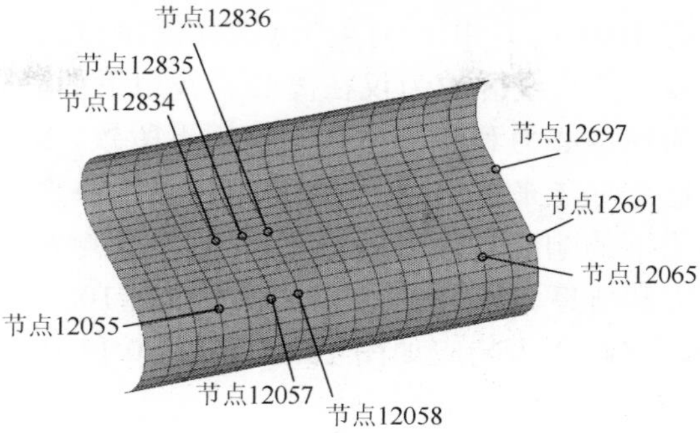

(c) *B*接触面节点示意图

图 10.8　10000r/min 下的接触压力云图和 *B* 接触面节点

在 5000r/min、10000r/min 和 15000r/min 转速下，榫头的接触滑移距离响应如图 10.9 所示。图 10.9（a）展示了 3 个转速下的最大滑移距离响应，值得注意的是，对应于最大滑移距离的节点在不同转速下是变化的；图 10.9（b）展示了 3

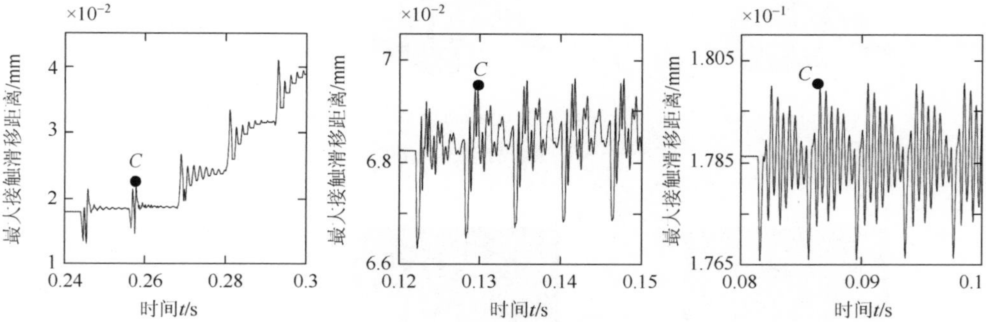

(a) 最大滑移距离

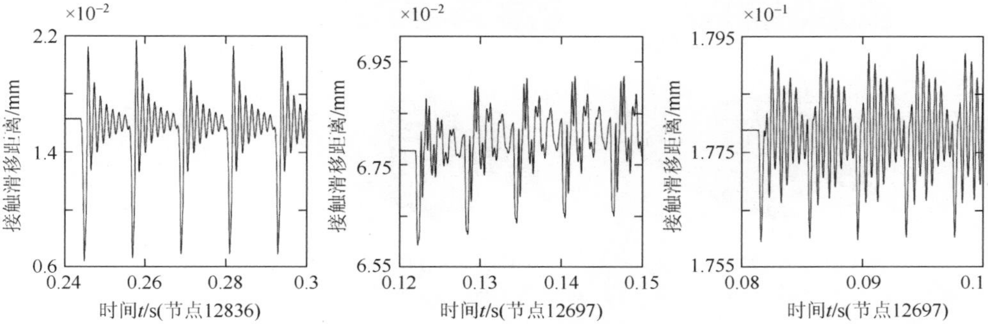

(b) 某些节点的滑移距离

图 10.9　不同转速下榫头接触滑移距离（图从左到右对应于 5000r/min、10000r/min 和 15000r/min）

个转速下对应图 10.9（a）中 C 时刻节点的滑移距离响应。类似于叶片振动响应，时域波形展示的直线区域为仅在离心力作用下的静态滑移，而周期性波动的滑移距离则为在离心力和碰摩力共同作用下所致。接触滑移距离分布可以通过一个局部坐标系 $\eta o \xi$ 来展示(图 10.2)，对应的滑移距离云图如图 10.10 所示。仅在离心力作用下的响应，3 个转速下某些时刻接触滑移距离，如图 10.10（a）所示；在离心力和碰摩力组合作用下的响应如图 10.10（b）所示。类似于接触滑移距离响应，接触压力响应如图 10.11 和图 10.12 所示。

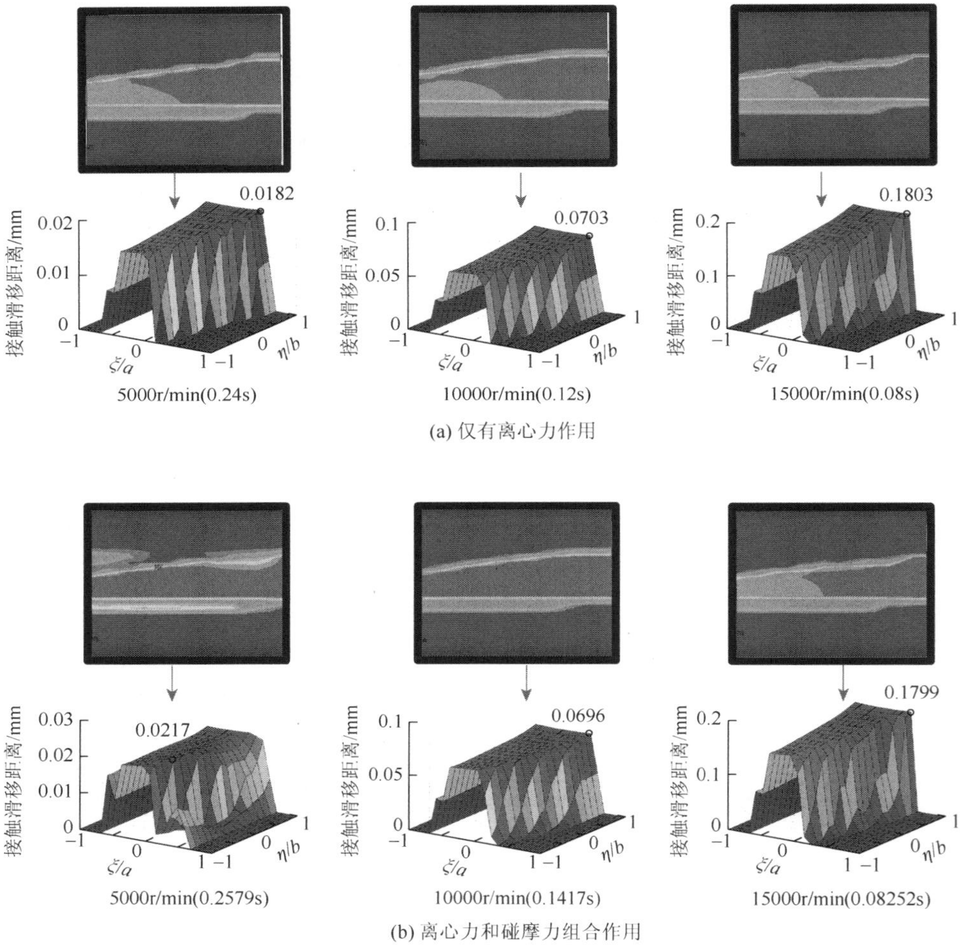

(a) 仅有离心力作用

(b) 离心力和碰摩力组合作用

图 10.10　不同转速下不同时刻榫头接触滑移距离

由图 10.9～图 10.12 可得如下结论。

（1）在 5000r/min 工况下，在第 3 个碰摩周期后最大滑移距离急剧增加，这是由于在低转速下，碰摩力的影响大于离心力的影响，每次碰摩都要变化到另外一个平衡状态。然而，在高转速工况下，如 10000r/min 和 15000r/min，离心力的影响大于碰摩力的影响，在这种情况下最大滑移距离响应是周期性的。为了证明这个推测的正确性，给出了 8000r/min 工况下接触滑移距离响应，如图 10.13 所示。该图表明最大滑移距离是稳定的，这也说明最大滑移距离的变化规律取决于离心力和碰摩力的组合作用。

（2）随着转速的增加，离心力增大，榫连接触面的接触滑移距离增加，在高转速下滑移距离的波动主要由碰摩载荷所致，离心载荷主要影响滑移距离的静平衡位置。

（3）随着转速的增加，接触压力也展示出类似于滑移距离的规律，在高转速下碰摩导致的接触压力远小于离心力导致的静接触压力，这是由于在高转速下离心力的影响远大于碰摩载荷的影响。此外，接触压力的频谱图也展示了和叶片振动位移类似的规律。在榫头圆角附近出现了应力集中现象，沿着厚度方向也展示了类似的规律，如图 10.12 所示。施加在叶片角点的碰摩力使叶片沿着碰摩力方向产生了一个轻微的转动，进而导致在远离碰摩端接触压力增大。转速越低这种现象越明显，即在远离碰摩端接触压力大。

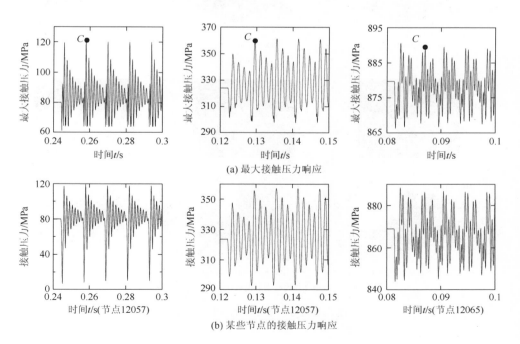

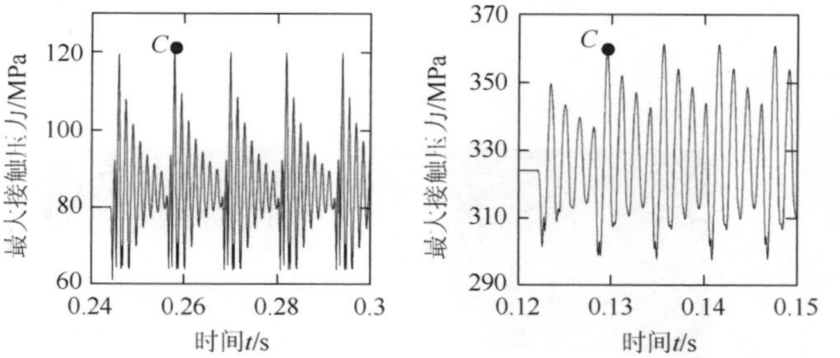

(a) 最大接触压力响应

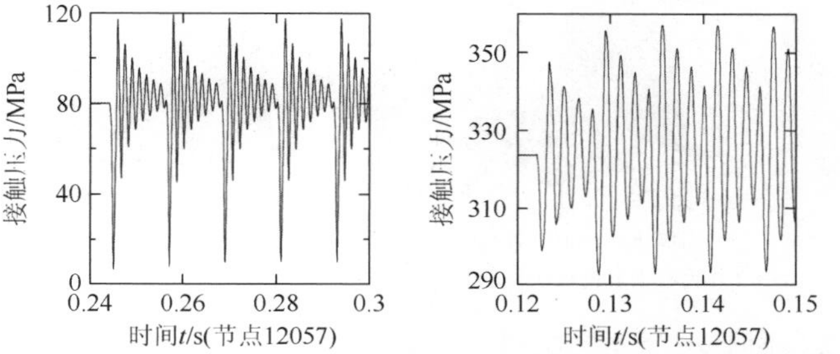

(b) 某些节点的接触压力响应

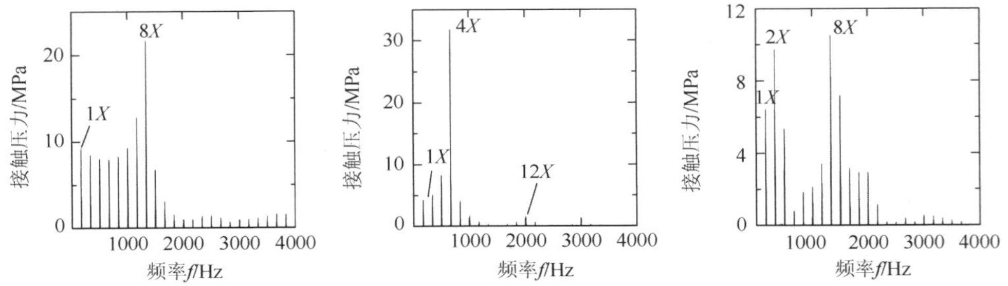

(c) 某些节点的接触压力谱图

图 10.11　不同转速下榫头接触压力响应（图从左到右对应于 5000r/min、10000r/min 和 15000r/min）

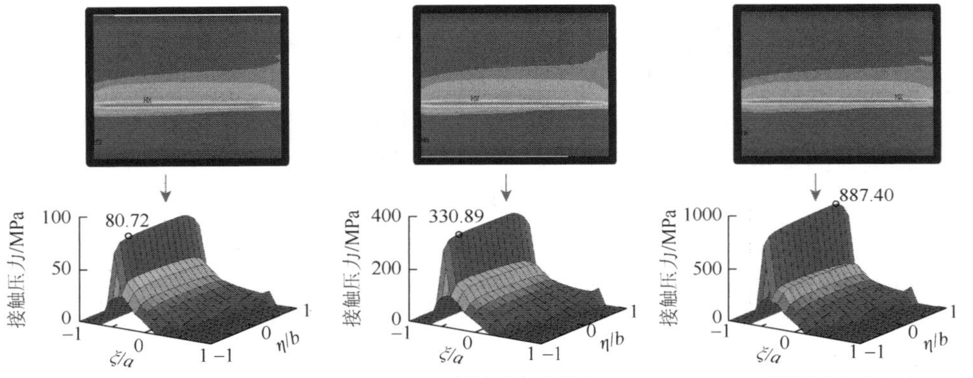

5000r/min(0.24s)　　10000r/min(0.12s)　　15000r/min(0.08s)

(a) 仅有离心力作用

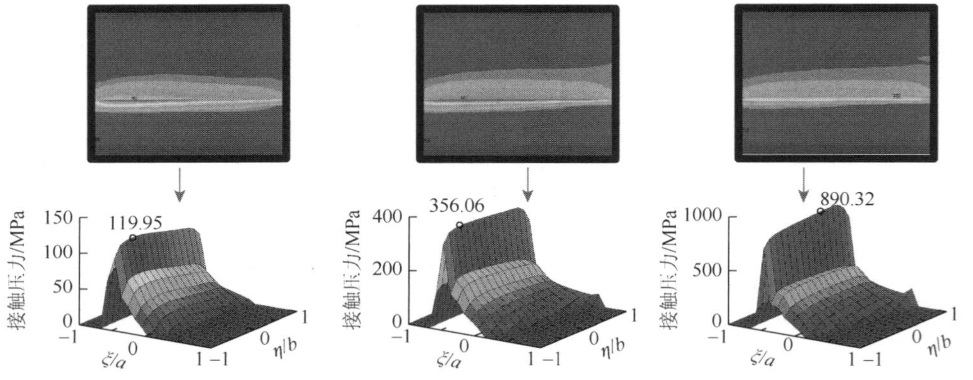

5000r/min(0.2579s)　　10000r/min(0.1417s)　　15000r/min(0.08252s)

(b) 离心力和碰摩力组合作用

图 10.12　不同转速下不同时刻榫头接触压力

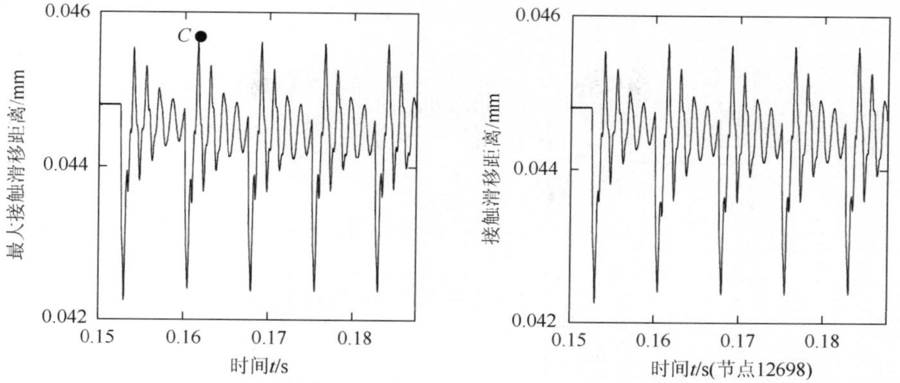

(a) 最大接触滑移距离响应　　(b) 节点12698的接触滑移距离响应

图 10.13　8000r/min 下接触滑移距离响应

10.3.2　侵入量的影响

考虑到碰摩程度主要取决于侵入深度，本节主要分析在 10000r/min 工况下，不同的侵入深度对叶片振动和榫连接触特性的影响。

1. 叶片振动响应

在不同的侵入深度下（δ=50μm、150μm 和 200μm），不同叶片位置（叶尖、叶中和叶根）的振动响应如图 10.14 和图 10.15 所示。此外，图 10.6 和图 10.7 给出了 Ω=10000r/min 转速下，侵入量 δ=100μm 叶片振动响应。这 4 个

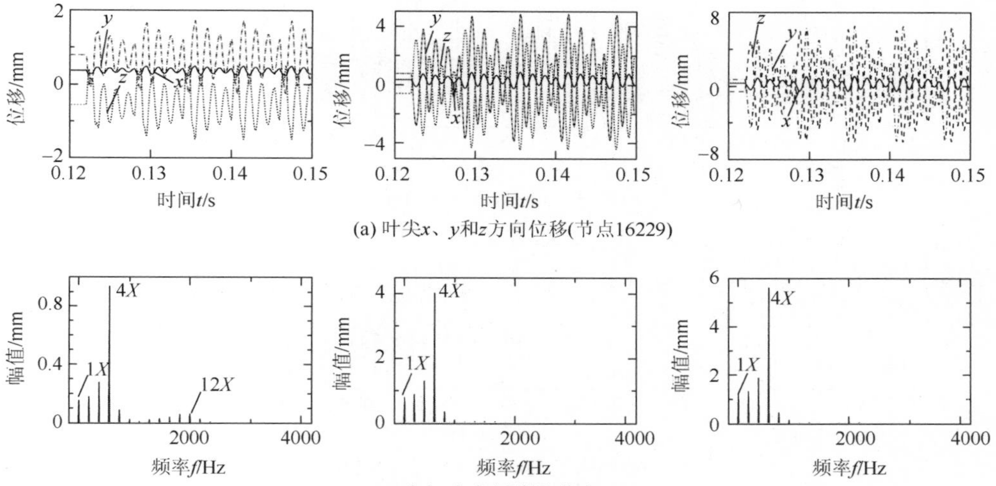

(a) 叶尖x、y和z方向位移(节点16229)

(b) 叶尖y方向频谱图(节点16229)

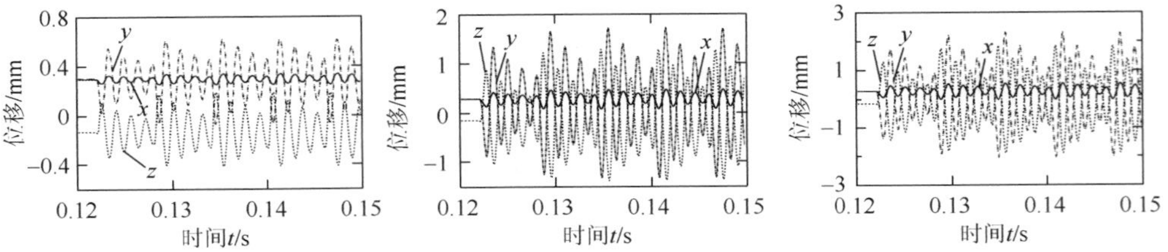

(c) 叶中x、y和z方向位移(节点16449)

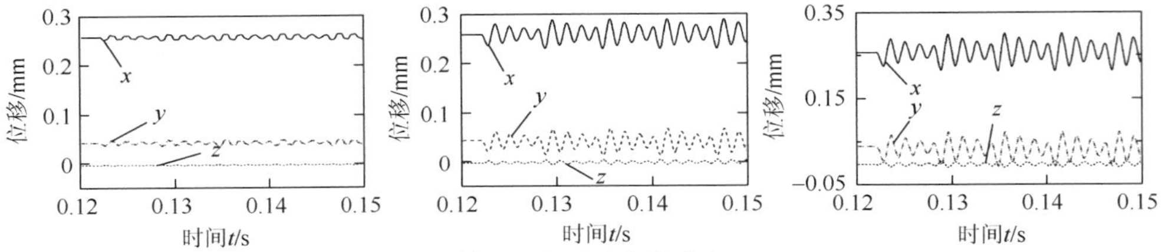

(d) 叶根x、y和z方向位移(节点16158)

图 10.14　不同侵入深度下叶片振动位移响应（图从左到右依次对应于 δ=50μm、150μm 和 200μm）

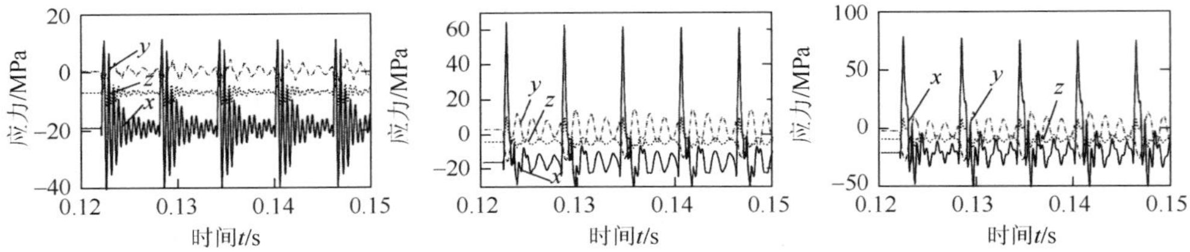

(a) 叶尖x、y和z方向位移(节点16259)

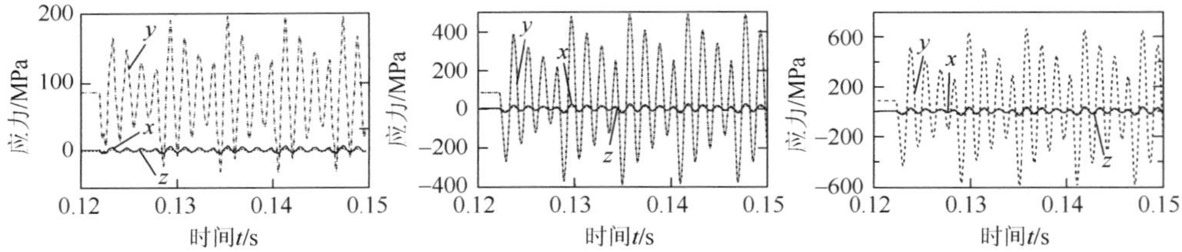

(b) 叶中x、y和z方向动应力(节点16449)

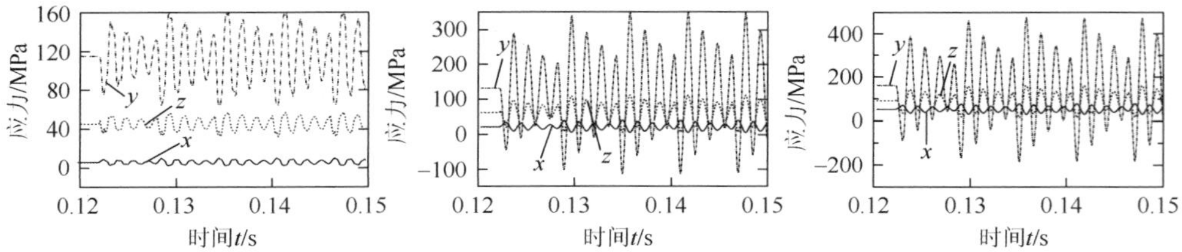

(c) 叶根x、y和z方向动应力(节点16158)

图 10.15　不同侵入深度下叶片动应力响应（图从左到右依次对应于 δ=50μm、150μm 和 200μm）

侵入深度下叶片的振动响应表明：①碰摩情况下叶片的振动位移平衡位置为仅在离心力作用下叶片的静变形；②随着侵入深度的增加，叶片振动响应加剧；③叶片不同位置的时频域的振动规律，如幅值放大现象等，均与转速影响规律类似。

2. 榫连界面接触特性分析

不同侵入深度下（δ=50μm、150μm 和 200μm）接触特性如图 10.16～图 10.18 所示。此外，图 10.9～图 10.12 给出了 Ω=10000r/min 转速下，侵入量为 δ=100μm 榫连接触面接触滑移距离和接触压力响应。这些图展示了榫连接触特性随侵入量的变化规律：①随着侵入深度的增加，滑移距离的波动加剧，在第 5 个碰摩周期以后最大滑移距离产生了较大变化，类似于图 10.9（a）在 5000r/min 转速下的滑移距离突然增加的解释，图 10.16（a）在 10000r/min 转速下滑移距离突然增加，主要由于碰摩力的影响要大于离心力的影响；②接触压力频谱图展示的频谱特征，类似于图 10.14（b）所示展示的叶片振动响应特征。

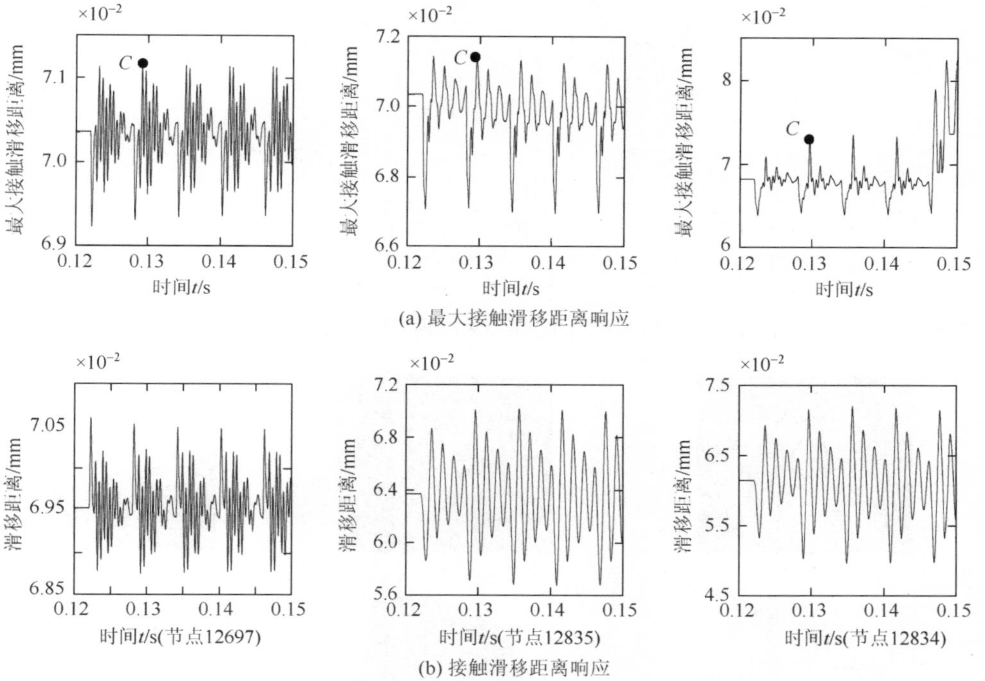

图 10.16　不同侵入深度下榫头接触滑移距离（图从左到右依次对应于 δ=50μm、150μm 和 200μm）

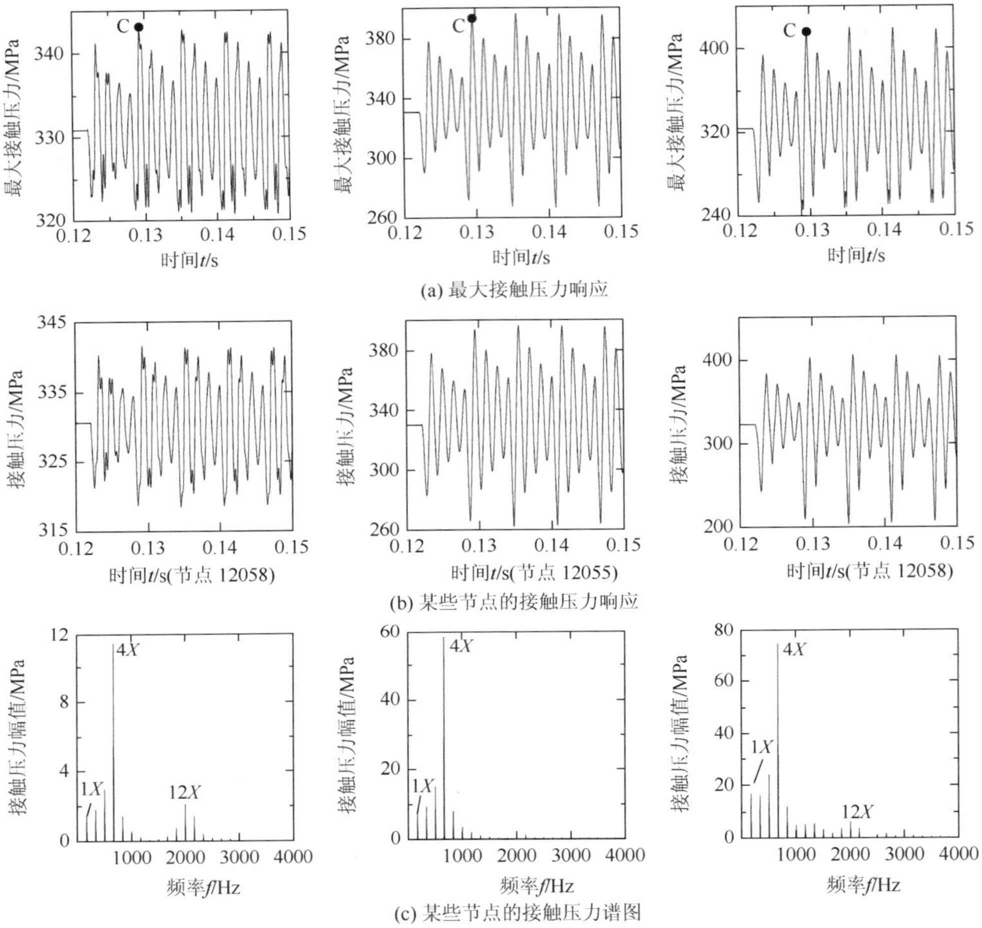

图 10.17　不同侵入深度下叶片接触压力响应（图从左到右依次对应于 δ=50μm、150μm 和 200μm）

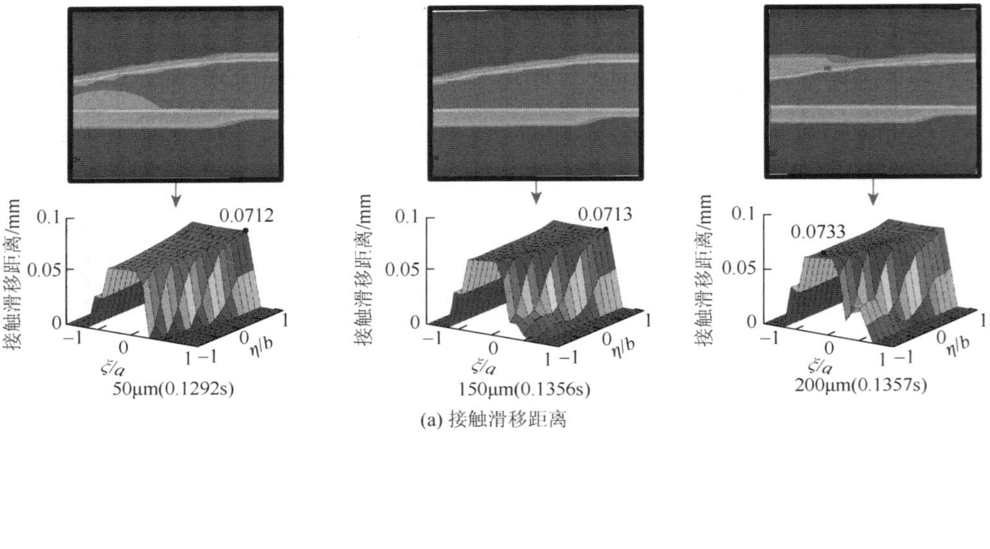

(a) 接触滑移距离

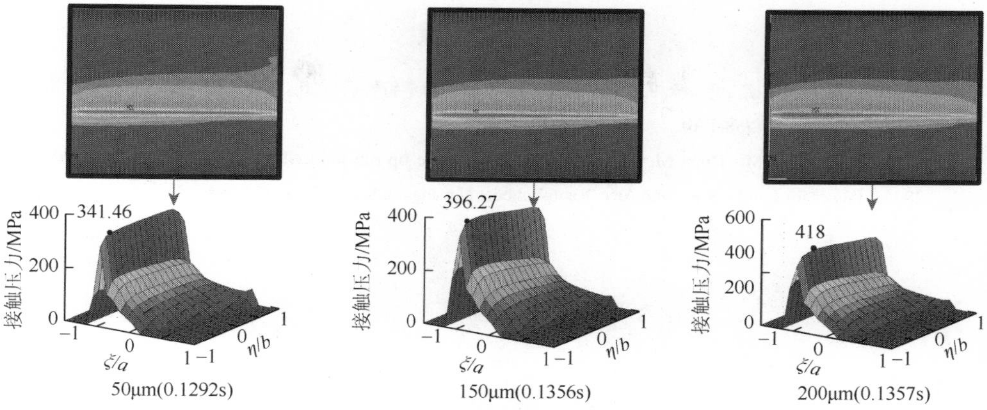

(b) 接触压力

图 10.18 不同侵入深度下榫连界面接触特性

10.4 本 章 小 结

本章选择盘片结构的一个循环扇区(1/38 盘片)作为研究对象，基于 ANSYS 软件，建立了该结构的扇区有限元模型，采用简化的脉冲力模型来模拟叶片-机匣局部碰摩，考虑碰摩载荷和离心载荷的影响，分析了榫连盘片结构叶片动力学及榫连接触特性，讨论了转速和侵入深度对系统振动响应的影响，主要结论总结如下。

（1）叶尖碰摩会激发系统转频的倍频成分，而当这些倍频成分和系统的第 1 阶弯曲、第 1 阶扭转固有频率接近时，会出现幅值放大现象，其中在第 1 阶弯曲动频附近的倍频占据主导地位，例如，5000r/min 的 8*X*（8 倍频）、10000r/min 的 4*X* 接近系统第 1 阶弯曲动频（652.66Hz）和 15000r/min 的 8*X* 接近第 1 阶扭转动频（1979.2Hz）。

（2）通过分析叶片不同位置的位移和动应力可知，对于所研究的叶片而言，叶尖碰摩会导致叶片的弓形弯曲。在碰摩过程中，随着转速的增加，叶片的径向方向（*y* 方向）动应力逐渐从拉压交替变化向只有拉应力转变，这种变化主要是因为高转速下的离心载荷的影响要远大于碰摩载荷的影响。

（3）当碰摩载荷大于离心载荷时，最大滑移距离出现剧烈的变化，如在侵入深度 δ=100μm、转速 Ω=5000r/min 和 δ=200μm、Ω=10000r/min 两种工况下。随着转速的增加，离心力增大，接触压力增加，在高转速碰摩导致的接触压力波动减小。

参 考 文 献

[1] 太兴宇，马辉，谭祯，等. 脉冲力加载下的叶片-机匣动力学特性研究[J]. 东北大学学报（自然科学版），2012，33（12）：1758-1761.

[2] Turner K，Adams M，Dunn M. Simulation of engine blade tip-rub induced vibration[C]. ASME Turbo Expo 2005：Power for Land，Sea，and Air，Reno-Tahoe，Nevada，USA，2005：391-396.

第 11 章　转子-叶片-机匣系统碰摩动力学

11.1　概　　述

前面各章主要考虑了悬臂叶片与机匣之间的碰摩（如第 4 章、第 5 章、第 7～9 章），以及盘片结构的叶尖碰摩（如第 10 章）。本章以实验室叶片-机匣碰摩实验台为研究对象，基于第 3 章建立的转子-叶片耦合系统动力学模型，分析单叶片和多叶片局部碰摩导致的叶片和机匣振动响应，并讨论转速、机匣质量、机匣刚度、叶片数目对转子、叶片和机匣振动响应的影响。

11.2　转子-叶片-机匣系统碰摩动力学模型

转子-叶片系统由于安装不对中、叶片伸长等原因导致叶尖与机匣发生碰摩，假定在第 i 个叶片发生碰摩，会在叶尖处产生法向碰摩力 $F_{\rm n}^i$ 和切向力 $F_{\rm t}^i$ 如图 11.1 所示。对于转子，$F_{\rm n}^i$ 可以等效为一个通过轮盘圆心的力 $F_{\rm nr}^i$，$F_{\rm t}^i$ 可以等效为一个通过轮盘圆心的力 $F_{\rm tr}^i$ 和扭矩 $M_{\rm tr}^i$，沿着各个坐标轴进行分解可得到如图 11.1（a）所示的力；对于第 i 个叶片，$F_{\rm n}^i$ 的方向为由叶尖指向轮盘圆心，$F_{\rm t}^i$ 沿着叶片局部坐标系的各个坐标轴进行分解，力的分解示意图见图 11.1（b）。

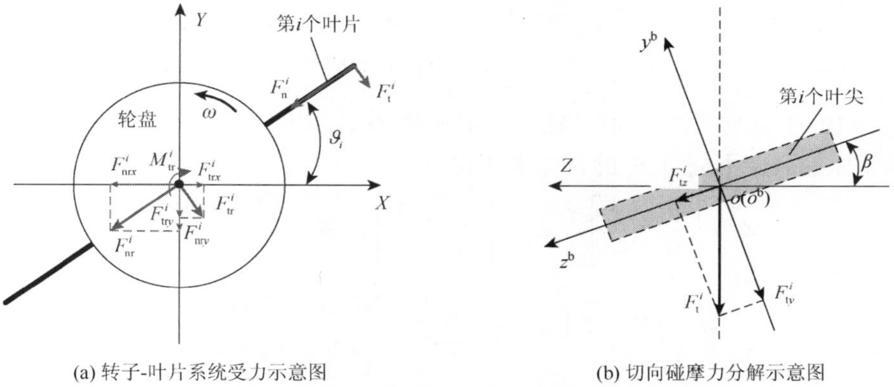

(a) 转子-叶片系统受力示意图　　(b) 切向碰摩力分解示意图

图 11.1　转子-叶片系统受力及切向碰摩力分解示意图

考虑机匣振动对转子-叶片耦合系统碰摩故障的影响，假设机匣为两自由度的集中质量模型，只在 XY 平面内运动，引入碰摩力，可得到考虑碰摩的转子-叶片-机匣耦合系统运动微分方程，其表达式为

$$\begin{cases} \boldsymbol{M}_{\mathrm{RB}}\ddot{\boldsymbol{q}}_{\mathrm{RB}}+(\boldsymbol{C}_{\mathrm{RB}}+\boldsymbol{G}_{\mathrm{RB}})\dot{\boldsymbol{q}}_{\mathrm{RB}}+\boldsymbol{K}_{\mathrm{RB}}\boldsymbol{q}_{\mathrm{RB}}=\boldsymbol{F}_{\mathrm{RB}} \\ \boldsymbol{M}_{\mathrm{c}}\ddot{\boldsymbol{q}}_{\mathrm{c}}+\boldsymbol{D}_{\mathrm{c}}\dot{\boldsymbol{q}}_{\mathrm{c}}+\boldsymbol{K}_{\mathrm{c}}\boldsymbol{q}_{\mathrm{c}}=\boldsymbol{F}_{\mathrm{c}} \end{cases} \tag{11.1}$$

式中，$\boldsymbol{F}_{\mathrm{RB}}=\boldsymbol{F}_{\mathrm{nonlinear}}+\boldsymbol{F}_{\mathrm{rub}}$，其中 $\boldsymbol{F}_{\mathrm{nonlinear}}$ 为系统的非线性力向量［见式（3.41）、式（3.42）和附录 B］，$\boldsymbol{F}_{\mathrm{rub}}$ 为系统的碰摩力向量；$\boldsymbol{M}_{\mathrm{c}}$、$\boldsymbol{D}_{\mathrm{c}}$ 和 $\boldsymbol{K}_{\mathrm{c}}$ 分别为机匣的质量、阻尼和刚度矩阵；$\boldsymbol{q}_{\mathrm{c}}$ 为机匣的广义坐标向量；$\boldsymbol{F}_{\mathrm{c}}$ 为机匣的碰摩力向量。

系统碰摩力向量 $\boldsymbol{F}_{\mathrm{rub}}$ 的具体表达式为

$$\boldsymbol{F}_{\mathrm{rub}}=\Big[\underbrace{(\boldsymbol{F}_{\mathrm{rub,b}})^{\mathrm{T}}}_{\text{叶片}}\quad\underbrace{\boldsymbol{0}\quad(\boldsymbol{F}_{\mathrm{rub,d}})^{\mathrm{T}}\quad\boldsymbol{0}}_{\text{转子}}\Big]^{\mathrm{T}} \tag{11.2}$$

式中，$\boldsymbol{F}_{\mathrm{rub,b}}=[\cdots(\boldsymbol{F}_{\mathrm{rub,b}}^{i})^{\mathrm{T}}\cdots]^{\mathrm{T}}$ 为叶片碰摩力向量，其中 $\boldsymbol{F}_{\mathrm{rub,b}}^{i}$ 为第 i 个叶片的碰摩力向量，向量中各元素表达式为

$$\begin{gathered} \boldsymbol{F}_{\mathrm{rub,b}}^{i}(m,1)=-F_{\mathrm{n}}^{i}\,\phi_{1m}\big|_{x=L}\,(m=1,2,\cdots,N_{\mathrm{mod}}) \\ \boldsymbol{F}_{\mathrm{rub,b}}^{i}(m+N_{\mathrm{mod}},1)=-F_{\mathrm{t}}^{i}\cos\beta\,\phi_{2m}\big|_{x=L}\,(m=1,2,\cdots,N_{\mathrm{mod}}) \\ \boldsymbol{F}_{\mathrm{rub,b}}^{i}(m+2N_{\mathrm{mod}},1)=0\,(m=1,2,\cdots,N_{\mathrm{mod}}) \end{gathered} \tag{11.3}$$

轮盘处的碰摩力向量 $\boldsymbol{F}_{\mathrm{rub,d}}$ 的具体表达式为

$$\boldsymbol{F}_{\mathrm{rub,d}}=\sum_{i=1}^{N_{\mathrm{b}}}\begin{bmatrix} F_{\mathrm{t}}^{i}\sin\vartheta_i-F_{\mathrm{n}}^{i}\cos\vartheta_i \\ -F_{\mathrm{t}}^{i}\cos\vartheta_i-F_{\mathrm{n}}^{i}\sin\vartheta_i \\ 0 \\ 0 \\ 0 \\ -(R_{\mathrm{d}}+L)F_{\mathrm{t}}^{i} \end{bmatrix} \tag{11.4}$$

式（11.1）中机匣的质量矩阵 $\boldsymbol{M}_{\mathrm{c}}$、阻尼矩阵 $\boldsymbol{D}_{\mathrm{c}}$、刚度矩阵 $\boldsymbol{K}_{\mathrm{c}}$、广义坐标向量 $\boldsymbol{q}_{\mathrm{c}}$ 以及机匣的碰摩力向量 $\boldsymbol{F}_{\mathrm{c}}$ 的具体表达式为

$$\begin{gathered} \boldsymbol{M}_{\mathrm{c}}=\begin{bmatrix} m_{\mathrm{c}} & 0 \\ 0 & m_{\mathrm{c}} \end{bmatrix},\quad \boldsymbol{D}_{\mathrm{c}}=\begin{bmatrix} c_{\mathrm{c}X} & 0 \\ 0 & c_{\mathrm{c}Y} \end{bmatrix},\quad \boldsymbol{K}_{\mathrm{c}}=\begin{bmatrix} k_{\mathrm{c}X} & 0 \\ 0 & k_{\mathrm{c}Y} \end{bmatrix}, \\ \boldsymbol{q}_{\mathrm{c}}=\begin{bmatrix} X_{\mathrm{c}} & Y_{\mathrm{c}} \end{bmatrix}^{\mathrm{T}},\quad \boldsymbol{F}_{\mathrm{c}}=\sum_{i=1}^{N_{\mathrm{b}}}\begin{bmatrix} -F_{\mathrm{t}}^{i}\sin\vartheta_i+F_{\mathrm{n}}^{i}\cos\vartheta_i \\ F_{\mathrm{t}}^{i}\cos\vartheta_i+F_{\mathrm{n}}^{i}\sin\vartheta_i \end{bmatrix} \end{gathered} \tag{11.5}$$

式中，m_{c} 为机匣质量；$c_{\mathrm{c}X}$ 和 $c_{\mathrm{c}Y}$ 分别为机匣 X 和 Y 方向阻尼；$k_{\mathrm{c}X}$ 和 $k_{\mathrm{c}Y}$ 分别为机匣 X 和 Y 方向刚度；X_{c} 和 Y_{c} 分别为机匣 X 和 Y 方向广义位移。法向碰摩力的表

达式参见式（4.15）。

由式（4.15）可知，法向碰摩力与叶尖的侵入量有关，侵入量 δ 与离心力导致的叶片伸长量以及叶尖-机匣的相对位置有关，如图 11.2 所示。理想状态下，转子-叶片系统与机匣具有相同的圆心，如图 11.2（a）所示，g_0 为转子与机匣同心时叶尖与机匣之间的间隙，$g_0 = R_\text{c} - (R_\text{d} + L) \geqslant 0$，其中 R_c 为机匣的半径。由于存在加工及装配误差，转子-叶片系统与机匣不再同心，即叶尖与机匣之间的间隙并不是均匀的，在转子涡动及叶片离心力作用下，叶尖-机匣可能在间隙较小处发生碰摩，如图 11.2（b）所示。

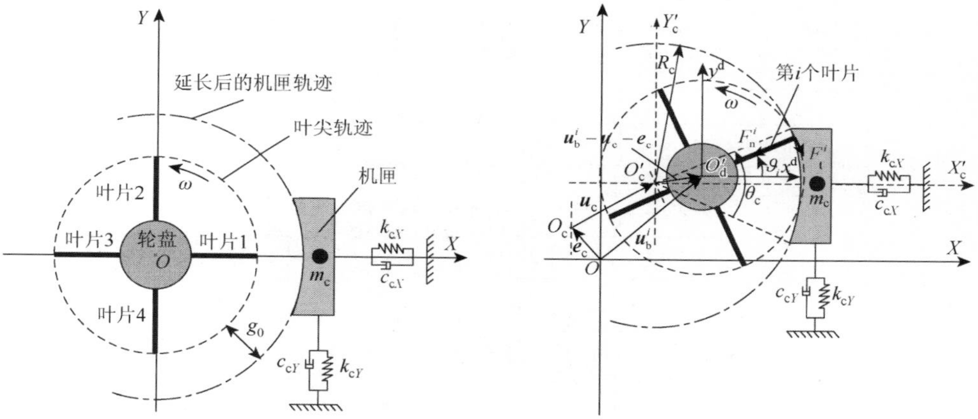

(a) 碰摩前
(理想状态)

(b) 碰摩后

图 11.2　碰摩示意图

第 i 个叶片与机匣之间侵入量的具体表达式如下[1]：

$$\delta^i(t) = \boldsymbol{u}_i^\text{T} \boldsymbol{n}_i - g_0 \tag{11.6}$$

式中，$\boldsymbol{n}_i$ 为接触面的单位法向向量，$\boldsymbol{n}_i = [\cos\vartheta_i \ \ \sin\vartheta_i]^\text{T}$；$\boldsymbol{u}_i$ 为固定坐标系下第 i 个叶片与机匣之间的相对位移，$\boldsymbol{u}_i = \boldsymbol{u}_\text{b}^i - \boldsymbol{u}_\text{c} - \boldsymbol{e}_\text{c}$，其中 $\boldsymbol{u}_\text{b}^i$ 和 $\boldsymbol{u}_\text{c}$ 分别为第 i 个叶片叶尖和机匣在固定坐标系下的位移向量，$\boldsymbol{e}_\text{c}$ 为机匣中心相对于转轴中心的偏心向量，该向量与转子和机匣中心的不对中有关，其表达式为 $\boldsymbol{e}_\text{c} = [e_X \ e_Y]^\text{T}$，$\boldsymbol{u}_\text{b}^i = \begin{bmatrix} x_\text{d} \\ y_\text{d} \\ z_\text{d} \end{bmatrix} + \boldsymbol{A}_4\boldsymbol{A}_3\boldsymbol{A}_2\boldsymbol{A}_1 \begin{bmatrix} u_i \\ v_i \\ 0 \end{bmatrix}$，$\boldsymbol{u}_\text{c} = \boldsymbol{q}_\text{c} = [X_\text{c} \ Y_\text{c}]^\text{T}$，$\vartheta = \theta(t) + (i-1)\dfrac{2\pi}{N_\text{b}}$，$\boldsymbol{A}_1$、$\boldsymbol{A}_2$、$\boldsymbol{A}_3$ 和 $\boldsymbol{A}_4$ 为坐标转换矩阵（详见第 3 章），X_c、Y_c 和 e_X、e_Y 分别为机匣位移和偏心量的 X 和 Y 向分量。

切向碰摩力 F_t 为叶尖与机匣之间的摩擦力，与叶尖弯曲运动方向相反，其表

达式为

$$F_t = \mu F_n \tag{11.7}$$

式中，μ 为叶尖-机匣的摩擦系数。

考虑叶片与机匣碰摩的影响，转子-叶片-机匣耦合系统的运动微分方程是非线性的。本章采用 Newmark-β 积分法计算系统的振动响应，具体的计算流程如图 11.3 所示。

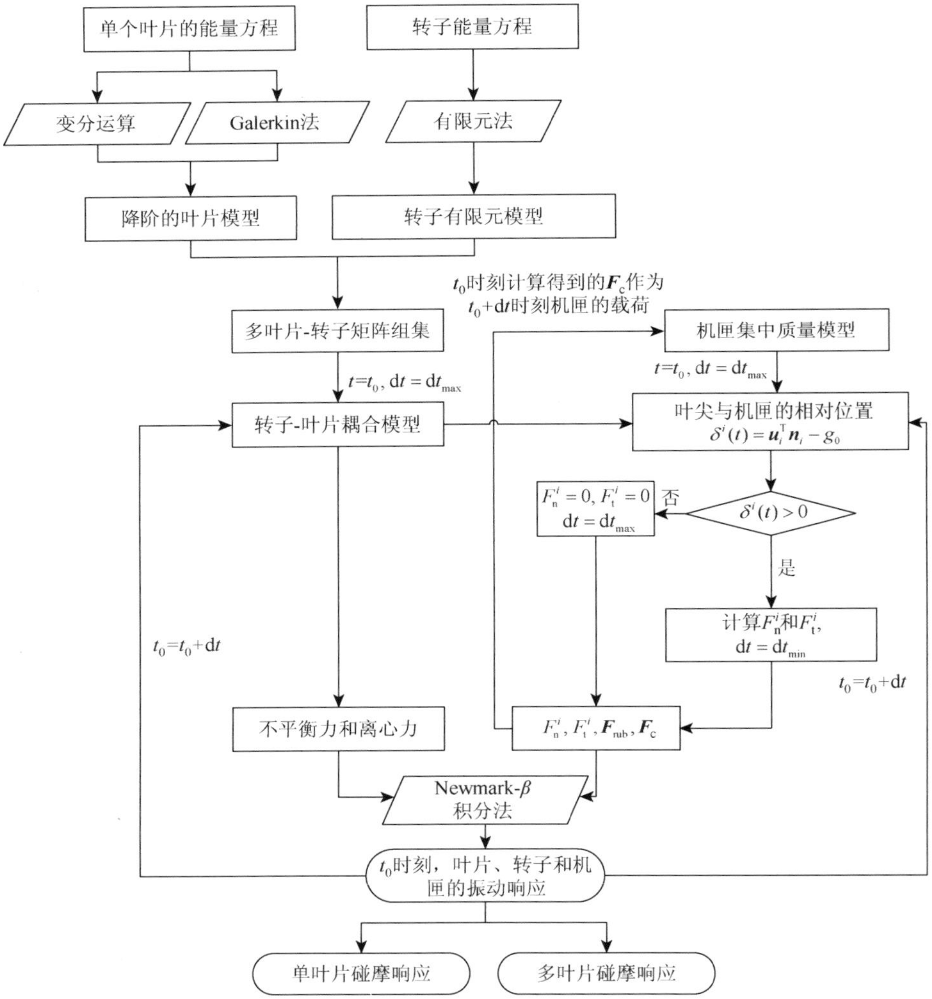

图 11.3　叶片-机匣碰摩响应求解流程图

F_n^i -第 i 个叶片受到的法向碰摩力；F_t^i -第 i 个叶片受到的切向碰摩力；$\boldsymbol{F}_{rub}$ -转子-叶片系统受到的碰摩力向量；$\boldsymbol{F}_c$ -机匣受到的碰摩力向量；dt_{max} -最大时间步长；dt_{min} -最小时间步长；g_0 -转子和机匣同心时叶尖与机匣之间的间隙

11.3　不同碰摩力模型对系统碰摩响应的影响

采用数值法进行碰摩仿真时，碰摩力计算是研究碰摩的关键之一，碰摩力与系统多个参数有关，目前采用的碰摩力模型主要有：①线性碰摩力模型，其详细的表达式见式（4.1）；②Jiang[2]推导的碰摩力模型，详见式（4.3）；③Ma[3]改进的碰摩力模型，详见式（4.15）。

本节主要分析不同碰摩力模型对转子-叶片-机匣系统的碰摩响应的影响。以现有实验台为研究对象建立数学模型，具体结构尺寸如图 3.6 和表 3.1 所示。其他主要仿真参数：轮盘偏心距 e=1mm，机匣质量 m_c=5kg；为了简化计算过程，假设机匣竖直方向刚度无穷大，仅考虑机匣水平方向的振动，机匣水平方向刚度为 $k_{cX}=3\times10^7$N/m，其固有频率为 f_{nc}=389.8Hz，机匣水平方向阻尼为 c_{cX}=2000（N·s）/m，机匣半径 R_c=224mm，叶片与机匣之间的摩擦系数取 μ=0.2，机匣等效刚度 $k_c\approx k_{cX}=3\times10^7$N/m，无量纲转速 $\Omega'=\Omega/\omega_n$（Ω 为转速，ω_n=7980r/min 为第 1 阶临界转速）的变化范围为 0.1～0.8。假设机匣只有$-X$ 向偏心，偏移量为转子和机匣对中时的间隙加上初始侵入量。这里为了保证单叶片碰摩，设初始侵入量为无碰摩时叶片 1 叶尖位移幅值的 0.4 倍。

图 11.4 为不同碰摩力模型下的三维频谱图，其中图 11.4（a）～（c）分别为线性碰摩力模型、Jiang 碰摩力模型和 Ma 碰摩力模型，从左到右为轮盘处 X 方向横向位移和扭转位移的三维谱图。图中无量纲幅值 x' 和 θ'_Z 表示各转速下幅值与未发生碰摩时轮盘处 X 和 θ_Z 方向的幅值之比。从三维谱图中可知，不同碰摩力模型下的系统振动响应具有类似的特征，从轮盘处 X 方向三维谱图可以看出，碰摩激发了多倍频成分，且当 2 倍频与系统的固有频率（f_{n2}）接近时会出现幅值放大现象。从轮盘处扭转的三维谱图中可以看出，碰摩激发了转频及其倍频，并且当转频的倍频与系统扭转固有频率 f_{n4} 和叶片固有频率（动频）f_{n7} 接近时也会出现幅值放大现象。

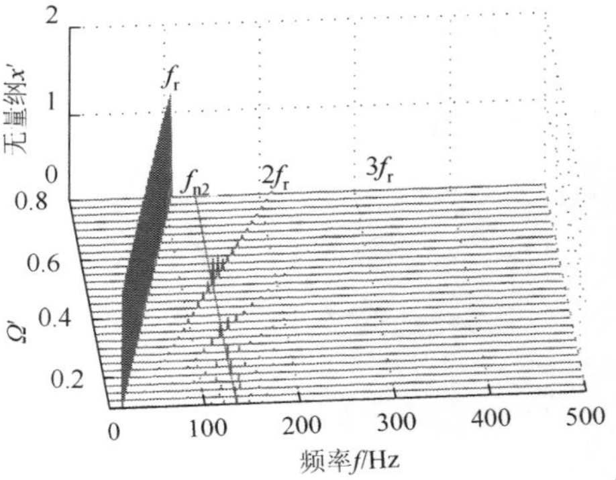

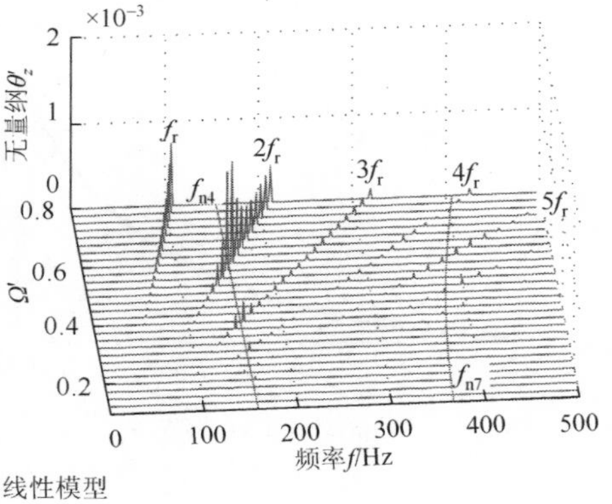

(a) 线性模型

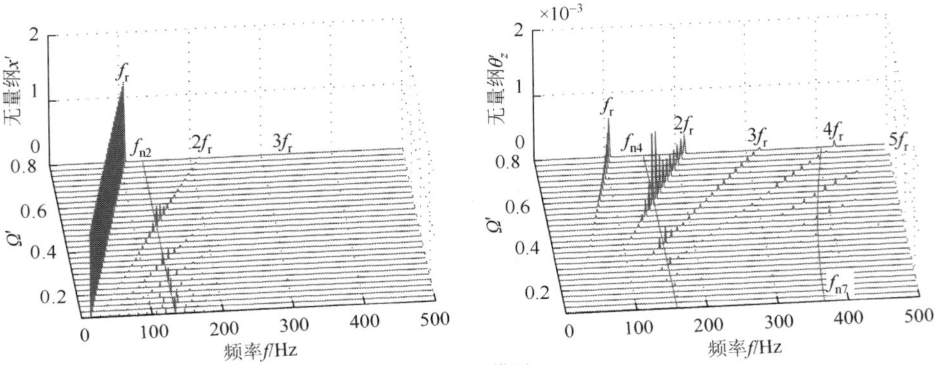

(b) Jiang模型

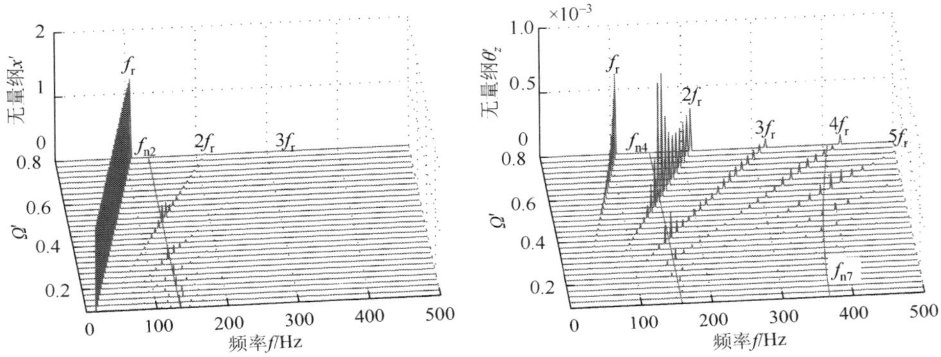

(c) Ma模型

图 11.4　不同碰摩力模型下轮盘响应三维谱图

不同碰摩力模型下的幅频响应曲线和最大法向碰摩力曲线如图 11.5 所示，其中图 11.5（a）～（d）分别为轮盘处 X 方向位移幅值、轮盘处扭转位移幅值、机匣 X 方向位移幅值和最大法向碰摩力曲线。

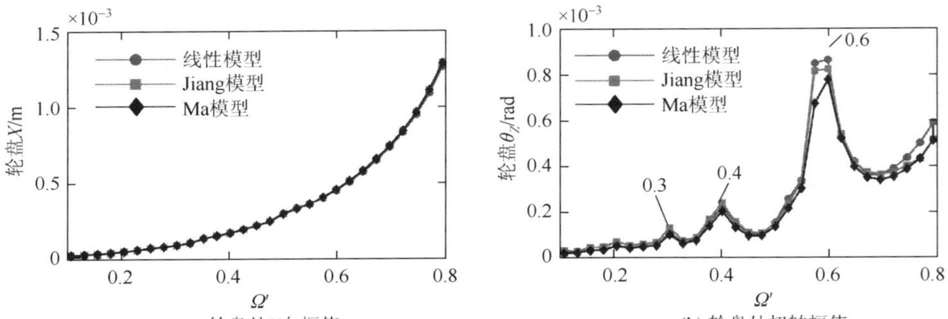

(a) 轮盘处X向幅值　　(b) 轮盘处扭转幅值

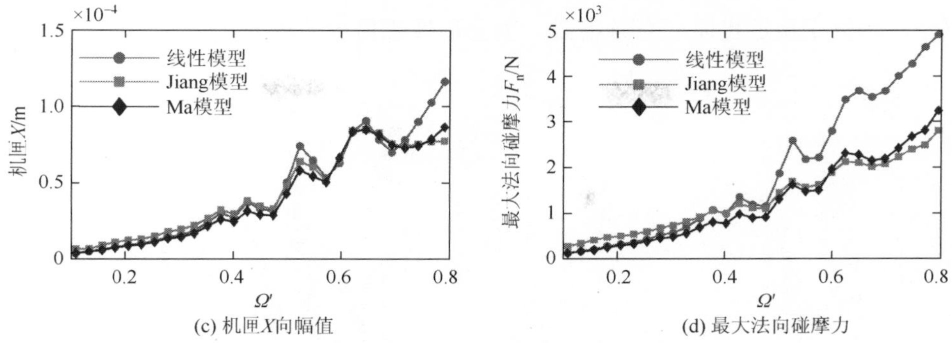

图 11.5　不同碰摩力模型下的碰摩响应

从图 11.5 可以看出，3 种碰摩力模型下的振动响应幅值趋势基本相同，随着转速的升高，轮盘处 X 方向幅值也增大，如图 11.5（a）所示。轮盘处扭转位移幅值在无量纲转速 0.3、0.4 和 0.6 处出现峰值点，主要的原因是有超谐共振现象产生，即 Ω'=0.3（Ω=2394r/min）的 4 倍转频、Ω'=0.4（Ω=3192r/min）的 3 倍转频和 Ω'=0.6（Ω=4788r/min）的 2 倍转频接近系统扭转固有频率（f_{n4}=156.6Hz）。对于最大法向碰摩力曲线，Jiang 碰摩力模型和 Ma 碰摩力模型吻合较好，线性碰摩力模型与其余两种碰摩力模型在转速较大时存在一定差异，产生误差的原因可能是：Jiang 和 Ma 碰摩力模型考虑了叶片旋转速度和叶片结构参数对碰摩力的影响，而线性碰摩力模型未考虑这些影响，仅与机匣刚度和侵入量有关。

11.4　不同参数对单叶片碰摩响应的影响

11.4.1　机匣质量对系统碰摩响应的影响

采用 Ma 改进的碰摩力模型，取无量纲转速 Ω'=0.5，机匣质量的变化范围为 m_c=1～10kg，其他仿真参数同 11.3 节。不同机匣质量下转子-叶片-机匣系统的三维谱图如图 11.6 所示，图 11.6（d）中虚线表示不同机匣质量的 1 阶固有频率。由图 11.6（a）可知，轮盘 X 方向位移的频谱为转频及其倍频，转频的幅值最大，2 倍转频接近系统第 2 阶固有频率 f_{n2}，因此也有较大的幅值。从图 11.6（b）可以看出，轮盘扭转位移的频率成分为转频及其倍频，2 倍转频与系统扭转固有频率接近，而 6 倍转频与叶片固有频率接近，因此在这两处均可观察到幅值放大现象。叶片弯曲的三维谱图中，当 6 倍转频接近叶片 1 阶固有频率时，也可以观察到幅值放大现象，如图 11.6（c）所示。机匣位移三维谱图如图 11.6（d）所示，由图可知，当倍频接近机匣固有频率时，也会出现幅值放大现象。

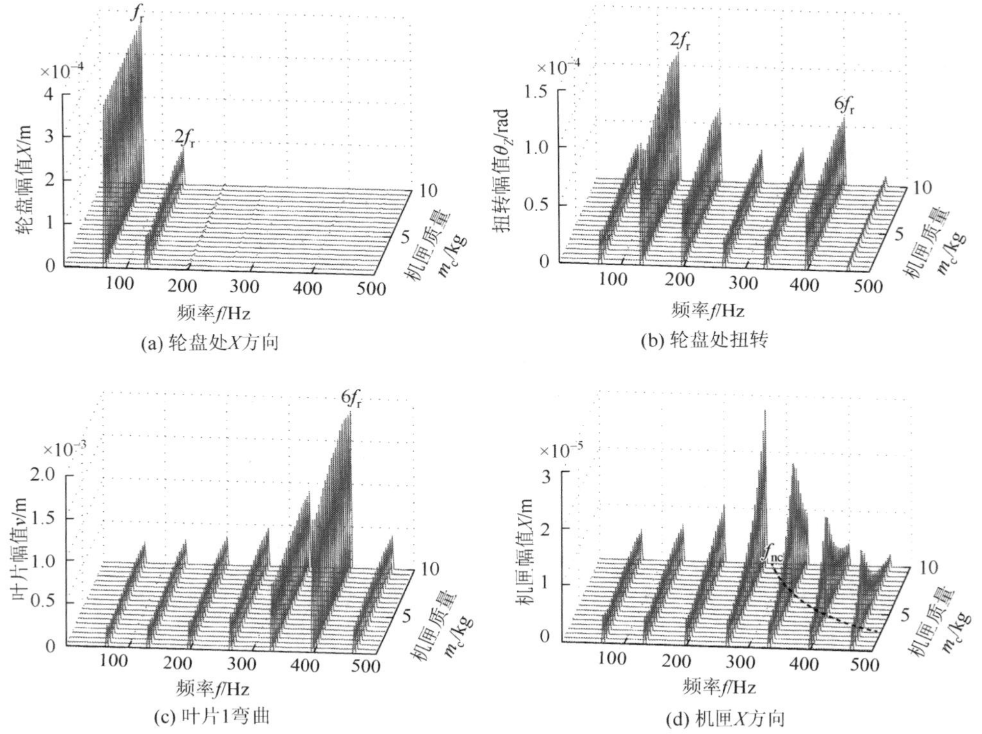

图 11.6　转子-叶片-机匣系统碰摩响应三维谱图

不同机匣质量下的幅值曲线和最大法向碰摩力曲线如图 11.7 所示。从轮盘 X 方向幅值和轮盘扭转幅值可知，在机匣质量 m_c=2kg 有最小值，在机匣质量 m_c=8kg 有最大

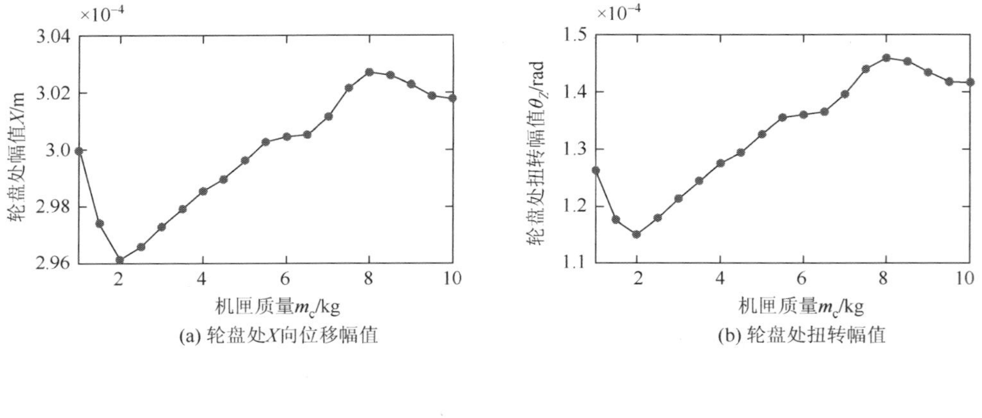

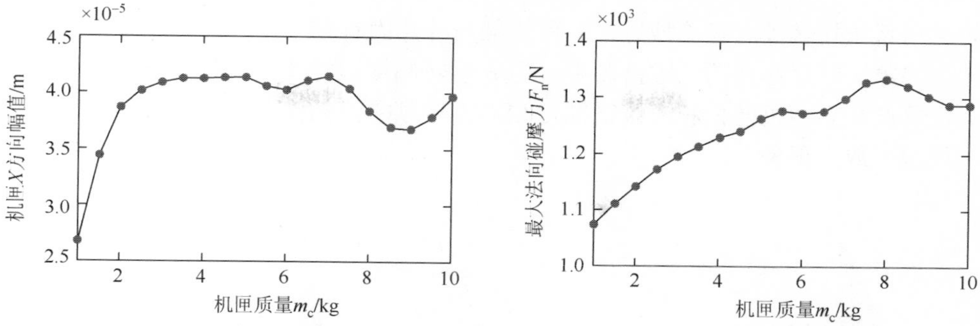

(c) 机匣X向幅值　　(d) 法向碰摩力

图 11.7　不同机匣质量下系统碰摩响应

值；随着机匣质量增加，机匣振动趋于稳定［图 11.7（c)］，最大法向碰摩力也逐渐增加，在 m_c=8kg 有最大值［图 11.7（d)］。当 m_c=8kg 时，机匣和转子振动较大，这主要与碰摩的冲量有关，即和碰摩力大小及碰摩时间的乘积有关，如图 11.8 所示。碰摩力随着机匣质量发生变化，主要是因为实际碰摩过程中碰摩力的大小与实际侵入量有关，而实际侵入量与机匣和叶尖相对位移有关。

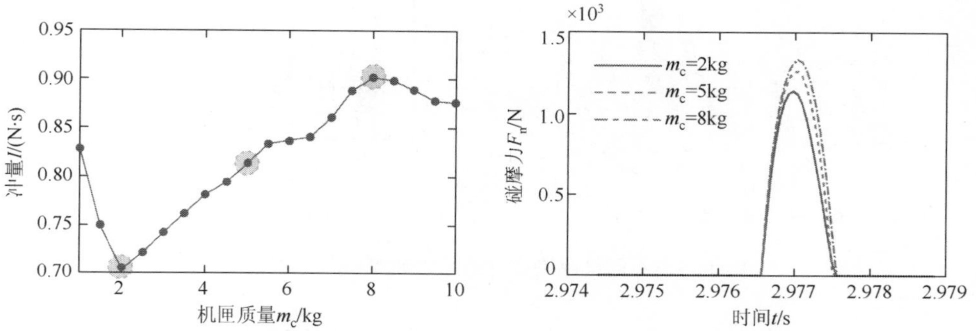

(a) 冲量　　(b) 碰摩力时域图

图 11.8　不同机匣质量下系统碰摩响应

11.4.2　机匣刚度对系统碰摩响应的影响

取机匣质量 m_c=5kg，机匣水平方向刚度 k_{cX} 的变化范围为 10^6～10^8N/m，机匣等效刚度 $k_c \approx k_{cX}$，其他参数与 11.3 节相同。图 11.9 为不同机匣刚度下碰摩响应的三维谱图，其中虚线展示了机匣固有频率 f_{nc} 的变化规律。与机匣质量的影响类似，频率成分主要为转频及其倍频。由轮盘 X 方向位移三维谱图可知，2 倍转频与系统第 2 阶固有频率 f_{n2} 接近，因此有较大幅值。轮盘扭转位移的三维谱图中，2 倍转频与系统扭转固有频率接近，6 倍转频与叶片固有频率接近，可以观察到幅值放大现象。叶片弯曲的三维谱图中，当 6 倍转频接近叶片固有频率时，有幅值放大现象产生。由机匣位移三维谱图可知，当转频的倍频接近机匣固有频率时，会出现幅值放大现象。

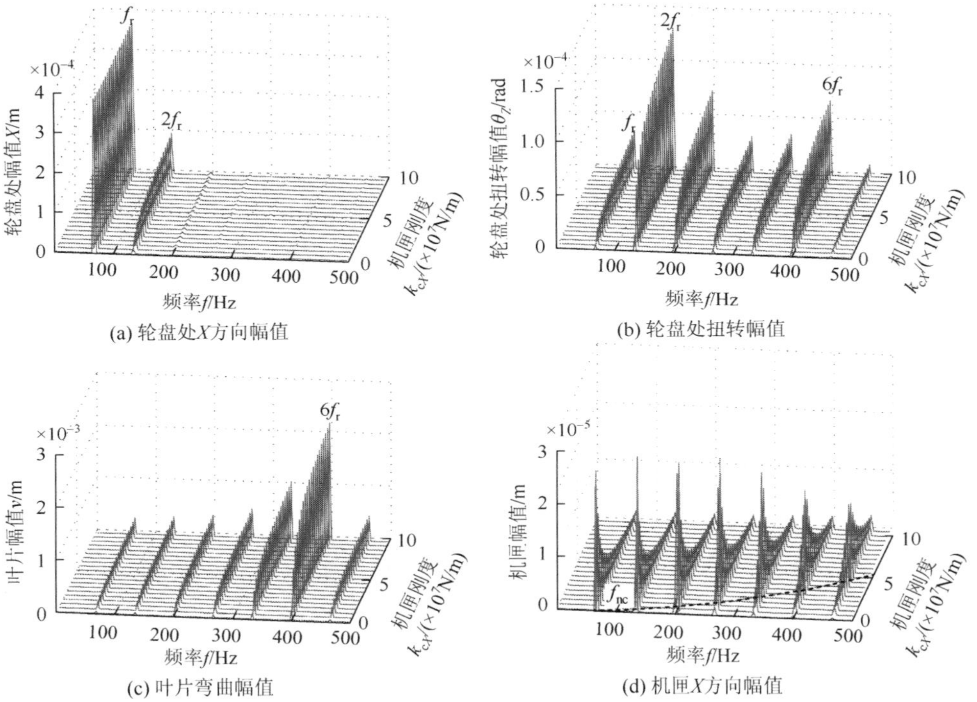

(a) 轮盘处X方向幅值　(b) 轮盘处扭转幅值

(c) 叶片弯曲幅值　(d) 机匣X方向幅值

图 11.9　不同机匣刚度下的系统碰摩响应三维谱图

图 11.10 为系统振动幅值和最大法向碰摩力随机匣刚度的变化曲线。由图可

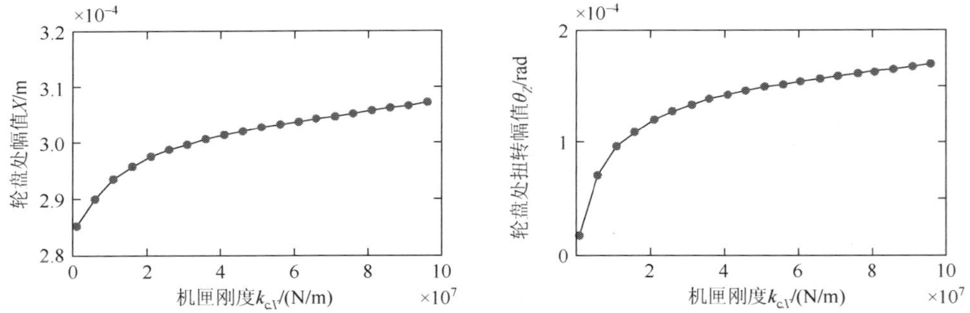

(a) 轮盘处X向位移幅值　(b) 轮盘处扭转幅值

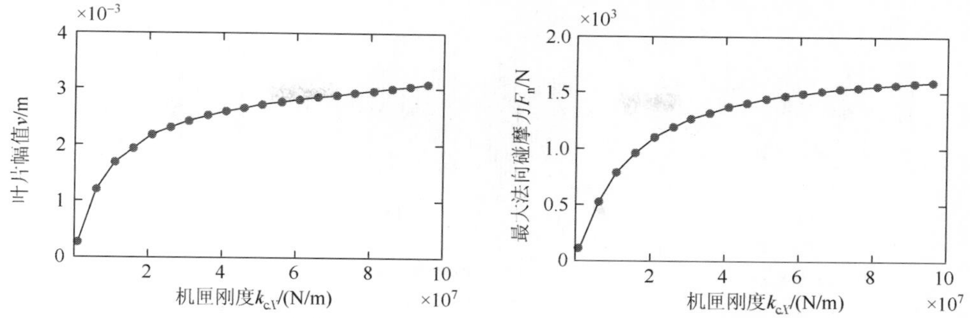

(c) 叶片弯曲幅值　(d) 法向碰摩力

图 11.10　不同机匣刚度下碰摩响应

知，随着机匣刚度的增加，轮盘 X 处位移幅值、轮盘处扭转位移幅值和机匣 X 方向位移幅值和最大法向碰摩力均呈增大趋势；当机匣刚度增加到一定程度时，机匣趋于刚性，系统响应趋于稳定。

11.5　不同参数对多叶片碰摩响应的影响

11.5.1　转速对碰摩的影响

以带有 4 叶片的转子实验台为研究对象，具体结构尺寸如图 3.6 和表 3.1 所示。其他仿真参数：轮盘偏心距 e=1mm，机匣质量 m_c=5kg，机匣水平方向刚度为 k_{cX}=3×10^7N/m，机匣固有频率为 f_{nc}=389.8Hz，机匣水平方向阻尼为 c_{cX}=2000（N·s）/m，机匣半径 R_c=224mm。为了使多叶片发生碰摩，设置较大的初始侵入量，其值为无碰摩时叶片 1 叶尖最大位移的 2 倍，叶片-机匣的摩擦系数取 μ=0.2，机匣等效刚度 $k_c \approx k_{cX}$=3×10^7N/m。

无量纲转速 Ω'=0.1（Ω=798r/min）时系统的碰摩响应如图 11.11 所示，图中无量纲位移 x'表示与无碰摩时轮盘处 X 方向位移幅值的比值，无量纲位移 y'表示与无碰摩时轮盘处 Y 方向位移幅值的比值。从机匣 X 方向位移［图 11.11（c）］、叶片弯曲位移［图 11.11（g）］、法向碰摩力［图 11.11（i）］中可以看出，系统的 4 个叶片发生了碰摩，通过法向碰摩力和叶片弯曲位移的结果可以看出，叶片 1 碰摩程度最严重，叶片 3 碰摩程度最轻。从图 11.11（d）～（f）中的频谱可以看出，在 10 倍频（接近系统第 2 阶固有频率）、12 倍频（接近系统扭转固有频率）、29 倍频（接近机匣固有频率）处有幅值放大现象，除了接近固有频率的倍频处，在 4 倍频以及 4 倍频的整数倍频率处也有幅值放大现象，这是因为 4 倍频为叶片的通过频率；此外，在通过频率两边以转频为间隔的边频也有较大幅值。

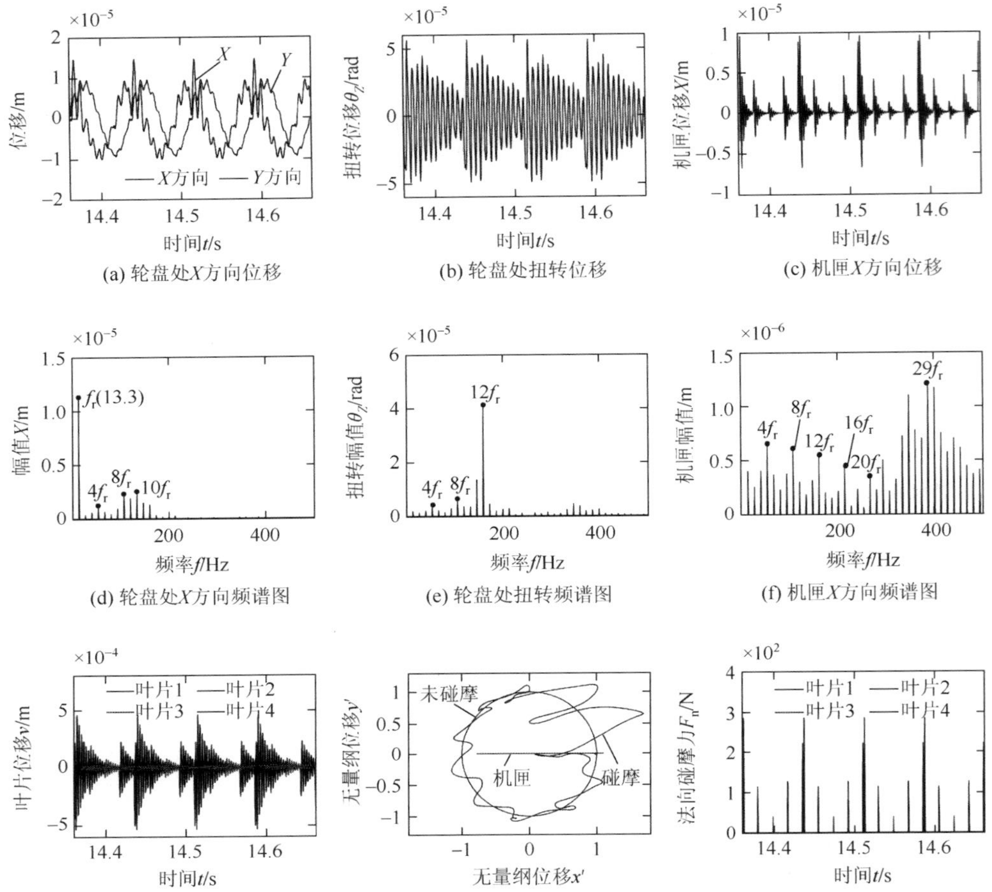

(a) 轮盘处X方向位移　(b) 轮盘处扭转位移　(c) 机匣X方向位移

(d) 轮盘处X方向频谱图　(e) 轮盘处扭转频谱图　(f) 机匣X方向频谱图

(g) 叶片弯曲位移　(h) 轴心轨迹　(i) 法向碰摩力

图 11.11　Ω'=0.1 时系统碰摩响应（见彩图）

对于 4 个叶片存在不同的碰摩程度解释，如图 11.12 所示。由图可知，转子的涡动和自转，会导致叶片 1 和机匣侵入量最大，因而叶片 1 碰摩最为剧烈，叶片 4 和叶片 2 具有类似的碰摩程度，而叶片 3 碰摩最轻。

图 11.13 为无量纲转速 Ω'=0.3（Ω=2394r/min）时系统的碰摩响应，由图可知，频率成分主要为转频及其倍频，在固有频率和叶片通过频率处都有幅值放大现象。从碰摩力图可以看出，叶片 1、2、4 上的碰摩力并不是平滑的波形，而是出现了波动，这说明叶尖与机匣之间出现反弹再碰撞现象。从轮盘扭转位移和叶片弯曲位移中可以看出，由于转速较高，没有等到机匣和叶片振动衰减至稳定就已经发生第二次碰撞，从机匣位移的一个周期中也可以看出各个叶片的碰摩程度不同。

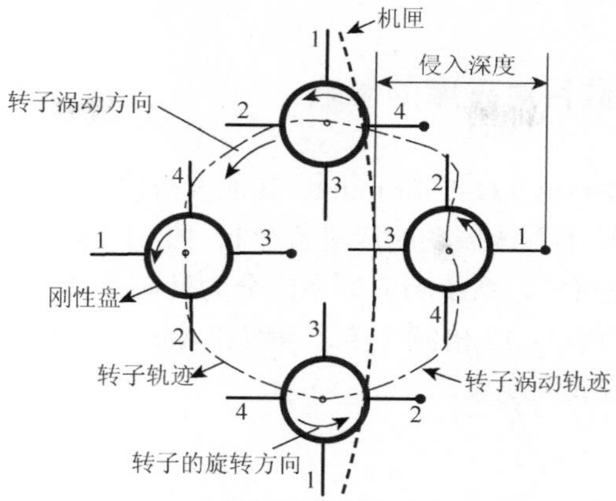

图 11.12　不同叶片碰摩过程示意图

数字 1、2、3、4 分别表示叶片 1、2、3 和 4；•表示最可能产生碰摩的叶尖位置

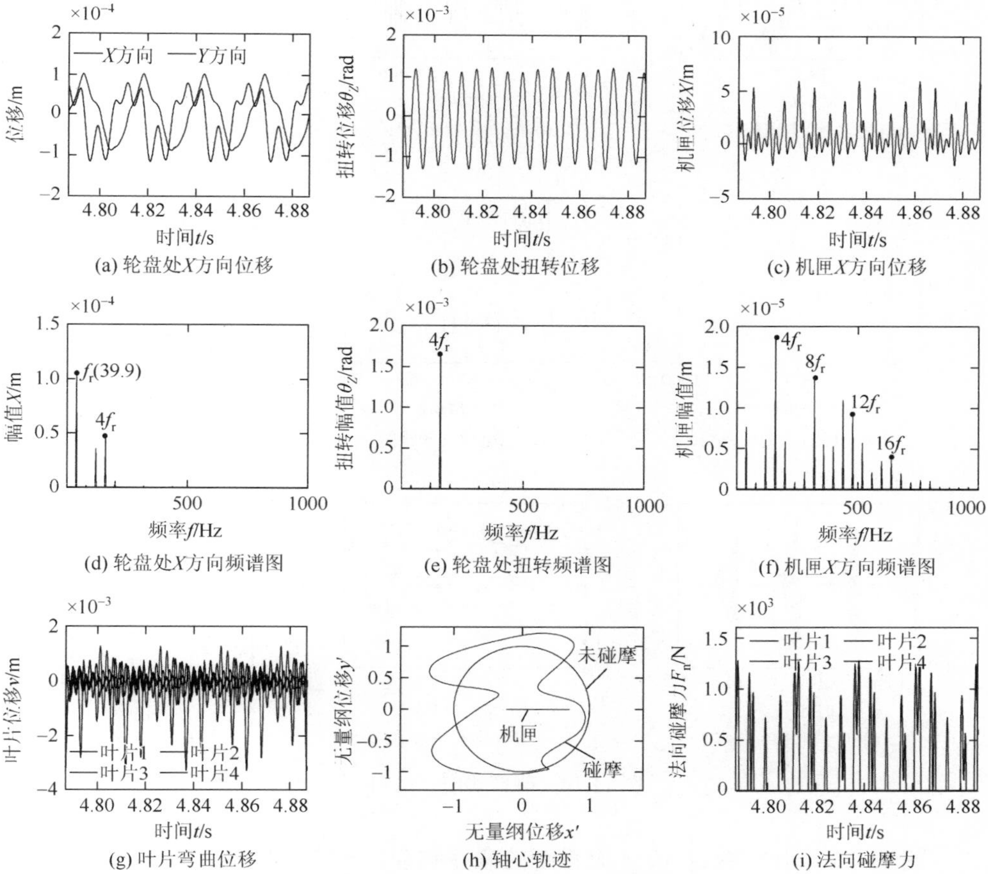

(a) 轮盘处X方向位移　(b) 轮盘处扭转位移　(c) 机匣X方向位移

(d) 轮盘处X方向频谱图　(e) 轮盘处扭转频谱图　(f) 机匣X方向频谱图

(g) 叶片弯曲位移　(h) 轴心轨迹　(i) 法向碰摩力

图 11.13　Ω'=0.3 时碰摩响应（见彩图）

11.5.2　不同叶片数目对碰摩的影响

取无量纲转速 Ω'=0.1（Ω=798r/min），其他参数同 11.5.1 小节。分别对叶片数 N_b=1 和 6 工况下的转子系统振动响应进行分析。图 11.14 为叶片数 N_b=1 时系统的碰摩响应。由频谱图可知，系统响应频率成分为转频及其倍频，且在 10 倍频（接近系统第 2 阶固有频率）、12 倍频（接近系统扭转固有频率）、29 倍频（接近机匣固有频率）处有幅值放大现象。

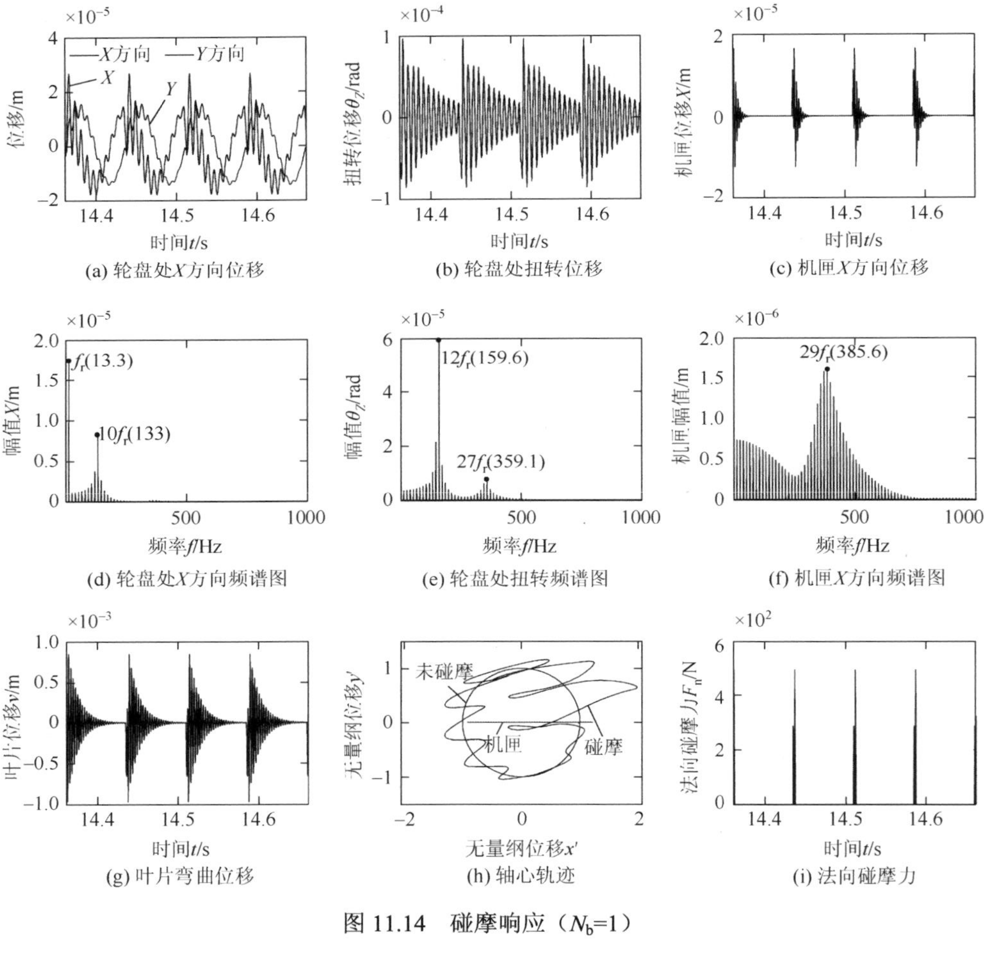

图 11.14　碰摩响应（N_b=1）

图 11.15 为叶片数目 N_b=6 时系统的碰摩响应。从叶片弯曲位移、碰摩力以及机匣位移图中可以看出，6 个叶片全部发生碰摩，且不同叶片受到的碰摩力不同，

也就是说不同叶片的碰摩程度不同，叶片 1 碰摩最严重，叶片 4 碰摩最轻。由频谱图可知，在接近固有频率的倍频处有幅值放大现象，叶片通过频率 $6f_r$ 处有幅值放大现象，以及通过频率附近以转频为间隔的边频处也有较大的幅值。

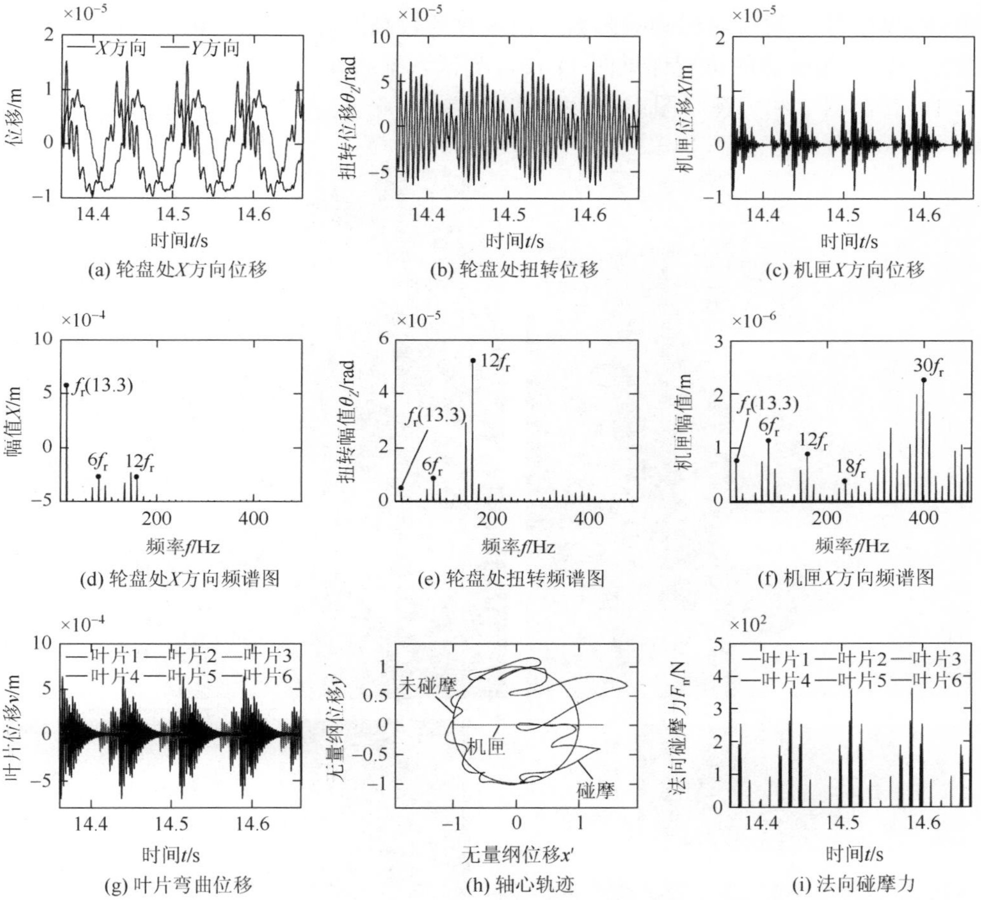

图 11.15　碰摩响应（N_b=6）（见彩图）

11.6　仿真与实验结果对比分析

为了验证仿真模型的有效性，本节利用现有转子-叶片-机匣碰摩实验台，开展不同转速下，单叶片碰摩和 4 叶片碰摩实验。考虑到机匣固有频率对转子-叶片-机匣系统碰摩响应有一定影响，因此需要首先确定机匣系统固有频率。此外，考虑到叶片-机匣碰摩时，叶片和机匣系统之间存在接触，为了考虑碰摩时机匣边界条件变化导致的机匣固有频率变化，也需要测试在叶片-机匣接触情况下机匣系统的固有频率。

所采用的测试系统如图 11.16 所示。该系统主要包括：东华 DH5956 动态信号测试分析系统、力锤（PCB086C01）和轻质加速度传感器（BK 4517）。通过力锤敲击机匣上 3 个不同位置（输入信号），在 2 个轻质加速度传感器处获得频响函数（输出信号），通过对比频响函数中出现频率较高的峰值，确认机匣的固有频率，敲击点以及传感器的位置详见图 11.16，测试系统的 6、7 和 8 通道分别连接传感器 1、传感器 2 和力锤（图 11.16）。

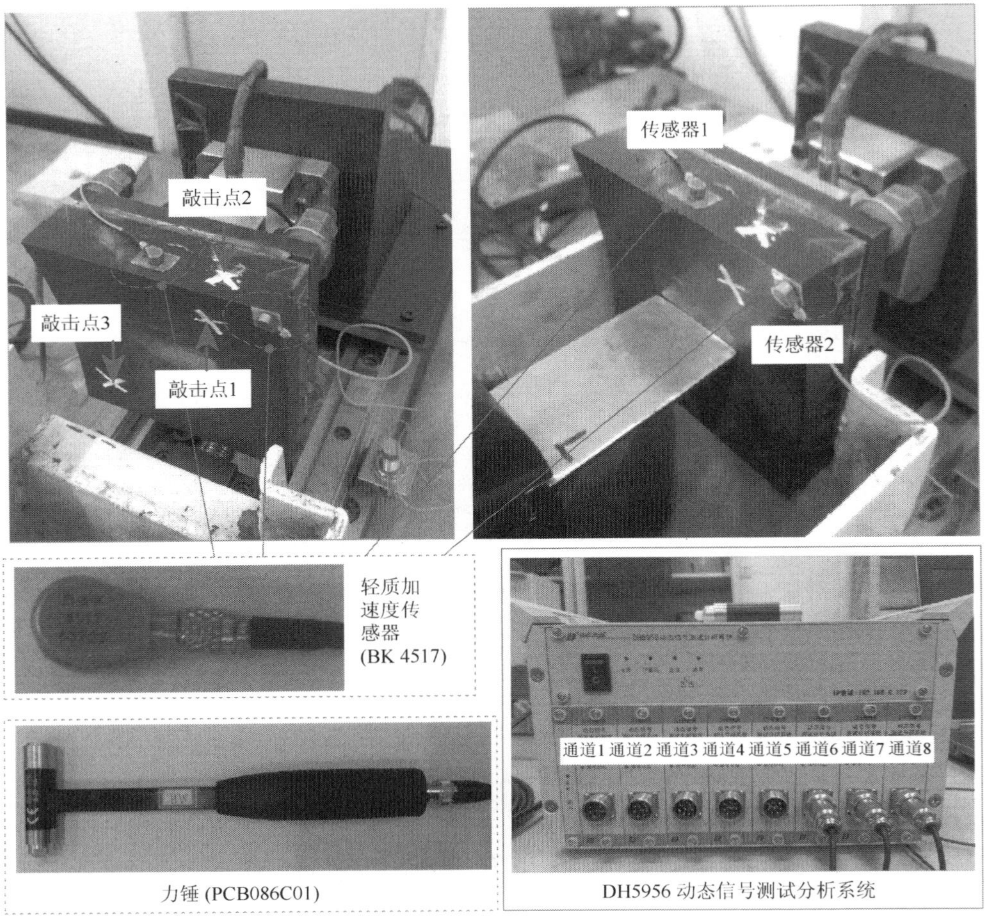

图 11.16 机匣固有频率测试系统

实验测得的机匣加速度频响函数如图 11.17 和图 11.18 所示，由图可知，加速度频响函数存在多个峰值点，这主要是由于模态测试对象为整个机匣进给机构（图 3.8），机构中的滚珠丝杠、伺服电机等其他零件的固有频率也会被激发。为了获得较为可信的测试结果，每个敲击点进行 3 次有效实验，将三个加速度频响函数曲线中重复率较高的峰值点的均值认为是机匣的固有频率，如表 11.1 所示。考虑叶片-机匣接触前和接触后，测定的机匣系统固有频率与之前结果不同，主要原因：考虑叶片-机匣接触后，机匣的边界条件改变，叶片给了机匣一个附加的支承刚度，使得机匣系统的固有频率变大。

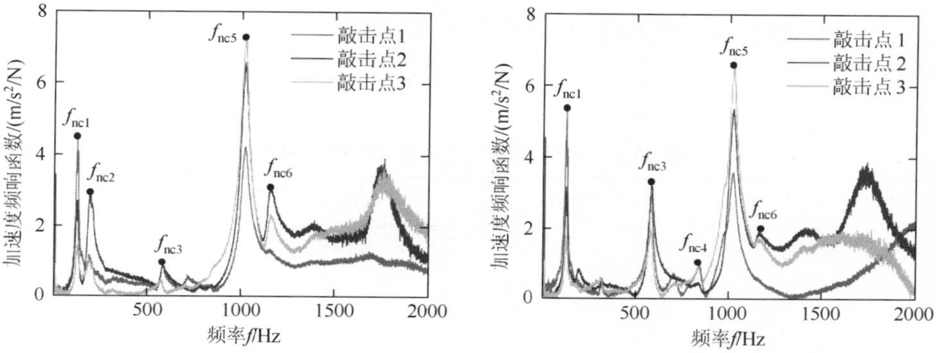

(a) 传感器1　　(b) 传感器2

图 11.17　未考虑叶片-机匣接触的机匣加速度频响函数

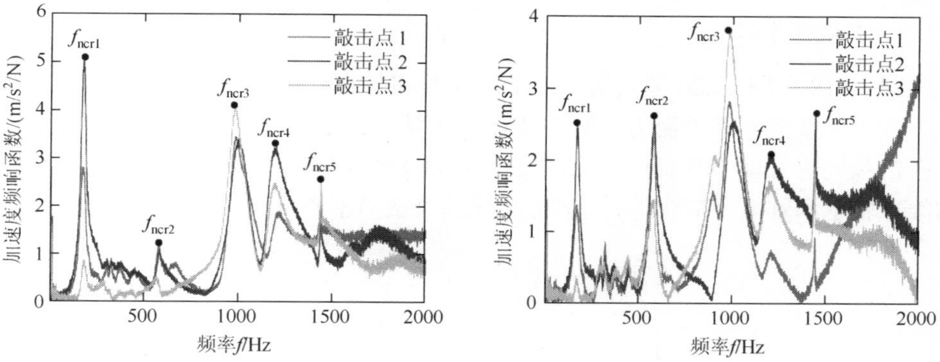

(a) 传感器1　　(b) 传感器2

图 11.18　考虑叶片-机匣接触的机匣加速度频响函数

表 11.1　机匣系统的固有频率

阶数	1（f_{nc1}）	2（f_{nc2}）	3（f_{nc3}）	4（f_{nc4}）	5（f_{nc5}）	6（f_{nc6}）
机匣系统固有频率/Hz	124.1	197.8	585.3	834.1	1020.0	1161.0
阶数	1（f_{ncr1}）	2（f_{ncr2}）	3（f_{ncr3}）	4（f_{ncr4}）	5（f_{ncr5}）	
考虑叶片-机匣接触后机匣系统的固有频率/Hz	173.4	581.9	980.9	1205.0	1443.0	

在不同转速下，开展单叶片碰摩和 4 叶片碰摩实验。由于单叶片碰摩时，不平衡量较大，较高转速时实验台振动剧烈，所以只在低转速下进行测试。共测试了 4 种工况，如表 11.2 所示。此外，本节也采用解析模型，按照实验台尺寸和工况进行了数值仿真，仿真参数：轮盘偏心距 e=1mm，机匣质量 m_c=5kg，机匣水平方向和竖直方向刚度分别为 $k_{cX}=3\times10^6$N/m 和 $k_{cY}=7\times10^7$N/m，即机匣固有频率 f_{nc1}=123.3Hz 和 f_{nc2}=595.5Hz，机匣水平方向和竖直方向阻尼 $c_{cX}=c_{cY}$=2000（N·s）/m，机匣半径 R_c=224mm，叶片-机匣的摩擦系数 μ=0.2，机匣等效刚度 $k_c\approx k_{cX}=3\times10^6$N/m。

表 11.2　不同工况下仿真及实验碰摩参数

碰摩形式	工况	转速/Hz	初始侵入量 δ_0/μm
4 叶片无碰摩	1	16.44	0
单叶片碰摩	2	16.52	80
4 叶片碰摩	3	16.28	50
	4	24.85	50

1. 无碰摩工况

图 11.19 和图 11.20 分别为工况 1 下实验和仿真结果，由图 11.19 可知，工况 1 下转子主要受到不平衡力，频率特征为转频，轴心轨迹近似为圆形。频谱图展示在倍频处也有微小的幅值，这主要由于实验台自身存在其他干扰，如支承采用的滚珠轴承和轴系不对中等，这些干扰导致测试的轴心轨迹与仿真结果（图 11.20）略有差异。

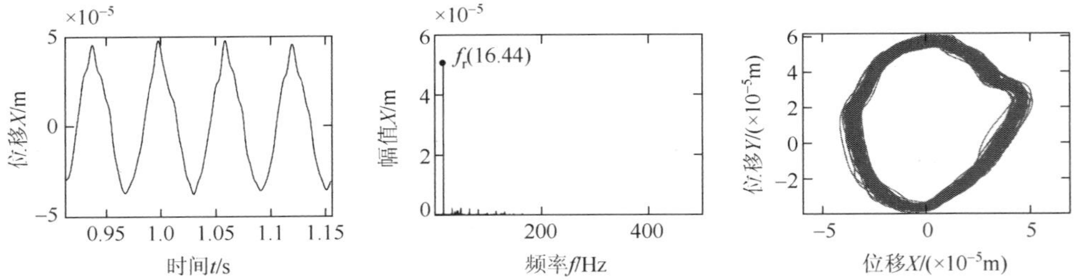

(a) 转轴X方向位移　(b) 转轴X方向位移频谱图　(c) 轴心轨迹

图 11.19　实验结果（工况 1）

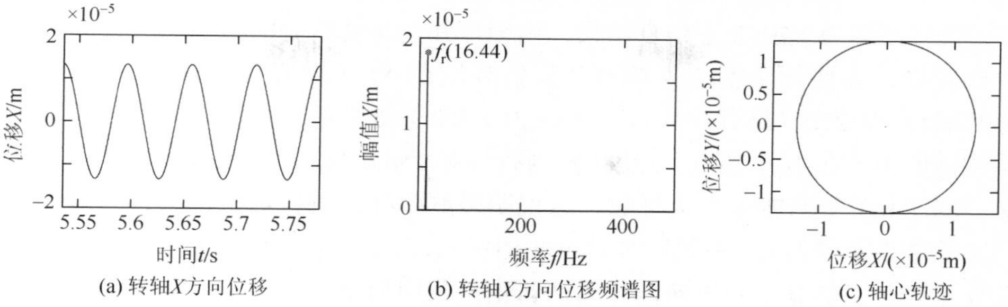

图 11.20 仿真结果（工况 1）

2. 单叶片碰摩

图 11.21 为工况 2 下实验结果，由图可知，由于碰摩力的作用，转轴 X 方向位移发生波动，频率特征为转频及其倍频，并在 $8f_r$（靠近系统第 2 阶固有频率 132.9Hz）和 $22f_r$（靠近叶片固有频率 364.7Hz）处有幅值放大现象，轴心轨迹也发生了不规则变化。从机匣加速度频谱图可知，频率特征为转频及其倍频，在 $7f_r$（靠近机匣固有频率 f_{nc1}=124.1Hz，见表 11.1）、$35f_r$（靠近机匣固有频率 f_{nc3}=585.3Hz）、$52f_r$（靠近机匣固有频率 f_{nc4}=834.1Hz）、$59f_r$（靠近机匣-转子耦合固有频率 f_{ncr3}=980.9Hz）和 $72f_r$（靠近机匣-转子耦合固有频率 f_{ncr4}=1205.0Hz）处有幅值放大现象，说明叶片-机匣的碰摩振动响应不仅与机匣的固有频率有关，还与叶片-机匣接触碰摩有关，叶片-机匣的碰摩会导致机匣系统固有频率发生改变。

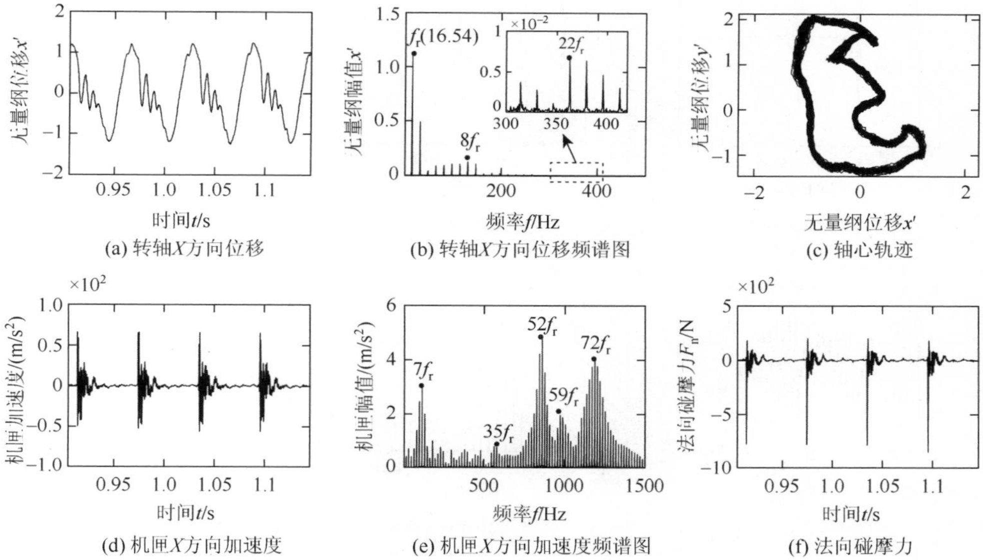

图 11.21 实验结果（工况 2）

图 11.22 为工况 2 下仿真结果，由图可知，仿真得到的转子响应特征与实验吻合较好，主要频率特征为转频及其倍频，在 $8f_r$（靠近系统第 2 阶固有频率 132.9Hz）和 $22f_r$（靠近叶片固有频率 364.7Hz）处有幅值放大现象。转轴扭转位移频谱图中，在 $10f_r$（靠近系统扭转固有频率 156.6Hz）和 $22f_r$（靠近叶片固有频率 364.7Hz）处有幅值放大现象，这说明碰摩时叶片对转轴扭转也有一定影响。与实验结果不同的是，在机匣加速度频谱中只有在 $8f_r$ 处幅值较高［图 11.22（e）］，主要原因是，仿真中将机匣简化为两自由度集中质量点，很难准确模拟实际机匣系统的动力学响应。需要指出的是，出现幅值放大的频率，会随着转速而发生变化，这主要是由于陀螺效应、离心刚化和旋转软化的影响，系统固有频率与转速有关。考虑到本节碰摩实验转速较低，其固有频率和静止时系统固有频率较为接近，其幅值放大出现的频率基本上和零转速下系统固有频率吻合很好。

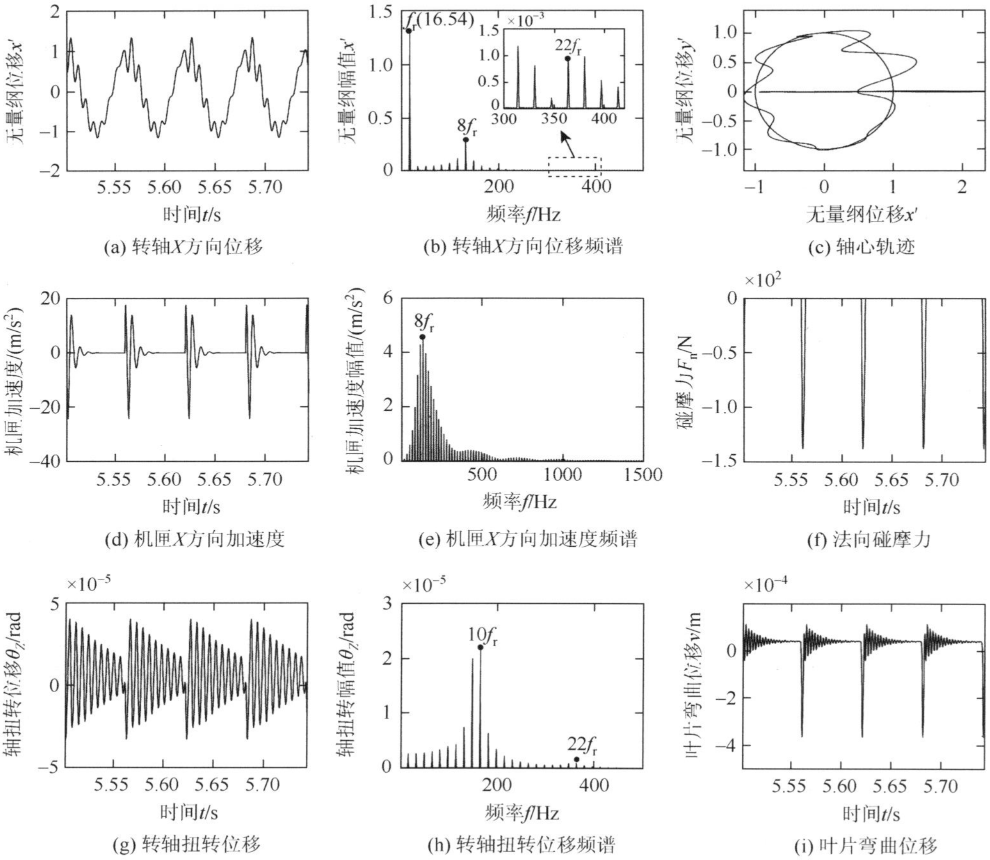

图 11.22　仿真结果（工况 2）

3. 4 叶片碰摩

图 11.23 为工况 3 下实验结果，由图可知，转轴 X 方向位移发生波动，频率特征为转频及其倍频，在 $8f_r$（靠近系统第 2 阶固有频率 132.9Hz）和 $22f_r$（靠近叶片固有频率 364.7Hz）处有幅值放大现象；并在 $4f_r$ 和 $12f_r$ 处也有较大幅值，主要原因是 $4f_r$ 为叶片通过频率；在通过频率倍数频的边频处幅值也比较明显，如 $7f_r$ 和 $9f_r$，主要原因是转子还是以涡动为主，导致冲击受转频调制，在叶片通过频率周围出现了以转频为间隔的边频。

从机匣加速度频谱图可知，频率特征为转频及其倍频，在通过频率以及倍数频处幅值均较大，在 $8f_r$（靠近机匣固有频率 f_{nc1}=124.1Hz，见表 11.1）、$60f_r$（靠近机匣-转子耦合固有频率 f_{ncr3}=980.9Hz）、$72f_r$（靠近机匣-转子耦合固有频率 f_{ncr4}=1205.0Hz）这些通过频率的倍数频处幅值更加明显。从碰摩力图中可以发现，不同叶片受到的碰摩力不同，这说明不同叶片的碰摩程度不同。

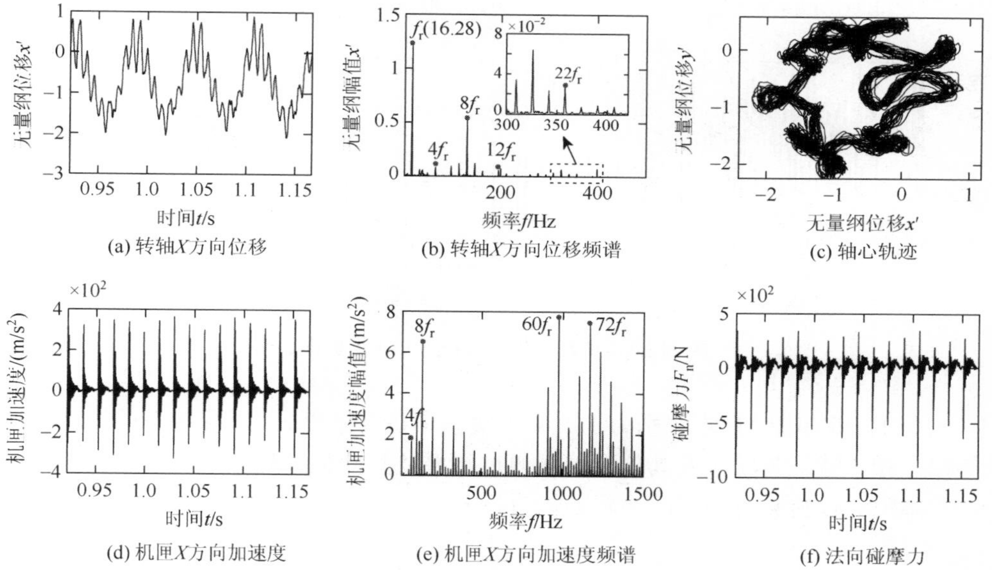

图 11.23　实验结果（工况 3）

图 11.24 为工况 3 下仿真结果，转轴 X 方向位移频谱图展示，在 $4f_r$、$8f_r$ 和 $12f_r$ 等通过频率及其倍数频处有较大幅值，当通过频率的倍数接近固有频率时幅值会更加明显，如 $8f_r$（靠近系统第 2 阶固有频率 132.9Hz）。转轴扭转位移频谱图展示，在通过频率及其倍数频 $4f_r$、$8f_r$ 和 $12f_r$ 等处有较大幅值；且在 $9f_r$ 处也有较大峰值，主要原因是 $9f_r$ 为 2 倍通过频率 $8f_r$ 的边频，且靠近系统扭转固有频率 156.6Hz。

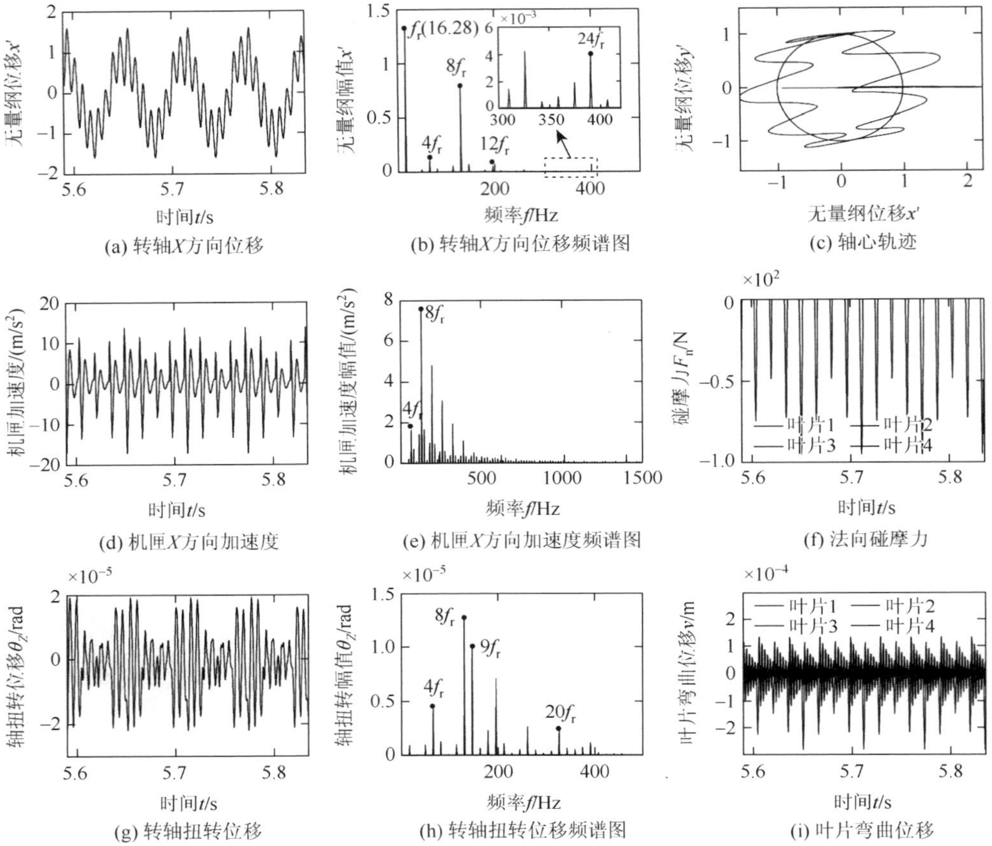

(a) 转轴X方向位移　(b) 转轴X方向位移频谱图　(c) 轴心轨迹

(d) 机匣X方向加速度　(e) 机匣X方向加速度频谱图　(f) 法向碰摩力

(g) 转轴扭转位移　(h) 转轴扭转位移频谱图　(i) 叶片弯曲位移

图 11.24　仿真结果（工况 3）（见彩图）

图 11.25 和图 11.26 分别为工况 4 下实验和仿真结果。与工况 3 下的振动特征类似，频率特征为转频及其倍频，在通过频率及其倍数频处幅值明显放大，在通过频率附近以转频为间隔的边频处幅值也较大。

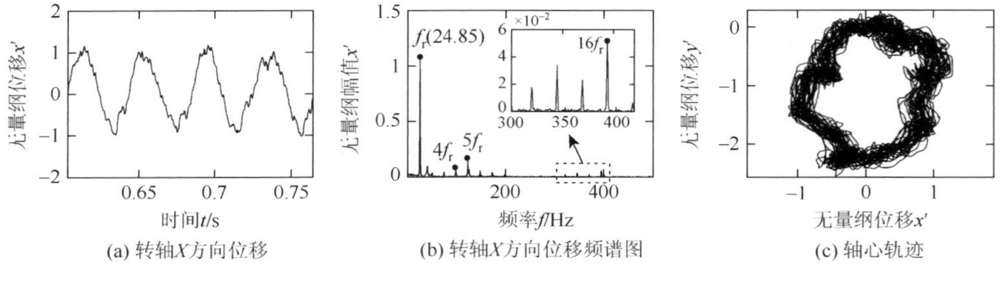

(a) 转轴X方向位移　(b) 转轴X方向位移频谱图　(c) 轴心轨迹

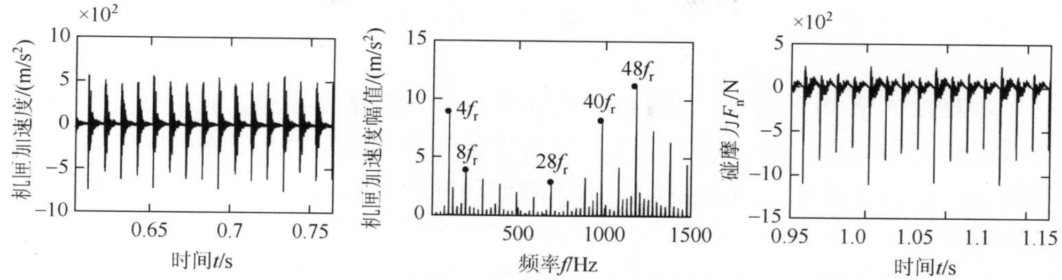

(d) 机匣X方向加速度　(e) 机匣X方向加速度频谱图　(f) 法向碰摩力

图 11.25　实验结果（工况 4）

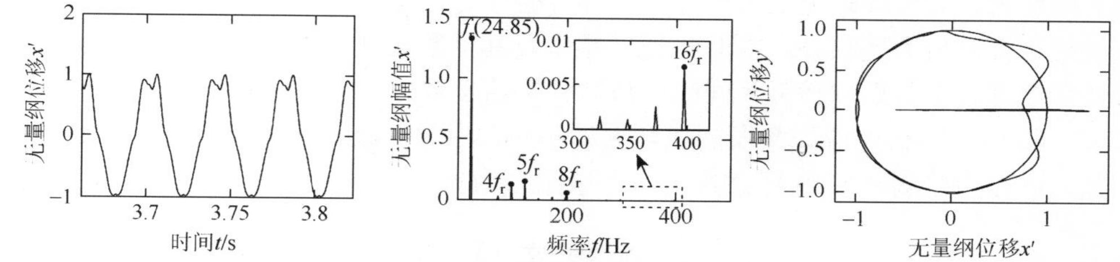

(a) 转轴X方向位移　(b) 转轴X方向位移频谱图　(c) 轴心轨迹

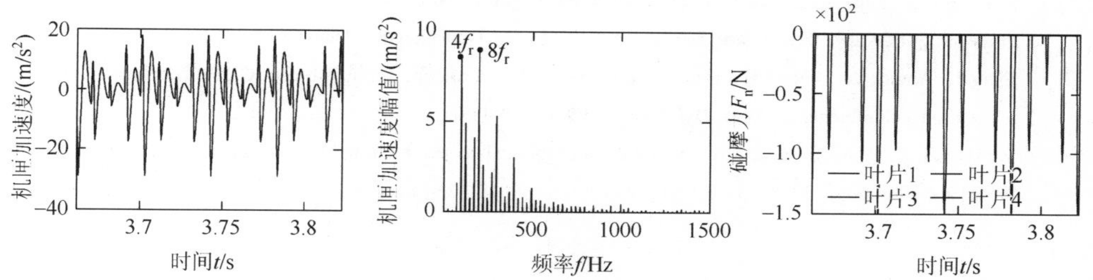

(d) 机匣X方向加速度　(e) 机匣X方向加速度频谱图　(f) 法向碰摩力

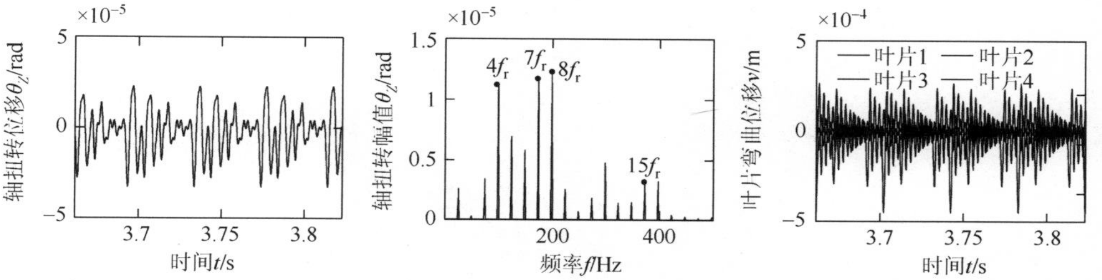

(g) 转轴扭转位移　(h) 转轴扭转位移频谱图　(i) 叶片弯曲位移

图 11.26　仿真结果（工况 4）（见彩图）

11.7　本 章 小 结

本章以转子-叶片-机匣系统为研究对象，引入碰摩力模型，推导了考虑碰摩的系统动力学方程，采用数值仿真，分析了单叶片和多叶片局部碰摩时系统动力学响应，讨论了转速、机匣质量、机匣刚度和叶片数目对系统碰摩响应的影响。主要结论如下。

（1）不同的碰摩力模型对系统的整体响应影响不大，变化趋势相近；在高转速情况下，线性碰摩力模型和 Jiang 碰摩模型、Ma 碰摩模型相比，存在一些误差。

（2）单叶片碰摩时，系统响应频率成分为转频及其倍频，在倍频接近系统固有频率时，会出现幅值放大现象。多叶片碰摩时，除了在接近系统固有频率的倍频处有幅值放大现象外，在叶片通过频率及其倍数频处也存在幅值放大现象，以及在通过频率附近以转频为间隔的边频处幅值也较大。

（3）叶片-机匣碰摩激发的扭转振动响应，相对于激发的横向振动响应更为明显，可作为监测叶片-机匣碰摩的一个敏感参数。

参 考 文 献

[1] Petrov E P. Multiharmonic analysis of nonlinear whole engine dynamics with bladed disc-casing rubbing contacts [C]. Proceedings of ASME Turbo Expo 2012，GT2012-68474，Copenhagen，Denmark，2012.

[2] Jiang J，Ahrens J，Ulbrich H，et al. A contact model of a rotating rubbing blade [C]. Proceedings of the Fifth International Conference on Rotor Dynamics，1998：478-489.

[3] Ma H，Tai X，Han Q，et al. A revised model for rubbing between rotating blade and elastic casing [J]. Journal of Sound and Vibration，2015，337：301-320.

第 12 章　转轴-盘片-机匣系统叶尖碰摩动力学

12.1　概　　述

第 3 章建立了转子-叶片耦合系统动力学模型，分析了系统的固有特性；第 11 章基于所建立模型，分析了转子-叶片-机匣系统碰摩振动响应。上述两章均考虑轮盘为刚性，目前考虑轮盘的柔性影响，采用解析分析方法，仍存在较大的困难。采用有限元软件，可以方便地建立转轴-盘片系统动力学模型，本章基于 ANSYS 软件，建立转轴-盘片系统有限元模型（该模型在第 3 章用来验证解析模型的有效性），其中转轴和叶片采用梁单元（Beam188 单元），轮盘采用壳单元（Shell181 单元）模拟。机匣简化为单自由度集中质量模型，采用接触单元（Conta178 单元）模拟叶尖-机匣碰摩，进而建立考虑叶尖碰摩的转轴-盘片-机匣耦合系统动力学模型。通过与文献固有频率的对比，验证转轴-盘片有限元模型的有效性，并通过与其余碰摩模型对比，验证接触单元模拟叶尖碰摩的有效性。最后，分析了转速、叶片安装角和机匣刚度对转轴-盘片-机匣系统振动响应的影响。

12.2　考虑叶尖碰摩的转轴-盘片系统动力学模型

12.2.1　转轴-盘片系统有限元模型

基于以下假设对转轴-盘片系统进行简化建模。

（1）将转轴划分为 14 个 Timoshenko 梁单元（Beam188 单元）及 15 个节点，每个节点有 6 个自由度，如图 12.1 所示。图中约束最右端节点（节点 15）轴向的平动和扭转自由度。轮盘划分为 96 个壳单元（Shell181 单元）及 120 个节点，每个节点有 6 个自由度。采用 Timoshenko 梁单元（Beam188 单元）来模拟叶片，轮盘上安装有 4 个完全相同的叶片，每个叶片划分为 4 个单元共 5 个节点。

（2）两个相同的滚珠轴承采用线性弹簧-阻尼单元来模拟，忽略轴承交叉刚度项的影响。

（3）转轴和轮盘刚性连接，轮盘与叶片通过共节点连接。

（4）忽略轴和轮盘的陀螺效应。

（5）仅考虑一个叶片与机匣之间发生碰摩。

（6）忽略由不平衡和叶片-机匣碰摩造成的转子横向-扭转振动耦合效应。

转轴-盘片系统的模型参数如图 12.1（a）和表 12.1 所示。有限元模型示意图如图 12.1（b）所示。考虑叶片的离心刚化和旋转软化效应，在固定参考系中转轴-盘片系统的动力学方程可表示为

$$\boldsymbol{M}\ddot{\boldsymbol{u}}+\boldsymbol{C}\dot{\boldsymbol{u}}+(\boldsymbol{K}_{\mathrm{e}}+\boldsymbol{K}_{\mathrm{c}}+\boldsymbol{K}_{\mathrm{s}})\boldsymbol{u}=\boldsymbol{F}_{\mathrm{g}}+\boldsymbol{F}_{\mathrm{c}}+\boldsymbol{F}_{\mathrm{u}} \tag{12.1}$$

式中，$\boldsymbol{M}$、$\boldsymbol{C}$、$\boldsymbol{K}_{\mathrm{e}}$、$\boldsymbol{K}_{\mathrm{c}}$、$\boldsymbol{K}_{\mathrm{s}}$、$\boldsymbol{u}$、$\boldsymbol{F}_{\mathrm{g}}$、$\boldsymbol{F}_{\mathrm{c}}$和 $\boldsymbol{F}_{\mathrm{u}}$ 分别为质量矩阵（包括转轴、轮盘和叶片质量）、阻尼矩阵（包括轴承阻尼及转轴、轮盘和叶片的黏性阻尼）、结构刚度矩阵（包括轴承、转轴、轮盘和叶片刚度）、离心刚化矩阵、旋转软化矩阵、位移向量、重力向量、离心力向量和不平衡激励向量。

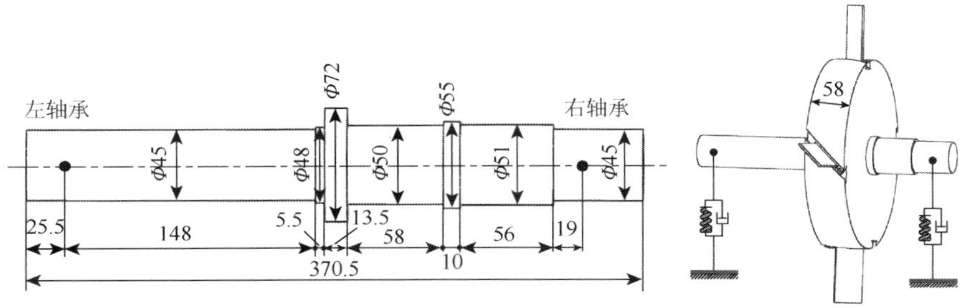

(a) 转轴-盘片系统几何尺寸(单位：mm)

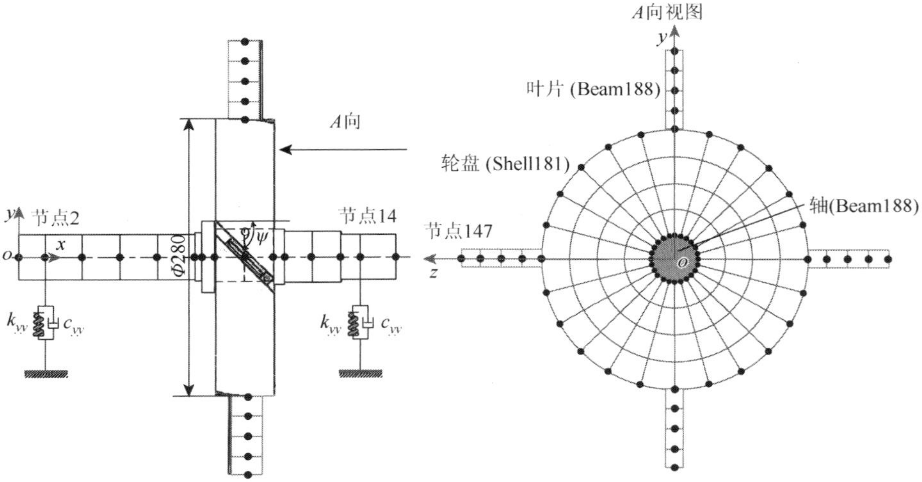

(b) 转轴-盘片系统有限元模型示意图

图 12.1　转轴-盘片系统几何尺寸及有限元模型示意图

表 12.1　转轴-盘片系统模型参数

部件	单元种类	单元个数	几何参数	材料参数
转轴	Beam188	14	见图 12.1	密度 ρ=7800kg/m^3；杨氏模量 E=200GPa；泊松比 υ=0.3
轴承	Combi214	2	水平（z 向）和竖直（y 向）方向的刚度 $k_{zz}=k_{yy}=1.5\times10^7$N/m，水平（$z$ 向）和竖直（y 向）方向的阻尼 $c_{zz}=c_{yy}=2\times10^3$N·s/m	
叶片	Beam188	16	叶片长度 82mm，叶片宽度 44mm，叶片厚度 3mm	
轮盘	Shell181	96	盘的内径 25mm，盘的外径 140mm，盘的厚度 58mm	

12.2.2　含叶尖碰摩的转轴-盘片-机匣系统有限元模型

1. 基于接触动力学的叶尖碰摩模型

许多研究人员基于接触动力学理论模拟转定子间的碰摩过程。Roques 等[1]采用点-线接触理论，分析了汽轮机故障停机情况下，系统通过临界转速时转定子之间的相互作用。采用点-点接触模型模拟转子定点碰摩，Behzad 等[2]和 Ma 等[3, 4]分析了由碰摩引起的转子系统非线性振动响应。接触动力学可以方便地处理由碰摩引发的约束边界的变化，并能够考虑侵入量和冲击速度等参数对法向碰摩力的影响[1-4]。在 ANSYS 软件中，Conta178 单元（带有间隙的点-点接触单元）能够模拟定点碰摩。本章通过点-点接触单元来模拟叶片-机匣定点碰摩，其中转子设置为主控体，机匣设置为从属体。此外，为了能够高效地模拟叶片-机匣碰摩现象，忽略叶尖-机匣碰摩产生的热效应。

图 12.2 为叶尖-机匣碰摩示意图，图中，O 为转子静止时的中心，$O_{\rm r}$ 为转子的几何中心，ω 为旋转角速度。假设机匣放置于 z 向，轮盘的横截面位于 yoz 平面内。叶尖上的 c 点和机匣上的 d 点构成一个接触对，间隙函数 g 等于距离 $\overline{cd}$ 。假定定点碰摩过程中叶片-机匣的相对滑移量很小，此种碰摩类似于具有单边约束的点接触，机匣采用单自由度的质量点（ANSYS 中 Mass21 单元）来模拟，轴承采用具有线性刚度和阻尼的弹簧-阻尼单元来模拟（ANSYS 中 Combi214 单元）。

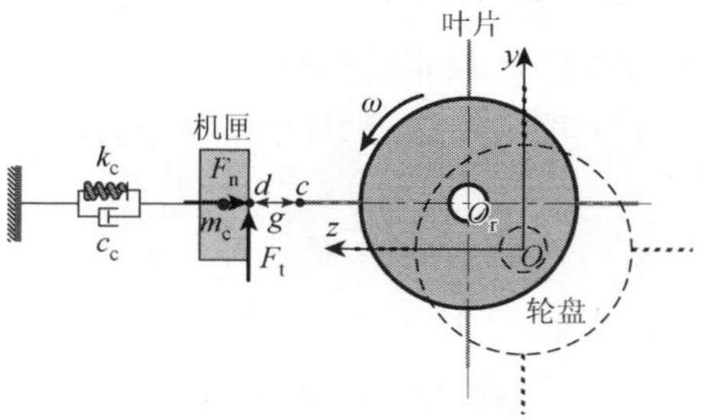

图 12.2　叶尖-机匣碰摩示意图

-----转子初始位置；——转子偏移位置

通常，法向碰摩力 $\boldsymbol{F}_n$ 可以表示为非负标量 F_n 和单位向量 $\boldsymbol{n}$ 的乘积。同样地，切向碰摩力 $\boldsymbol{F}_t=F_t\boldsymbol{t}$，式中 F_t 为非负标量，$\boldsymbol{t}$ 为切向向量。基于接触动力学理论[1-7]，两接触点 c 和 d 满足 Kuhn-Tucker 不可侵入性条件。利用 Kuhn-Tucker 条件来描述叶尖与机匣之间的摩擦，采用增广拉格朗日方法处理接触约束条件[3, 4]。

2. 转轴-盘片系统叶尖碰摩有限元模型

考虑叶片-机匣碰摩，基于式（12.1）可以得到系统运动微分方程：

$$\begin{bmatrix} \boldsymbol{M} & \boldsymbol{0} & 0 \\ \boldsymbol{0} & \boldsymbol{0} & 0 \\ 0 & 0 & m_c \end{bmatrix}\begin{bmatrix} \ddot{\boldsymbol{u}} \\ \boldsymbol{0} \\ \ddot{z}_c \end{bmatrix}+\begin{bmatrix} \boldsymbol{C} & \boldsymbol{0} & 0 \\ \boldsymbol{0} & \boldsymbol{0} & 0 \\ 0 & 0 & c_c \end{bmatrix}\begin{bmatrix} \dot{\boldsymbol{u}} \\ \boldsymbol{0} \\ \dot{z}_c \end{bmatrix}+\begin{bmatrix} \boldsymbol{K}_e+\boldsymbol{K}_c+\boldsymbol{K}_s+\varepsilon_n\boldsymbol{B}^T\boldsymbol{B} & \boldsymbol{B}^T & 0 \\ \boldsymbol{B} & \boldsymbol{0} & 0 \\ 0 & 0 & k_c \end{bmatrix}\begin{bmatrix} \boldsymbol{u} \\ \boldsymbol{\lambda} \\ z_c \end{bmatrix}=\begin{bmatrix} \boldsymbol{F}_g+\boldsymbol{F}_c+\boldsymbol{F}_u-\varepsilon_n\boldsymbol{B}^T\boldsymbol{g}_0 \\ -\boldsymbol{g}_0 \\ F_{nc} \end{bmatrix} \tag{12.2}$$

式中，$\boldsymbol{\lambda}$ 为拉格朗日乘子向量；$\boldsymbol{B}$ 为法向和切向的接触约束矩阵；ε_n 为法向接触刚度；$\boldsymbol{g}_0$ 为初始间隙向量；m_c 表示机匣质量；c_c 为机匣阻尼；k_c 为机匣刚度；z_c 为机匣 z 向位移；F_{nc} 为作用在机匣上的法向碰摩力。本章中总阻尼矩阵（$\boldsymbol{C}$）中的黏性阻尼部分（$\boldsymbol{C}_v$）采用瑞利阻尼，其表达式为[8]

$$\boldsymbol{C}_v=\alpha_1\boldsymbol{M}'+\beta_1\boldsymbol{K}' \tag{12.3}$$

式中，$\boldsymbol{M}'=\boldsymbol{M}$；$\boldsymbol{K}'=(\boldsymbol{K}_e+\boldsymbol{K}_c+\boldsymbol{K}_s+\varepsilon_n\boldsymbol{B}^T\boldsymbol{B})$；$\alpha_1$ 和 β_1 分别表示质量矩阵和刚度矩阵的比例系数，

$$\begin{cases} \alpha_1=\dfrac{\pi\omega_{n1}\omega_{n2}(\xi_1\omega_{n2}-\xi_2\omega_{n1})}{15(\omega_{n2}^2-\omega_{n1}^2)} \\ \beta_1=\dfrac{60(\xi_2\omega_{n2}-\xi_1\omega_{n1})}{\pi(\omega_{n2}^2-\omega_{n1}^2)} \end{cases} \tag{12.4}$$

式中，ω_{n1} 和 ω_{n2} 表示第 1 阶和第 2 阶固有频率，r/min；ξ_1 和 ξ_2 为第 1 阶和第 2 阶固有频率的模态阻尼比，本章取 $\xi_1=\xi_2=0.04$。

考虑叶尖-机匣碰摩过程的接触非线性特性，每一个载荷步均需要更新接触约束矩阵 $\boldsymbol{B}$，因此在每一个子步都需要通过 Newton-Raphson 迭代来确定节点的位移、速度和加速度等参数。

将 $\boldsymbol{M}'=\boldsymbol{M}$、$\boldsymbol{C}'=\boldsymbol{C}$、$\boldsymbol{K}'=(\boldsymbol{K}_e+\boldsymbol{K}_c+\boldsymbol{K}_s+\varepsilon_n\boldsymbol{B}^T\boldsymbol{B})$ 和 $\boldsymbol{F}'=(\boldsymbol{F}_g+\boldsymbol{F}_c+\boldsymbol{F}_u-\varepsilon_n\boldsymbol{B}^T\boldsymbol{g}_0-\boldsymbol{B}^T\boldsymbol{\lambda})$ 代入式（12.2），可得

$$\begin{cases} \boldsymbol{M}'\ddot{\boldsymbol{u}}+\boldsymbol{C}'\dot{\boldsymbol{u}}+\boldsymbol{K}'\boldsymbol{u}=\boldsymbol{F}' \\ \boldsymbol{B}\boldsymbol{u}=-\boldsymbol{g}_0 \\ m_c\ddot{z}_c+c_c\dot{z}_c+k_cz_c=F_{nc} \end{cases} \tag{12.5}$$

采用 Newmark-β 积分法求解动力学方程 $\boldsymbol{M}'\ddot{\boldsymbol{u}}+\boldsymbol{C}'\dot{\boldsymbol{u}}+\boldsymbol{K}'\boldsymbol{u}=\boldsymbol{F}'$，这是一种求解时域上非线性方程的有效方法[9]。Newmark-β 积分法的微分形式为

$$\begin{cases}\dot{\boldsymbol{u}}_{t+\Delta t}=\dot{\boldsymbol{u}}_t+[(1-\delta)\ddot{\boldsymbol{u}}_t+\delta\ddot{\boldsymbol{u}}_{t+\Delta t}]\Delta t\\ \boldsymbol{u}_{t+\Delta t}=\boldsymbol{u}_t+\dot{\boldsymbol{u}}_t\Delta t+[(0.5-\alpha)\ddot{\boldsymbol{u}}_t+\alpha\ddot{\boldsymbol{u}}_{t+\Delta t}]\Delta t^2\end{cases} \tag{12.6}$$

式中，δ 和 α 为调整参数，可根据精度需要和数值积分稳定性进行调节；Δt 为积分步长。根据式（12.6）可以推导出下面的方程：

$$\begin{cases}\ddot{\boldsymbol{u}}_{t+\Delta t}=\dfrac{1}{\alpha\Delta t^2}(\boldsymbol{u}_{t+\Delta t}-\boldsymbol{u}_t)-\dfrac{1}{\alpha\Delta t}\dot{\boldsymbol{u}}_t-\left(\dfrac{1}{2\alpha}-1\right)\ddot{\boldsymbol{u}}_t\\ \dot{\boldsymbol{u}}_{t+\Delta t}=\dfrac{\delta}{\alpha\Delta t}(\boldsymbol{u}_{t+\Delta t}-\boldsymbol{u}_t)+\left(1-\dfrac{\delta}{\alpha}\right)\dot{\boldsymbol{u}}_t+\Delta t\left(1-\dfrac{\delta}{2\alpha}\right)\ddot{\boldsymbol{u}}_t\end{cases} \tag{12.7}$$

将式（12.7）代入式（12.5），得

$$\boldsymbol{M}'\ddot{\boldsymbol{u}}_{t+\Delta t}+\boldsymbol{C}'\dot{\boldsymbol{u}}_{t+\Delta t}+\boldsymbol{K}'\boldsymbol{u}_{t+\Delta t}=\boldsymbol{F}'_{t+\Delta t} \tag{12.8}$$

式（12.8）可以简化为

$$\boldsymbol{K}^*\boldsymbol{u}_{t+\Delta t}=\boldsymbol{F}^*_{t+\Delta t} \tag{12.9}$$

式中，

$$\begin{cases}\boldsymbol{K}^*=\dfrac{1}{\alpha\Delta t^2}\boldsymbol{M}'+\dfrac{\delta}{\alpha\Delta t}\boldsymbol{C}'+\boldsymbol{K}'\\ \boldsymbol{F}^*_{t+\Delta t}=\boldsymbol{F}'_{t+\Delta t}+\left[\dfrac{1}{\alpha\Delta t^2}\boldsymbol{u}_t+\dfrac{1}{\alpha\Delta t}\dot{\boldsymbol{u}}_t+\left(\dfrac{1}{2\alpha}-1\right)\ddot{\boldsymbol{u}}_t\right]\boldsymbol{M}'\\ \qquad+\left[\dfrac{\delta}{\alpha\Delta t}\boldsymbol{u}_t+\left(\dfrac{\delta}{\alpha}-1\right)\dot{\boldsymbol{u}}_t+\left(\dfrac{\delta}{2\alpha}-1\right)\Delta t\ddot{\boldsymbol{u}}_t\right]\boldsymbol{C}'\end{cases} \tag{12.10}$$

当 Newmark-β 积分参数满足下面条件时，方程的解将无条件稳定：

$$\alpha=\frac{1}{4}(1+\gamma_1)^2,\quad \delta=\frac{1}{2}+\gamma_1,\quad \gamma_1\geqslant 0\ （本章取\ \gamma_1=0） \tag{12.11}$$

12.2.3　基于固有特性的模型验证

本节通过与 Yang 模型[10]固有频率对比，来验证所开发模型的有效性，文献模型参数如表 12.2 所示。在有限元模型中，转轴最右端节点全约束，其余节点仅保留扭转自由度（图 12.3）。不同的叶片数和安装角下转轴-盘片模型与 Yang

模型[10]固有频率的对比结果，如表 12.3 和表 12.4 所示。以 Yang 模型结果为基准，表中列出了两种模型固有频率的相对误差，由对比结果可知，当前模型得到的结果与文献[10]结果吻合较好。

表 12.2　文献[10]转轴-盘片系统模型参数

部件	材料参数	几何参数
转轴	密度 7850kg/m^3，剪切模量 75GPa	长度 0.6m，半径 0.04m
轮盘	密度 7850kg/m^3，杨氏模量 200GPa，泊松比 0.3	轮盘距左端点距离 0.3m，半径 0.2m，厚度 0.03m
n 个相同的叶片（n=3，4，5，6）	密度 ρ=7850kg/m^3，杨氏模量 E=200GPa	长度 0.2m，宽度 0.03m，厚度 0.004m，安装角 $\pi/6$

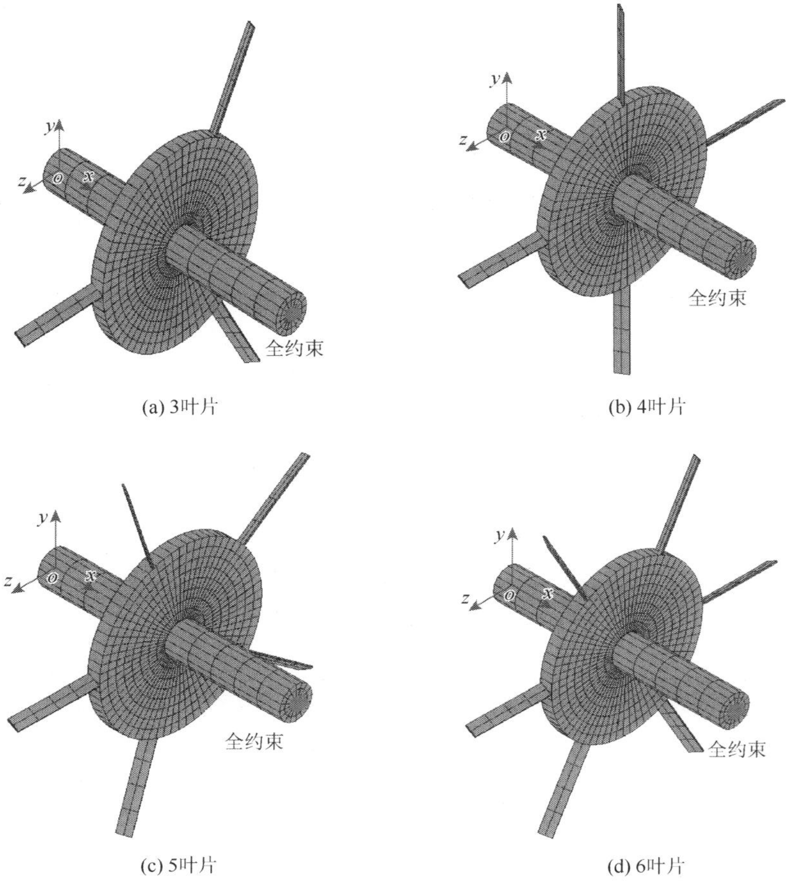

图 12.3　不同叶片数下转轴-盘片有限元模型

表 12.3　不同叶片数下固有频率的对比（Ω=0r/min）

叶片数	阶数	Yang 模型[10]/Hz	当前模型/Hz	相对误差/%
3	1	81.098	78.085	3.72
	2	81.467	78.452	3.70
	3	81.538	78.452	3.78
	4	204.519	201.09	1.68
	5	504.430	506.59	0.43
	6	508.186	506.59	0.31
	7	510.99	509.45	0.30
4	1	81.004	77.957	3.76
	2	81.428	78.447	3.66
	3	81.472	78.448	3.71
	4	81.538	78.448	3.79
	5	203.645	200.05	1.77
	6	495.459	506.77	2.28
	7	505.648	506.77	0.22
	8	510.99	507.10	0.76
	9	512.317	509.46	0.56
5	1	80.891	77.828	3.79
	2	81.422	78.442	3.66
	3	81.492	78.442	3.74
	4	81.538	78.446	3.79
	5	81.538	78.446	3.79
	6	202.777	199.02	1.85
	7	495.796	506.08	2.07
	8	507.682	506.08	0.32
	9	510.99	508.18	0.55
	10	510.99	508.18	0.55
	11	513.942	509.17	0.93

表 12.4　不同安装角下 6 叶片有限元模型固有频率对比（Ω=0r/min）

安装角	阶数	Yang 模型[10]/Hz	当前模型/Hz	相对误差/%
$\psi=\pi/6$	1	80.77	77.698	3.80
	2	81.423	78.435	3.67
	3	81.438	78.435	3.69
	4	81.496	78.441	3.75
	5	81.538	78.441	3.80
	6	81.538	78.448	3.79
	7	201.921	198.03	1.93
	8	498.517	505.18	1.33

续表

安装角	阶数	Yang 模型[10]/Hz	当前模型/Hz	相对误差/%
	9	499.185	505.18	1.20
	10	507.924	508.04	0.02
$\psi=\pi/6$	11	510.99	508.04	0.58
	12	510.99	508.80	0.43
	13	514.986	510.26	0.92
	1	81.011	78.771	2.77
	2	81.309	79.306	2.46
	3	81.339	79.306	2.50
	4	81.455	79.317	2.62
	5	81.538	79.317	2.72
	6	81.538	79.332	2.71
$\psi=\pi/4$	7	198.269	191.73	3.30
	8	492.757	504.63	2.41
	9	493.538	504.63	2.22
	10	505.373	506.91	0.30
	11	510.99	506.91	0.80
	12	510.99	507.35	0.71
	13	513.067	508.53	0.88
	1	81.197	79.967	1.51
	2	81.241	80.253	1.22
	3	81.257	80.253	1.24
	4	81.414	80.271	1.40
	5	81.538	80.271	1.55
	6	81.538	80.294	1.53
$\psi=\pi/3$	7	194.759	183.64	5.71
	8	489.17	504.17	3.07
	9	489.954	504.17	2.90
	10	503.201	506.28	0.61
	11	510.99	506.40	0.90
	12	510.99	506.40	0.90
	13	511.33	507.90	0.67

本节研究的模型（ψ=25°，见图 12.1）约束了转轴最右端节点（节点 15）的轴向平动和扭转自由度。系统的前 9 阶固有频率和振型反映出一些与表 12.3 类似的模态耦合振动现象（见图 12.4 和表 12.5）。图 12.5 为转轴-盘片系统 Campbell 图，在离心刚化和旋转软化的共同作用下，随着转速的增加，叶片的弯曲固有频率（f_{n6}、f_{n7}、f_{n8} 和 f_{n9}）随之增大。图中已标出潜在的危险转速，例如，$3f_r$ 与叶片弯曲固有频率（f_{n6}、f_{n7}、f_{n8} 和 f_{n9}）的 4 个交点，其对应的转速均接近于 8952r/min。

需要指出的是，图中给出的转速 8952r/min，是多个交叉点对应的平均转速，即 $D1$（8952r/min）是 4 个转速（8872.6r/min、8930.5r/min、8931.1r/min 和 9071.9r/min）的平均值。

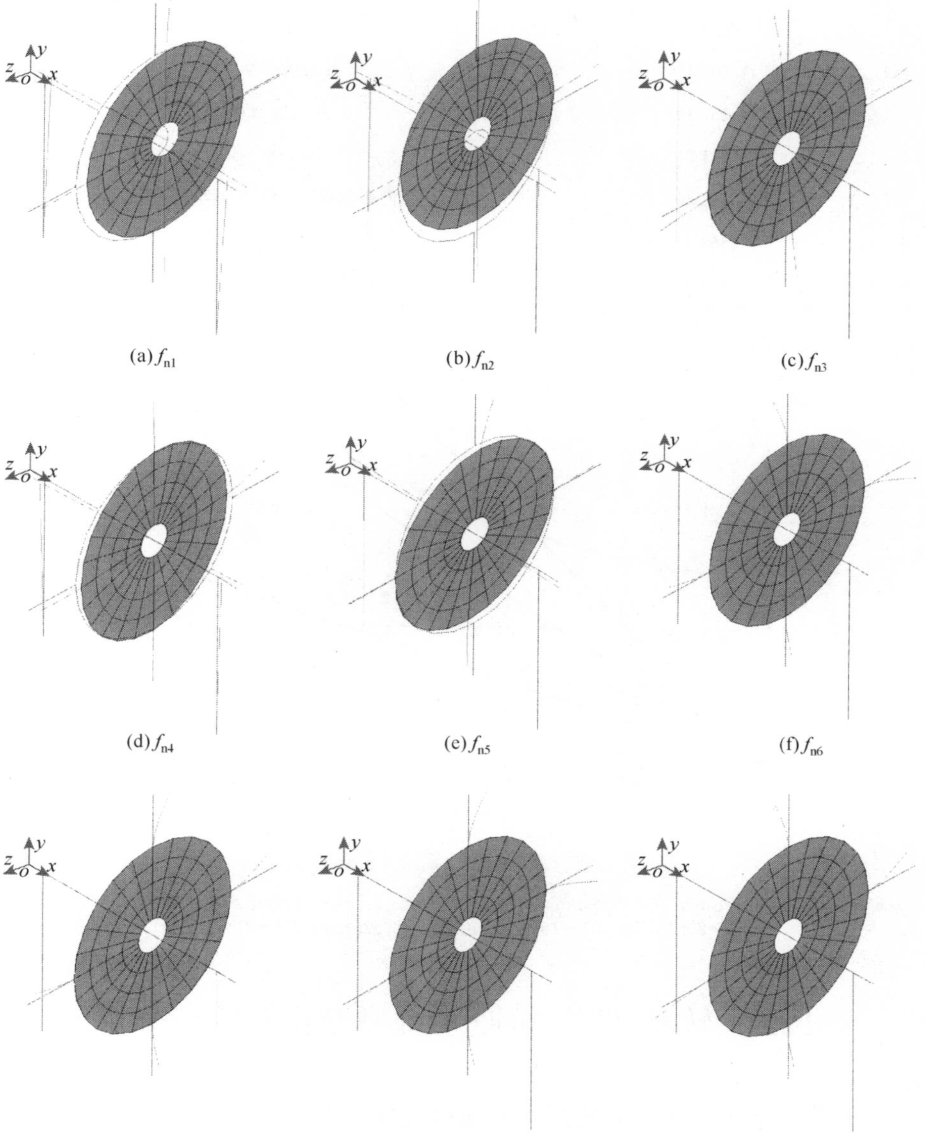

(a) f_{n1}　(b) f_{n2}　(c) f_{n3}

(d) f_{n4}　(e) f_{n5}　(f) f_{n6}

(g) f_{n7}　(h) f_{n8}　(i) f_{n9}

图 12.4　转轴-盘片系统的振型

表 12.5　转轴-盘片系统的固有频率（Ω=0r/min，ψ=25°）

阶数	数值/Hz	振型描述
1（f_{n1}）	133.49	系统平动和弯曲耦合
2（f_{n2}）	133.49	与 f_{n1} 正交
3（f_{n3}）	159.75	扭转振动
4（f_{n4}）	267.38	轮盘的摆动
5（f_{n5}）	267.38	与 f_{n4} 正交
6（f_{n6}）	361.21	叶片-叶片耦合模态
7（f_{n7}）	363.40	转子横向振动和叶片弯曲振动耦合模态
8（f_{n8}）	363.40	与 f_{n7} 正交
9（f_{n9}）	366.97	转子扭转振动和叶片弯曲振动耦合模态

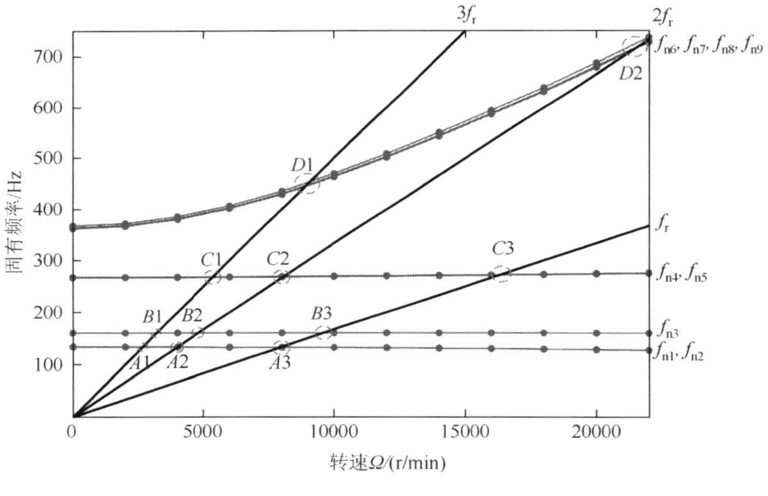

图 12.5　转轴-盘片系统 Campbell 图

*A*1→2666r/min；*A*2→3997r/min；*A*3→7959r/min；*B*1→3196r/min；*B*2→4800r/min；*B*3→9600r/min；*C*1→5354r/min；*C*2→8052r/min；*C*3→16304r/min；*D*1→8952r/min；*D*2→21443r/min

12.3　转轴-盘片-机匣系统碰摩振动响应分析

为了验证基于接触单元模拟碰摩的有效性，本节采用图 12.1 所示模型，对比了线弹性碰摩力模型［式（4.1)］、接触单元、非线性碰摩力模型［式（4.15)］对仿真结果的影响，所选择的仿真参数如下：ψ=0°，m_c=5kg，k_{yy}=k_{zz}=1.5×10^7N/m，c_{yy}=c_{zz}=1000（N·s）/m，k_c=3×10^7N/m，c_c=2000（N·s）/m，δ=50μm，

Ω=1953r/min，mr=2.7×10^{-2}kg·m。将不平衡力施加在转轴 9 节点即轮盘中心位置处，得到的 3 种碰摩力模型下的系统响应如图 12.6 所示。3 种碰摩力模型的响应在 $4f_r$ 处均出现了幅值放大现象，这是由于其频率与水平方向的第 1 阶固有频率 f_{n1}（133.49Hz）相接近。通过对比时域和频率响应也证明了采用接触单元来模拟叶片-机匣碰摩的有效性。

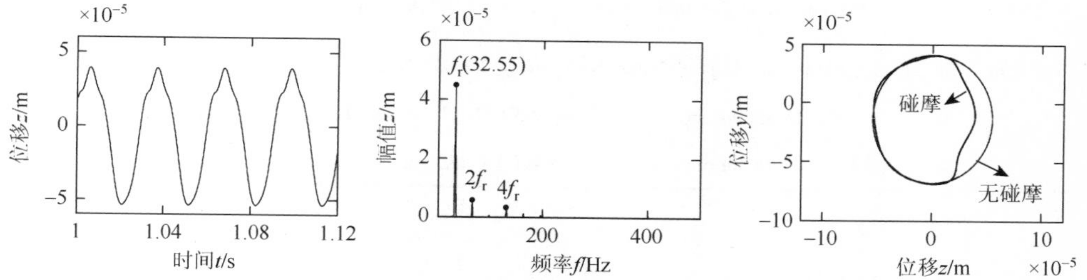

(a) 线弹性碰摩力模型(式(4.1))

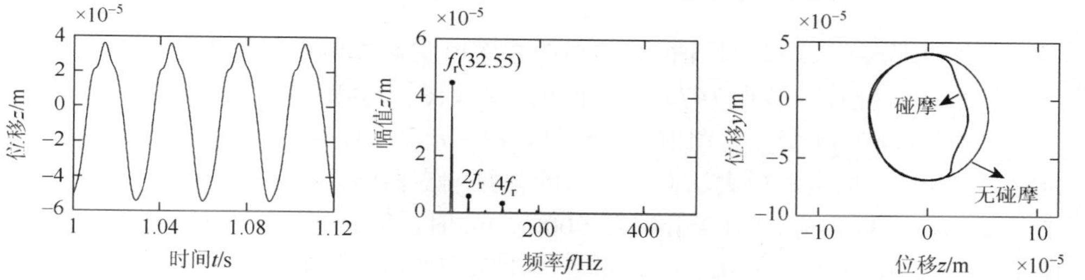

(b) 接触单元

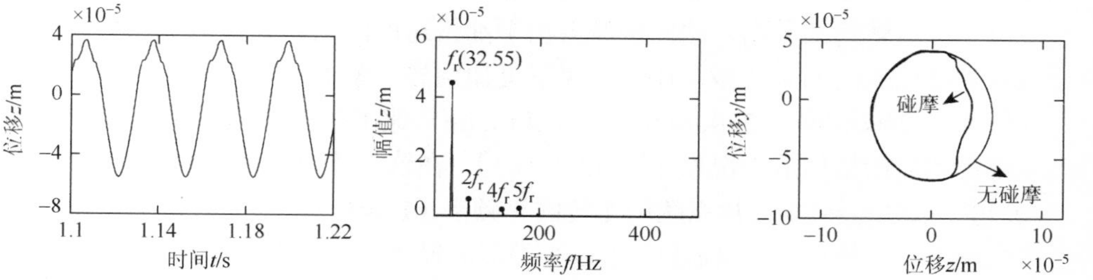

(c) 非线性碰摩力模型(式(4.15))

图 12.6　3 种碰摩力模型响应对比（图从左到右依次为转子 z 向时域波形、z 向频谱图及轴心轨迹）

在后续的研究中，本章将分析转速、叶片安装角和机匣刚度对转轴-盘片-机匣系统叶尖碰摩振动响应的影响。在进行碰摩力模型对比时，假定不平衡量为 mr=8×10^{-4}kg·m。设无量纲初始间隙为 $\delta_1=g_0/z_0$，其中 g_0 为初始间隙，z_0 为不发生碰摩时叶尖 z 向最大位移；选择法向接触刚度为 ε_n=3.5×10^7N/m，摩擦系数

μ=0.246。另外，在整个碰摩过程中考虑重力对系统振动响应的影响，详细的仿真参数见表 12.6。

表 12.6 仿真参数

模拟参数		不变参数	变化参数
转速	Ω	ψ=25°，m_c=5kg，c_c=2000（N·s）/m，k_c=7.7×10^6N/m，δ_1=0.8	Ω=1000r/min，1200r/min，…，9000r/min
安装角	ψ	Ω=8200r/min，m_c=5kg，c_c=2000（N·s）/m，k_c=7.7×10^6N/m，δ_1=0.8	ψ=0°，2°，…，50°
机匣刚度	k_c	ψ=25°，Ω=8200r/min，m_c=5kg，c_c=2000（N·s）/m，δ_1=0.8	k_c=1×10^7N/m，2×10^7N/m，…，10×10^7N/m
	k_c	ψ=25°，Ω=20000r/min，m_c=5kg，c_c=2000（N·s）/m，δ_1=0.8	

12.3.1 转速的影响

本节研究转速 ω 对于转轴-盘片-机匣系统叶尖碰摩响应的影响。图 12.7 为转轴（节点 9）、叶片（节点 147）和机匣的三维谱图，其中转速以 200r/min 为间隔从 1000～9000r/min 变化，图中 f_r 为转频，nf_r（n=2，3，4，…）为倍频。图 12.8 为转轴、叶片、机匣和最大法向碰摩力的幅频响应曲线。图 12.9 为 Ω=1000r/min、3200r/min、4800r/min、8400r/min 和 9000r/min 时，位移时域图、无量纲转子轴心轨迹（$z'=z/a_0$ 及 $y'=y/a_0$，a_0 为稳态下不发生碰摩时转轴 z 向的幅值）、法向碰摩力和机匣加速度时域图。图 12.7～图 12.9 展示了如下动力学现象。

（1）随着转速的升高，法向碰摩力由于冲击速度的增加呈现增大趋势，进而导致叶尖碰摩激发的系统振动在高转速下更加剧烈（图 12.7）。

（2）在 2400r/min、3200r/min 和 4800r/min 转速下，转轴-盘片系统的扭转振动呈现出明显的幅值放大现象［图 12.7（b）］。在这 3 个转速下，转子的 $4f_r$、$3f_r$ 和 $2f_r$ 频率成分与转轴-盘片系统的扭转固有频率（160Hz）相接近，因而出现了幅值放大现象，这种现象在文献[11]中也有类似的描述。由于 2400r/min、3200r/min 和 4800r/min 转速与 $f_{n3}/4$、$f_{n3}/3$ 和 $f_{n3}/2$ 相接近，所以会导致超谐共振并引起幅值放大现象。

（3）在 8200r/min（图 12.8）时，由于转速略低于 Campbell 图的 8952r/min（图 12.5），所以叶片的弯曲振动同样出现了振幅放大现象。法向碰摩力补偿了部分离心刚化的影响，进而使得叶片的共振转速略低于系统的固有频率。

（4）图 12.9 展示随着转速的升高，法向碰摩力的接触时间降低，轴心轨迹中回弹程度增大，切向和法向碰摩力增大，导致转轴的扭转振动和机匣振动变得更加剧烈。

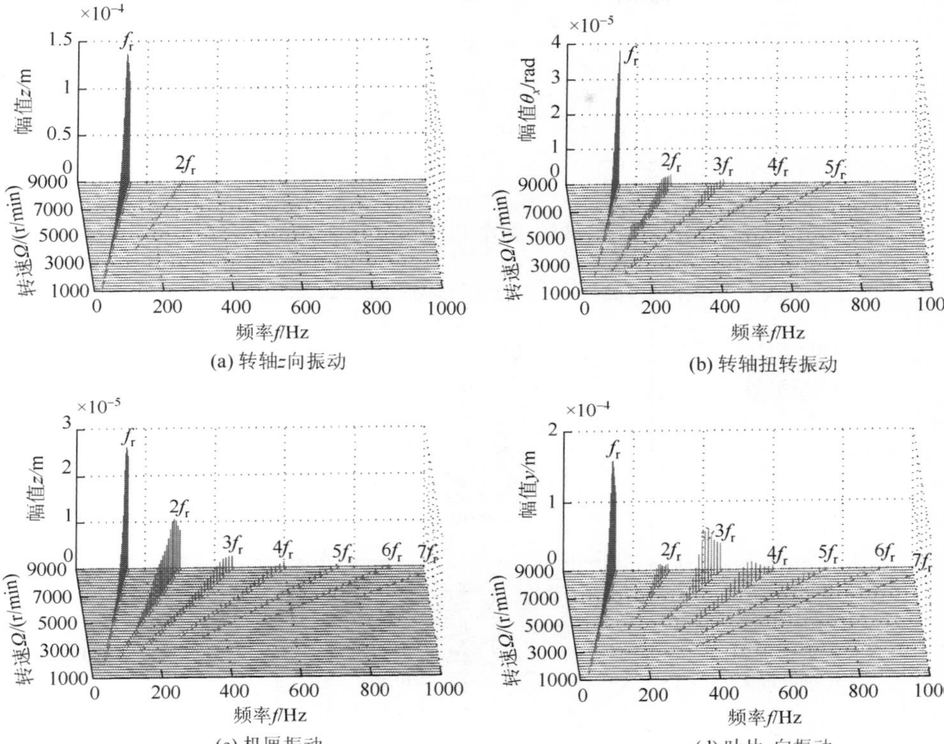

(a) 转轴z向振动　(b) 转轴扭转振动

(c) 机匣振动　(d) 叶片y向振动

图 12.7　不同转速下转轴-盘片-机匣系统三维谱图

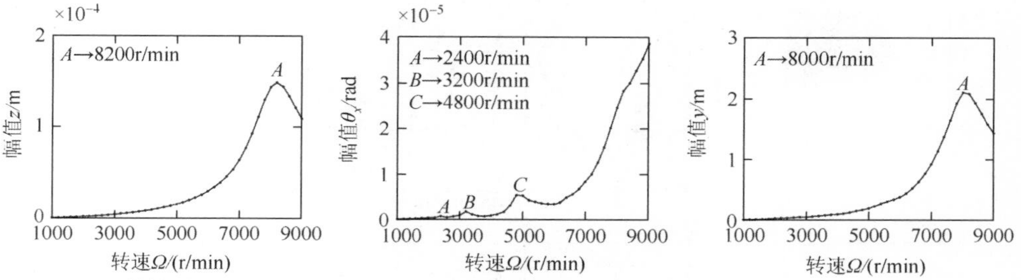

(a) 转轴z向振动　(b) 转轴扭转振动　(c) 叶片y向振动

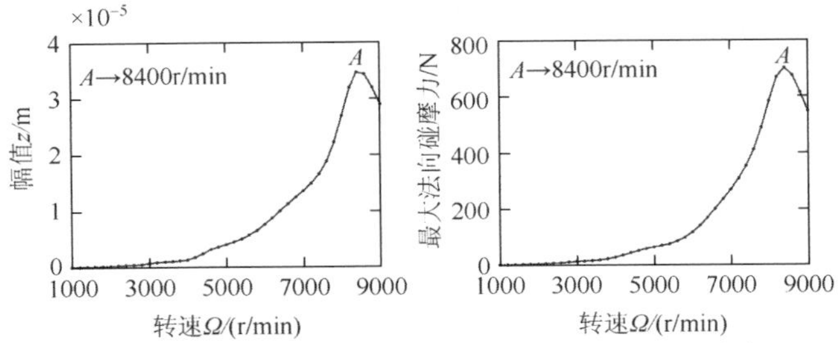

(d) 机匣振动　　(e) 最大法向碰摩力

图 12.8　转速对转轴-盘片-机匣系统振动响应的影响

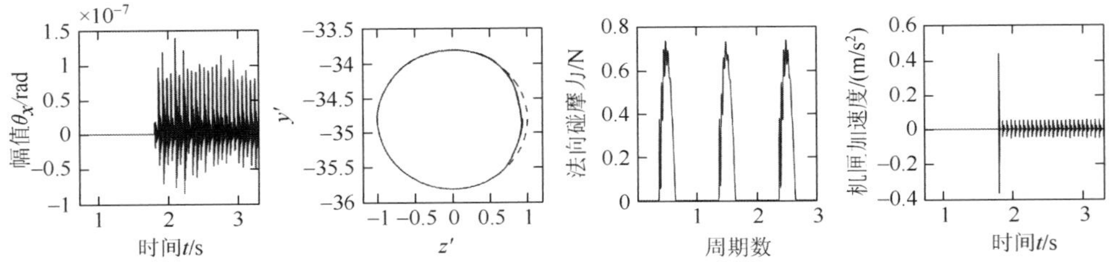

(a) Ω=1000r/min

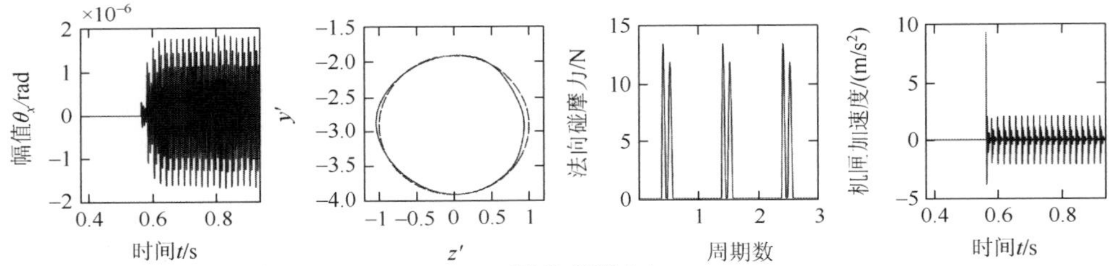

(b) Ω=3200r/min

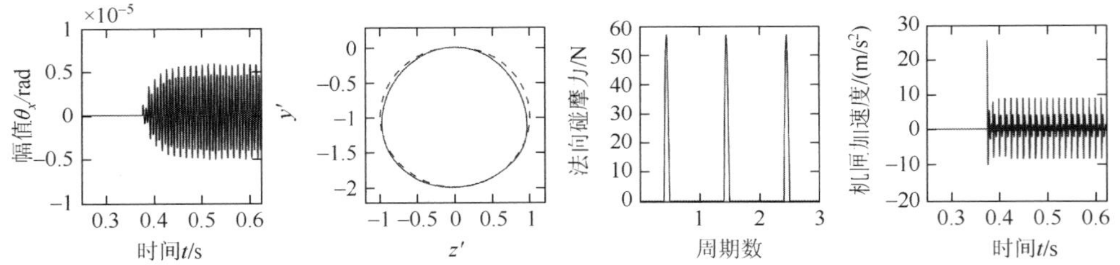

(c) Ω=4800r/min

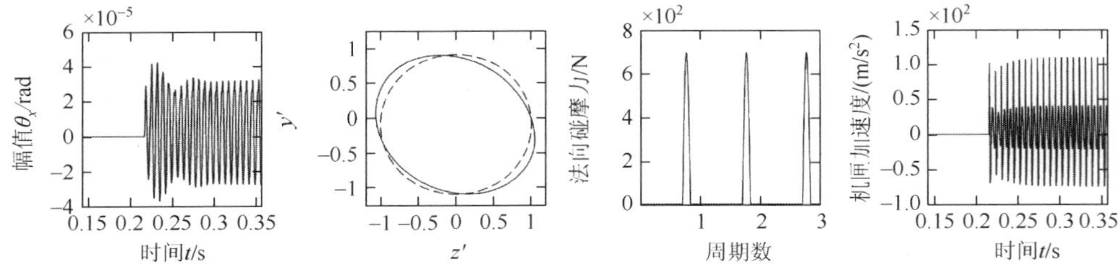

(d) Ω=8400r/min

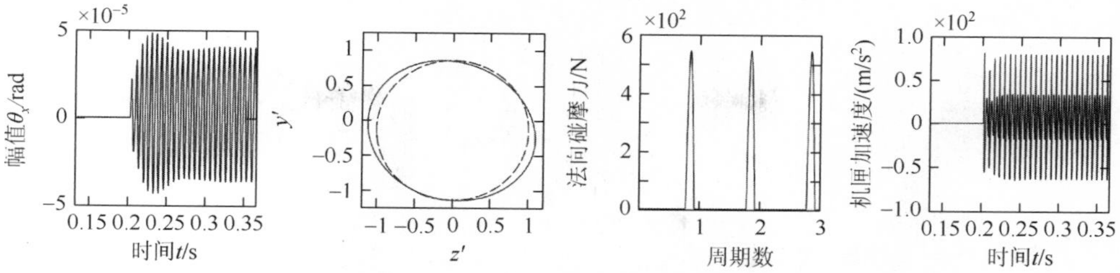

(e) Ω=9000r/min

图 12.9　不同转速下转轴-盘片-机匣系统振动响应

注：在转子轴心轨迹图中，虚线为无碰摩时轴心轨迹，实线为碰摩时轴心轨迹

12.3.2　安装角的影响

本小节主要讨论叶片安装角对转轴-盘片-机匣系统叶尖碰摩响应的影响。图 12.10 为转轴（节点 9）、盘片（节点 147）和机匣在不同叶片安装角下的三维谱图，其中安装角以 2°为间隔从 0°～50°变化。图 12.11 为转轴、盘片、机匣和最大法向碰摩力的振动响应曲线。图 12.12 包括位移时域图、无量纲转子轴心轨迹、法向碰摩力和机匣加速度时域图。图 12.10～图 12.12 展示出如下现象。

（1）叶尖碰摩会激发出转频的高倍频成分，如 $2f_r$ 和 $3f_r$（图 12.10），转轴的非线性振动特性并不是很明显，仅能看到很小的 $2f_r$ 幅值［图 12.10（a）］。

（2）随着叶片安装角的增大，转轴和机匣保持稳定的振动，两者的振动幅值改变较小［图 12.10（a）和图 12.10（c）］。最大法向碰摩力基本保持稳定，这也是转轴和机匣保持稳定振动的主要原因［图 12.11（d）和图 12.12］。

（3）叶尖碰摩时转轴的扭转振动和叶片的弯曲振动特征，相对于转轴的横向振动更为明显［图 12.10（b）和图 12.10（d）］。随着叶片安装角 ψ 的增大，叶片抵抗弯曲变形的能力增加，因而叶片 y 向的弯曲振动减小；转轴需要增大其扭转变形来平衡增大的切向碰摩力，因而其扭转振动增大［图 12.11（a）和图 12.11（b）］。

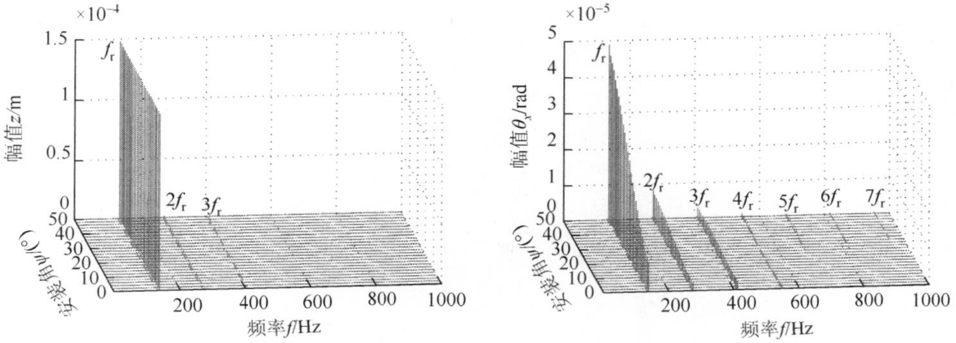

(a) 转轴z向位移　　(b) 转轴扭转振动

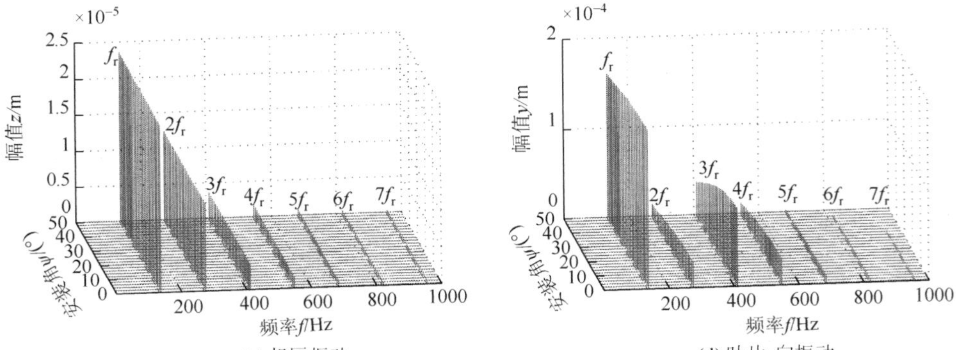

(c) 机匣振动　　(d) 叶片y向振动

图 12.10　不同安装角下转轴-盘片-机匣系统的三维谱图（8200r/min）

（4）在 Ω=8200r/min 时，$3f_r$ 出现了幅值放大现象，这是由于 $3f_r$=410Hz，接近旋转叶片的弯曲固有频率［图 12.5 和图 12.10（d）］。

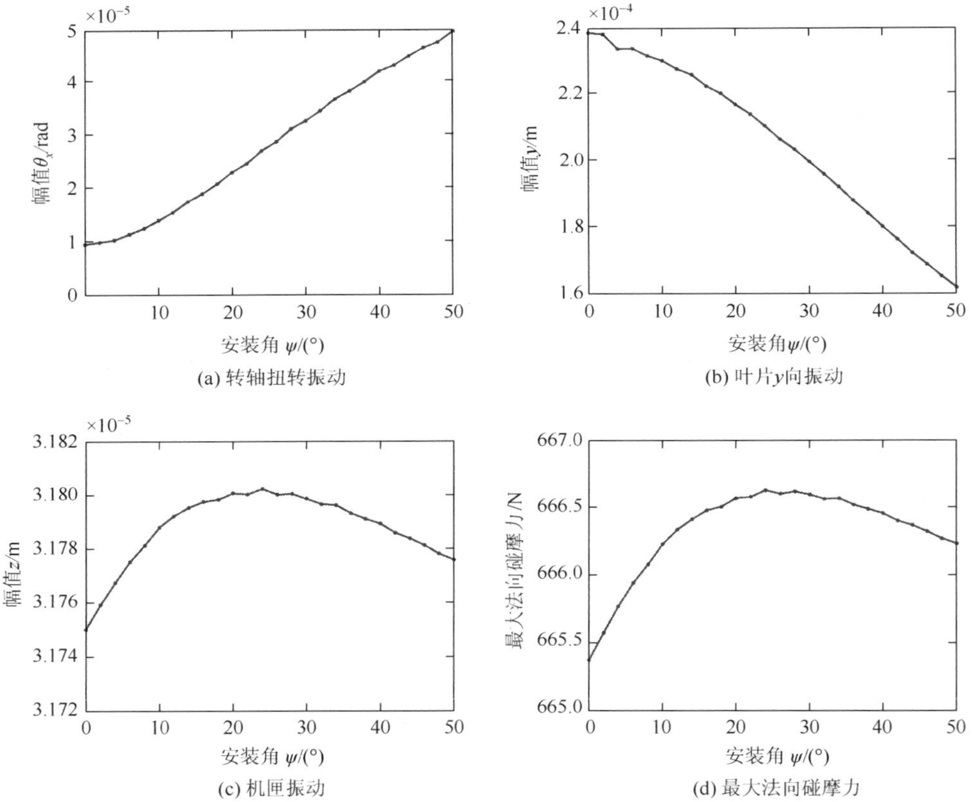

(a) 转轴扭转振动　　(b) 叶片y向振动

(c) 机匣振动　　(d) 最大法向碰摩力

图 12.11　安装角对转轴-盘片-机匣系统振动响应的影响（8200r/min）

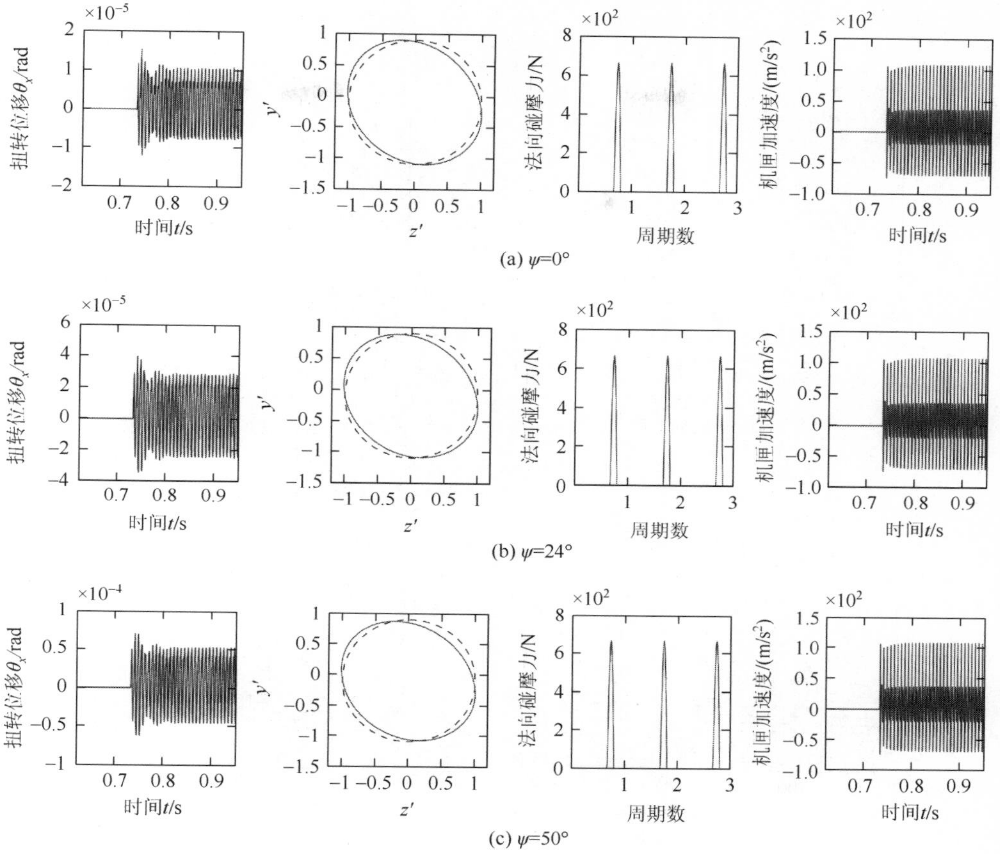

图 12.12 不同安装角下转轴-盘片-机匣系统振动响应（8200r/min）

注：在转子轴心轨迹图中，虚线为无碰摩时轴心轨迹，实线为碰摩时轴心轨迹

12.3.3 机匣刚度的影响

本节主要讨论在 8200r/min 和 20000r/min 转速下，机匣刚度对转轴-盘片系统叶尖碰摩振动响应的影响。图 12.13～图 12.15 为 8200r/min 转速下转轴-盘片系统的振动响应，由这些图可知，随着机匣刚度 k_c 的增大，转轴的扭转振动变得更加剧烈［图 12.13（b）和图 12.14（a）］；在 $k_c > 3\times10^7$ N/m 时，最大法向碰摩力几乎呈线性增加，扭转振动也呈线性增大［图 12.14（d）］；碰摩叶片的弯曲位移也呈增大趋势，并在 $k_c > 6\times10^7$ N/m 后趋于稳定；机匣抵抗变形的能力逐渐增强，因此其振动趋于减小［图 12.13（c）和图 12.14（c）］。碰摩的程度与最大法向碰摩力和接触时间有关（图 12.15）。

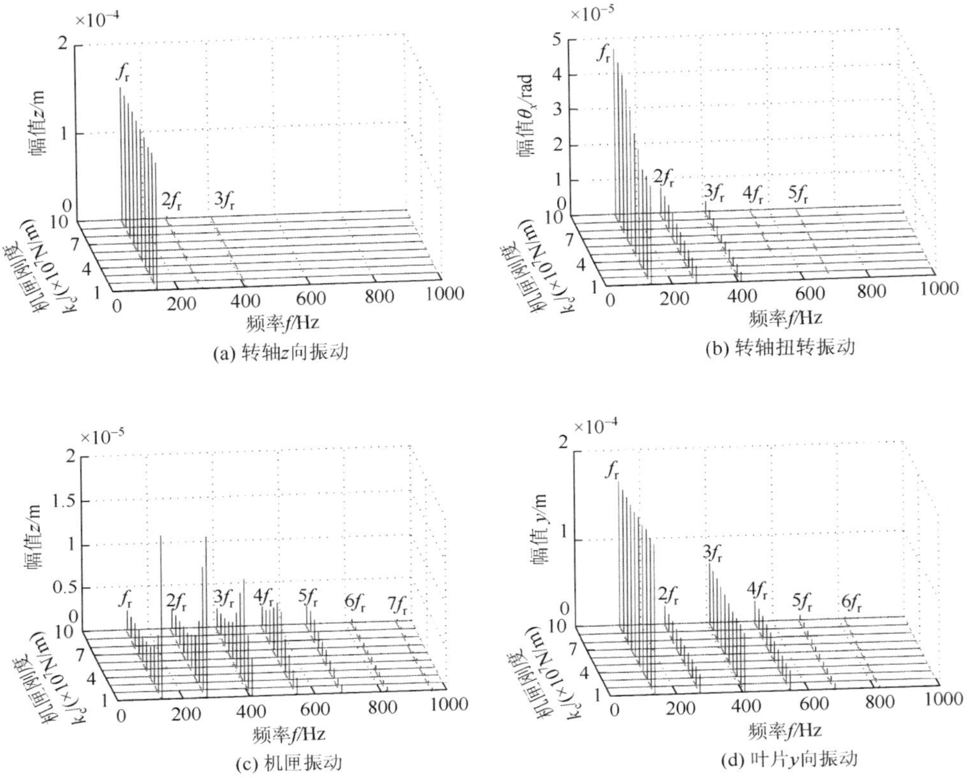

图 12.13　不同机匣刚度下转轴（节点 9）和叶片（节点 147）的三维谱图（8200r/min）

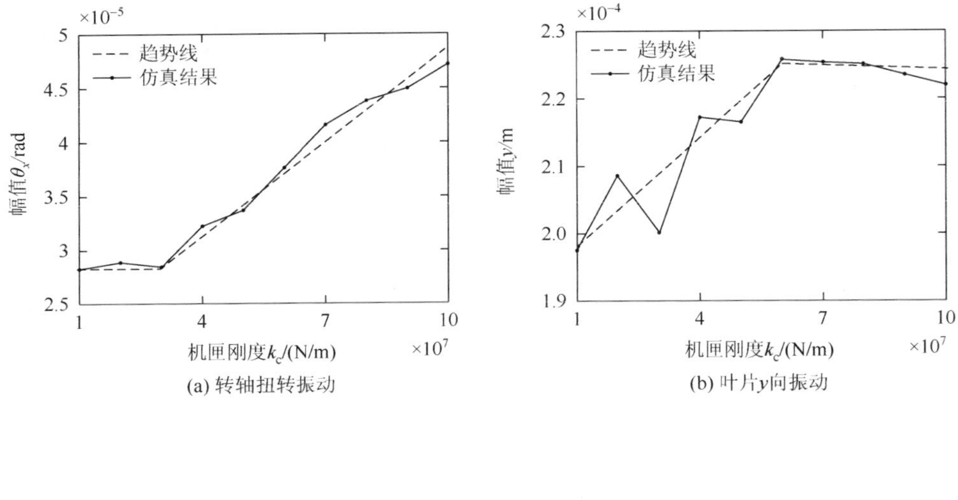

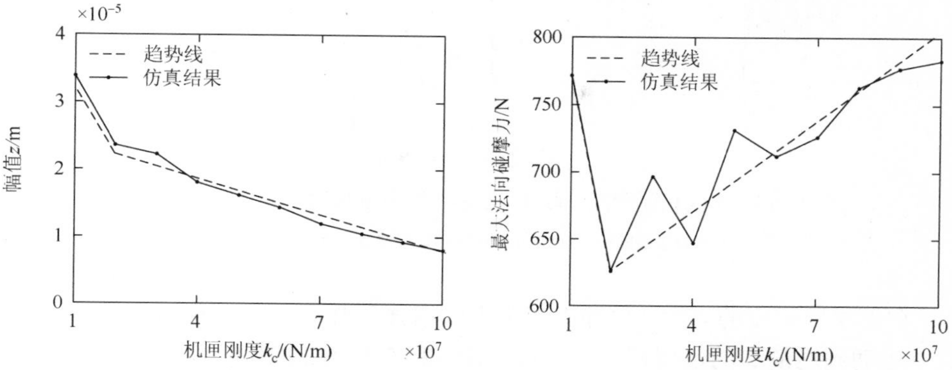

(c) 机匣振动　　(d) 最大法向碰摩力

图 12.14　机匣刚度对转轴-盘片-机匣系统振动响应的影响（8200r/min）

图 12.16～图 12.18 为 20000r/min 转速下转轴-盘片-机匣系统的振动响应，由这些图可得以下结论。

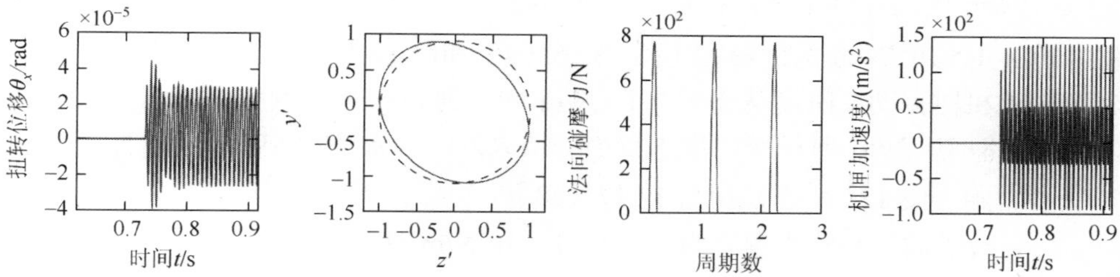

(a) $k_c=1\times10^7$N/m

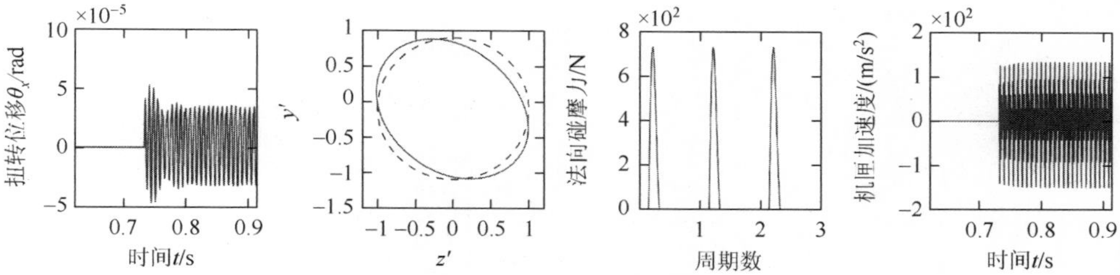

(b) $k_c=5\times10^7$N/m

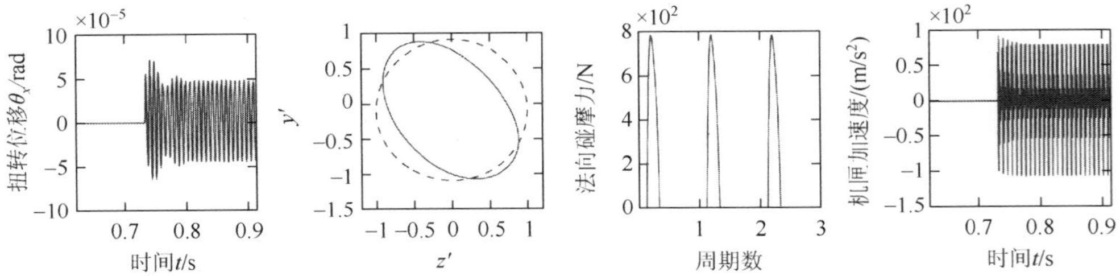

(c) k_c=1×10^{8}N/m

图 12.15　不同机匣刚度下转轴-盘片-机匣系统振动响应（8200r/min）

注：在转子轴心轨迹图中，虚线为无碰摩时轴心轨迹，实线为碰摩时轴心轨迹

（1）机匣刚度的增大，使冲击能量大大增强，当 k_c=8×10^{7}N/m 时出现了从周期 1 运动到周期 2 的倍周期分岔现象（图 12.16 和图 12.18）。在周期 2 运动时，系统的振动尤其是扭转振动变得更加剧烈。这些特征表明高转速下碰摩较低转速时更为复杂。

（2）当 $k_c \in [1\times10^7, 7\times10^7]$ N/m 时，转轴的扭转位移趋于稳定；当 $k_c = 8\times10^7$ N/m 时，由于周期 2 运动的出现，扭转位移急剧增加［图 12.16（b）和图 12.17（a）］。

（3）当 $k_c \in$[1×10^7，3×10^7]N/m 时，碰摩叶片的振动出现波动，并在[4×10^7，7×10^7]N/m 区间保持稳定，在 $k_c = 8\times10^7$ N/m 急剧增加，并在大的机匣刚度区间[8×10^7，1×10^8]N/m 保持稳定［图 12.16（d）和图 12.17（b）］。

（4）机匣振动在刚度从 k_c=1×10^{7}N/m 增大到 k_c=4×10^{7}N/m 时急剧减小，除了在 $k_c = 8\times10^7$ N/m 时振幅出现了较小的增大外，当 $k_c \in [5\times10^7, 1\times10^8]$ N/m 时基本保持稳定［图 12.16（c）和图 12.17（c）］。

（5）转子的轴心轨迹图表明，在 k_c=1×10^{8}N/m 时，系统在碰摩方向（z 方向）振动急剧增加，增加程度比从 k_c=1×10^{7}N/m 到 k_c=5×10^{7}N/m 时系统的振动增加更为突出（图 12.18）。从法向碰摩力可以看出由于冲击较大，叶片-机匣碰摩每 2 个

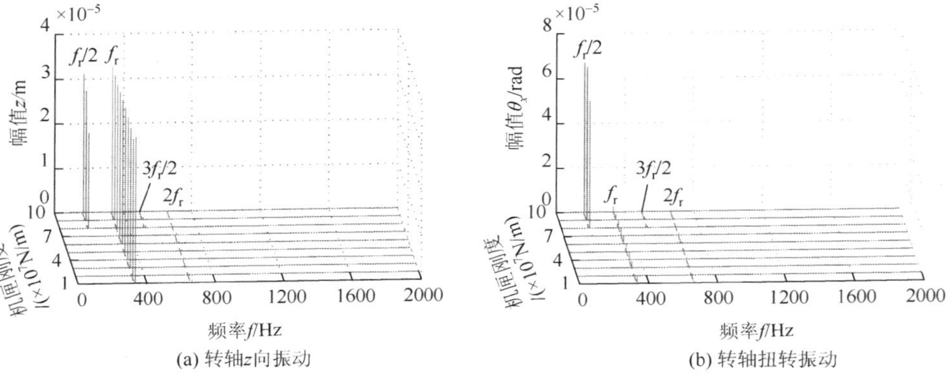

(a) 转轴z向振动　　(b) 转轴扭转振动

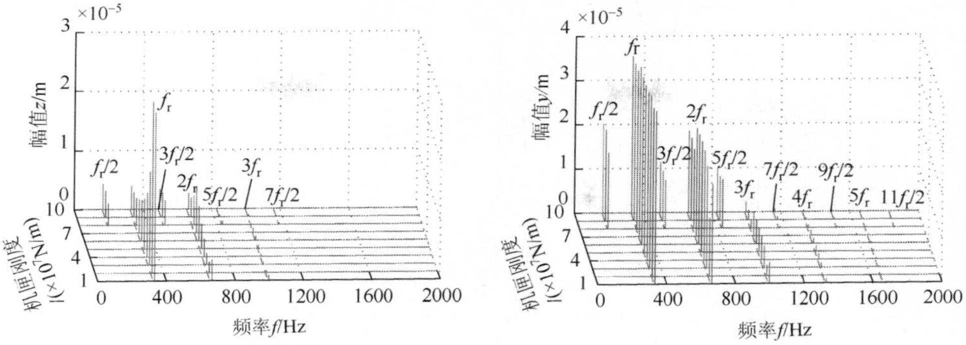

(c) 机匣振动　　(d) 叶片y向振动

图 12.16　不同机匣刚度下转轴（节点 9）和叶片（节点 147）的三维谱图（20000r/min）

周期发生 1 次。值得注意的是，在大机匣刚度时叶片与机匣之间的接触时间大于小机匣刚度（图 12.18）。

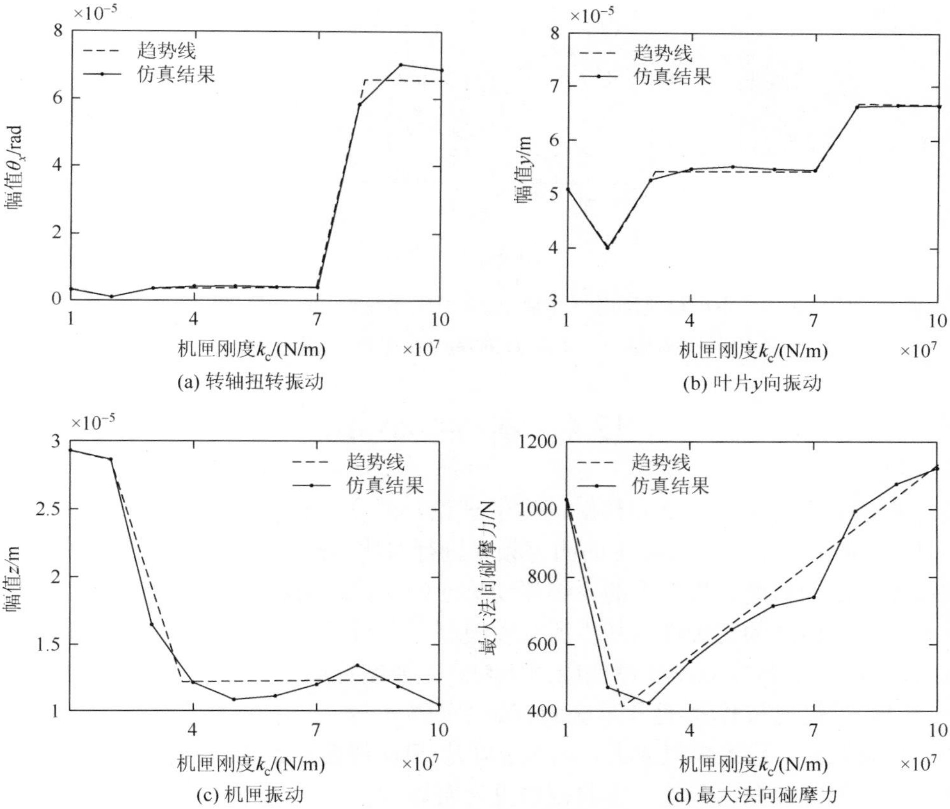

(a) 转轴扭转振动　　(b) 叶片y向振动

(c) 机匣振动　　(d) 最大法向碰摩力

图 12.17　机匣刚度对转轴-盘片-机匣系统振动响应的影响（20000r/min）

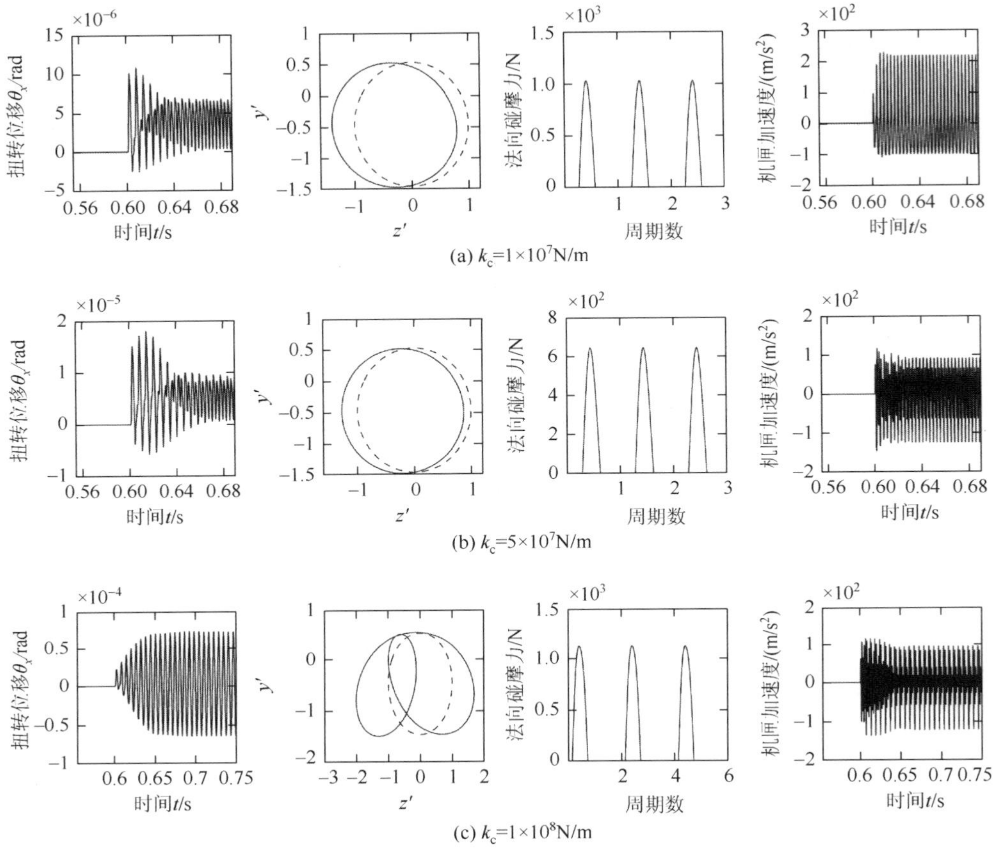

图 12.18　不同机匣刚度下转轴-盘片-机匣系统振动响应（20000r/min）

注：在转子轴心轨迹图中，虚线为无碰摩时轴心轨迹，实线为碰摩时轴心轨迹

12.4　本 章 小 结

本章基于有限元方法和接触动力学理论，建立了转轴-盘片-机匣系统叶尖碰摩动力学模型，通过与文献中的固有频率进行对比，验证了所开发模型的有效性。通过不同法向碰摩力模型下的系统振动响应的对比，验证了利用接触单元模拟叶片机匣定点碰摩的正确性。基于所开发模型，分析了转速、叶片安装角和机匣刚度对转轴-盘片-机匣系统碰摩响应的影响。主要结论如下。

（1）当转速与转轴-盘片系统固有频率的 $1/n$（n=2，3，4）接近时，将引起转子的超谐共振，导致幅值放大。相对于叶片-机匣碰摩导致的横向振动而言，碰摩激发的系统扭转振动和叶片弯曲振动更为明显。

（2）随着叶片安装角的增大，叶片抵抗变形的能力增强，叶片在 y 向的弯曲振动趋于减小，转轴的扭转振动加剧。

（3）随着机匣刚度 k_c 的增大，最大法向碰摩力和接触时间增加，这使得碰摩加剧、振动响应增加，其中在高转速下，机匣刚度对碰摩和系统振动响应的影响更为明显，如在 20000r/min 转速下，当 $k_c=8\times10^7$N/m 时出现了从周期 1 到周期 2 运动的倍周期分岔现象。

参 考 文 献

[1] Roques S, Legrand M, Cartraud P, et al. Modeling of a rotor speed transient response with radial rubbing[J]. Journal of Sound and Vibration, 2010, 329: 527-546.

[2] Behzad M, Alvandi M, Mba D, et al. A finite element-based algorithm for rubbing induced vibration prediction in rotors[J]. Journal of Sound and Vibration, 2013, 332: 5523-5542.

[3] Ma H, Shi C Y, Han Q K, et al. Fixed-point rubbing fault characteristic analysis of a rotor system based on contact theory[J]. Mechanical System and Signal Processing, 2013, 38: 137-153.

[4] Ma H, Wu Z Y, Tai X Y, et al. Dynamic characteristics analysis of a rotor system with two types of limiters[J]. International Journal of Mechanical Sciences, 2014, 88: 192-201.

[5] Xu D. A new node-to-node approach to contact/impact problems for two dimensional elastic solids subject to finite deformation[D]. PhD Thesis, Urbana-Champaign: The University of Illinois, 2008.

[6] Simo J, Laursen T. An augmented Lagrangian treatment of contact problems involving friction[J]. Computers and Structures, 1992, 42（1）: 97-116.

[7] Laursen T. Computational Contact and Impact Mechanics: Fundamentals of Modeling Interfacial Phenomena in Nonlinear Finite Element Analysis[M]. Berlin: Springer, 2003.

[8] Bathe K, Wilson E, Numerical Methods in Finite Element Analysis[M]. New Jersey: Prentice-Hall, Inc. , 1976.

[9] Jing J P, Meng G, Sun Y, et al. On the non-linear dynamic behavior of a rotor-bearing system[J]. Journal of Sound and Vibration, 2004, 274: 1031-1044.

[10] Yang C H, Huang S C. Coupling vibrations in rotating shaft-disk-blades system[J]. ASME Journal of Vibration and Acoustics, 2007, 129: 48-57.

[11] Omar F K, Moustafa K A F, Emam S, et al. Mathematical modeling of gearbox including defects with experimental verification[J]. Journal of Vibration and Control, 2012, 18: 1310-1321.

附录 A　悬臂板相关矩阵附录

（1）$\boldsymbol{M}_\mathrm{b}$ 为叶片质量矩阵，

$$\boldsymbol{M}_\mathrm{b}=\begin{bmatrix}\boldsymbol{M}_u & \mathbf{0} & \mathbf{0}\\ \mathbf{0} & \boldsymbol{M}_v & \mathbf{0}\\ \mathbf{0} & \mathbf{0} & \boldsymbol{M}_w\end{bmatrix} \tag{A.1}$$

式中，各个元素的表达式为

$$\boldsymbol{M}_u((i-1)N+j,(m-1)N+n)=\rho h\int_0^L\int_0^b \lambda_m(x)\varphi_n(z)\lambda_i(x)\varphi_j(z)\mathrm{d}x\mathrm{d}z$$
$$(m,i=1,2,\cdots,M),\quad (n,j=1,2,\cdots,N)$$

$$\boldsymbol{M}_v((i-1)N+j,(m-1)N+n)=\rho h\int_0^L\int_0^b\left[\phi_m(x)\varphi_n(z)\phi_i(x)\varphi_j(z)+\frac{h^2}{12}\phi_m'(x)\varphi_n(z)\phi_i'(x)\varphi_j(z)\right]\mathrm{d}x\mathrm{d}z$$
$$(m,i=1,2,\cdots,M),\quad (n,j=1,2,\cdots,N)$$

$$\boldsymbol{M}_w((i-1)N+j,(m-1)N+n)=\rho h\int_0^L\int_0^b \phi_m(x)\gamma_n(z)\phi_i(x)\gamma_j(z)\mathrm{d}x\mathrm{d}z$$
$$(m,i=1,2,\cdots,M),\quad (n,j=1,2,\cdots,N)$$

（2）$\boldsymbol{G}_\mathrm{b}$ 为叶片科氏力矩阵，

$$\boldsymbol{G}_\mathrm{b}=\begin{bmatrix}\mathbf{0} & \boldsymbol{G}_{vu} & \boldsymbol{G}_{wu}\\ \boldsymbol{G}_{uv} & \mathbf{0} & \boldsymbol{G}_{wv}\\ \boldsymbol{G}_{uw} & \boldsymbol{G}_{vw} & \mathbf{0}\end{bmatrix} \tag{A.2}$$

式中，各个元素的表达式为

$$\boldsymbol{G}_{vu}((i-1)N+j,(m-1)N+n)=-2\rho h\cos\beta\dot{\theta}\int_0^L\int_0^b \phi_m(x)\varphi_n(z)\lambda_i(x)\varphi_j(z)\mathrm{d}x\mathrm{d}z$$
$$(m,i=1,2,\cdots,M),\quad (n,j=1,2,\cdots,N)$$

$$\boldsymbol{G}_{uv}((i-1)N+j,(m-1)N+n)=2\rho h\dot{\theta}\cos\beta\int_0^L\int_0^b \lambda_m(x)\varphi_n(z)\phi_i(x)\varphi_j(z)\mathrm{d}x\mathrm{d}z$$
$$(m,i=1,2,\cdots,M),\quad (n,j=1,2,\cdots,N)$$

$$\boldsymbol{G}_{wv}((i-1)N+j,(m-1)N+n)=2\rho h\dot{\theta}\sin\beta\int_0^L\int_0^b \phi_m(x)\gamma_n(z)\phi_i(x)\varphi_j(z)\mathrm{d}x\mathrm{d}z$$
$$(m,i=1,2,\cdots,M),\quad (n,j=1,2,\cdots,N)$$

$$\boldsymbol{G}_{vw}((i-1)N+j,(m-1)N+n)=-2\rho h\sin\beta\dot{\theta}\int_0^L\int_0^b \phi_m(x)\varphi_n(z)\phi_i(x)\gamma_j(z)\mathrm{d}x\mathrm{d}z$$
$$(m,i=1,2,\cdots,M),\quad (n,j=1,2,\cdots,N)$$

$$\boldsymbol{G}_{wu}=\boldsymbol{G}_{uw}=\mathbf{0}$$

（3）$\boldsymbol{K}_\mathrm{b}$ 为叶片刚度矩阵，$\boldsymbol{K}_\mathrm{b}=\boldsymbol{K}_\mathrm{e}+\boldsymbol{K}_\mathrm{s}+\boldsymbol{K}_\mathrm{c}+\boldsymbol{K}_\mathrm{acc}$，其中 $\boldsymbol{K}_\mathrm{e}$ 为结构刚度矩阵，

表达式如下：

$$\boldsymbol{K}_{\mathrm{e}}=\begin{bmatrix}\boldsymbol{K}_{\mathrm{e}\_u} & \mathbf{0} & \boldsymbol{K}_{\mathrm{e}\_wu}\\ \mathbf{0} & \boldsymbol{K}_{\mathrm{e}\_v} & \mathbf{0}\\ \boldsymbol{K}_{\mathrm{e}\_uw} & \mathbf{0} & \boldsymbol{K}_{\mathrm{e}\_w}\end{bmatrix} \quad (\text{A.3})$$

式中，各个元素的表达式为

$$\begin{aligned}\boldsymbol{K}_{\mathrm{e}\_u}((i-1)N+j,(m-1)N+n)=&\frac{Eh}{(1-\upsilon^2)}\int_0^L\int_0^b\lambda_m'(x)\varphi_n(z)\lambda_i'(x)\varphi_j(z)\mathrm{d}x\mathrm{d}z\\&+\frac{Eh}{2(1+\upsilon)}\int_0^L\int_0^b\lambda_m(x)\varphi_n'(z)\lambda_i(x)\varphi_j'(z)\mathrm{d}x\mathrm{d}z\end{aligned}$$

$$(m,i=1,2,\cdots,M),\quad (n,j=1,2,\cdots,N)$$

$$\begin{aligned}\boldsymbol{K}_{\mathrm{e}\_wu}((i-1)N+j,(m-1)N+n)=&\frac{Eh}{(1-\upsilon^2)}\upsilon\int_0^L\int_0^b\phi_m(x)\gamma_n'(z)\lambda_i'(x)\varphi_j(z)\mathrm{d}x\mathrm{d}z\\&+\frac{Eh}{2(1+\upsilon)}\int_0^L\int_0^b\phi_m'(x)\gamma_n(z)\lambda_i(x)\varphi_j'(z)\mathrm{d}x\mathrm{d}z\end{aligned}$$

$$(m,i=1,2,\cdots,M),\quad (n,j=1,2,\cdots,N)$$

$$\begin{aligned}\boldsymbol{K}_{\mathrm{e}\_v}((i-1)N+j,(m-1)N+n)=&\frac{E}{1-\upsilon^2}\frac{h^3}{12}\int_0^L\int_0^b\phi_m''(x)\varphi_n(z)\phi_i''(x)\varphi_j(z)\mathrm{d}x\mathrm{d}z\\&+\frac{E}{1-\upsilon^2}\frac{h^3}{12}\int_0^L\int_0^b\phi_m(x)\varphi_n''(z)\phi_i(x)\varphi_j''(z)\mathrm{d}x\mathrm{d}z\\&+\frac{E}{1-\upsilon^2}\frac{h^3}{12}\upsilon\int_0^L\int_0^b\phi_m''(x)\varphi_n(z)\phi_i(x)\varphi_j''(z)\mathrm{d}x\mathrm{d}z\\&+\frac{E}{1-\upsilon^2}\frac{h^3}{12}\upsilon\int_0^L\int_0^b\phi_m(x)\varphi_n''(z)\phi_i''(x)\varphi_j(z)\mathrm{d}x\mathrm{d}z\\&+\frac{E}{1+\upsilon}\frac{h^3}{6}\int_0^L\int_0^b\phi_m'(x)\varphi_n'(z)\phi_i'(x)\varphi_j'(z)\mathrm{d}x\mathrm{d}z\end{aligned}$$

$$(m,i=1,2,\cdots,M),\quad (n,j=1,2,\cdots,N)$$

$$\begin{aligned}\boldsymbol{K}_{\mathrm{e}\_uw}((i-1)N+j,(m-1)N+n)=&\frac{Eh}{1-\upsilon^2}\upsilon\int_0^L\int_0^b\lambda_m'(x)\varphi_n(z)\phi_i(x)\gamma_j'(z)\mathrm{d}x\mathrm{d}z\\&+\frac{Eh}{2(1+\upsilon)}\int_0^L\int_0^b\lambda_m(x)\varphi_n'(z)\phi_i'(x)\gamma_j(z)\mathrm{d}x\mathrm{d}z\end{aligned}$$

$$(m,i=1,2,\cdots,M),\quad (n,j=1,2,\cdots,N)$$

$$\begin{aligned}\boldsymbol{K}_{\mathrm{e}\_w}((i-1)N+j,(m-1)N+n)=&\frac{Eh}{1-\upsilon^2}\int_0^L\int_0^b\phi_m(x)\gamma_n'(z)\phi_i(x)\gamma_j'(z)\mathrm{d}x\mathrm{d}z\\&+\frac{Eh}{2(1+\upsilon)}\int_0^L\int_0^b\phi_m'(x)\gamma_n(z)\phi_i'(x)\gamma_j(z)\mathrm{d}x\mathrm{d}z\end{aligned}$$

$$(m,i=1,2,\cdots,M),\quad (n,j=1,2,\cdots,N)$$

$\boldsymbol{K}_{\mathrm{c}}$ 为叶片应力刚化矩阵，表达式如下：

$$\boldsymbol{K}_{\mathrm{c}}=\begin{bmatrix}\mathbf{0} & \mathbf{0} & \mathbf{0}\\ \mathbf{0} & \boldsymbol{K}_{\mathrm{c}\_v} & \mathbf{0}\\ \mathbf{0} & \mathbf{0} & \boldsymbol{K}_{\mathrm{c}\_w}\end{bmatrix} \tag{A.4}$$

式中，各个元素的表达式为

$$\begin{aligned}\boldsymbol{K}_{\mathrm{c}\_v}((i-1)N+j,(m-1)N+n)=&h\rho\dot{\theta}^2\cos\beta\int_0^L\int_0^b[R_{\mathrm{d}}(L-x)+(L^2-x^2)/2]\phi_m'(x)\varphi_n(z)\phi_i'(x)\varphi_j(z)\mathrm{d}x\mathrm{d}z\\&+h\rho\dot{\theta}^2\sin\beta\int_0^L\int_0^b z(L-x)\phi_m'(x)\varphi_n(z)\phi_i'(x)\varphi_j(z)\mathrm{d}x\mathrm{d}z\end{aligned}$$

$$(m,i=1,2,\cdots,M),\quad (n,j=1,2,\cdots,N)$$

$$\begin{aligned}\boldsymbol{K}_{\mathrm{c}\_w}((i-1)N+j,(m-1)N+n)=&h\rho\dot{\theta}^2\cos\beta\int_0^L\int_0^b[R_{\mathrm{d}}(L-x)+(L^2-x^2)/2]\phi_m'(x)\gamma_n(z)\phi_i'(x)\gamma_j(z)\mathrm{d}x\mathrm{d}z\\&+h\rho\dot{\theta}^2\sin\beta\int_0^L\int_0^b z(L-x)\phi_m'(x)\gamma_n(z)\phi_i'(x)\gamma_j(z)\mathrm{d}x\mathrm{d}z\end{aligned}$$

$$(m,i=1,2,\cdots,M),\quad (n,j=1,2,\cdots,N)$$

$\boldsymbol{K}_{\mathrm{s}}$ 为叶片旋转软化矩阵，表达式如下：

$$\boldsymbol{K}_{\mathrm{s}}=\begin{bmatrix}\boldsymbol{K}_{\mathrm{s}\_u} & \mathbf{0} & \boldsymbol{K}_{\mathrm{s}\_wu}\\ \mathbf{0} & \boldsymbol{K}_{\mathrm{s}\_v} & \mathbf{0}\\ \boldsymbol{K}_{\mathrm{s}\_uw} & \mathbf{0} & \boldsymbol{K}_{\mathrm{s}\_w}\end{bmatrix} \tag{A.5}$$

式中，各个元素的表达式为

$$\boldsymbol{K}_{\mathrm{s}\_u}((i-1)N+j,(m-1)N+n)=-\frac{\rho h}{2}(1+\cos 2\beta)\dot{\theta}^2\int_0^L\int_0^b\lambda_m(x)\varphi_n(z)\lambda_i(x)\varphi_j(z)\mathrm{d}x\mathrm{d}z$$

$$(m,i=1,2,\cdots,M),\quad (n,j=1,2,\cdots,N)$$

$$\boldsymbol{K}_{\mathrm{s}\_wu}((i-1)N+j,(m-1)N+n)=-\frac{\rho h}{2}\sin(2\beta)\dot{\theta}^2\int_0^L\int_0^b\phi_m(x)\gamma_n(z)\lambda_i(x)\varphi_j(z)\mathrm{d}x\mathrm{d}z$$

$$(m,i=1,2,\cdots,M),\quad (n,j=1,2,\cdots,N)$$

$$\begin{aligned}\boldsymbol{K}_{\mathrm{s}\_v}((i-1)N+j,(m-1)N+n)=&-\rho h\dot{\theta}^2\int_0^L\int_0^b\phi_m(x)\varphi_n(z)\phi_i(x)\varphi_j(z)\mathrm{d}x\mathrm{d}z\\&-\frac{h^3}{24}\rho\dot{\theta}^2\int_0^L\int_0^b\phi_m'(x)\varphi_n(z)\phi_i'(x)\varphi_j(z)\mathrm{d}x\mathrm{d}z\\&-\frac{h^3}{24}\rho\dot{\theta}^2\cos 2\beta\int_0^L\int_0^b\phi_m'(x)\varphi_n(z)\phi_i'(x)\varphi_j(z)\mathrm{d}x\mathrm{d}z\end{aligned}$$

$$(m,i=1,2,\cdots,M),\quad (n,j=1,2,\cdots,N)$$

$$\boldsymbol{K}_{\mathrm{s}\_uw}((i-1)N+j,(m-1)N+n)=-\frac{\rho h}{2}\dot{\theta}^2\sin 2\beta\int_0^L\int_0^b\lambda_m(x)\varphi_n(z)\phi_i(x)\gamma_j(z)\mathrm{d}x\mathrm{d}z$$

$$(m,i=1,2,\cdots,M),\quad (n,j=1,2,\cdots,N)$$

$$\boldsymbol{K}_{\mathrm{s}\_w}((i-1)N+j,(m-1)N+n)=-\frac{\rho h}{2}(1-\cos 2\beta)\dot{\theta}^2\int_0^L\int_0^b\phi_m(x)\gamma_n(z)\phi_i(x)\gamma_j(z)\mathrm{d}x\mathrm{d}z$$

$$(m,i=1,2,\cdots,M),\quad(n,j=1,2,\cdots,N)$$

$\boldsymbol{K}_{\mathrm{acc}}$ 为加速度导致的刚度矩阵，表达式如下：

$$\boldsymbol{K}_{\mathrm{acc}}=\begin{bmatrix}\boldsymbol{0}&\boldsymbol{K}_{\mathrm{acc\_vu}}&\boldsymbol{0}\\\boldsymbol{K}_{\mathrm{acc\_uv}}&\boldsymbol{0}&\boldsymbol{K}_{\mathrm{acc\_wv}}\\\boldsymbol{0}&\boldsymbol{K}_{\mathrm{acc\_vw}}&\boldsymbol{0}\end{bmatrix}\tag{A.6}$$

式中，各个元素的表达式为

$$\boldsymbol{K}_{\mathrm{acc\_vu}}((i-1)N+j,(m-1)N+n)=-\rho h\cos\beta\ddot{\theta}\int_0^L\int_0^b\phi_m(x)\varphi_n(z)\lambda_i(x)\varphi_j(z)\mathrm{d}x\mathrm{d}z$$

$$(m,i=1,2,\cdots,M),\quad(n,j=1,2,\cdots,N)$$

$$\boldsymbol{K}_{\mathrm{acc\_uv}}((i-1)N+j,(m-1)N+n)=\rho h\ddot{\theta}\cos\beta\int_0^L\int_0^b\lambda_m(x)\varphi_n(z)\phi_i(x)\varphi_j(z)\mathrm{d}x\mathrm{d}z$$

$$(m,i=1,2,\cdots,M),\quad(n,j=1,2,\cdots,N)$$

$$\boldsymbol{K}_{\mathrm{acc\_wv}}((i-1)N+j,(m-1)N+n)=\rho h\ddot{\theta}\sin\beta\int_0^L\int_0^b\phi_m(x)\gamma_n(z)\phi_i(x)\varphi_j(z)\mathrm{d}x\mathrm{d}z$$

$$(m,i=1,2,\cdots,M),\quad(n,j=1,2,\cdots,N)$$

$$\boldsymbol{K}_{\mathrm{acc\_vw}}((i-1)N+j,(m-1)N+n)=-\rho h\ddot{\theta}\sin\beta\int_0^L\int_0^b\phi_m(x)\varphi_n(z)\phi_i(x)\gamma_j(z)\mathrm{d}x\mathrm{d}z$$

$$(m,i=1,2,\cdots,M),\quad(n,j=1,2,\cdots,N)$$

（4）$\boldsymbol{D}_{\mathrm{b}}$ 为系统的阻尼矩阵，采用瑞利阻尼，其形式为

$$\boldsymbol{D}_{\mathrm{b}}=\alpha\boldsymbol{M}_{\mathrm{b}}+\beta\boldsymbol{K}_{\mathrm{b}}\tag{A.7}$$

式中，

$$\begin{cases}\alpha=\dfrac{4\pi f_{\mathrm{n1}}f_{\mathrm{n2}}(\xi_1 f_{\mathrm{n2}}-\xi_2 f_{\mathrm{n1}})}{(f_{\mathrm{n2}}^2-f_{\mathrm{n1}}^2)}\\[3mm]\beta=\dfrac{\xi_2 f_{\mathrm{n2}}-\xi_1 f_{\mathrm{n1}}}{\pi(f_{\mathrm{n2}}^2-f_{\mathrm{n1}}^2)}\end{cases}$$

式中，f_{n1}、f_{n2} 为系统的第 1 阶和第 2 阶固有频率（Hz）；ξ_1、ξ_2 为系统的第 1 阶和第 2 阶模态阻尼比。

（5）$\boldsymbol{F}$ 为叶片外激振力向量，

$$\boldsymbol{F}=\begin{bmatrix}\boldsymbol{F}_u\\\boldsymbol{F}_v\\\boldsymbol{F}_w\end{bmatrix}\tag{A.8}$$

式中，各个元素的表达式为

$$\begin{aligned}\boldsymbol{F}_u((i-1)N+j,1)=&\frac{\rho h}{2}(1+\cos2\beta)(R_{\mathrm{d}}+x)\dot{\theta}^2\int_0^L\int_0^b\lambda_i(x)\varphi_j(z)\mathrm{d}x\mathrm{d}z\\&+\frac{\rho h}{2}z\sin(2\beta)\dot{\theta}^2\int_0^L\int_0^b\lambda_i(x)\varphi_j(z)\mathrm{d}x\mathrm{d}z\\&+F_{\mathrm{n}}\lambda_i(x)\big|_{x=L}\varphi_j(z)\end{aligned}$$

$$(i=1,2,\cdots,M),\quad (j=1,2,\cdots,N)$$

$$\begin{aligned}\boldsymbol{F}_v((i-1)N+j,1)=&-\rho h\cos\beta(R_{\mathrm{d}}+x)\ddot{\theta}\int_0^L\int_0^b\phi_i(x)\varphi_j(z)\mathrm{d}x\mathrm{d}z\\&-z\rho h\ddot{\theta}\sin\beta\int_0^L\int_0^b\phi_i(x)\varphi_j(z)\mathrm{d}x\mathrm{d}z-\frac{h^3}{12}\rho\ddot{\theta}\cos\beta\int_0^L\int_0^b\phi_i'(x)\varphi_j(z)\mathrm{d}x\mathrm{d}z\\&+F_{\mathrm{e}}\int_0^L\int_0^b\phi_i(x)\varphi_j(z)\mathrm{d}x\mathrm{d}z+F_{\mathrm{t}}\phi_i(x)\big|_{x=L}\varphi_j(z)\end{aligned}$$

$$(i=1,2,\cdots,M),\quad (j=1,2,\cdots,N)$$

$$\begin{aligned}\boldsymbol{F}_w((i-1)N+j,1)=&\frac{\rho h}{2}z(1-\cos 2\beta)\dot{\theta}^2\int_0^L\int_0^b\phi_i(x)\gamma_j(z)\mathrm{d}x\mathrm{d}z\\&+\frac{\rho h}{2}\dot{\theta}^2(R_{\mathrm{d}}+x)\sin 2\beta\int_0^L\int_0^b\phi_i(x)\gamma_j(z)\mathrm{d}x\mathrm{d}z\end{aligned}$$

$$(i=1,2,\cdots,M),\quad (j=1,2,\cdots,N)$$

（6）$\boldsymbol{q}$ 为叶片正则坐标向量，

$$\boldsymbol{q}=[U(t)_1,\cdots,U(t)_{M\times N},V(t)_1,\cdots,V(t)_{M\times N},W(t)_1,\cdots,W(t)_{M\times N}]^{\mathrm{T}}\tag{A.9}$$

附录B　转子-叶片相关矩阵附录

附录B.1　叶片矩阵元素表达式

（1）$\boldsymbol{M}_{\text{b}}$ 为叶片质量矩阵：

$$\boldsymbol{M}_{\text{b}} = \text{diag}[\boldsymbol{M}_{\text{b}}^{1} \quad \cdots \quad \boldsymbol{M}_{\text{b}}^{i} \quad \cdots \quad \boldsymbol{M}_{\text{b}}^{N_{\text{b}}}] \tag{B.1.1}$$

式中，$\boldsymbol{M}_{\text{b}}^{i}$ 是第 i 个叶片的质量矩阵，各个元素表达式为

$$\boldsymbol{M}_{\text{b}}^{i}(m,n) = \rho_{\text{b}}\int_{0}^{L} A_{\text{b}}\phi_{1n}\phi_{1m}\text{d}x$$

$$\boldsymbol{M}_{\text{b}}^{i}(m+N_{\text{mod}},n+N_{\text{mod}}) = \rho_{\text{b}}\int_{0}^{L} A_{\text{b}}\phi_{2n}\phi_{2m}\text{d}x$$

$$\boldsymbol{M}_{\text{b}}^{i}(m+2N_{\text{mod}},n+2N_{\text{mod}}) = \rho_{\text{b}}\int_{0}^{L} I_{\text{b}}\phi_{3m}\phi_{3n}\text{d}x$$

其中，m，$n=\xi=1, 2, \cdots, N_{\text{mod}}$，矩阵其余元素为 0。

（2）$\boldsymbol{G}_{\text{b}}$ 为叶片的科氏力矩阵：

$$\boldsymbol{G}_{\text{b}} = \text{diag}[\boldsymbol{G}_{\text{b}}^{1} \quad \cdots \quad \boldsymbol{G}_{\text{b}}^{i} \quad \cdots \quad \boldsymbol{G}_{\text{b}}^{N_{\text{b}}}] \tag{B.1.2}$$

式中，$\boldsymbol{G}_{\text{b}}^{i}$ 是第 i 个叶片的科氏力矩阵，各个元素表达式为

$$\boldsymbol{G}_{\text{b}}^{i}(m,n+N_{\text{mod}}) = -2\rho_{\text{b}}\dot{\theta}\cos\beta\int_{0}^{L} A_{\text{b}}\phi_{2n}\phi_{1m}\text{d}x$$

$$\boldsymbol{G}_{\text{b}}^{i}(m+N_{\text{mod}},n) = 2\rho_{\text{b}}\dot{\theta}\cos\beta\int_{0}^{L} A_{\text{b}}\phi_{1n}\phi_{2m}\text{d}x$$

其中，$m, n=\xi=1, 2, \cdots, N_{\text{mod}}$，矩阵其余元素为 0。

（3）$\boldsymbol{K}_{\text{b}}$ 为叶片的刚度矩阵：

$$\boldsymbol{K}_{\text{b}} = \text{diag}[\boldsymbol{K}_{\text{b}}^{1} \quad \cdots \quad \boldsymbol{K}_{\text{b}}^{i} \quad \cdots \quad \boldsymbol{K}_{\text{b}}^{N_{\text{b}}}] \tag{B.1.3}$$

式中，$\boldsymbol{K}_{\text{b}}^{i}$ 是第 i 个叶片的刚度矩阵，各个元素表达式为

$$\boldsymbol{K}_{\text{b}}^{i}(m,n) = -\rho_{\text{b}}\dot{\theta}^{2}\int_{0}^{L} A_{\text{b}}\phi_{1n}\phi_{1m}\text{d}x + E_{\text{b}}A_{\text{b}}\phi_{1n}'\phi_{1m}\Big|_{x=L} - \int_{0}^{L} E_{\text{b}}(A_{\text{b}}'\phi_{1n}' + A_{\text{b}}\phi_{1n}'')\phi_{1m}\text{d}x$$

$$\boldsymbol{K}_{\text{b}}^{i}(m,n+N_{\text{mod}}) = -\rho_{\text{b}}\ddot{\theta}\cos\beta\int_{0}^{L} A_{\text{b}}\phi_{2n}\phi_{1m}\text{d}x$$

$$\boldsymbol{K}_{\text{b}}^{i}(m+N_{\text{mod}},n) = \rho_{\text{b}}\ddot{\theta}\cos\beta\int_{0}^{L} A_{\text{b}}\phi_{1n}\phi_{2m}\text{d}x$$

$$\boldsymbol{K}_{\mathrm{b}}^{i}(m+N_{\mathrm{mod}},n+N_{\mathrm{mod}})=\kappa G_{\mathrm{b}}A_{\mathrm{b}}\phi_{2n}'\phi_{2m}\big|_{x=L}-\int_0^L\kappa G_{\mathrm{b}}(A_{\mathrm{b}}'\phi_{2n}'+A_{\mathrm{b}}\phi_{2n}'')\phi_{2m}\mathrm{d}x$$
$$+f_{\mathrm{c}}(x)\phi_{2n}'\phi_{2m}\big|_{x=L}-\int_0^L(f_{\mathrm{c}}'(x)\phi_{2n}'+f_{\mathrm{c}}(x)\phi_{2n}'')\phi_{2m}\mathrm{d}x$$
$$+F_{\mathrm{n}}\phi_{2n}'\phi_{2m}\big|_{x=L}-\int_0^L(F_{\mathrm{n}}\phi_{2n}''+F_{\mathrm{n}}'\phi_{2n}')\phi_{2m}\mathrm{d}x$$
$$-\rho_{\mathrm{b}}\dot{\theta}^2\cos^2\beta\int_0^L A_{\mathrm{b}}\phi_{2n}\phi_{2m}\mathrm{d}x$$

$$\boldsymbol{K}_{\mathrm{b}}^{i}(m+N_{\mathrm{mod}},n+2N_{\mathrm{mod}})=-\kappa G_{\mathrm{b}}A_{\mathrm{b}}\phi_{3n}\phi_{2m}\big|_{x=L}+\int_0^L\kappa G_{\mathrm{b}}(A_{\mathrm{b}}'\phi_{3n}+A_{\mathrm{b}}\phi_{3n}')\phi_{2m}\mathrm{d}x$$

$$\boldsymbol{K}_{\mathrm{b}}^{i}(m+2N_{\mathrm{mod}},n+N_{\mathrm{mod}})=-\int_0^L\kappa G_{\mathrm{b}}A_{\mathrm{b}}\phi_{2n}'\phi_{3m}\mathrm{d}x$$

$$\boldsymbol{K}_{\mathrm{b}}^{i}(m+2N_{\mathrm{mod}},n+2N_{\mathrm{mod}})=E_{\mathrm{b}}I_{\mathrm{b}}\phi_{3n}'\phi_{3m}\big|_{x=L}-\int_0^L E_{\mathrm{b}}(I_{\mathrm{b}}'\phi_{3n}'+I_{\mathrm{b}}\phi_{3n}'')\phi_{3m}\mathrm{d}x$$
$$+\int_0^L\kappa G_{\mathrm{b}}A_{\mathrm{b}}\phi_{3n}\phi_{3m}\mathrm{d}x-\rho_{\mathrm{b}}\dot{\theta}^2\int_0^L I_{\mathrm{b}}\phi_{3n}\phi_{3m}\mathrm{d}x$$

其中，$m, n=\xi=1, 2, \cdots, N_{\mathrm{mod}}$，矩阵其余元素各项为 0。

（4）$\boldsymbol{q}_{\mathrm{b}}$ 为叶片在广义坐标系下的位移向量：

$$\boldsymbol{q}_{\mathrm{b}}=[\boldsymbol{q}_{\mathrm{b}}^{1^{\mathrm{T}}}\cdots\boldsymbol{q}_{\mathrm{b}}^{i^{\mathrm{T}}}\cdots\boldsymbol{q}_{\mathrm{b}}^{N_{\mathrm{b}}^{\mathrm{T}}}]^{\mathrm{T}},\quad \boldsymbol{q}_{\mathrm{b}}^{i}=[\boldsymbol{U}^{i^{\mathrm{T}}}\quad \boldsymbol{V}^{i^{\mathrm{T}}}\quad \boldsymbol{\psi}^{i^{\mathrm{T}}}]^{\mathrm{T}} \tag{B.1.4}$$

式中，$\boldsymbol{U}^{i}=[U_1^i,\cdots,U_{N_{\mathrm{mod}}}^i]^{\mathrm{T}}$；$\boldsymbol{V}^{i}=[V_1^i,\cdots,V_{N_{\mathrm{mod}}}^i]^{\mathrm{T}}$；$\boldsymbol{\psi}^{i}=[\psi_1^i,\cdots,\psi_{N_{\mathrm{mod}}}^i]^{\mathrm{T}}$。

附录 B.2　叶片-转子耦合矩阵元素表达式

轮盘处广义坐标下节点的位移为 $[X_{\mathrm{d}},Y_{\mathrm{d}},Z_{\mathrm{d}},\theta_{X\mathrm{d}},\theta_{Y\mathrm{d}},\theta_{Z\mathrm{d}}]^{\mathrm{T}}$，叶片-转子系统的质量耦合矩阵为 $\boldsymbol{M}_{\mathrm{c}}=[\boldsymbol{M}_{\mathrm{c1}},\boldsymbol{M}_{\mathrm{c2}},\boldsymbol{M}_{\mathrm{c3}},\boldsymbol{M}_{\mathrm{c4}},\boldsymbol{M}_{\mathrm{c5}},\boldsymbol{M}_{\mathrm{c6}}]$。

（1）$\boldsymbol{M}_{\mathrm{c1}}$ 是沿轮盘 X 方向的叶片-轮盘质量矩阵耦合项：

$$\boldsymbol{M}_{\mathrm{c1}}=[\boldsymbol{M}_{\mathrm{c1}}^{1^{\mathrm{T}}}\quad\cdots\quad\boldsymbol{M}_{\mathrm{c1}}^{i^{\mathrm{T}}}\quad\cdots\quad\boldsymbol{M}_{\mathrm{c1}}^{N_{\mathrm{b}}^{\mathrm{T}}}]^{\mathrm{T}} \tag{B.2.1}$$

式中，上标 i 表示系统中第 i 个叶片；$\boldsymbol{M}_{\mathrm{c1}}^{i}$ 的各个元素表达式为

$$\boldsymbol{M}_{\mathrm{c1}}^{i}(m,1)=\rho_{\mathrm{b}}\cos\vartheta_i\int_0^L A_{\mathrm{b}}\phi_{1m}\mathrm{d}x$$

$$\boldsymbol{M}_{\mathrm{c1}}^{i}(m+N_{\mathrm{mod}},1)=-\rho_{\mathrm{b}}\sin\vartheta_i\cos\beta\int_0^L A_{\mathrm{b}}\phi_{2m}\mathrm{d}x$$

$$\boldsymbol{M}_{\mathrm{c1}}^{i}(m+2N_{\mathrm{mod}},1)=0$$

其中，$m=1, 2, \cdots, N_{\mathrm{mod}}$。

（2）$\boldsymbol{M}_{\mathrm{c2}}$ 是沿轮盘 Y 方向的叶片-轮盘质量矩阵耦合项：

$$\boldsymbol{M}_{\mathrm{c2}}=[\boldsymbol{M}_{\mathrm{c2}}^{1^{\mathrm{T}}}\quad\cdots\quad\boldsymbol{M}_{\mathrm{c2}}^{i^{\mathrm{T}}}\quad\cdots\quad\boldsymbol{M}_{\mathrm{c2}}^{N_{\mathrm{b}}^{\mathrm{T}}}]^{\mathrm{T}} \tag{B.2.2}$$

式中，$\boldsymbol{M}_{\mathrm{c2}}^{i}$ 的各个元素表达式为

$$\boldsymbol{M}_{\mathrm{c2}}^{i}(m,1)=\rho_{\mathrm{b}}\sin\vartheta_i\int_0^L A_{\mathrm{b}}\phi_{1m}\mathrm{d}x$$

$$\boldsymbol{M}_{\mathrm{c2}}^{i}(m+N_{\mathrm{mod}},1)=\rho_{\mathrm{b}}\cos\vartheta_i\cos\beta\int_0^L A_{\mathrm{b}}\phi_{2m}\mathrm{d}x$$

$$\boldsymbol{M}_{\mathrm{c2}}^{i}(m+2N_{\mathrm{mod}},1)=0$$

其中，$m=1, 2, \cdots, N_{\mathrm{mod}}$。

（3）$\boldsymbol{M}_{\mathrm{c3}}$ 是沿轮盘 Z 方向的叶片-轮盘质量矩阵耦合项：

$$\boldsymbol{M}_{\mathrm{c3}}=[\boldsymbol{M}_{\mathrm{c3}}^{1^{\mathrm{T}}} \quad \cdots \quad \boldsymbol{M}_{\mathrm{c3}}^{i^{\mathrm{T}}} \quad \cdots \quad \boldsymbol{M}_{\mathrm{c3}}^{N_{\mathrm{b}}^{\mathrm{T}}}]^{\mathrm{T}} \tag{B.2.3}$$

式中，$\boldsymbol{M}_{\mathrm{c3}}^{i}$ 的各个元素表达式为

$$\boldsymbol{M}_{\mathrm{c3}}^{i}(m,1)=0$$

$$\boldsymbol{M}_{\mathrm{c3}}^{i}(m+N_{\mathrm{mod}},1)=\rho_{\mathrm{b}}\sin\beta\int_0^L A_{\mathrm{b}}\phi_{2m}\mathrm{d}x$$

$$\boldsymbol{M}_{\mathrm{c3}}^{i}(m+2N_{\mathrm{mod}},1)=0$$

其中，$m=1, 2, \cdots, N_{\mathrm{mod}}$。

（4）$\boldsymbol{M}_{\mathrm{c4}}$ 是沿轮盘 θ_X 方向的叶片-轮盘质量矩阵耦合项：

$$\boldsymbol{M}_{\mathrm{c4}}=[\boldsymbol{M}_{\mathrm{c4}}^{1^{\mathrm{T}}} \quad \cdots \quad \boldsymbol{M}_{\mathrm{c4}}^{i^{\mathrm{T}}} \quad \cdots \quad \boldsymbol{M}_{\mathrm{c4}}^{N_{\mathrm{b}}^{\mathrm{T}}}]^{\mathrm{T}} \tag{B.2.4}$$

式中，$\boldsymbol{M}_{\mathrm{c4}}^{i}$ 的各个元素表达式为

$$\boldsymbol{M}_{\mathrm{c4}}^{i}(m,1)=0$$

$$\boldsymbol{M}_{\mathrm{c4}}^{i}(m+N_{\mathrm{mod}},1)=\rho_{\mathrm{b}}\sin\vartheta_i\sin\beta\int_0^L (R_{\mathrm{d}}+x)A_{\mathrm{b}}\phi_{2m}\mathrm{d}x$$

$$\boldsymbol{M}_{\mathrm{c4}}^{i}(m+2N_{\mathrm{mod}},1)=\rho_{\mathrm{b}}\sin\vartheta_i\sin\beta\int_0^L I_{\mathrm{b}}\phi_{3m}\mathrm{d}x$$

其中，$m=1, 2, \cdots, N_{\mathrm{mod}}$。

（5）$\boldsymbol{M}_{\mathrm{c5}}$ 是沿轮盘 θ_Y 方向的叶片-轮盘质量矩阵耦合项：

$$\boldsymbol{M}_{\mathrm{c5}}=[\boldsymbol{M}_{\mathrm{c5}}^{1^{\mathrm{T}}} \quad \cdots \quad \boldsymbol{M}_{\mathrm{c5}}^{i^{\mathrm{T}}} \quad \cdots \quad \boldsymbol{M}_{\mathrm{c5}}^{N_{\mathrm{b}}^{\mathrm{T}}}]^{\mathrm{T}} \tag{B.2.5}$$

式中，$\boldsymbol{M}_{\mathrm{c5}}^{i}$ 的各个元素表达式为

$$\boldsymbol{M}_{\mathrm{c5}}^{i}(m,1)=0$$

$$\boldsymbol{M}_{\mathrm{c5}}^{i}(m+N_{\mathrm{mod}},1)=-\rho_{\mathrm{b}}\cos\vartheta_i\sin\beta\int_0^L (R_{\mathrm{d}}+x)A_{\mathrm{b}}\phi_{2m}\mathrm{d}x$$

$$\boldsymbol{M}_{\mathrm{c5}}^{i}(m+2N_{\mathrm{mod}},1)=-\rho_{\mathrm{b}}\cos\vartheta_i\sin\beta\int_0^L I_{\mathrm{b}}\phi_{3m}\mathrm{d}x$$

其中，$m=1, 2, \cdots, N_{\mathrm{mod}}$。

（6）$\boldsymbol{M}_{\mathrm{c6}}$ 是沿轮盘 θ_Z 方向的叶片-轮盘质量矩阵耦合项：

$$\boldsymbol{M}_{\mathrm{c6}}=[\boldsymbol{M}_{\mathrm{c6}}^{1^{\mathrm{T}}} \quad \cdots \quad \boldsymbol{M}_{\mathrm{c6}}^{i^{\mathrm{T}}} \quad \cdots \quad \boldsymbol{M}_{\mathrm{c6}}^{N_{\mathrm{b}}^{\mathrm{T}}}]^{\mathrm{T}} \tag{B.2.6}$$

式中，$\boldsymbol{M}_{\mathrm{c6}}^{i}$ 的各个元素表达式为

$$\boldsymbol{M}_{\mathrm{c6}}^{i}(m,1)=0$$

$$\boldsymbol{M}_{\mathrm{c6}}^{i}(m+N_{\mathrm{mod}},1)=\rho_{\mathrm{b}}\cos\beta\int_0^L (R_{\mathrm{d}}+x)A_{\mathrm{b}}\phi_{2m}\mathrm{d}x$$

$$\boldsymbol{M}_{\mathrm{c6}}^{i}(m+2N_{\mathrm{mod}},1)=\rho_{\mathrm{b}}\cos\beta\int_0^L I_{\mathrm{b}}\phi_{3m}\mathrm{d}x$$

其中，m=1, 2, ⋯, $N_{\rm mod}$。

叶片-转子系统的阻尼耦合矩阵为 $\boldsymbol{G}_{\rm c}=[\boldsymbol{G}_{\rm c1},\boldsymbol{G}_{\rm c2},\boldsymbol{G}_{\rm c3},\boldsymbol{G}_{\rm c4},\boldsymbol{G}_{\rm c5},\boldsymbol{G}_{\rm c6}]$，其中 $\boldsymbol{G}_{{\rm c}i}=\boldsymbol{0}$（$i$=1, 2, ⋯, 5），$\boldsymbol{G}_{\rm c6}$ 的表达式为

$$\boldsymbol{G}_{\rm c6}=[\boldsymbol{G}_{\rm c6}^{1^{\rm T}}\quad\cdots\quad\boldsymbol{G}_{\rm c6}^{i^{\rm T}}\quad\cdots\quad\boldsymbol{G}_{\rm c6}^{N_{\rm b}^{\rm T}}]^{\rm T} \tag{B.2.7}$$

式中，$\boldsymbol{G}_{\rm c6}^{i}$ 的各个元素表达式为

$$\boldsymbol{G}_{\rm c6}^{i}(m,1)=-2\rho_{\rm b}\dot{\theta}\int_0^L A_{\rm b}(R_{\rm d}+x)\phi_{1m}{\rm d}x$$

$$\boldsymbol{G}_{\rm c6}^{i}(m+N_{\rm mod},1)=0$$

$$\boldsymbol{G}_{\rm c6}^{i}(m+2N_{\rm mod},1)=0$$

其中，m=1, 2, ⋯, $N_{\rm mod}$。

叶片-转子系统与加速度有关的刚度耦合矩阵为 $\boldsymbol{K}_{\rm acc}=[\boldsymbol{K}_{\rm acc1},\boldsymbol{K}_{\rm acc2},\boldsymbol{K}_{\rm acc3},\boldsymbol{K}_{\rm acc4},\boldsymbol{K}_{\rm acc5},\boldsymbol{K}_{\rm acc6}]$，其中 $\boldsymbol{K}_{{\rm acc}i}=\boldsymbol{0}$（$i$=1, 2, ⋯, 5），$\boldsymbol{K}_{\rm acc6}$ 的表达式为

$$\boldsymbol{K}_{\rm acc6}=[\boldsymbol{K}_{\rm acc6}^{1^{\rm T}}\quad\cdots\quad\boldsymbol{K}_{\rm acc6}^{i^{\rm T}}\quad\cdots\quad\boldsymbol{K}_{\rm acc6}^{N_{\rm b}^{\rm T}}]^{\rm T} \tag{B.2.8}$$

式中，$\boldsymbol{K}_{\rm acc6}^{i}$ 的各个元素表达式为

$$\boldsymbol{K}_{\rm acc6}^{i}(m,1)=-\rho_{\rm b}\ddot{\theta}\int_0^L A_{\rm b}(R_{\rm d}+x)\phi_{1m}{\rm d}x$$

$$\boldsymbol{K}_{\rm acc6}^{i}(m+N_{\rm mod},1)=0$$

$$\boldsymbol{K}_{\rm acc6}^{i}(m+2N_{\rm mod},1)=0$$

其中，m=1, 2, ⋯, $N_{\rm mod}$。

叶片-转子系统的刚度耦合矩阵为 $\boldsymbol{K}_{\rm c}=[\boldsymbol{K}_{\rm c1},\boldsymbol{K}_{\rm c2},\boldsymbol{K}_{\rm c3},\boldsymbol{K}_{\rm c4},\boldsymbol{K}_{\rm c5},\boldsymbol{K}_{\rm c6}]$，其中 $\boldsymbol{K}_{{\rm c}i}=\boldsymbol{0}$（$i$=1, 2, ⋯, 5），$\boldsymbol{K}_{\rm c6}$ 的表达式为

$$\boldsymbol{K}_{\rm c6}=[\boldsymbol{K}_{\rm c6}^{1^{\rm T}}\quad\cdots\quad\boldsymbol{K}_{\rm c6}^{i^{\rm T}}\quad\cdots\quad\boldsymbol{K}_{\rm c6}^{N_{\rm b}^{\rm T}}]^{\rm T} \tag{B.2.9}$$

式中，$\boldsymbol{K}_{\rm c6}^{i}$ 的各个元素表达式为

$$\boldsymbol{K}_{\rm c6}^{i}(m,1)=0$$

$$\boldsymbol{K}_{\rm c6}^{i}(m+N_{\rm mod},1)=-\rho_{\rm b}\dot{\theta}^2\cos\beta\int_0^L A_{\rm b}(R_{\rm d}+x)\phi_{2m}{\rm d}x$$

$$\boldsymbol{K}_{\rm c6}^{i}(m+2N_{\rm mod},1)=-\rho_{\rm b}\dot{\theta}^2\cos\beta\int_0^L I_{\rm b}\phi_{3m}{\rm d}x$$

其中，m=1, 2, ⋯, $N_{\rm mod}$。

附录 B.3　叶片-转子附加矩阵元素表达式

（1）$\tilde{\boldsymbol{M}}_{\rm d}$ 是叶片在轮盘位置的附加质量矩阵：

$$\tilde{\boldsymbol{M}}_{\mathrm{d}}=\begin{bmatrix} \tilde{M}_{XX} & 0 & 0 & 0 & 0 & \tilde{M}_{X\theta_Z} \\ 0 & \tilde{M}_{YY} & 0 & 0 & 0 & \tilde{M}_{Y\theta_Z} \\ 0 & 0 & \tilde{M}_{ZZ} & \tilde{M}_{Z\theta_X} & \tilde{M}_{Z\theta_Y} & 0 \\ 0 & 0 & \tilde{M}_{\theta_X Z} & \tilde{M}_{\theta_X\theta_X} & \tilde{M}_{\theta_X\theta_Y} & \tilde{M}_{\theta_X\theta_Z} \\ 0 & 0 & \tilde{M}_{\theta_Y Z} & \tilde{M}_{\theta_Y\theta_X} & \tilde{M}_{\theta_Y\theta_Y} & \tilde{M}_{\theta_Y\theta_Z} \\ \tilde{M}_{\theta_Z X} & \tilde{M}_{\theta_Z Y} & 0 & \tilde{M}_{\theta_Z\theta_X} & \tilde{M}_{\theta_Z\theta_Y} & \tilde{M}_{\theta_Z\theta_Z} \end{bmatrix} \quad \text{(B.3.1)}$$

式中，

$$\tilde{M}_{XX}=N_{\mathrm{b}}\int_0^L \rho_{\mathrm{b}}A_{\mathrm{b}}\mathrm{d}x$$

$$\tilde{M}_{YY}=N_{\mathrm{b}}\int_0^L \rho_{\mathrm{b}}A_{\mathrm{b}}\mathrm{d}x$$

$$\tilde{M}_{ZZ}=N_{\mathrm{b}}\int_0^L \rho_{\mathrm{b}}A_{\mathrm{b}}\mathrm{d}x$$

$$\tilde{M}_{\theta_X\theta_X}=\sum_{i=1}^{N_{\mathrm{b}}}\left(\sin^2\vartheta_i\int_0^L \rho_{\mathrm{b}}A_{\mathrm{b}}(R_{\mathrm{d}}+x)^2\mathrm{d}x+\sin^2\beta\int_0^L \rho_{\mathrm{b}}I_{\mathrm{b}}\mathrm{d}x+\cos^2\vartheta_i\cos^2\beta\int_0^L \rho_{\mathrm{b}}I_{\mathrm{b}}\mathrm{d}x\right)$$

$$\tilde{M}_{\theta_Y\theta_Y}=\sum_{i=1}^{N_{\mathrm{b}}}\left(\cos^2\vartheta_i\int_0^L \rho_{\mathrm{b}}A_{\mathrm{b}}(R_{\mathrm{d}}+x)^2\mathrm{d}x+\sin^2\beta\int_0^L \rho_{\mathrm{b}}I_{\mathrm{b}}\mathrm{d}x+\sin^2\vartheta_i\cos^2\beta\int_0^L \rho_{\mathrm{b}}I_{\mathrm{b}}\mathrm{d}x\right)$$

$$\tilde{M}_{\theta_Z\theta_Z}=m_{\mathrm{d}}e^2+N_{\mathrm{b}}\left(\int_0^L \rho_{\mathrm{b}}A_{\mathrm{b}}(R_{\mathrm{d}}+x)^2\mathrm{d}x+\int_0^L \rho_{\mathrm{b}}I_{\mathrm{b}}\cos^2\beta\mathrm{d}x\right)$$

$$\tilde{M}_{X\theta_Z}=\tilde{M}_{\theta_Z X}=\sum_{i=1}^{N_{\mathrm{b}}}\int_0^L -\rho_{\mathrm{b}}A_{\mathrm{b}}(R_{\mathrm{d}}+x)\sin\vartheta_i\mathrm{d}x$$

$$\tilde{M}_{Y\theta_Z}=\tilde{M}_{\theta_Z Y}=\sum_{i=1}^{N_{\mathrm{b}}}\int_0^L \rho_{\mathrm{b}}A_{\mathrm{b}}(R_{\mathrm{d}}+x)\cos\vartheta_i\mathrm{d}x$$

$$\tilde{M}_{Z\theta_X}=\tilde{M}_{\theta_X Z}=\sum_{i=1}^{N_{\mathrm{b}}}\int_0^L \rho_{\mathrm{b}}A_{\mathrm{b}}(R_{\mathrm{d}}+x)\sin\vartheta_i\mathrm{d}x$$

$$\tilde{M}_{Z\theta_Y}=\tilde{M}_{\theta_Y Z}=\sum_{i=1}^{N_{\mathrm{b}}}\int_0^L -\rho_{\mathrm{b}}A_{\mathrm{b}}(R_{\mathrm{d}}+x)\cos\vartheta_i\mathrm{d}x$$

$$\tilde{M}_{\theta_X\theta_Y}=\tilde{M}_{\theta_Y\theta_X}=\sum_{i=1}^{N_{\mathrm{b}}}\left(\int_0^L -\rho_{\mathrm{b}}A_{\mathrm{b}}(R_{\mathrm{d}}+x)^2\sin\vartheta_i\cos\vartheta_i\mathrm{d}x+\int_0^L \rho_{\mathrm{b}}I_{\mathrm{b}}\sin\vartheta_i\cos\vartheta_i\cos^2\beta\mathrm{d}x\right)$$

$$\tilde{M}_{\theta_X\theta_Z}=\tilde{M}_{\theta_Z\theta_X}=\sum_{i=1}^{N_{\mathrm{b}}}\int_0^L \rho_{\mathrm{b}}I_{\mathrm{b}}\sin\vartheta_i\sin\beta\cos\beta\mathrm{d}x$$

$$\tilde{M}_{\theta_Y\theta_Z}=\tilde{M}_{\theta_Z\theta_Y}=\sum_{i=1}^{N_{\mathrm{b}}}\int_0^L \rho_{\mathrm{b}}I_{\mathrm{b}}\cos\vartheta_i\sin\beta\cos\beta\mathrm{d}x$$

（2）$\tilde{\boldsymbol{G}}_{\mathrm{d}}$ 是叶片在轮盘位置的附加阻尼矩阵：

$$\tilde{\boldsymbol{G}}_{\mathrm{d}}=\begin{bmatrix}0&0&0&0&0&0\\0&0&0&0&0&0\\0&0&0&0&0&0\\0&0&0&\tilde{G}_{\theta_X\theta_X}&\tilde{G}_{\theta_X\theta_Y}&0\\0&0&0&\tilde{G}_{\theta_Y\theta_X}&\tilde{G}_{\theta_Y\theta_Y}&0\\0&0&0&0&0&0\end{bmatrix}\tag{B.3.2}$$

式中，

$$\tilde{G}_{\theta_X\theta_X}=\sum_{i=1}^{N_{\mathrm{b}}}\left(2\dot{\theta}\sin\vartheta_i\cos\vartheta_i\int_0^L\rho_{\mathrm{b}}A_{\mathrm{b}}(R_{\mathrm{d}}+x)^2\mathrm{d}x-2\dot{\theta}\sin\vartheta_i\cos\vartheta_i\cos^2\beta\int_0^L\rho_{\mathrm{b}}I_{\mathrm{b}}\mathrm{d}x\right)$$

$$\tilde{G}_{\theta_Y\theta_Y}=\sum_{i=1}^{N_{\mathrm{b}}}\left(-2\dot{\theta}\sin\vartheta_i\cos\vartheta_i\int_0^L\rho_{\mathrm{b}}A_{\mathrm{b}}(R_{\mathrm{d}}+x)^2\mathrm{d}x+2\dot{\theta}\sin\vartheta_i\cos\vartheta_i\cos^2\beta\int_0^L\rho_{\mathrm{b}}I_{\mathrm{b}}\mathrm{d}x\right)$$

$$\tilde{G}_{\theta_X\theta_Y}=\sum_{i=1}^{N_{\mathrm{b}}}\left(2\dot{\theta}\sin^2\vartheta_i\int_0^L\rho_{\mathrm{b}}A_{\mathrm{b}}(R_{\mathrm{d}}+x)^2\mathrm{d}x+2\dot{\theta}\cos^2\vartheta_i\cos^2\beta\int_0^L\rho_{\mathrm{b}}I_{\mathrm{b}}\mathrm{d}x\right)$$

$$\tilde{G}_{\theta_Y\theta_X}=\sum_{i=1}^{N_{\mathrm{b}}}\left(-2\dot{\theta}\cos^2\vartheta_i\int_0^L\rho_{\mathrm{b}}A_{\mathrm{b}}(R_{\mathrm{d}}+x)^2\mathrm{d}x-2\dot{\theta}\sin^2\vartheta_i\cos^2\beta\int_0^L\rho_{\mathrm{b}}I_{\mathrm{b}}\mathrm{d}x\right)$$

（3）$\tilde{\boldsymbol{K}}_{\mathrm{d}}$ 是叶片在轮盘位置的附加刚度矩阵：

$$\tilde{\boldsymbol{K}}_{\mathrm{d}}=\begin{bmatrix}0&0&0&0&0&0\\0&0&0&0&0&0\\0&0&0&0&0&0\\0&0&0&\tilde{K}_{\theta_X\theta_X}&\tilde{K}_{\theta_X\theta_Y}&0\\0&0&0&\tilde{K}_{\theta_Y\theta_X}&\tilde{K}_{\theta_Y\theta_Y}&0\\0&0&0&0&0&\tilde{K}_{\theta_Z\theta_Z}\end{bmatrix}\tag{B.3.3}$$

式中，

$$\tilde{K}_{\theta_X\theta_X}=\sum_{i=1}^{N_{\mathrm{b}}}\begin{pmatrix}(\ddot{\theta}\sin\vartheta_i\cos\vartheta_i-\dot{\theta}^2\sin^2\vartheta_i)\int_0^L\rho_{\mathrm{b}}A_{\mathrm{b}}(R_{\mathrm{d}}+x)^2\mathrm{d}x\\+(-\ddot{\theta}\sin\vartheta_i\cos\vartheta_i\cos^2\beta-\dot{\theta}^2\cos^2\vartheta_i\cos^2\beta)\int_0^L\rho_{\mathrm{b}}I_{\mathrm{b}}\mathrm{d}x\end{pmatrix}$$

$$\tilde{K}_{\theta_Y\theta_Y}=\sum_{i=1}^{N_{\mathrm{b}}}\begin{pmatrix}(-\ddot{\theta}\sin\vartheta_i\cos\vartheta_i-\dot{\theta}^2\cos^2\vartheta_i)\int_0^L\rho_{\mathrm{b}}A_{\mathrm{b}}(R_{\mathrm{d}}+x)^2\mathrm{d}x\\+(\ddot{\theta}\sin\vartheta_i\cos\vartheta_i\cos^2\beta-\dot{\theta}^2\sin^2\vartheta_i\cos^2\beta)\int_0^L\rho_{\mathrm{b}}I_{\mathrm{b}}\mathrm{d}x\end{pmatrix}$$

$$\tilde{K}_{\theta_X\theta_Y}=\sum_{i=1}^{N_{\mathrm{b}}}\begin{pmatrix}(\ddot{\theta}\sin^2\vartheta_i+\dot{\theta}^2\sin\vartheta_i\cos\vartheta_i)\int_0^L\rho_{\mathrm{b}}A_{\mathrm{b}}(R_{\mathrm{d}}+x)^2\mathrm{d}x\\+(\ddot{\theta}\cos^2\vartheta_i\cos^2\beta-\dot{\theta}^2\sin\vartheta_i\cos\vartheta_i\cos^2\beta)\int_0^L\rho_{\mathrm{b}}I_{\mathrm{b}}\mathrm{d}x\end{pmatrix}$$

$$\tilde{K}_{\theta_Y\theta_X}=\sum_{i=1}^{N_b}\begin{pmatrix}(-\ddot{\theta}\cos^2\vartheta_i+\dot{\theta}^2\sin\vartheta_i\cos\vartheta_i)\int_0^L\rho_bA_b(R_d+x)^2dx\\-(\ddot{\theta}\sin^2\vartheta_i\cos^2\beta+\dot{\theta}^2\sin\vartheta_i\cos\vartheta_i\cos^2\beta)\int_0^L\rho_bI_bdx\end{pmatrix}$$

$$\tilde{K}_{\theta_Z\theta_Z}=N_b\left(-\int_0^L\rho_bA_b\dot{\theta}^2(R_d+x)^2dx-\int_0^L\rho_bI_b\dot{\theta}^2\cos^2\beta dx\right)$$

附录B.4　叶片-转子非线性力向量元素表达式

（1）$\boldsymbol{F}^i_{\text{nonlinear,b}}$ 为第 i 个叶片上的非线性力向量：

$$\boldsymbol{F}^i_{\text{nonlinear,b}}(m,1)=\rho_b\dot{\theta}^2\int_0^LA_b(R_d+x)\phi_{1m}dx \tag{B.4.1}$$

$$\boldsymbol{F}^i_{\text{nonlinear,b}}(m+N_{\text{mod}},1)=\begin{pmatrix}-\ddot{\theta}\cos\beta\\-2\sin\vartheta_i\sin\beta\dot{\theta}_{Yd}\dot{\theta}-\sin\vartheta_i\sin\beta\theta_{Yd}\ddot{\theta}\\-\cos\vartheta_i\sin\beta\theta_{Yd}\dot{\theta}^2-2\cos\vartheta_i\sin\beta\dot{\theta}_{Xd}\dot{\theta}\\-\cos\vartheta_i\sin\beta\theta_{Xd}\ddot{\theta}+\sin\vartheta_i\sin\beta\theta_{Xd}\dot{\theta}^2\end{pmatrix}\rho_b\int_0^LA_b(R_d+x)\phi_{2m}dx \tag{B.4.2}$$

$$\boldsymbol{F}^i_{\text{nonlinear,b}}(m+2N_{\text{mod}},1)=-\rho_b\ddot{\theta}\cos\beta\int_0^LI_b\phi_{3m}dx \tag{B.4.3}$$

（2）$f_{\text{nonlinear},X}$ 为叶片-转子在轮盘 X 方向的非线性力：

$$\begin{aligned}f_{\text{nonlinear},X}=&em_d\cos(\theta+\theta_{Zd})(\dot{\theta}+\dot{\theta}_{Zd})^2+em_d\sin(\theta+\theta_{Zd})(\ddot{\theta}+\ddot{\theta}_{Zd})\\&+\sum_{i=1}^{N_b}\sum_{i=1}^{N_{\text{mod}}}\begin{pmatrix}2\dot{\theta}\sin\vartheta_i\int_0^L\rho_bA_b\phi_{1m}\dot{U}_mdx\\+(\dot{\theta}^2\cos\vartheta_i+\ddot{\theta}\sin\vartheta_i)\int_0^L\rho_bA_b\phi_{1m}U_mdx\end{pmatrix}\\&+\sum_{i=1}^{N_b}\sum_{i=1}^{N_{\text{mod}}}\begin{pmatrix}2\dot{\theta}\cos\vartheta_i\cos\beta\int_0^L\rho_bA_b\phi_{2m}\dot{V}_mdx\\+(-\dot{\theta}^2\sin\vartheta_i+\ddot{\theta}\cos\vartheta_i)\cos\beta\int_0^L\rho_bA_b\phi_{2m}V_mdx\end{pmatrix}\\&+\sum_{i=1}^{N_b}\left(\begin{pmatrix}2\dot{\theta}_{Zd}\dot{\theta}\cos\vartheta_i-\theta_{Zd}\dot{\theta}^2\sin\vartheta_i+\theta_{Zd}\ddot{\theta}\cos\vartheta_i\\+\dot{\theta}^2\cos\vartheta_i+\ddot{\theta}\sin\vartheta_i\end{pmatrix}\int_0^L\rho_bA_b(R_d+x)dx\right)\end{aligned} \tag{B.4.4}$$

（3）$f_{\text{nonlinear},Y}$ 为叶片-转子在轮盘 Y 方向的非线性力：

$$\begin{aligned}f_{\text{nonlinear},Y}=&em_d\sin(\theta+\theta_{Zd})(\dot{\theta}+\dot{\theta}_{Zd})^2-em_d\cos(\theta+\theta_{Zd})(\ddot{\theta}+\ddot{\theta}_{Zd})\\&+\sum_{i=1}^{N_b}\sum_{i=1}^{N_{\text{mod}}}\begin{pmatrix}-2\dot{\theta}\cos\vartheta_i\int_0^L\rho_bA_b\phi_{1m}\dot{U}_mdx\\+(\dot{\theta}^2\sin\vartheta_i-\ddot{\theta}\cos\vartheta_i)\int_0^L\rho_bA_b\phi_{1m}U_mdx\end{pmatrix}\end{aligned}$$

$$
\begin{aligned}
&+\sum_{i=1}^{N_b}\sum_{i=1}^{N_{\text{mod}}}\begin{pmatrix}2\dot{\theta}\sin\vartheta_i\cos\beta\int_0^L\rho_b A_b\phi_{2m}\dot{V}_m\mathrm{d}x\\+(\dot{\theta}^2\cos\vartheta_i+\ddot{\theta}\sin\vartheta_i)\cos\beta\int_0^L\rho_b A_b\phi_{2m}V_m\mathrm{d}x\end{pmatrix}\\
&+\sum_{i=1}^{N_b}\left(\begin{pmatrix}2\dot{\theta}_{Zd}\dot{\theta}\sin\vartheta_i+\theta_{Zd}\dot{\theta}^2\cos\vartheta_i+\theta_{Zd}\ddot{\theta}\sin\vartheta_i\\+\dot{\theta}^2\sin\vartheta_i-\ddot{\theta}\cos\vartheta_i\end{pmatrix}\int_0^L\rho_b A_b(R_d+x)\mathrm{d}x\right)
\end{aligned}
\tag{B.4.5}
$$

（4）$f_{\text{nonlinear}, Z}$为叶片-转子在轮盘 Z 方向的非线性力：

$$
f_{\text{nonlinear},Z}=\sum_{i=1}^{N_b}\left(\begin{pmatrix}-2\dot{\theta}_{Yd}\dot{\theta}\sin\vartheta_i-\theta_{Yd}\ddot{\theta}\sin\vartheta_i-\theta_{Yd}\dot{\theta}^2\cos\vartheta_i\\-2\dot{\theta}_{Xd}\dot{\theta}\cos\vartheta_i-\theta_{Xd}\ddot{\theta}\cos\vartheta_i+\theta_{Xd}\dot{\theta}^2\sin\vartheta_i\end{pmatrix}\int_0^L\rho_b A_b(R_d+x)\mathrm{d}x\right)
\tag{B.4.6}
$$

（5）$M_{\text{nonlinear}, X}$为在轮盘 θ_X 方向的非线性弯矩：

$$
\begin{aligned}
M_{\text{nonlinear},X}=&-J_p\dot{\theta}_{Yd}\dot{\theta}_{Zd}\\
&+\sum_{i=1}^{N_b}\left(\begin{pmatrix}-2\dot{\theta}_{Zd}\dot{\theta}\cos\vartheta_i-\theta_{Zd}\ddot{\theta}\cos\vartheta_i\\+\theta_{Zd}\dot{\theta}^2\sin\vartheta_i-\ddot{\theta}\sin\vartheta_i-\dot{\theta}^2\cos\vartheta_i\end{pmatrix}\sin\beta\cos\beta\int_0^L\rho_b I_b\mathrm{d}x\right)\\
&+\sum_{i=1}^{N_b}\sum_{i=1}^{N_{\text{mod}}}\begin{pmatrix}-2\dot{\theta}\cos\vartheta_i\sin\beta\int_0^L\rho_b I_b\phi_{3m}\dot{\psi}_m\mathrm{d}x\\+(-\ddot{\theta}\cos\vartheta_i+\dot{\theta}^2\sin\vartheta_i)\sin\beta\int_0^L\rho_b I_b\phi_{3m}\psi_m\mathrm{d}x\end{pmatrix}
\end{aligned}
\tag{B.4.7}
$$

（6）$M_{\text{nonlinear}, Y}$为在轮盘 θ_Y 方向的非线性弯矩：

$$
\begin{aligned}
M_{\text{nonlinear},Y}=&J_p(\ddot{\theta}\theta_{Xd}+\ddot{\theta}_{Zd}\theta_{Xd}+\dot{\theta}_{Zd}\dot{\theta}_{Xd})\\
&+\sum_{i=1}^{N_b}\left(\begin{pmatrix}-2\dot{\theta}_{Zd}\dot{\theta}\sin\vartheta_i-\theta_{Zd}\ddot{\theta}\sin\vartheta_i\\-\theta_{Zd}\dot{\theta}^2\cos\vartheta_i+\ddot{\theta}\cos\vartheta_i-\dot{\theta}^2\sin\vartheta_i\end{pmatrix}\sin\beta\cos\beta\int_0^L\rho_b I_b\mathrm{d}x\right)\\
&+\sum_{i=1}^{N_b}\sum_{i=1}^{N_{\text{mod}}}\begin{pmatrix}-2\dot{\theta}\sin\vartheta_i\sin\beta\int_0^L\rho_b I_b\phi_{3m}\dot{\psi}_m\mathrm{d}x\\-(\ddot{\theta}\sin\vartheta_i+\dot{\theta}^2\cos\vartheta_i)\sin\beta\int_0^L\rho_b I_b\phi_{3m}\psi_m\mathrm{d}x\end{pmatrix}
\end{aligned}
\tag{B.4.8}
$$

（7）$M_{\text{nonlinear}, Z}$为在轮盘 θ_Z 方向的非线性扭矩：

$$
\begin{aligned}
M_{\text{nonlinear},Z}=&em_d\sin(\theta+\theta_{Zd})\ddot{X}_d-em_d\cos(\theta+\theta_{Zd})\ddot{Y}_d-e^2m_d\ddot{\theta}-J_p\ddot{\theta}\\
&+J_p(\dot{\theta}_{Xd}\dot{\theta}_{Yd}+\theta_{Xd}\ddot{\theta}_{Yd})-N_b\left(\ddot{\theta}\rho_b\int_0^L(A_b(R_d+x)^2+I_b\cos^2\beta)\mathrm{d}x\right)
\end{aligned}
\tag{B.4.9}
$$

彩　图

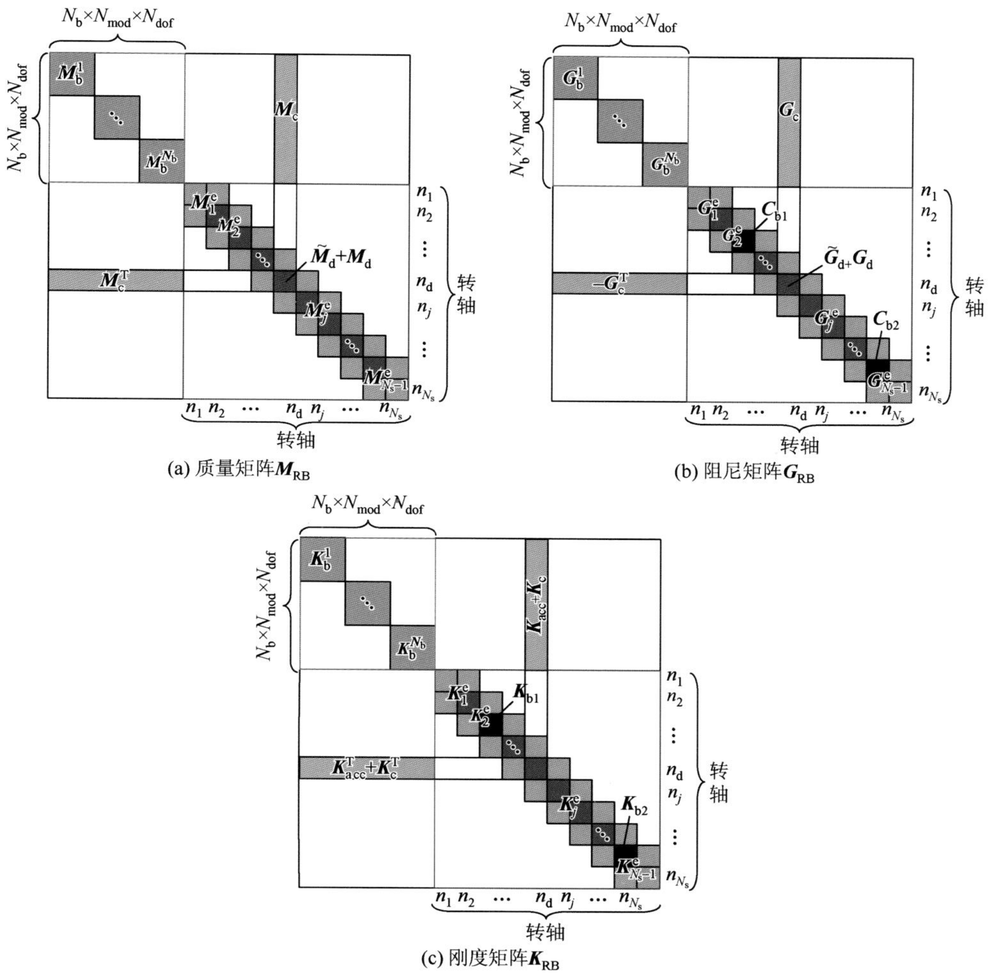

(a) 质量矩阵 $\boldsymbol{M}_{\mathrm{RB}}$

(b) 阻尼矩阵 $\boldsymbol{G}_{\mathrm{RB}}$

(c) 刚度矩阵 $\boldsymbol{K}_{\mathrm{RB}}$

图 3.5　转子-叶片耦合系统矩阵组集示意图

■ 叶片矩阵；■ 转轴矩阵；■ 转子-叶片耦合矩阵；■ 轴承位置；■ 轮盘位置

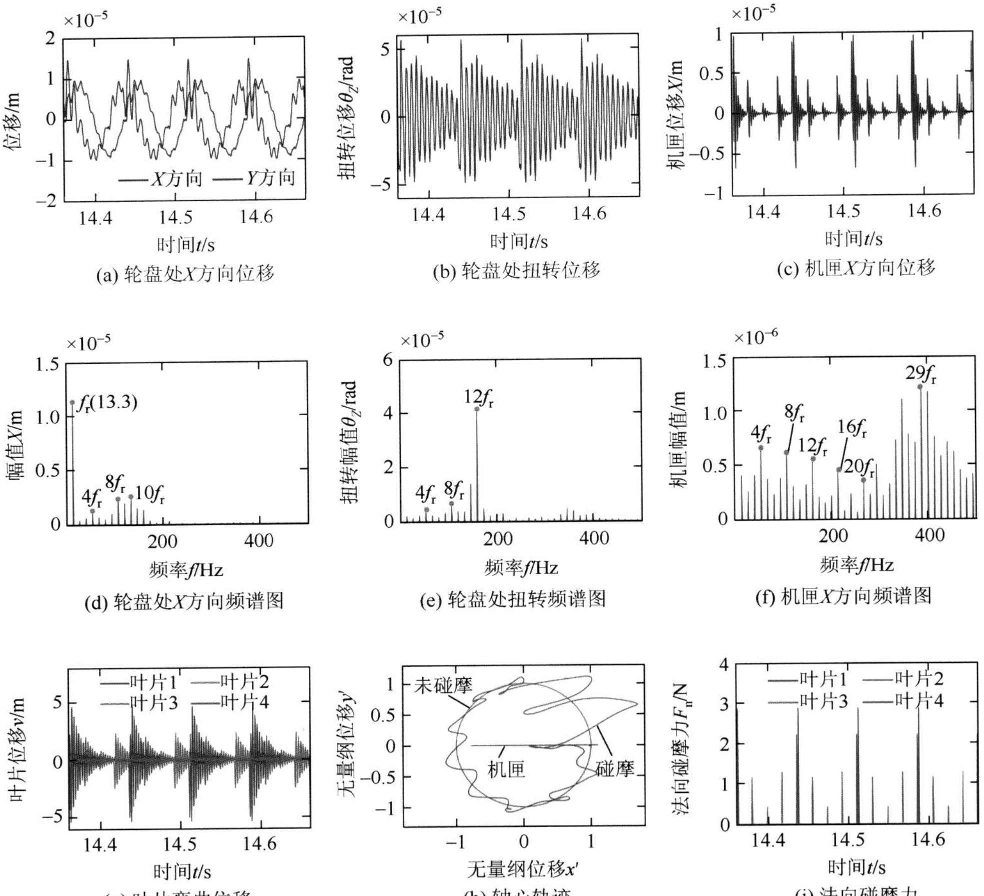

(a) 轮盘处X方向位移　(b) 轮盘处扭转位移　(c) 机匣X方向位移

(d) 轮盘处X方向频谱图　(e) 轮盘处扭转频谱图　(f) 机匣X方向频谱图

(g) 叶片弯曲位移　(h) 轴心轨迹　(i) 法向碰摩力

图 11.11　$\Omega'=0.1$ 时系统碰摩响应

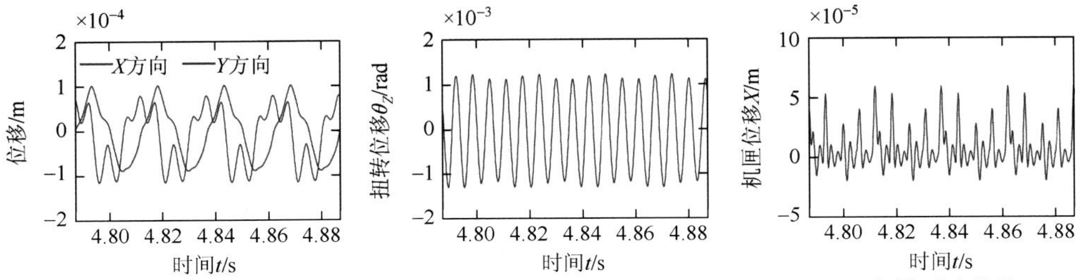

(a) 轮盘处X方向位移　(b) 轮盘处扭转位移　(c) 机匣X方向位移

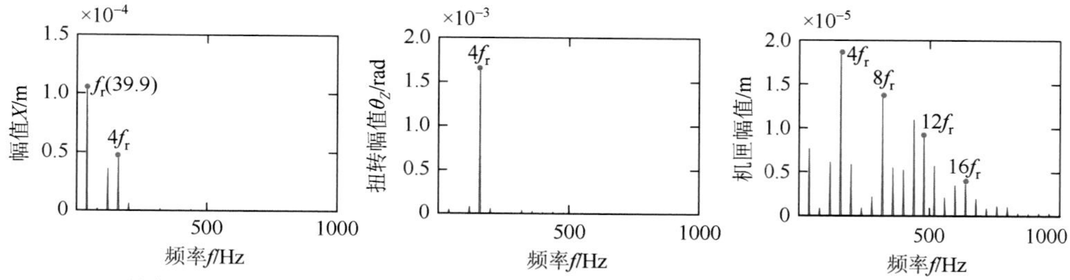

(d) 轮盘处X方向频谱图　(e) 轮盘处扭转频谱图　(f) 机匣X方向频谱图

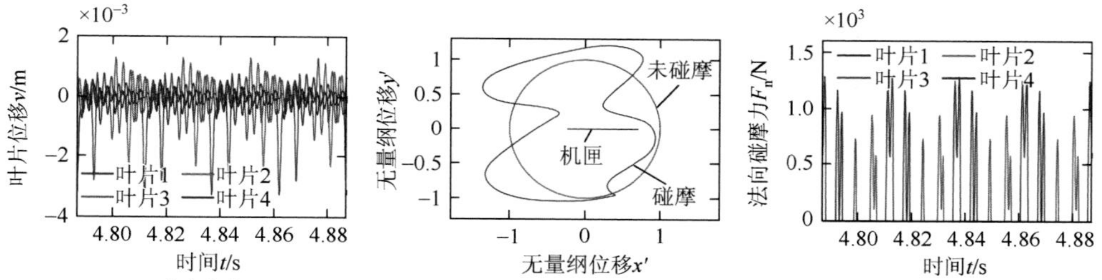

(g) 叶片弯曲位移　(h) 轴心轨迹　(i) 法向碰摩力

图 11.13　Ω'=0.3 时碰摩响应

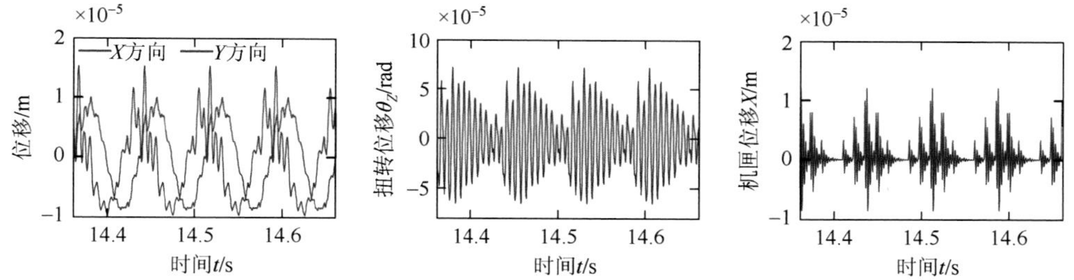

(a) 轮盘处X方向位移　(b) 轮盘处扭转位移　(c) 机匣X方向位移

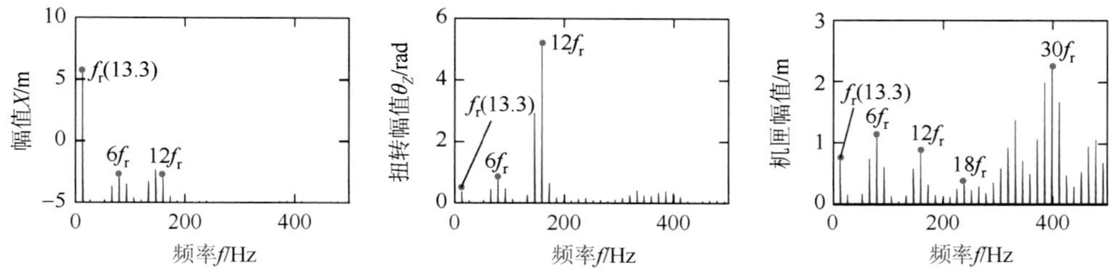

(d) 轮盘处X方向频谱图　(e) 轮盘处扭转频谱图　(f) 机匣X方向频谱图

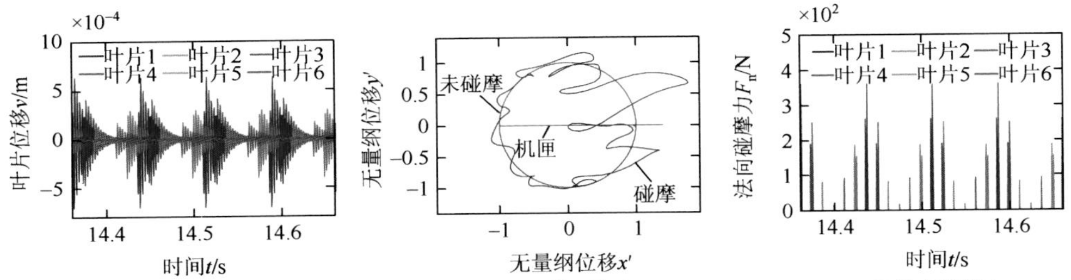

(g) 叶片弯曲位移 (h) 轴心轨迹 (i) 法向碰摩力

图 11.15 碰摩响应（N_b=6）

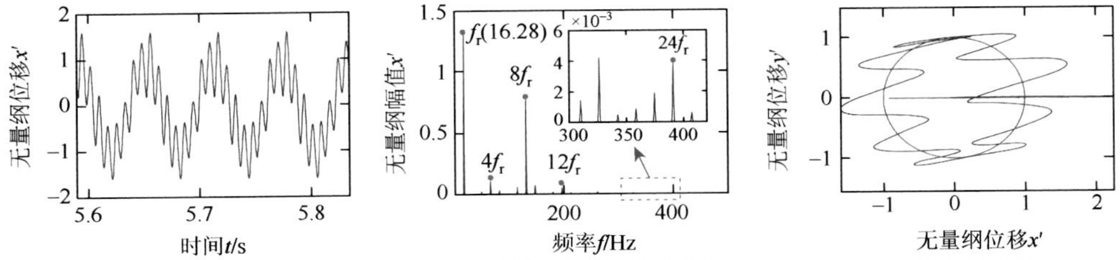

(a) 转轴X方向位移 (b) 转轴X方向位移频谱图 (c) 轴心轨迹

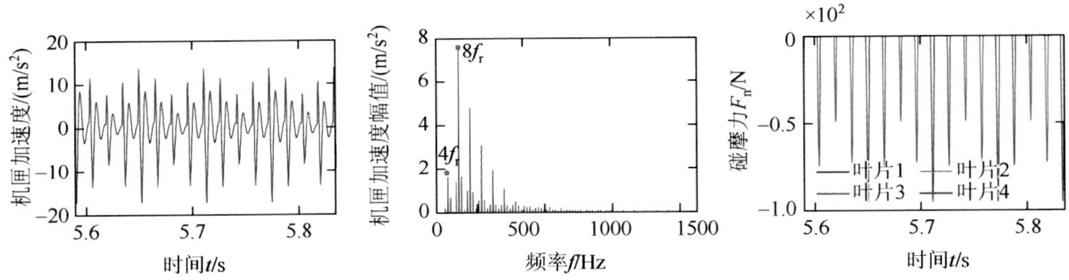

(d) 机匣X方向加速度 (e) 机匣X方向加速度频谱图 (f) 法向碰摩力

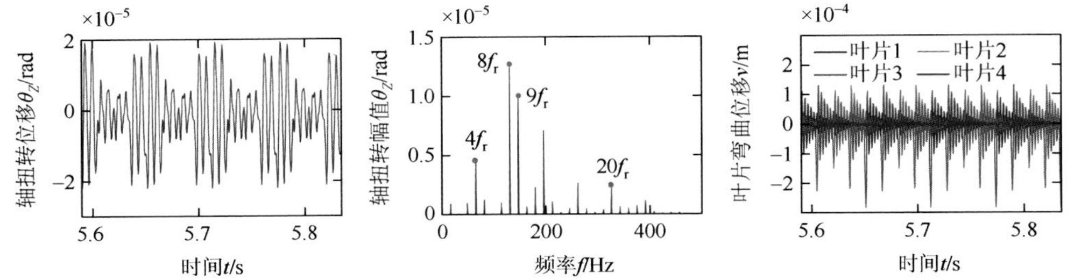

(g) 转轴扭转位移 (h) 转轴扭转位移频谱图 (i) 叶片弯曲位移

图 11.24 仿真结果（工况 3）

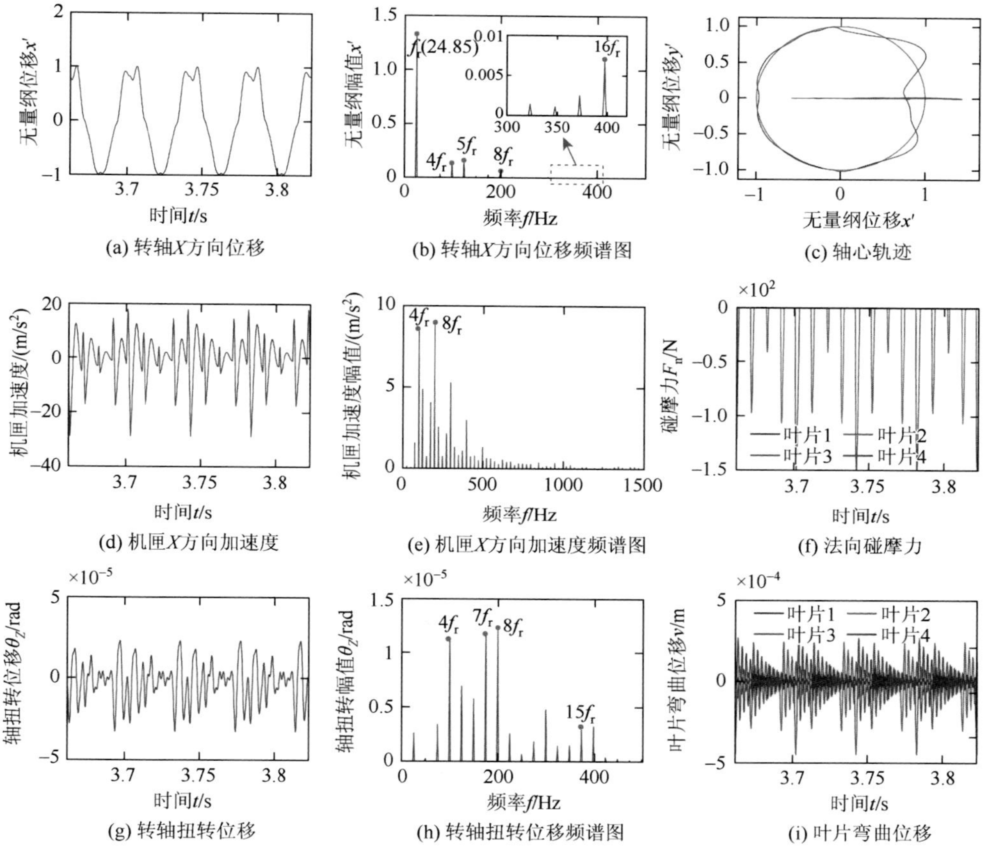

图 11.26　仿真结果（工况 4）